地方电厂岗位检修培训教材

电气设备检修

沙太东　编

中国电力出版社
CHINA ELECTRIC POWER PRESS

内容提要

近20多年来，全国有一大批地方电厂、企业自备电厂和热电厂的6～350MW火力发电机组相继投产，检修岗位新职工和生产人员迅速增加。为了搞好检修生产人员岗位技术培训和技能鉴定工作，按照部颁《国家职业技能鉴定规范·电力行业》、《电力工人技术等级标准》和《火力发电厂检修岗位规范》以及检修规程的要求，突出岗位重点、注重操作技能、便于考核培训等，组织专家技术人员编写了《地方电厂岗位检修培训教材》，分为锅炉设备检修、汽轮机设备检修、电气设备检修、热工控制检修、电厂化学检修、燃料设备检修和循环流化床锅炉检修7册。

本书是《地方电厂岗位检修培训教材》（电气设备检修），共分六篇二十一章，主要从检修工具到检修技术管理、从电气设备的结构、性能到检修工艺都作了详尽地叙述，其主要内容有：电气设备检修相关知识、电机检修、高压电器检修、低压电器检修、母线与电缆的检修及检修技术管理。每章有小结，每篇后均有练习题可配合学习用。

本书适用于全国地方电厂、企业自备电厂和热电厂6～350MW火力发电机组、具有高中及以上文化程度从事电气设备检修的生产人员、工人、技术人员、管理干部以及有关电气专业师生等的岗位技能和技能鉴定的培训教材。

图书在版编目（CIP）数据

电气设备检修/沙太东编 .—北京：中国电力出版社，2012.9（2018.6重印）
地方电厂岗位检修培训教材
ISBN 978-7-5123-2907-2

Ⅰ.①电… Ⅱ.①沙… Ⅲ.①电气设备-检修-岗位培训-教材 Ⅳ.①TM64

中国版本图书馆CIP数据核字（2012）第066856号

中国电力出版社出版、发行
（北京市东城区北京站西街19号 100005 http://www.cepp.sgcc.com.cn）
三河市百盛印装有限公司印刷
各地新华书店经售

*

2012年9月第一版 2018年6月北京第二次印刷
787毫米×1092毫米 16开本 24.25印张 653千字
印数3001—4000册 定价 **68.00** 元

前 言

随着国民经济的不断发展，作为先行关的电力系统必须不断的增加容量，因此，新设备、新工艺、新技术将不断涌现出来，这自然将对电气检修或管理工作人员提出更高的要求。为了适应安全经济运行的需要，进一步提高检修队伍的素质和管理水平，我们根据《国家职业技能鉴定·电力行业》、《电力工人技术等级标准》和有关电力生产岗位规范以及国家电力行业标准，并结合技术鉴定工作的需要，汇集了电力生产过程中具有代表性和典型性的学习内容，以操作技能为主，理论联系实际，从适用性出发，编写了《地方电厂岗位检修培训教材》（电气设备检修）一书。

本书结合生产实际，图文并茂，较通俗易懂，从深度、广度上都涵盖了电气检修人员职业技能培训和职业技能鉴定的内容。详尽地叙述了电气检修基本知识，从专业理论到操作技能，从动手能力到故障分析，同时对可编程序控制器和变频调速的基本知识也进行了介绍。对职工学习新技术，提高职工队伍的素质以及保证职工技能培训和鉴定质量能起到积极的推动作用。

本书内容共分六篇二十一章，其中第一篇对电力生产过程、施工管理、材料的类型、常用工具、仪表、仪器的使用以及电工识图等与检修相关的知识进行了详细的介绍。第二篇叙述了变压器、同步发电机的检修，交流异步电动机和直流电动机的检修以及启动、制动和调速。第三篇是油断路器、真空断路器、SF_6断路器、气体断路器、隔离开关和高压熔断器、避雷器以及常用操动机构的检修。第四篇介绍低压电器的类型结构和用途，以及低压成套配电装置的安装与电能表接线。第五篇是母线和电缆检修。第六篇是检修技术管理方面的知识。总体在内容编写上始终围绕职业技能鉴定和进网考核的有关内容，所以，本书既可作为全国地方电厂、企业自备电厂和热电厂6～350MW火力发电机组电气设备检修人员的岗位技能培训教材，也可作为相关专业技能鉴定和进网考核的参考书之一。

本书由于编者水平有限，难免有不妥之处，恳请读者在使用中提出宝贵意见和建议，以便修订时及时改进。谢谢！

编 者

2012 年 4 月

目 录

第四篇　低压电器检修

第五篇　母线与电缆的检修

第六篇　检修技术管理

第一篇

电气设备检修相关知识

第一章　电力生产过程与检修项目

第一节　电力生产过程简介

一、发电厂类型

发电厂是将其他形式的能量转换为电能的特殊工厂。因此，发电厂的类型是根据其所利用的能量形式划分的，如火力发电厂、水力发电厂、核能发电站、风力发电厂、太阳能发电厂、光伏发电厂、地热发电厂以及潮汐发电厂等。

目前，我国主要还是以火力发电厂和水力发电厂为主，并已经开始发展核能发电站。在全部发电量中，火力发电占全部发电量的大部分，其次是水力发电和核能发电。

火力发电厂的主要燃料是燃煤、燃油或天然气。由于我国油料稀缺，燃油或其他能源的利用占火力发电量的分量很小，而燃煤的火力发电占整个火力发电量的绝大部分。

火力发电厂按其作用又分单纯供电和既发电又兼供热的两种类型，前者就是一般的凝汽式发电厂，后者称为供热式发电厂，简称热电厂。

二、火力发电厂

火力发电厂主要是以煤作为燃料。燃料通过锅炉燃烧时的化学能转换为热能，再借助汽轮机以及热力辅助机械将热能转换为机械能，并由汽轮机带动发电机将机械能再转换为电能。这一过程需要很多设备经过复杂的程序来完成。

（一）凝汽式发电厂生产过程

凝汽式发电厂生产过程示意图，如图 1-1 所示。

输煤皮带将煤运送到源煤仓（煤斗），再由给煤机送至磨煤机，磨煤机将源煤磨成煤粉后，由排粉机经喷燃器送入锅炉炉膛（燃烧室）内燃烧。助燃空气由送风机送入空气预热器加热为热空气，其中一部分热空气进入磨煤机的煤粉分离器，用来干燥并输送煤粉；另一部分热空气则进入炉膛助燃。煤粉在炉膛内燃烧并放出热量，其热量主要传给炉膛内四周的水冷壁，将水冷壁管内的水加热成水蒸气。流经水平烟道内的过热器、尾部烟道内的省煤器以及空气预热器时，继续将热量传给蒸汽、水和空气。冷却后的烟气经除尘器除去飞灰，由引风机从烟囱排至大气中。锅炉下部排出的灰渣和除尘器下部排出的细灰，则用水冲到灰渣泵房，经灰渣泵排往储灰场。

在水冷壁中产生的蒸汽流经过热器时，进一步吸收烟气中的热量而变为过热蒸汽，然后通过主蒸汽管道送入汽轮机。进入汽轮机的蒸汽膨胀做功，推动汽轮机转子旋转，将热能变为机械能，从而带动发电机旋转，最终将机械能变为电能。发电机发出的电能除少量供本厂自用（厂用电）外，大部分经变压器升压送入系统，再经降压后供给用户。在汽轮机内做完功的蒸汽进入凝结器冷却水管外部，由循环水泵将冷却水送入凝结器的冷却水管中，将蒸汽冷却为凝结水。凝结

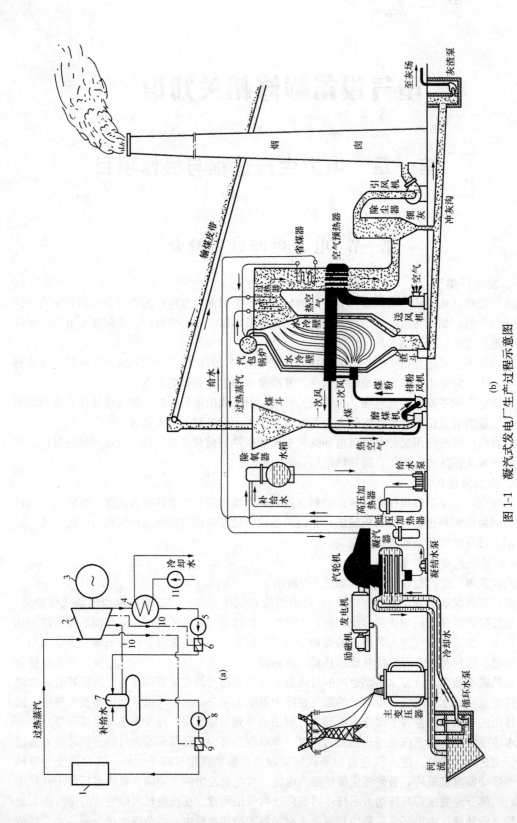

图 1-1 凝汽式发电厂生产过程示意图

(a) 生产过程示意图; (b) 燃煤电厂生产过程和主要设备

1—锅炉; 2—汽轮机; 3—发电机; 4—凝汽器; 5—凝结水泵; 6—低压加热器; 7—除氧器; 8—给水泵; 9—高压加热器; 10—汽轮机抽汽管; 11—循环水泵

水由凝结水泵经低压加热器送入除氧器中，除氧后的水由给水泵经由高压加热器、省煤器进一步提高给水温度后再进入锅炉。凝汽式发电厂就是这样重复上述过程并不断地生产电能。

由于循环水泵将冷却水打入凝结器的水管中，从而吸收了蒸汽热量，经排水管排出，因此，凝汽式发电厂的效率不高。

（二）热电厂生产过程

热电厂的生产过程与凝汽式发电厂基本相同，所不同的地方只是在汽轮机的中段抽出一部分做过功的蒸汽，将其引到给水加热器去加热热力用户的用水，或者直接将蒸汽送给热力用户。这样一来，进入凝结器内的蒸汽量就减少了许多。因此，循环水带走的热量消耗也相应地减少，从而提高了热效率。

发电厂的热效率还有单位电量的煤耗和发电厂的自用电（厂用电）量两大指标，这两大指标主要与单机容量的大小以及运行管理水平等因素有关。

三、水力发电厂

水力发电厂是利用江河的水能资源做动力来发电的电厂，水力发电厂容量的大小取决于上下游的水位差和流量。因此，建设水力发电厂必须根据水位差和流量的实际情况，采用相应的方法进行施工。

（一）水力发电厂类型

1. 堤坝式水力发电厂

堤坝式水力发电厂示意如图 1-2 所示。

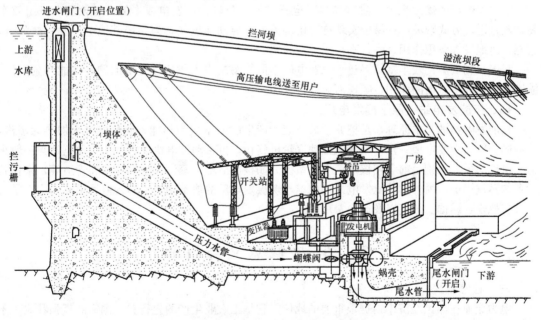

图 1-2 堤坝式水力发电厂示意图

在河道上修建拦河坝拦河蓄水形成水库，抬高上游水位使堤坝上游水库的水面与堤坝下游河流的水面之间形成水位差（简称水头），用输水管道或隧道将水库里的水引入发电机厂房，通过水流的压力推动水轮机旋转，从而带动发电机发电。这种类型的发电厂就是堤坝式水力发电厂。

堤坝式水力发电厂又分河床式和坝后式两种类型。

（1）河床式水力发电厂。它的厂房直接建在河床上，与堤坝布置在一条直线上或呈一定角度，厂房本身是坝体的一部分，与坝体一样承受水的压力。这种类型的水力发电厂适合建在低水头、大流量的河道上，如长江上的葛洲坝水电厂以及富春江上的水电站等都属于河床式水力发电厂。

（2）坝后式水力发电厂。它的厂房建在堤坝的下游，厂房与堤坝是分开的，厂房建筑不承受水的压力，这种水电厂适合建在水头落差较大的江河位置，如新安江、龚嘴、丹江、黄河上的龙羊峡、刘家峡、盐锅峡、八盘峡以及长江三峡等水电厂都属于坝后水电厂类型。

2. 引水式与混合式水力发电厂

引水式水力发电厂是在河道上建个引水低坝，将河水集中，再经引水道将水引进厂房，通过水轮机带动发电机发电。而混合式水力发电厂是堤坝式和引水式两者兼有的水力发电厂，其特点是：一部分水位差（水头）由拦河坝集中；另一部分水位差由引水道集中。除上述几种类型外，还有抽水蓄能水力发电厂，它利用低谷负荷时的多余电能，将水由低位蓄水池抽至高位蓄水池，而在高峰负荷时放水发电。

（二）水力发电厂生产过程

水力发电厂的生产过程比火力发电厂简单，图1-2所示为堤坝式水力发电厂生产过程示意图。由拦河坝上游高水位的水，经压力水管或隧道进入水轮机的螺旋形蜗壳，推动水轮机旋转，将水能变为机械能，再由水轮机带动发电机旋转，由机械能变为电能。做过功的水经过尾水管排往江河的下游。发电机发出的电能，除极少部分发电厂自用（厂用电）外，大部分经过升压变压器升压后，由输电线路送入系统供用户使用。

水力发电厂的优点是生产过程简单、运行维护人员较少、发电成本低；水轮发电机组效率高、改善运行方式较灵活；易于实现自动化。另外，启动速度快，当系统其他电厂发生故障时，它能及时地发挥备用作用，而且不存在污染问题。

我国水利资源比较丰富，兴建水力发电厂不但能解决电力供应不足的问题，还能起到防洪、灌溉和航运等多方面的作用，实现河流综合利用。

四、核能发电站（原子能发电厂）

核能发电站的基本原理，是把原子核裂变所产生的能量变为热能，此热能将水加热为蒸汽，然后同一般火力发电厂一样，用蒸汽推动汽轮机旋转，再带动发电机发电。核能发电站与一般火力发电厂的最大区别是前者用核蒸汽发生系统（如核反应堆、蒸汽发生器、泵和管道等）来代替后者的蒸汽锅炉。另外，核能发电站的成本与燃煤发电厂的成本相差不多，但最主要的优点是大量节省燃煤、燃油、燃气以及运输费用等。

第二节　检修意义与目的

一、检修意义

电力企业在国民经济中占据很重要的地位，它是工农业生产的先行关，国家的富强壮大离不开电力生产，为了保证发电厂安全、经济的运行，对发电厂的设备要进行必要的、有计划的定期检查、试验和修理，及时的发现和掌握设备的问题，将其故障消灭在萌芽之中。发电厂的设备检修，是提高设备健康水平，保证安全、满发、经济运行的重要措施。所以，各发电厂必须把检修工作作为企业管理的一项重要内容来抓。根据电力企业的特点，掌握设备规律，坚持以预防为主的计划检修，切实做到应修必修，修必修好，使全厂设备经常处于良好的状态。

二、检修目的

发电厂电气设备检修工作应该在主管厂长或总工程师的具体组织管理下，由分场、班组密切配合，依靠群众，实行工人、技术人员相结合的方法进行检修工作，使修后的设备达到以下目的：

（1）根据运行记录和上次检修遗留的问题，通过检修消除设备缺陷、排除隐患，使设备能安全运行。

（2）积极开展技术革新，不断提高检修质量，改进检修工艺，保持或恢复设备的铭牌出力，延长设备的使用寿命。

（3）提高和保持设备的最高效率，提高设备的利用率，做到满发、多供，为满足国民经济发展的需要多作贡献。

第三节　检修工作分类与检修项目

一、检修工作分类

发电厂电气设备检修工作主要分为以下两种：

（1）计划性大修和小修（定期检修），其中大修是对设备进行全面的检查、清扫和修理，其检修间隔时间比较长；小修是消除设备在运行中发现的缺陷，并重点检查易损、易磨部件，进行必要的处理，之后进行必要的清扫和试验，其检修间隔时间较短。

所谓检修间隔是指两次同类检修的相隔时间（也称检修周期）。设备检修的间隔应根据设备的技术状况和部件的磨损、腐蚀、老化等规律以及使用的燃料、运行情况、维护条件等慎重的确定。

除上述的计划性大修和小修外，还有临时性检修，如事故检修或部分设备和零部件影响到安全运行时必须进行的检修。

（2）事故检修，指在设备发生故障后，被迫进行的对其损坏部分的检查、修理或更换。

二、检修项目

发电厂的设备分主要设备和辅助设备，主要的电气设备是发电机和变压器，其检修项目分一般项目、特殊项目和重大特殊项目三大类，一般性检修项目即所谓的计划性（定期）标准检修项目，而一般性检修项目又分大修项目和小修项目，其主要设备检修项目如下：

（一）发电机组检修项目

1. 发电机组大修项目

（1）修前测试工作。

1）测量发电机定子、转子以及励磁系统的绝缘电阻，测量励磁机侧轴承座与大地和油管的绝缘电阻。

2）空冷发电机还需要测量大盖的轴封间隙。

（2）定子检修。

1）检查端盖、护板、导风板、衬垫等。

2）检查和清扫定子绕组引出线和套管。

3）检查紧固螺丝和清扫端部绕组绝缘、垫块、绑线等。

4）检查和清扫通风沟及通风沟处的槽部线棒绝缘，检查铁芯和槽楔。

5）检查及校验温度表。

6）氢冷发电机进行整体风压试验（包括全部氢气系统）。

7）水冷发电机进行通水反冲洗及水压试验。

8）更换少量槽楔和端部垫块以及端部绕组喷绝缘漆（不常修项目）。

（3）转子检修。

1）测量定子、转子之间空气间隙，氢冷发电机转子做风压试验。

2）抽出转子后，检查护环嵌装情况，测量护环有无位移、变形，分段护环的接缝处间隙有无变化，检查心环、风扇、轴颈及平衡块，检查通风孔和槽楔。

3）检查刷架、滑环、引线，调整电刷压力，更换电刷，打磨滑环。

4）水内冷发电机进行通水反冲洗与水压试验。

（4）冷却系统检修。

1）检查及清理冷却器及冷却系统，进行冷却器的水压试验。

2）空冷发电机要清扫空气室，检查、清扫空气过滤器，检查空冷室的严密情况。

3）检查氢气系统、二氧化碳系统的管道、阀门、法兰、表计及自动装置等。

4）油漆空气室或氢冷发电机更换密封衬垫（不常修项目）。

（5）励磁系统检修。

1）交流主励磁机检修。

2）中频副励磁机或永磁副励磁机检修。

3）晶闸管整流盘测试与检修。

4）灭磁开关检修（励磁系统检修详见第二篇第七章第三节）。

（6）轴承与油系统检修。

1）检修轴承及油挡有无磨损、钨金有无脱胎裂纹等缺陷，检查轴瓦球面及垫铁的接触情况并测量间隙，检查油系统和滤油装置，检修常用的密封油泵。

2）检查氢冷发电机的密封瓦。

3）检查清扫励磁机侧轴承座及螺丝的绝缘垫。

4）检查清扫油管道和法兰盘的绝缘垫。

5）检修氢冷发电机的备用密封油泵。

（7）修后试验（详见第二篇第七章第五节）。

2. 发电机组小修项目

（1）吹灰清扫，消除运行中发现的缺陷。

（2）测量发电机和励磁系统的绝缘电阻。

（3）更换电刷，调整电刷压力等。

（4）预防性试验。

3. 发电机组特殊检修项目

（1）更换定子线棒或修理绕组绝缘。

（2）绕组接头的焊接。

（3）更换大量槽楔。

（4）调整定子与转子之间的空气间隙。

（5）拉出转子护环，处理转子绕组匝间短路和接地。

（6）更换转子结构部件，更换转子引线或滑环。

（7）更换冷却器、轴承或密封瓦，修刮轴承座、台板或基础加固灌浆。

（8）更换励磁机磁极、电枢线圈，更换换向器，全部重焊整流子与电枢绕组接头，处理或更换转子绑线。

4. 发电机组检修重大特殊项目

（1）更换转子绕组绝缘。

（2）更换护环、中心环等重要部件。

（二）变压器检修项目

变压器是否需要大修得根据运行情况和检查试验结果而定，其大修间隔一般在 10 年左右，而小修一般每年 1～2 次。

1. 变压器大修项目

（1）油箱及附件检修。

1）检查清扫油箱外壳、大盖、阀门、储油柜、油标、防爆管、散热器等。

2）检查清扫呼吸器和净油器，更换或补充硅胶。

3）检查接地装置。

4）过滤变压器油。

5）外壳油漆处理。

（2）吊芯检查。

1）检查铁芯、铁芯接地情况以及穿芯螺丝的绝缘。

2）检查及清理绕组及绕组压紧装置、垫块、引线、各部分螺丝、油路、接线板及调压装置。

（3）调压装置检修。

1）检查并修理有载调压或无载调压分接头切换开关，包括附加电抗器、静触头、动触头及其传动机构。

2）检查并修理有载调压分接头控制装置。

（4）套管检修。

1）检查并清扫全部套管。

2）检查充油式套管的油质情况。

（5）冷却系统检修。

1）检查风扇电动机及其控制回路。

2）检查强迫油循环控制装置及管路。

3）检查清理冷却器及冷却系统，并进行水压试验。

（6）其他检修。

1）继电保护及二次回路检修。

2）温度表调整与校验。

3）检查充氮保护装置。

4）检查清扫变压器各电气连接部位。

5）预防性试验。

2. 变压器小修项目

（1）清扫外壳及出线套管。

（2）清除储油柜中的污油，检查油标及油位，必要时加油。

（3）检查气体继电器（瓦斯继电器）和防爆管。

（4）检查各阀门及密封衬垫。

（5）检查清扫冷却装置、呼吸器和净油器。

（6）检查引出线接头。

（7）测量绝缘电阻和预防性试验。

3. 变压器特殊检修项目

（1）更换散热器或散热器补焊。

（2）绕组故障处理以及变压器干燥。

（3）更换调压切换装置。

（4）套管解体检修或更换套管。

（5）冷却系统部件更换。

以上是发电厂主要电气设备的检修。对辅助设备的检修，必须和主要设备一样重视。对发电厂正常运行有重要影响的辅助设备和公用系统，包括火力发电厂上煤设备、燃油系统、制粉系统、水处理系统、循环水系统、给水系统、冷却水系统、排水系统、厂用电系统、压缩空气系统以及水电厂的供水系统和进水闸门设备等。

本 章 小 结

本章主要讲述电气设备检修的目的、意义，检修的分类和发电厂主要电气设备的检修项目，并对发电厂的类型和火力发电厂的生产过程进行了简单的叙述。

第二章 检修准备与施工管理

第一节 检修前准备工作

一、主要电气设备大小修的准备工作

开工前必须做到思想、任务、物质三落实。首先做好政治思想动员工作，做到任务交底、安全技术措施交底，明确安全、质量、进度、节约等方面的要求。积极开展安全活动，不断提高工作人员的安全意识，自觉遵守安全工作规程，确保施工中人身和设备的安全。为了保质保量地完成检修任务，在施工中必须抓好以下工作：

（1）大小修前，电气分场应组织各班组根据年度检修计划、设备缺陷、运行情况、上次大小修总结等，讨论检修项目、进度、措施及质量要求，做到人员、项目、措施三落实。

（2）平衡制订大修的控制进度，安排班组施工进度。

（3）制订施工技术措施和安全措施。

（4）做好物资准备（包括材料、备品、安全用具、施工工器具等）及场地布置。

（5）准备好技术记录表格，确定应测绘和校核的备品配件图纸。

（6）组织班组讨论大修计划、项目、进度、措施及质量要求，做好劳动力安排和特种工艺培训，协调班组和工种间的配合工作，并确定检修项目的施工和验收负责人。

一般检修项目的大修准备工作，应尽可能定型化，以提高工作效率和质量。重大特殊项目的检修准备工作，在项目确定后，应由专人负责准备。制造周期长的主要备品及特殊材料应尽早落实。

在大修前的一次小修，应详细检查设备，核实技术状况和特殊检修项目，修改技术措施。属于集中检修者（检修公司），负责检修的单位也应参加这次检查。

大修前1个月左右，检修工作的负责人应组织有关人员检查和落实检修项目、主要材料和备品配件、人力的准备以及安排有关部门之间的协作配合等，开工前应全面复查，确保大修按期开工。

二、大修开工应具备的条件

大修开工前，应对检修人员进行思想动员，明确安全、质量、进度、节约等方面的要求，同时进行技术交底，充分调动群众的积极性，当具备下列条件后方可开工：

（1）重大特殊项目的施工技术措施已经有关部门批准。

（2）检修的项目、进度、技术措施和安全措施、质量标准已为群众所掌握。

（3）劳动力、主要材料和备品配件已经准备好。

（4）专用工具、施工机具、安全用具和试验设备已经检查试验合格。

集中检修的准备工作，由集中检修的工作单位负责，电厂有关部门应密切配合。

第二节 施工管理

施工期间是检修活动高度集中的阶段，必须做好各项组织工作，集中力量打歼灭战。为了安

全、顺利、保质保量地完成检修任务，因此在施工中必须抓好下列工作。

一、采取必要的措施，确保施工中人身和设备的安全

积极开展安全活动，加强宣传教育，不断提高职工的安全意识，使职工能自觉地遵守安全工作规程，确保施工中人身和设备的安全。施工中还应注意各阶段的特点，关心群众生活，注意劳逸结合抓好安全等方面的关键问题。领导人员必须以身作则，严格贯彻执行《电业安全工作规程》系列标准中的相关要求，布置工作时要强调布置安全措施，工作结束时要总结安全，及时解决安全作业中存在的问题。

二、严格执行工艺措施，确保检修质量

严格执行质量标准、工艺措施和岗位责任制，培养规矩、整齐、干净利落、毫不马虎的优良工艺作风，严肃认真、一丝不苟地执行工艺措施，正确使用材料、工具、仪器，确保检修质量。同时，不忘勤俭节约，坚决反对浪费。

大修开工后，应尽快做好设备解体检查和试验工作。检查分析设备技术状况的变化，积累资料，摸清规律。针对发现的缺陷，及时调整检修项目，落实检修方法。同时鉴定以往检修与改进项目的效果，确保按期完工。

设备检修后，应达到下列要求：

(1) 检修质量达到规定的质量标准。

(2) 消除设备缺陷。

(3) 恢复出力，提高效率。

(4) 消除泄漏现象。

(5) 安全保护装置和主要自动装置动作可靠，主要仪表、信号及标志正确。

(6) 做好现场整洁、工具和仪表的管理、消防和保卫等工作，要严防工具、工件及其他物件遗留在设备内造成事故，检修竣工后，要认真做好现场清理工作。

(7) 及时做好检修记录，其主要内容应包括设备技术状况、系统和结构的改变、测验和测试的数据等，所有记录均应做到正确完整、简明实用，通过检修还要校核和补充备品、配件的图纸。

三、提高功效，缩短检修工期

负责检修的专业人员应该深入现场，随时掌握施工进度，及时做好劳动力、特殊工种、修配加工、施工机具和材料供应等各方面的平衡调度工作，特别要抓好关键项目以及设备解体后和检修结尾阶段的综合平衡，确保施工进度。

对可能影响施工工期或需要进一步落实技术措施的项目，应提前解体检查。在解体检查时，有关专业人员应该深入现场指导工作。检修负责人应掌握全面，抓住关键，进行重点检查。各班组、专业之间要从全局出发，配合协作，互相支援。

为了提高功效，实行快速检修，缩短检修工期，应积极采取下列措施：

(1) 开展同工种和各检修项目之间的劳动竞赛，提高劳动效率。

(2) 开展技术创新，认真推广已总结出的检修经验，改进施工机械和工具，改进施工工艺，尽量采用机械化机具，设置必要的检修设施等。

(3) 合理安排检修工序和进度，搞好各班组的配合协作。

(4) 采用轮换备品和材料预先加工的方法，减少大修期间的工作量。

(5) 在条件许可的情况下，某些附属设备可以在大修前预先进行检修和试验。

除此之外，要树立安全、经济的全面观点，养成勤俭节约的风气，在使用材料和更换部件时要认真鉴定，尽量采用焊、补、镀、镶、配、改、黏等办法，进行修旧利废，做到精打细算，节约器材。

本 章 小 结

　　本章主要讲述发电厂主要电气设备大修、小修前应做好哪些准备工作，大修开工应具备哪些条件，检修后应达到什么样的要求，以及在施工中为了保证安全，保质保量地完成检修任务必须采取哪些措施。

第三章 电气设备检修常用材料

第一节 常用绝缘材料

在各种常用电工材料中，绝缘材料占据着很重要的地位。几乎每一种电气设备都少不了绝缘材料。正确选择和使用绝缘材料，对电气设备安全运行有重大的意义。

绝缘材料的作用是使带电部件与其他部件相互隔离，并起着机械支撑、固定以及灭弧、散热、改善电场的电位分布和保护导体的作用。

一、绝缘材料分类

绝缘材料的分类方法很多，为了便于掌握材料的用途和特性，在这里主要介绍以下两种分类方法。

1. 按物理状态分类

依照绝缘材料的物理状态，可将其分为下列三类：

（1）固体绝缘材料，包括绝缘漆、纸、纸板及纤维制品、漆布、漆管和绑扎带等绝缘纤维浸渍制品、云母制品、塑料、橡胶、玻璃和电工陶瓷等。

（2）液体绝缘材料，包括各种矿物油，如变压器油、断路器油、电容器油和电缆油等。

（3）气体绝缘材料，包括空气、氢气、氮气、六氟化硫气体和氟化烃气体等。

2. 按耐热程度分类

绝缘材料的耐热程度，是以允许的最高使用温度作衡量标准的。依照绝缘材料的耐热程度，可将其分为下列耐热等级：

（1）Y级绝缘的极限工作温度是90（℃），此级别材料有不浸渍和不放在液体材料内的有机纤维材料，如棉制品、丝制品、纸及其他同类物质。

（2）A级绝缘的极限工作温度是105（℃），此级别材料包括浸渍或放在油中使用的纤维材料，如油性漆布、油性漆绸、油性涤纶漆绸、油性合成纤维、油性合成纤维漆绸、油性聚酯纤维漆布等。

（3）E级绝缘的极限工作温度是120（℃），此级别材料是以A级材料作为底材，通过浸渍或涂覆以不同的胶黏剂，热压或卷制而成的层状结构绝缘，如层压板、层压管、层压棒、聚酯薄膜复合青壳纸或其他特殊型材。

（4）B级绝缘的极限工作温度是130（℃），此级别材料是以无机物质做底料，用耐热有机物为黏合剂制成的绝缘材料，如沥青绸云母带、醇酸纸云母带、醇酸玻璃粉云母带、环氧玻璃粉云母带、环氧玻璃聚酯薄膜粉云母带等，及其他类似的无机物制品。

（5）F级绝缘的极限工作温度是155（℃），此级别材料包括丙烯酸脂玻璃漆管、改性聚酯玻璃纤维、改性聚酯粉云母带、半导体防电晕带、半导体层压玻璃布板、环氧玻璃粉云母带、环氧玻璃聚酯薄膜粉云母带、环氧玻璃聚酰亚胺粉云母带、酚醛环氧少胶单面聚酰压胺薄脂粉云母带等。

（6）H级绝缘的极限工作温度是180（℃），此级别材料是以硅素有机化合物，或含有硅素有机化合物的物质（如树脂、橡胶或性质相同的物质）做黏合剂的云母、石棉、玻璃纤维及其他类似无机物制品。

（7）C级绝缘的极限工作温度是180（℃）以上，此级别材料包括天然云母、玻璃、石英、瓷器及其他同类的无机物。

二、绝缘材料的型号编制

电工绝缘材料的产品种类很多，在JB/T 2197—1996《电气绝缘材料产品分类、命名及型号编制方法》中规定了电工绝缘材料的产品分类、命名及型号编制方法，见表3-1。

表 3-1　　　　　　　　　　电工绝缘材料的产品分类、命名及型号编制方法

项目	说明					
型号的组成格式	大类代号 □	小类代号 □	参考工作温度代号 □	顺序号 □	—	专用附加号 □
大类代号	1 漆、树脂和胶类	2 浸渍纤维制品类	3 层压制品类	4 塑料类	5 云母制品类	6 薄膜、粘带和复合制品类

小类代号

漆、树脂和胶类

0	1	2	3	4	5	6	7	8
有溶剂浸渍漆类	无溶剂浸渍漆类	覆盖漆类	瓷漆类	胶粘漆类	熔敷粉末类	硅钢片漆类	漆包线漆类	胶类

浸渍纤维制品类

0	1	2	3	4	5	6	7	8
棉纤维漆布类		漆绸类	合成纤维漆布类	玻璃纤维漆布类	混织纤维漆布类	防电晕漆布类	漆管类	绑扎带类

层压制品类

0	1	2	3	4	5	6	7	8
有机底材层压板类		无机底材层压板	防电晕及导磁层压板类	覆铜箔层压板类	有机底材层压管类	无机底材层压管类	有机底材层压棒类	无机底材层压棒类

塑料类

0	1	2	3	4	5	6
木粉填料塑料类	其他有机物填料塑料类	石棉填料塑料类	玻璃纤维填料塑料类	云母填料塑料类	其他矿物填料塑料类	无填料塑料类

云母制品类

0	1	2	4	5	7	8	9
云母带类	柔软云母板类	塑料云母板类	换向器云母板类	衬垫云母板类	云母箔类	云母管类	

薄膜、黏带和复合制品类

0	2	3	5	6	7
薄膜类	薄膜黏带类	橡胶及织物黏带类	薄膜绝缘纸及薄膜玻璃漆布复合箔类	薄膜合成纤维纸复合箔类	多种材质复合箔类

参考工作温度

1	2	3	4	5	6
105℃	120℃	130℃	155℃	180℃	180℃以上

专用附加号

1	2	3	T
粉云母制品	金云母制品	鳞片云母制品	含杀菌剂或防毒剂制品

注　1. 型号的组成必要时在第四位数字后面增加一位数字，表示产品品种顺序号。

　　2. 不附加数字的云母制品为白云母制品。

三、液体与气体绝缘介质概述

1. 液体绝缘介质

液体绝缘介质有矿物油、合成油、植物油三种。其中，矿物油的特点是与水的亲和力较小，有利于保持较高的绝缘能力；挥发性较低能保持电气装置内的油位。矿物油无毒，对金属无腐蚀作用；化学稳定性好、黏度低、流动性好，散热好。由于矿物油有以上优良特点，所以，电气设备中使用最多的是矿物油。

矿物油主要用于变压器、油断路器、电容器、电缆等电气设备中。其作用是通过液体绝缘介质的浸渍和填充，消除了空气和气隙，从而提高了击穿强度，并改善了设备的散热条件，还能灭弧。

变压器用油的主要作用是绝缘和冷却；断路器用油其主要作用是绝缘和灭弧，黏度可较大，但内燃点要高、凝固点要低；而电容器用油或电缆用油与变压器用油有所不同，电容器和电缆用的油要求电气性能较为优良。

2. 气体绝缘介质

(1) 天然气体。常用天然气体有空气、氮气、氢气、二氧化碳气体等。

1) 空气。空气是一种混合气体，它散布在空间各处，其中含有氮、氢、氩、二氧化碳等气体和其他少量稀有气体。随地区的不同还含有水蒸气、工业废气等。在相同条件下，通过空气的泄漏电流比透过固体或液体绝缘材料的泄漏电流小得多。当电压不高时，空气是很好的绝缘材料。常态下，空气的击穿强度为 30kV/cm。

2) 氮气。氮气是不活泼的中性气体，常用的氮气纯度应在 99.5% 以上。氮气主要用作标准电容器的介质以及变压器、电力电缆和通信电缆的保护气体，防止绝缘油氧化、潮气侵入，并抑制热老化。

3) 氢气。氢气密度很小，所以具有很高的导热性，但是，绝缘强度仅为空气的 60%，又易爆，故主要用作汽轮发电机的冷却介质。为了防止氢气发生爆炸，通常使用的氢气纯度应在 95% 以上。

(2) 合成气体介质。电气设备常用的合成气体有六氟化硫（SF_6）和氟化烃（又称氟里昂，HF）。

1) 六氟化硫。它是一种不燃不爆、无色、无味、无毒和化学性能稳定的气体，它具有良好的绝缘和灭弧性能，在电场中其击穿强度大约是空气的三倍。若在 3~4 个标准大气压下，其击穿强度不小于变压器油。在单断口的灭弧室中，其灭弧能力大约是空气的 100 倍。因此，六氟化硫气体在电气设备中得到广泛的应用，其纯度应在 99.95% 以上。

2) 氟化烃气体。其特点是无毒，无腐蚀，不易燃烧；化学性能和热稳定性较好；击穿强度高，但是它会污染环境。

四、固体绝缘材料

固体绝缘材料包括有机材料、无机材料和绝缘复制品等。有机材料又包括纤维材料（如棉、丝、纸及木材）、树脂材料（如虫胶、酚醛树脂、有机玻璃等）、橡胶材料（如软橡胶、硬胶木、合成橡胶等）、沥青、石蜡和绝缘油漆类；无机材料包括云母类、石棉类、石料类、陶瓷类、玻璃类（玻璃、玻璃纤维及其制品）；绝缘复制品包括许多绝缘制品（如膜制品、层压制品等）。下面对电气设备检修常用固体绝缘材料做以介绍和说明。

1. 常用固体绝缘材料的名称与特点

(1) 电工薄膜。电工薄膜通常是指用于电力工业领域的厚度小于 0.25mm 的高分子薄片材料。电工薄膜具有厚度薄、质柔软、耐潮以及电气性能、机械性能和化学性能优良的特点，因此，在电气设备检修中，用作绕组、导线和电缆绕包绝缘。

（2）漆布带。漆布带按底材可分为棉漆布、漆绸、玻璃布以及玻璃纤维与合成纤维交织漆布等几类，并分别浸以不同的绝缘漆，经烘干、切带而成。它具有良好的介电性能、耐油性能和力学性能的特点，一般用于电机和用电器具线圈的包扎和衬垫绝缘。

（3）云母带。云母带具有良好的电气性能、机械性能和耐电晕性能。它材质柔软，可以连续包绕线圈，若经模压（液压）成型或高压真空浸渍成型，可作为电机线圈的主绝缘材料，以及耐火电缆的绝缘等。

（4）绝缘漆。绝缘漆按用途可分为浸渍漆、覆盖漆、硅钢片漆和漆包线漆等几类。浸渍漆又分为有溶剂漆和无溶剂漆两类。有溶剂漆使用方便、浸渍性好、价格低廉，但是，浸渍和烘焙时间长、固化慢，容易造成环境污染；无溶剂漆无挥发、黏结强度高、导热性好，但是，价格较贵。

2. 常用固体绝缘材料的型号与用途

常用绝缘漆、绝缘材料的型号、性能和用途，分别见表 3-2 和表 3-3。

表 3-2　　　　　　　　　　常用绝缘漆型号、性能和用途

名 称	型号	溶剂	干燥方式	干燥条件 温度（℃）	干燥条件 时间（h）	耐热等级	主要性能与用途
沥青漆	1010	200 号	烘干	105	6	AE	耐潮、耐温变，不耐油，用于电机定转子绕组覆盖
	1011	200 号	烘干	105	3	AE	
	1210	二甲苯	烘干	105	10	AE	
	1211	二甲苯	自干	20	3	AE	
绝缘浸渍漆	耐油清漆 1012	200 号	烘干	105	2	A	耐油、湿；用于电机绕组浸渍
	甲酚清漆 1014	有机溶剂	烘干	105	1/2	A	耐油、湿；用于电机绕组浸渍，但不适用漆包线绕组
	凉干醇酸清漆 1231	二甲苯 200 号	自干	20	20	B	用于绝缘零件表面盖覆
	醇酸清漆 1030	甲苯, 二甲苯	烘干	105	2	B	耐油；用于浸渍电机绕组或盖覆
	丁基酚醛醇酸漆 1031	二甲苯 200 号	烘干	120	2	B	耐热、耐潮；用于湿热带电机绕组浸渍
	三聚氰胺醇酸树脂漆 1032	二甲苯 200 号	烘干	105	2	B	耐热、耐油、耐电弧；用于湿热带电机绕组浸渍
	环氧脂漆 1033	二甲苯 丁醇	烘干	120	2	B	耐油、耐热、耐潮；用于湿热带电机绕组浸渍或零部件表面盖覆
	环氧少溶剂浸渍漆 1039	二甲苯 丁醇	烘干	140	2	B	耐油、耐热、耐潮；用于湿热带电机绕组浸渍或零部件表面覆盖
	氨基醇酸快干漆 1038	二甲苯	烘干	105	1/2	B	固化性能好；用于油性漆包线电机、电器线圈浸渍
	硅有机清漆 1050	甲苯	烘干	200	1/2	H	耐油、耐霉，用于高温电机、用电器具线圈浸渍或零部件表面修补

名称		型号	溶剂	干燥方式	干燥条件		耐热等级	主要性能与用途
					温度(℃)	时间(h)		
覆盖瓷漆	灰瓷漆	1320	二甲苯	烘干	105	3	E	耐油、耐电弧，但耐潮性能、介电性能差；用于电机、用电器线圈覆盖
	红瓷漆	1322	二甲苯	烘干	105	3	E	
	气干红瓷漆	1323	二甲苯	自干	20	24	E	性能同1320；用于低温烘干的电机、电器线圈覆盖或零部件表面修补
	硅有机瓷漆	1350	二甲苯	烘干	200	3	H	耐热、耐湿、耐冲击，介电性能好；用于高温电机、电器线圈覆盖
	聚酯凉干瓷漆	166、183、184	二甲苯	自干	20	24	F	

表 3-3   **常用绝缘材料型号、性能和用途**

名称		型号	浸渍漆	耐热等级	主要用途
薄膜	聚酯薄膜	2820		E(B)	中小型电机槽、匝间、相间绝缘；其他电器绝缘
	聚四氟乙烯薄膜	SFM		H	中小型电机衬垫绝缘；工作温度−60～+250℃
	聚酯薄膜青壳纸	2920		E	低压小型电机和用电器具的衬垫绝缘
	聚酯薄膜玻璃漆布	2252		E(B)	湿热带用电机和用电器具的衬垫绝缘与槽绝缘
玻璃漆布带	油性玻璃漆布带	2201、2412	油性玻璃漆	A	电机衬垫绝缘与线圈绝缘；代替黄漆布、绸
	黑玻璃漆布带	2430	沥青醇酸漆	E(B)	一般为大型电机衬垫绝缘与绕组绝缘；代替黄漆布，但不耐石油制品
	三聚氰胺醇酸玻璃漆布带	2432	醇酸漆	E(B)	湿热带用或高温油中电机和用电器具衬垫绝缘与绕组绝缘
	硅有机玻璃漆布带	2450	有机硅漆	H	耐高温电机和用电器具衬垫绝缘与绕组绝缘
	环氧玻璃漆布带	2433	环氧脂漆	E(B)	包扎环氧脂浇注的特种电机和用电器具线圈
漆布带	黄漆布带	2010、2011、2012、2015、2016、2017	油基漆	A	一般低压电机和用电器具衬垫绝缘与绕组绝缘包扎
	黑漆布带	2110、2111、2114	沥青漆	A	一般低压电机和用电器具衬垫绝缘与绕组绝缘包扎；但不耐油
	黄漆绸	2210、2211、2212	油基漆	A	A、E级绝缘电机和用电器具薄层衬垫或线圈绝缘包扎
云母带、板	沥青绸云母带	5032、5033		AEB	一般电机和用电器具绕组绝缘；高压用5035
	沥青玻璃云母带	5034、5035		AEB	
	醇酸绸云母带	5432		B	
	醇酸玻璃云母带	5434		B	
	环氧粉云母带			B	中大型高压电机和低压交直流电机绕组绝缘以及对地绝缘
	虫胶换向器云母板	5533、5535		A	直流电机换向片间绝缘
	环氧换向器粉云母板	5536		B	中小型电机集电环间、换向片间绝缘

第二节　常用导电材料及其他材料

导电材料的用途是输送和传导电流，如架空和屋内布线用的各种电线、电缆，电机和用电器具中绕组用的电磁线、触头、电刷、接触片及其他导电零件等。对于这类材料的基本要求是：电阻低（即导电率高），熔点高，膨胀系数小，电阻温度系数小，抗张强度大，相对密度小。

其他材料有磁性材料、润滑油和轴承等。

一、常用导电材料的分类与基本要求

良好的导电材料有银、铜、铝、铬、钛、镁、钼、钨、锌、锰、镍等，其次是锡、镉、铁、铅等。对于不同用途的材料还有一些不同的要求。

（1）传送电流用导电材料。如电线、电缆、电磁线等，这类材料要求电阻低，机械强度高，并且因用量大，价格不能太贵，一般用铜和铝。

（2）保护性导电材料。这类材料大部分为熔点较低的易熔金属，如铅、锡或铅、锡、镉、铋等的合金，用作熔断器中的熔片或熔丝以保护电机、用电器具等。

（3）恒强度导电材料。这类材料的机械强度不受任何影响而发生变化，抗张强度高，耐热，耐磨，如铍铜合金（铜97%～98%，铍2%～3%），用于制造绕线转子式异步电动机的集电环；磷铜合金，用于电气仪表的平衡元件（游丝）和继电器、开关等的簧片。

（4）石墨导电材料。这类材料有润滑性，用作集电环电动机及发电机中的电刷。

（5）电阻材料。属于这类材料的是一些电阻率较大的金属和非金属导电材料。它们能导电，但电阻较大，如铁、镍等金属和铁镍铬铝等几种金属按不同成分组成的各种合金等。碳是一种非金属导电材料。这类材料用于制造电阻丝和电阻片，以供制作各种电阻器和变阻器。

二、常用导电材料的物理性质及意义

1. 常用导电材料的物理性质

常用导电材料的物理性质见表3-4。

表3-4　　　　　　　　　　常用导电材料的物理性质

名称	符　号	密度 (g/cm³)	熔点 (℃)	20℃时电阻率 (Ω·mm²/m)	电阻温度系数 (0～100℃)1℃	抗拉强度 (N/mm²)
银	Ag	10.5	961.93	0.015 9	0.003 80	156.8～176.4
铜	Cu	8.9	1084.5	0.016 9	0.003 93	196～215.6
铝	AI	2.7	660.37	0.026 5	0.004 23	68.6～78.4
铁	Fe	7.86	1541	0.097 8	0.005	245～323.4
锡	Sn	7.3	231.96	0.114	0.004 2	14.7～26.5
铅	Pb	11.37	327.5	0.219	0.003 9	9.8～29.4

2. 常用导电材料各项性质的意义

（1）密度。单位体积的质量。如铜为8.9g/cm³，铝为2.7g/cm³。

（2）熔点。金属开始熔化成液体时的温度。

（3）电阻率。金属在20℃时，长度为1m和截面为1mm²的电阻欧姆值。

（4）电阻温度系数。金属在0～100℃的范围内，温度每升高1℃时增加的电阻值百分数。

三、导线

导线（俗称电线）。导线的金属线芯必须导电率高，机械抗张强度大，耐蚀，质地均匀，表

面光滑无氧化、裂纹等缺点；绝缘导线必须保证外包绝缘电阻高，耐电压强度高，质地柔韧而有相当机械强度，能耐酸、油、臭氧等的侵蚀。

1. 导线的分类

（1）按导电材料分，有铜线、铝线、钢芯铝线、钢线、镀锌铁线等。

（2）按导线构造分，有裸线、绝缘电线，绝缘线按电压等级又分 250、500V、1、6、10kV 等，裸线及绝缘线又有单股及多股绞线两种。

（3）按金属性质分，有硬线和软韧线两种，硬线是未经退火处理的，机械强度大；软韧线是经过退火处理的，抗拉强度较差。

（4）按导线用途分，有可移动电线、屏蔽电线、电动机引线用电线以及各种专用电线等。

（5）按绝缘材料分，有聚氯乙烯绝缘电线和橡胶绝缘电线。

2. 导线型号的含义（自左至右）

（1）固定敷设铝芯绝缘导线：

第一个字母 B— 固定布线敷设。

第二个字母 L— 导电材料是铝。

第三个字母 V—聚氯乙烯绝缘；Y—黑色聚乙烯护套；X—橡胶绝缘。

第四个字母 V—聚氯乙烯护套；W—户外敷设。

第五个字母 B—平型导线（圆形不表示）。

（2）固定敷设铜芯绝缘导线：

第一个字母 B— 固定布线敷设。

第二个字母 V—聚氯乙烯绝缘；X—橡胶绝缘。

第三个字母 V—聚氯乙烯护套；R—多股软导线；W—户外敷设。

第四个字母 B—平型导线（圆形不表示）。

（3）绝缘软导线（软导线均为铜芯导线）：

第一个字母 R—软导线。

第二个字母 V—聚氯乙烯绝缘；X—橡胶绝缘。

第三个字母 V—聚氯乙烯护套；S—双根绞线；B—平型导线；H—橡胶护套。

第四个字母 B—平型导线。

（4）裸绞线：L—铝线；G—钢芯；J—绞线；H—合金；F—防腐；T—铜线。

3. 常用导线的型号、名称及用途

（1）常用绝缘导线的型号、名称及用途见表 3-5。

表 3-5　　　　　　　　　　常用绝缘导线的型号、名称及用途

型　号	名　　称	用　途
BV	铜芯聚氯乙烯绝缘导线	各种动力、照明、电气设备固定安装敷设，其中 BVR 型可用于配电盘与盘面之间的连接和其他一般软连接
BVR	铜芯聚氯乙烯绝缘软导线	
BLV	铝芯聚氯乙烯绝缘导线	
BVV	铜芯聚氯乙烯绝缘聚氯乙烯护套绝缘导线	
BLVV	铝芯聚氯乙烯绝缘聚氯乙烯护套绝缘导线	
BVVB	铜芯聚氯乙烯绝缘聚氯乙烯护套平型绝缘导线	
BLVVB	铝芯聚氯乙烯绝缘聚氯乙烯护套平型绝缘导线	
BV-105	铜芯耐热聚氯乙烯绝缘导线	各种动力、照明、电气设备固定安装敷设，长期允许工作温度 105℃

型　号	名　　称	用　　途
BVW	户外用铜芯聚氯乙烯绝缘导线	户外固定敷设
BLVW	户外用铝芯聚氯乙烯绝缘导线	
BX	铜芯橡胶绝缘导线	各种动力、照明、电气设备固定敷设
BLX	铝芯橡胶绝缘导线	
BXR	铜芯橡胶绝缘软导线	
BXW	铜芯橡胶绝缘氯丁护套导线	寒冷地区户内户外动力、照明固定安装敷设
BLXW	铝芯橡胶绝缘氯丁护套导线	
BXY	铜芯橡胶绝缘黑色聚乙烯护套导线	寒冷地区动力、照明穿管固定安装敷设
BLXY	铝芯橡胶绝缘黑色聚乙烯护套导线	
RV	铜芯聚氯乙烯绝缘软导线	500V以下各种移动电气设备
RVS	铜芯聚氯乙烯绝缘双绞型软导线	
RVV	铜芯聚氯乙烯绝缘聚氯乙烯护套软导线	
RVB	铜芯聚氯乙烯绝缘平型软导线	
RVVB	铜芯聚氯乙烯绝缘聚氯乙烯护套平型软导线	
RV-105	铜芯耐热聚氯乙烯绝缘软导线	允许工作温度不超过105℃的移动电气设备
RX	铜芯橡胶绝缘编织软导线	300V以下的室内照明灯具、家用电器等
RXS	铜芯橡胶绝缘编织双绞软导线	
RXB	铜芯橡胶绝缘编织平型软导线	
RXH	铜芯橡胶绝缘橡胶护套编织软导线	

（2）常用裸导线的型号、名称及用途见表3-6。

表 3-6　　　　常用裸导线的型号、名称及用途

类别	名　　称	型　号	性　能	用　途
圆线	硬圆铜线	TY	抗拉强度大	架空导线
	硬圆铝线	LY		
	软圆铜线	TR	延伸性高	电线、电缆、电磁线和其他电器的制造
	软圆铝线	LR		
	半硬圆铝线	LYB	介于软硬线之间	
绞线	铝绞线	LJ	导电性好、机械性能好	高低压架空线路主要采用的导线，以铝线为最多
	铜绞线	TJ		
	钢芯铝绞线	LGJ	比铝绞线拉断力大一倍	
	热处理铝镁硅合金绞线	LH_AJ	合金导线具有高导电、高强度性能，热稳定性能好，热处理的合金导线强度更高	
	热处理铝镁硅稀土合金绞线	LH_BJ		
	钢芯热处理铝镁硅合金绞线	LH_AGJ		
	钢芯热处理铝镁硅稀土合金绞线	LH_BGJ		
	轻防腐钢芯热处理铝镁硅合金绞线	LH_AGJF_1		
	轻防腐钢芯热处理铝镁硅稀土合金绞线	LH_BGJF_1		
	中防腐钢芯热处理铝镁硅合金绞线	LH_AGJF_2		
	中防腐钢芯热处理铝镁硅稀土合金绞线	LH_BGJF_2		

类别	名　称	型　号	性　能	用　途
型线	硬扁铜线	TBY	形状为矩形线，性能与圆线相同	电机和用电器具线圈制造
	软扁铜线	TBR		
	硬扁铝线	LBY		
	半硬扁铝线	LBBY		
	软扁铝线	LBY		
	硬铝母线	LMY	形状为矩形线，性能与圆线相同	高低压配电装置汇流排
	软铝母线	LMR		
	硬铜母线	TMY		
软接线	铜电刷线	TS	柔软性好，易弯曲，耐振动	电刷的连接线
		TSX		
		TSR		
		TSXR		
	铜软绞线	TJR	柔软性好	用于电器和元件的引线，接地线
	软铜编织线	QC	柔软性好	汽车蓄电池连接线

4. 聚氯乙烯绝缘导线

聚氯乙烯绝缘导线用字母"V"来表示，它分固定安装敷设和移动场合使用两大类。字母"B"字打头的聚氯乙烯绝缘导线为固定安装敷设类，如 BV、BLV、BVR、BVV、BLVV 等型号；字母"R"打头的聚氯乙烯绝缘导线为移动场合使用类，如 RV、RVS、RVV、RVB、RVVB 等型号。

聚氯乙烯绝缘导线实用于交流不超过 450V、直流不超过 750V 的电气系统，作为动力装置和照明装置固定安装使用，其中铜芯导线 BV 和 BVR 也可以作电气二次回路配线使用。

5. 橡胶绝缘导线

橡胶绝缘导线用字母"X"来表示，也分固定安装敷设和移动场合使用两大类。字母"B"字打头的橡胶绝缘导线为固定安装敷设类，如 BX、BXR、BLX、BXF、BLXF、BXW、BLXW、BXY、BLXY 等型号；字母"R"打头的橡胶绝缘导线为移动场合使用类，如 RX、RXS、RXH、RXB 等型号。

"B"字打头的橡胶绝缘导线用于交流 500V 以下电气设备和照明装置的固定敷设，允许连续工作温度不超过 65℃。各种橡胶绝缘导线都有防护层或护套，如 BX 型导线的全称就是橡胶绝缘编织导线，其编织材料为棉纱涂蜡的则称为橡胶绝缘棉纱编织涂蜡导线。

"R"打头的橡胶绝缘软线适用于交流额定电压 300V 以下的家用电器、电动工具和照明器具等，作为可移动连接或软连接使用，其允许连续工作温度不超过 65℃。各种橡胶绝缘软线也都有防护层，多用棉纱或其他纤维在橡胶绝缘外编织而成。

6. 电动机引线

电动机引线的型号、名称和规格见表 3-7。

表 3-7　　　　　　　　　　　　电动机引线的型号、名称和规格

型号	导 线 名 称	耐热温度(℃)	额定电压(V)	导线截面(mm²)
JE	铜芯乙丙橡胶丁腈护套电动机引线	90	500	0.2~10
			1000	0.2~240
JH	铜芯氯磺化聚乙烯绝缘电动机引线	90	3000	1.5~240
			6000	16~240
JEH	铜芯乙丙橡胶绝缘氯磺化聚乙烯护套电动机引线	90	500	0.2~120
			1000	0.75~120
JEM	铜芯乙丙橡胶绝缘氯醚护套电动机引线	90	3000	2.5~120
			6000	16~240
JYJ	铜芯交联聚烯烃绝缘电动机引线	125	500	0.5~240
JG	铜芯硅橡胶绝缘电动机引线	180	500	0.75~95
			1000	0.75~95
JF₄₆	铜芯聚全氟乙丙烯绝缘耐氟里昂电动机引线		500	0.5~2.5

7. 绝缘导线选择

（1）为保证导线实际工作温度不超过允许值，导线按发热条件的允许长期工作电流不应小于线路计算电流，即导线的载流量要满足要求。

（2）根据敷设环境的要求正确选择导线型号。

（3）导线绝缘的耐电压水平应符合所在电路的要求。

（4）应按经济电流密度选择导线截面积（10kV 及以下配电线路一般不按经济电流密度选择导线截面积）。

（5）按电压损失校验导线截面积，因导线长度造成的电压降应符合规定。

（6）导线的机械强度应满足安装敷设要求。

本 章 小 结

本章主要讲述电气设备检修常用材料的分类、性能、要求及用途。对绝缘材料主要从物理性质和耐热程度两个方面进行分类。按物理性质可分为固体、液体、气体三种绝缘材料。按耐热程度可分为 Y(90℃)、A(105℃)、E(120℃)、B(130℃)、F(155℃)、H(180℃)、C(180℃以上)七个等级。

本章对各种常用导线的型号、名称、规格以及导线的选用也作了介绍和说明。

第四章 PLC 基本知识

第一节 PLC 基本结构与特点

一、PLC 基本结构

可编程序控制器的简称"PLC"是"Programmable Logic Controller"的缩写，其主要组成部分有中央处理器（CPU 模块）、输入、输出（I/O 模块）、编程器和电源等。

1. 中央处理器（CPU 模块）

中央处理器简称 CPU，它由微处理器和存储器组成。是 PLC 的大脑，其主要用途是处理和执行用户程序，不断地采集输入信号将结果输出给有关部分，以控制生产机械按既定程序工作；存储器是用来储存程序和数据的。

2. 输入、输出（I/O 模块）

输入模块和输出模块简称为 I/O 模块，它们是系统的眼耳手脚，是联系外部现场设备和中央处理器（CPU 模块）的桥梁。用户设备需要输入 PLC 的各种控制信号，如操作按钮、行程开关和各种传感器的信号等，通过输入部件将这些信号转换成中央处理器能够接收和处理的信号。输出部件将中央处理器内部电路的通断信号转换成现场需要的信号输出，用它接通外部负载电路，以驱动接触器、电磁阀等被控设备的执行元件。

3. 编程器

编程器是开发、维护 PLC 控制系统不可缺少的外部设备，用来生成用户程序并用它来编辑、修改、检查和监视用户程序。编程器有手持式和编程软件两类。手持式编程器不能直接输入和编辑梯形图，只能输入和编辑指令表程序，一般用来给小型 PLC 编程，或用于现场调试和维护。编程软件逐渐取代手持式编程器，使用编程软件可以在计算机屏幕上直接生成和编辑梯形图、功能块图和指令表程序。

4. 电源

电源部件将交流电源转换成供 PLC 电子电路所需要的直流电源，使 PLC 能正常工作。PLC 内部电路使用的电源是整机的能源供给中心，它的好坏直接影响 PLC 的功能和可靠性，因此，目前大部分 PLC 采用开关式稳压电源供电，用锂电池做停电后的备用电源。

二、PLC 特点

传统的控制系统是继电接触器控制系统，就是用导线将各种继电器、接触器及其触点按一定的逻辑关系连接成控制系统来控制各种生产机械。由于这种系统简单易懂，价格低廉，在一定范围内能满足控制要求，因而被广泛应用。但这种继电接触器控制装置用的是固定接线方式，一旦生产过程有所变动，就得重新设计线路并连接安装，灵活性较差。为了适应生产工艺不断更新的需要，研制了可编程序控制器"PLC"。它的控制功能是通过存放在存储器内的程序来实现的，与传统的继电器相比较有以下几个特点。

1. 编程方法简单易学

PLC 的硬件虽然和计算机基本相同，但使用的语言却完全不同。PLC 采用梯形图语言编程，其电路符号和表达方式与继电器电路原理图相似，梯形图语言形象直观，方便易学，不懂计算机的人也能很快掌握，便于推广。

2. 便于编程

继电接触器控制是采用硬接线逻辑，它利用继电器接点的串、并联；利用延时继电器的滞后动作组合成控制逻辑，连线复杂、体积和功耗都大。PLC是用软件功能取代了继电器控制系统中的大量中间继电器、时间继电器、计数器等器件，其控制逻辑只与程序有关。当生产流程需要改变时，可以现场更换程序，不必进行大量的硬件改造，编程灵活，有利于产品的迅速更新换代。

3. 功能强

一台小型PLC内就有成百上千个可供用户使用的编程元件，其处理速度快，控制精度高，不仅有逻辑运算、定时、计数等顺序控制能力，而且在较高档次的PLC上能完成数字运算、数字处理、模拟量控制和生产过程监控等复杂的控制功能。PLC还可以通过通信联网实现分散控制和集中管理。

4. 可靠性能高

传统的继电器控制系统使用了大量的继电器，由于触头在分、合时会受到电弧的损坏，所以易出现故障。PLC是用软件代替大量的继电器，内部处理不依赖于机械触头，所以元件的寿命几乎不用考虑。传统的时间继电器易受环境湿度和温度变化的影响，时间调整较困难，而PLC使用集成电路作为定时器，时基脉冲由晶体振荡器产生，精度相当高，不受环境的影响，一旦调好，不会改变。另外PLC采取了屏蔽、滤波和光电隔离等一系列抗干扰措施，平均无故障时间可达数万小时以上，是最可靠的工业控制设备之一。

5. 维修量小

由于PLC的故障率很低，且有完善的自诊断和显示功能，当PLC发生故障时，可以根据PLC上的发光二极管或编程器提供的信息迅速地查明故障原因，用更换模块的方法迅速排除故障。

6. 体积小、能耗低

传统复杂的继电器控制系统使用PLC后，减少了大量的继电器，使PLC的体积仅相当于几个继电器大小，因为PLC的体积小，所以使开关柜的体积也相应地缩小了；又因PLC的配线比传统继电器控制系统少得多，故既省材料又省工时，可节省大量费用。

第二节 PLC 工 作 原 理

根据硬件结构的不同，PLC可分为整体式和模块式两种。整体式的PLC是将中央处理器、存储器、电源部件、输入和输出部件集中配置在一起，小型PLC常采用这种结构；模块式PLC是将各部分以单独的模块分开，如中央处理器模块、输入模块、输出模块、电源模块等，使用时可将这些模块分别插入机架底版的插座上，配置灵活方便，便于扩展，一般大、中型PLC采用这种结构。目前国内外PLC的产品种类很多，大、中、小型PLC的功能虽然不同，但它们的工作原理基本相同。

一、PLC硬件结构

任何一个继电接触器系统都是由三个基本部分组成的，如图4-1所示。其中，输入部分是指各种开关信息；逻辑部分是由若干继电器及其触点组成的有一定逻辑功能的控制电路；输出部分则是各种执行元件，如继电器、电磁阀、照明灯等。

可编程序控制器也具有输入、逻辑控制和输出等部分，如图4-2所示。其中，逻辑部分采用大规模集成电路的微处理器和存储器及存储的用户程序来代替继电器逻辑线路，通过编程可以灵活地改变控制程序，就相当于改变了继电器控制线路的接线。

PLC 是执行逻辑功能的控制装置，其中央处理器（CPU）用来接收并存储从编程器输入的用户程序和数据，完成用户程序中规定的逻辑或算术运算功能的，因此，可将图 4-2 画成类似于继电接触器控制的等效电路图，如图 4-3 所示，PLC 的等效电路分为三部分，即输入部分、内部控制电路（逻辑部分）和输出部分。

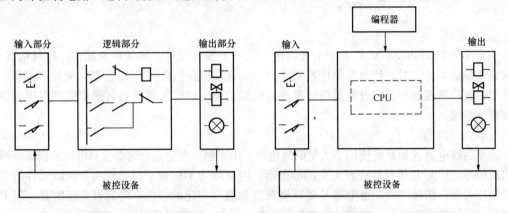

图 4-1 继电器—接触器控制系统   图 4-2 PLC 控制系统的组成

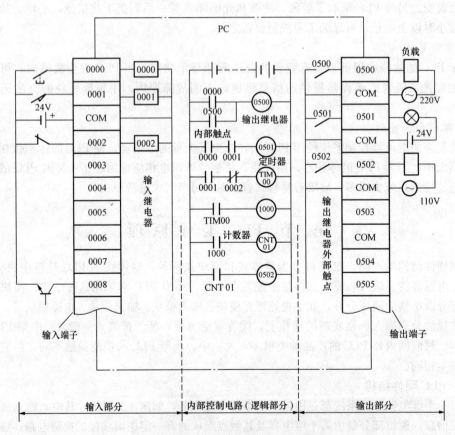

图 4-3 PLC 的等效电路

1. 输入部分

输入端子是 PLC 与外部开关、敏感元件等交换信号的接口，它能接受被控设备的信号，如按钮、行程开关和各种传感器的信号。输入继电器（如图 4-3 中的 0000、0001、0002）由接到输入端子的外部信号来驱动，输入电路导通相当于继电器线圈受电，内部电路的通断相当于继电器触点的通断。因此，每一个输入单元电路可以等效一个输入继电器。等效电路中的一个输入继电器实际对应 PLC 输入端的一个输入点及其对应输入电路。例如一个 PLC 有 16 个点输入，它就相当于有 16 个微型输入继电器，它在 PLC 内部与输入端子相连，并提供 PLC 编程时使用的许多动合触点和动断触点。

2. 输出部分

输出端子是 PLC 向外部负载输出信号的接口，输出接口组件将中央处理器（CPU）的内部电路通断信号转换成继电器触点的通断，用它接通外部负载电路。如果一个 PLC 的输出点为 12 点，则 PLC 就有 12 个输出继电器。PLC 输出继电器的触点（如图 4-3 中的 0500、0501、0502 等）与输出端子相连，通过输出端子驱动外接负荷，如接触器的线圈、信号灯、电磁阀等。负荷电源的类型要根据用户负载要求来选择。另外，PLC 还有晶体管输出和晶闸管输出，前者只有直流输出，后者只有交流输出，两者都是无触点输出。

3. 内部控制电路（逻辑部分）

中央处理器（CPU）是 PLC 内部电路的主要部分，其主要功能是接收并存储从编程器输入的用户程序和数据；检查电源、存储器、输入、输出以及警戒定时器的状态，诊断用户程序的语法错误，判断哪些信号需要输出，并将得到的结果输出给负载。

PLC 内部有许多类型的器件，如定时器（TIM）、计数器（CNT）和辅助继电器（如图 4-3 中的 1000），这些都是软器件并都有对应的动合触点（高电平状态）和动断触点（低电平状态），均在 PLC 内部。编写的梯形图是将这些软器件进行内部软连接，完成被控设备的控制要求。

现以三相笼型异步电动机的控制电路为例，来分析 PLC 构成控制系统的基本过程，加深对等效电路的理解。图 4-4 是三相笼型异步电动机的继电接触器控制电路，当按下启动按钮 SB1 时，交流接触器 KM 的线圈通电，其主触点 KM 闭合，电动机运行，同时KM 的另一个辅助触点也闭合，使接触器自锁。当按下停止按钮 SB2 时，KM 线圈断电，电动机停转。

采用 PLC 组成的电动机控制电路，如图 4-5 所示。其电气主电路如图 4-4（a）所示，在 PLC 的输入端 0000 接启动按钮 SB1，0001 接停止按钮 SB2，在 PLC 的输出端

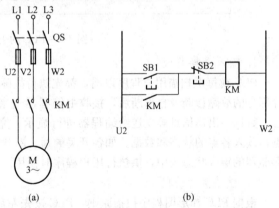

图 4-4 三相笼型异步电动机控制电路
(a) 主电路；(b) 控制电路

0500 接接触器线圈 KM，输入输出公共端（COM）分别接电源，用编程器将图 4-5（b）的梯形图程序键入 PLC 内，PLC 就可按照这一控制工作程序。

当按下 SB1 时，输入继电器 0000 线圈接通，内部电路动合触点 0000 闭合，输出继电器线圈 0500 接通，内部电路中的动合触点 0500 闭合完成自锁，同时 0500 输出端的输出继电器外部硬件动合触点接通，KM 线圈带电，电动机运转。当按下 SB2 时输入继电器 0001 线圈接通内部电路的动断触头 0001 断开，输出继电器线圈 0500 断电，其动合触头断开，电动机停转。

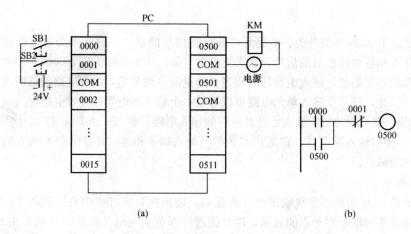

图 4-5 PLC 等效电路图

(a) PLC 组成的电动机控制电路；(b) 梯形图

二、PLC 的工作过程

PLC 的工作过程是一个周期循环扫描的过程。用户程序通过编程器或其他输入设备输入，存放在 PLC 的用户存储器中。当 PLC 开始运行时，PLC 根据系统监控程序的规定顺序，通过扫描方式，完成各输入点的状态或输入数据的采集、用户程序的执行、各输出点状态的更新、编程器键入的响应、显示更新及 PLC 自检等工作。扫描过程如图 4-6 所示。

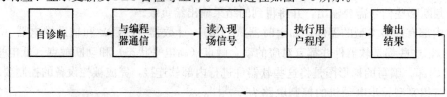

图 4-6 PLC 的工作过程框图

1. 输入采样阶段

PLC 在每次扫描用户程序以前，都先执行故障自诊断程序，其内容包括 I/O、存储器、CPU 等部分的故障诊断。自诊断后，接收由编程器送来的程序、命令和各种数据，并把要显示的状态、数据、出错信息等发送给编程器进行显示。完成与外界的通信以后，PLC 开始扫描各输入点，读入各点的状态和数据。如各开关的通、断状态等，并把这些数据按预先排好的顺序写入到存储器的输入状态表中，供执行用户程序时使用。

2. 程序执行阶段

根据 PLC 梯形图程序扫描原则，PLC 按先左后右、先上后下的步序逐句扫描，然后根据各 I/O 状态和有关数据进行逻辑运算，最后将运算结果写入输出寄存器状态表。

3. 输出处理阶段

当所有指令都扫描并处理完毕时，把输出状态表中所有输出继电器的通断状态转存到输出锁存电路，通过输出模块把内部信号变换成与执行机构相适应的电信号输出，驱动生产现场的执行机构，完成控制任务。

第三节 继电器及其编号

PLC 是按照用户控制要求编写的程序进行工作的，程序的编制是靠编程语言将控制任务表达出来的，目前国内外 PLC 生产厂家很多，各种系列产品的编程语言也不尽相同，但程序的表达方式基本是梯形图、指令码（操作码）、逻辑功能图和高级语言这四种。使用最多的是梯形图和指令码。下面以 C 系列 P 型机为例，介绍梯形图和指令码编程。

C 系列 P 型机是一种小型整体式 PLC，C 系列 P 型机有 C20P、C28P、C40P、C60P 等型号，它们的硬件结构、指令系统、性能指标、编程方法都完全相同。

C 系列可编程控制器是利用 I/O 通道的概念，来识别各个 I/O 端子或点，如图 4-7 所示。C28P 共有 16 个输入接口、12 个输出接口。

输入和输出继电器与输入和输出通道的编号由四位数字组成，左边两位表示通道号，右边两位数字表示继电器号，如 0102 表示 01 通道（CH）的 02 号继电器。P 型机的通道是固定的，它的前五个通道 00～04CH 是输入通道，后五个通道 05～09CH 是输出通道。不同的 PLC 其输入、输出接口地址不同。

C20P 的输入接口地址为：0000～0011	共 12 个
C28P 的输入接口地址为：0000～0015	共 16 个
C40P 的输入接口地址为：0000～0015，0100～0107	共 24 个
C60P 的输入接口地址为：0000～0015，0100～0115	共 32 个
C20P 的输出接口地址为：0500～0507	共 8 个
C28P 的输出接口地址为：0500～0511	共 12 个
C40P 的输出接口地址为：0500～0511，0600～0603	共 16 个
C60P 的输出接口地址为：0500～0511，0600～0615	共 28 个

一、输入继电器（I）

输入继电器是 PLC 接收来自外部开关信号的"窗口"。它与 PLC 的输入端子相连，并带有许多动合触点和动断触点供编程时使用。输入继电器只能由外部信号来驱动，不能被程序指令来驱动。输入继电器编号见表 4-1。

二、输出继电器（O）

输出继电器是 PLC 用来传递信号到外部负荷的器件。输出继电器有一个外部输出的动合触点，它是按程序的执行结果而被驱动的。内部有许多动合触点和动断触点供编程中使用。输出继电器编号见表 4-1。

三、内部辅助继电器

这些继电器不能直接驱动外部设备，一般用于程序中存放中间结果或设置值等。它可以由 PLC 中各种继电器的触点驱动，其作用同继电接触器控制的中间继电器相类似。内部继电器带有若干动合触点和动断触点供编程使用。内部辅助继电器的编号同 I/O 继电器，见表 4-1。

四、保持继电器（HR）

保持继电器在电源中断时能保持它们原来的状态，用于断电后保存数据和程序状态。保持继电器的编号见表 4-2。

五、暂存继电器（TR）

P 型机有八个暂存继电器，即 TR0～TR7。暂存继电器可以不按顺序进行分配，在同一程序段内暂存继电器不得重复使用，在不同的程序段内暂存继电器可以重复使用。但使用时必须在继电器号之前冠以"TR"，如 TR0、TR1 等。

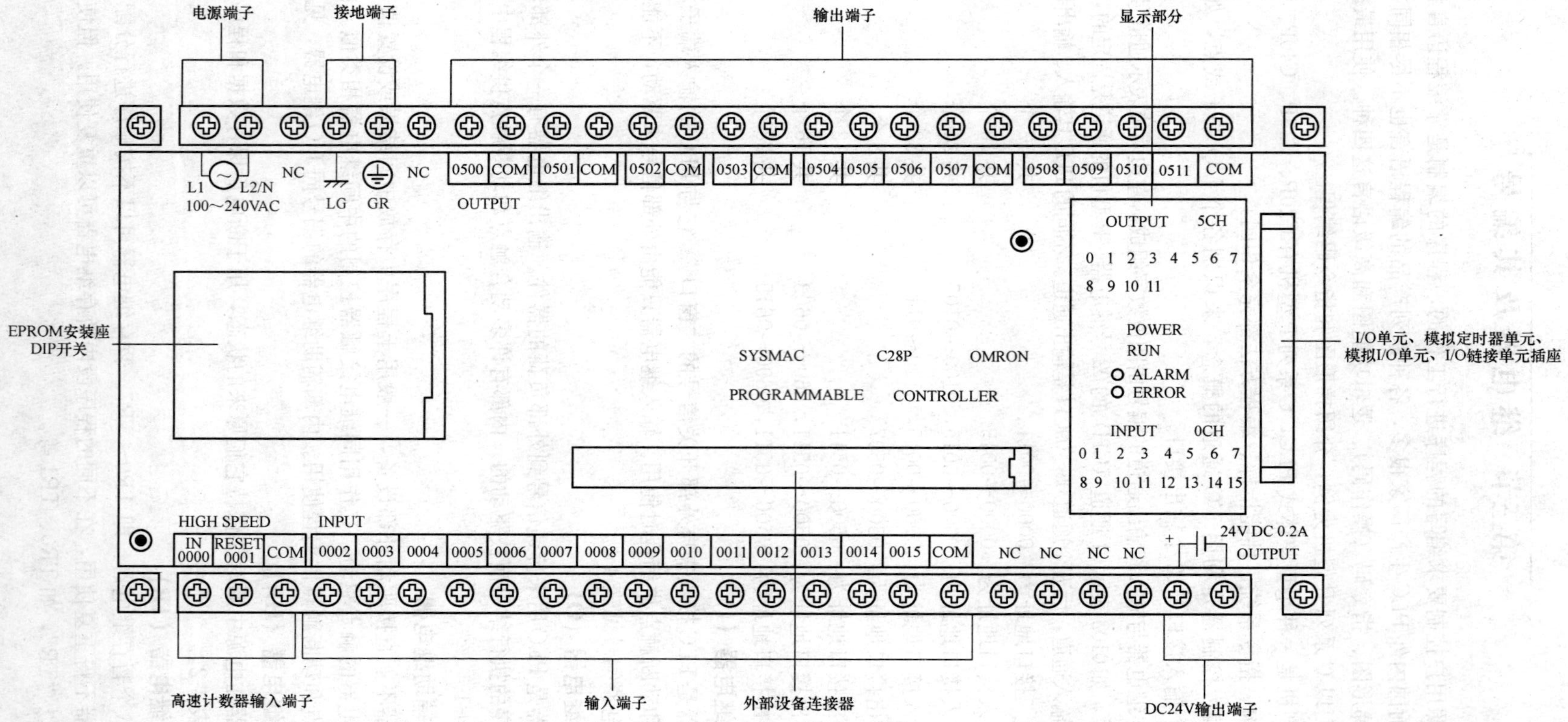

I/O单元、模拟定时器单元、模拟I/O单元、I/O链接单元单元插座

显示部分

输出端子

EPROM安装座
DIP开关

接地端子

电源端子

INPUT

HIGH SPEED
IN   RESET   COM   0000 0001   0002 0003 0004 0005 0006 0007 0008 0009 0010 0011 0012 0013 0014 0015   COM   NC NC

L1   L2/N   NC
100~240VAC   LG   GR   NC

OUTPUT
0500   COM   0501 0502   COM   0503 0504 0505 0506 0507   COM   0508 0509 0510 0511   COM

OUTPUT   5CH
0 1 2 3 4 5 6 7
8 9 10 11

POWER
RUN
○ ALARM
○ ERROR

INPUT   0CH
0 1 2 3 4 5 6 7
8 9 10 11 12 13 14 15

SYSMAC   C28P   OMRON
PROGRAMMABLE   CONTROLLER

24V DC 0.2A
+   OUTPUT

DC24V输出端子

外部设备连接器

输入端子

高速计数器输入端子

图 4-7 C28P 型主机面板图

28

表 4-1   **P 型机 I/O 及内部辅助继电器编号**

名　称	通道号和继电器号									
	CH00		CH01		CH02		CH03		CH04	
输入继电器 0000～0415	00	08	00	08	00	08	00	08	00	08
	01	09	01	09	01	09	01	09	01	09
	02	10	02	10	02	10	02	10	02	10
	03	11	03	11	03	11	03	11	03	11
	04	12	04	12	04	12	04	12	04	12
	05	13	05	13	05	13	05	13	05	13
	06	14	06	14	06	14	06	14	06	14
	07	15	07	15	07	15	07	15	07	15

名　称	通道号和继电器号									
	CH05		CH06		CH07		CH08		CH09	
输出继电器 0500～0915	00	08	00	08	00	08	00	08	00	08
	01	09	01	09	01	09	01	09	01	09
	02	10	02	10	02	10	02	10	02	10
	03	11	03	11	03	11	03	11	03	11
	04	12	04	12	04	12	04	12	04	12
	05	13	05	13	05	13	05	13	05	13
	06	14	06	14	06	14	06	14	06	14
	07	15	07	15	07	15	07	15	07	15

名　称	通道号和继电器号									
	CH10		CH11		CH12		CH13		CH14	
内部辅助继电器 1000～1807	00	08	00	08	00	08	00	08	00	08
	01	09	01	09	01	09	01	09	01	09
	02	10	02	10	02	10	02	10	02	10
	03	11	03	11	03	11	03	11	03	11
	04	12	04	12	04	12	04	12	04	12
	05	13	05	13	05	13	05	13	05	13
	06	14	06	14	06	14	06	14	06	14
	07	15	07	15	07	15	07	15	07	15

名　称	通道号和继电器号									
	CH15		CH16		CH17		CH18		CH19	
内部辅助继电器 1000～1807	00	08	00	08	00	08	00	08	00	08
	01	09	01	09	01	09	01	09	01	09
	02	10	02	10	02	10	02	10	02	10
	03	11	03	11	03	11	03	11	03	11
	04	12	04	12	04	12	04	12	04	12
	05	13	05	13	05	13	05	13	05	13
	06	14	06	14	06	14	06	14	06	14
	07	15	07	15	07	15	07	15	07	15

表 4-2 　　　　　　　　　　　　　　保持继电器编号

名　称	通道号和继电器号									
	HR0		HR1		HR2		HR3		HR4	
	00	08	00	08	00	08	00	08	00	08
	01	09	01	09	01	09	01	09	01	09
	02	10	02	10	02	10	02	10	02	10
	03	11	03	11	03	11	03	11	03	11
	04	12	04	12	04	12	04	12	04	12
	05	13	05	13	05	13	05	13	05	13
	06	14	06	14	06	14	06	14	06	14
保持继	07	15	07	15	07	15	07	15	07	15
电器 HR	HR5		HR6		HR7		HR8		HR9	
000～915	00	08	00	08	00	08	00	08	00	08
	01	09	01	09	01	09	01	09	01	09
	02	10	02	10	02	10	02	10	02	10
	03	11	03	11	03	11	03	11	03	11
	04	12	04	12	04	12	04	12	04	12
	05	13	05	13	05	13	05	13	05	13
	06	14	06	14	06	14	06	14	06	14
	07	15	07	15	07	15	07	15	07	15

六、定时器/计数器 （TIM/CNT）

P 型机的定时器和计数器统一编号，编号为 TIM/CNT00～TIM/CNT47，共 48 个，分为普通定时器、高速定时器、普通计数器、可逆计数器和高速计数器。再使用高速计数指令时，CNT47 用于存储高速计数器当前值，所以不能再作他用。再分配定时器和计数器编号时，定时器和计数器编号不能相同，如不能既有 TIM02 定时器又有 CNT02 计数器。定时器、计数器不能直接产生输出，若要输出需要通过输出继电器。当电源断电时，定时器复位，计数器不复位，仍保持断电前的状态，具有断电保护功能。定时器/计数器的编号见表 4-3。

表 4-3 　　　　　　　　　　　　　　定时器/计数器的编号

名　称	定时器（TIM）和计数器（CNT）编号					
	00	08	16	24	32	40
	01	09	17	25	33	41
	02	10	18	26	34	42
定时器和计数器	03	11	19	27	35	43
TIM/CNT00～47	04	12	20	28	36	44
	05	13	21	29	37	45
	06	14	22	30	38	46
	07	15	23	31	39	47

七、数据存储器（DM）

数据存储器用于存储程序数据。数据存储器通道号为 00CH～63CH，数据存储区不能以单独的点位来使用，要以通道为单位来使用，指令中的 DM 必须是通道。数据存储区在电源断电后，能保持断电前的内容，具有断电保护功能

第四节　C 系列 PLC 指令系统

指令是采用功能名称的英文缩写字母作为助记符号来表达 PLC 各种功能的命令。由指令构成的、能完成控制任务的指令组合就是指令码。指令码由地址、指令助记符和作用器件的数据三部分组成。

各种型号的 PLC 梯形图在形式上大同小异，虽然使用的符号不尽相同，但编程的方法和原理是一致的。本节以 C 系列 P 型机的基本指令为例，说明指令的含义、梯形图的画法以及程序的编制。掌握了 PLC 的基本指令也就初步掌握了 PLC 的基本使用方法。

一、基本指令

基本指令主要包括 LD（LOAD）、LD-NOT、AND、OR、NOT、AND-NOT、AND-LD、OR-NOT、OR-LD、OUT、END 这 11 种指令，在编程时，只要在编程器上按其相对应的键即可。

1. LD（LOAD）、LD-NOT、OUT 指令

（1）LD（LOAD）。每一条逻辑线或者一个程序段的开始都要使用 LD 指令，它是动合触点与左母线相连接的指令。

（2）LD-NOT。它是动断触点与左母线相连接的指令。

（3）OUT。它是输出指令，用于驱动输出继电器、内部辅助继电器、暂存继电器等，可以同时并联驱动多个继电器线圈，但不能驱动输入继电器。

LD、LD-NOT、OUT 指令的使用如图 4-8 所示。

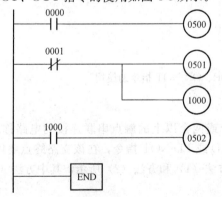

地址	指令名称	数据
0300	LD	0000
0301	OUT	0500
0302	LD–NOT	0001
0303	OUT	0501
0304	OUT	1000
0305	LD	1000
0306	OUT	0502
0307	END	–

图 4-8　LD、LD-NOT、OUT 指令的使用

2. AND、AND-NOT 指令

（1）AND。它是串联动合触点指令（逻辑"与"指令），其功能是将继电器的一个动合触点与左侧的触点或触点组（电路块）串联，串联次数不限。

（2）AND-NOT。它是串联动断触点指令，串联次数不限。

AND、AND-NOT 指令的使用如图 4-9 所示。

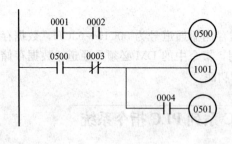

地址	指令名称	数据
0100	LD	0001
0101	AND	0002
0102	OUT	0500
0103	LD	0500
0104	AND–NOT	0003
0105	OUT	1001
0106	AND	0004
0107	OUT	0501
0108	END	–

图 4-9　AND、AND-NOT 指令的使用

3. OR、OR-NOT 指令

（1）OR。它是并联动合触点指令（逻辑"或"指令），其功能是将继电器的一个动合触点与上方的触点或触点组并联，并联次数不限。

（2）OR-NOT。它是并联动断触点指令，并联次数不限。

OR、OR-NOT 指令的使用如图 4-10 所示。

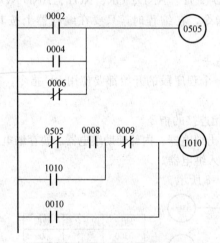

地址	指令名称	数据
0200	LD	0002
0201	OR	0004
0202	OR–NOT	0006
0203	OUT	0505
0204	LD–NOT	0505
0205	AND	0008
0206	OR	1010
0207	AND–NOT	0009
0208	OR	0010
0209	OUT	1010
0210	END	–

图 4-10　OR、OR-NOT 指令的使用

4. OR-LD 指令

OR-LD 是电路块并联连接指令。两个或两个以上的触点串联连接的电路称为串联电路块，在并联这种电路块时，在支路起点要用 LD 或 LD-NOT 指令，在该支路终点要用 OR-LD 指令。OR-LD 有两种编程方法，如图 4-11 中的方法（1）和方法（2）所示，其中方法（1）的并联电路块数没有限制。

5. AND-LD 指令

AND-LD 是电路块串联连接指令。两个或两个以上触点并联连接的电路称为并联电路块。在并联电路块串联时要用 AND-LD 指令，串联前应首先完成并联电路块的编程。并联电路块起点用 LD 或 LD-NOT 指令。AND-LD 的串联次数不限，两种编程方法如图 4-12（a）、（b）所示，其中方法二这种电路块的串联个数不能超过 8 个。

6. TIM 指令

TIM（定时器）为通电延时指令，定时器计时的单位时间是 0.1s，设定数据范围值是 1～

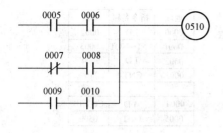

地址	指令名称	数据
0100	LD	0005
0101	AND	0006
0102	LD-NOT	0007
0103	AND	0008
0104	OR-LD	-
0105	LD	0009
0106	AND	0010
0107	OR-LD	-
0108	OUT	0510
0109	END	-

(a)

地址	指令名称	数据
0100	LD	0005
0101	AND	0006
0102	LD-NOT	0007
0103	AND	0008
0104	LD	0009
0105	AND	0010
0106	OR-LD	-
0107	OR-LD	-
0108	OUT	0510
0109	END	-

(b)

图 4-11　OR-LD 指令的使用

(a) 方法一；(b) 方法二

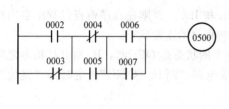

地址	指令名称	数据
0000	LD	0002
0001	OR-NOT	0003
0002	LD-NOT	0004
0003	OR	0005
0004	AND-LD	-
0005	LD	0006
0006	OR	0007
0007	AND-LD	-
0008	OUT	0500

(a)

地址	指令名称	数据
0000	LD	0002
0001	OR-NOT	0003
0002	LD-NOT	0004
0003	OR	0005
0004	LD	0006
0005	OR	0007
0006	AND-LD	-
0007	AND-LD	-
0008	OUT	0500

(b)

图 4-12　AND-LD 指令的使用

(a) 方法一；(b) 方法二

9999，对应的延时时间是设定值乘 0.1s，即 0.1～999.9s。定时器的输入端接通时，定时器启动，其数据从预置值开始以 0.1s 为单位递减，减至 0 时，定时器产生输出。输入端断开时，定时器复位，其数据立即返回到预置值。TIM 指令的使用如图 4-13 所示。

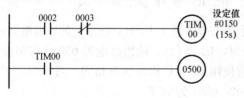

地址	指令名称	数据
0000	LD	0002
0001	AND-NOT	0003
0002	TIM	00
		#0150
0003	LD	TIM00
0004	OUT	0500

图 4-13　TIM 指令的使用

7. CNT 指令

CNT 是预置设定值的减 1 计数器，其为两端输入，编写次序为 CP、R，预置数以符号和四位数表示，计数值设定范围为 1～9999 次。CP 端提供计数输入信号，计数器工作时，第一个 CP 信号的前沿使计数器从预置值减一，以后每出现一个 CP 信号，数据逐个减少，直至 0 时，计数继电器产生输出；当 R 端接通时计数器复位。CNT 指令的使用如图 4-14 所示。

8. END 指令

END 表示程序结束指令，每一个程序都必须有一条 END 指令，没有 END 的程序不能执行，并且编程器给出错误信息"NO END INST"。编程 END 指令时，在编程器上按 FUN 键，0、1 键。

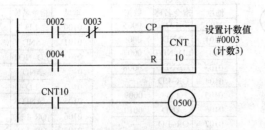

地址	指令名称	数据
0000	LD	0002
0001	AND–NOT	0003
0002	LD	0004
0003	CNT	10
		#0003
0004	LD	CNT 10
0005	OUT	0500

图 4-14　CNT 指令的使用

二、专用指令

1. IL 和 ILC 指令

IL（FUN02）表示电路有一个新的分支点。

ILC（FUN03）表示电路分支结束。

如果一个电路分支到多个输出时需成对使用指令 IL 和 ILC，否则在程序检查过程中会出现错误。编程器显示出"IL-ILC ERR"，但这个错误不影响程序的正常执行。

当 IL 的状态是 OFF 时，如图 4-15 中的 0000 或 0001 的状态是 OFF 时，IL 和 ILC 指令之间程序段中各个继电器状态为：输出继电器、内部辅助继电器"断开（OFF）"；定时器"复位"；计数器、移位寄存器、保持继电器保持当前状态。

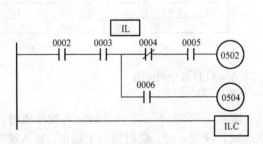

地址	指令名称	数据
0300	LD	0002
0301	AND	0003
0302	IL(02)	—
0303	LD–NOT	0004
0304	AND	0005
0305	OUT	0502
0306	LD	0006
0307	OUT	0504
0308	ILC(03)	—

图 4-15　IL、ILC 指令的使用

当 IL 的状态是 ON 时，每个继电器状态与没有使用 IL/ILC 指令时的原继电器电路中的状态相同。当图 4-15 中的 0000、0001 都闭合时，IL 为 ON，输出继电器 0502、0504 的状态由触点 0002、0003、0004 的状态来确定，与没有使用 IL/ILC 指令状态相同；当 0000、0001 有一个为 OFF 时，IL 状态为 OFF，输出继电器 0502、0504 为 OFF。

对具有分支的电路也可以采用暂存继电器 TR 编程，但暂存继电器 TR 必须与 OUT 或 LD 指令连用，如图 4-16 所示。

2. JMP（FUN04）和 JME（FUN05）指令

JMP（跳转）和 JME（跳转结束）指令配合使用。它们的功能是根据当时条件来决定是否执行它们之间的程序。若 JMP 前的状态为 ON 时，执行 JMP 与 JME 两者之间的程序，若 JMP 前的状态为 OFF 时，不执行 JMP 与 JME 两者之间的程序，两者之间的所有继电器都保持原来状态，如图 4-17 所示。0003 作为 JMP 指令的条件，当 0003 为 ON 时，JMP 与 JME 之间程序顺次执行；当 0003 为 OFF 时，JMP 与 JME 之间的输出 0500、0504、1001 保持原来状态。

如果 JMP 与 JME 不是成对配合使用，在程序检查时会出现"JMP-OVER"错，但程序可以继续执行。JMP-JME 在用户程序中最多重复使用八次。

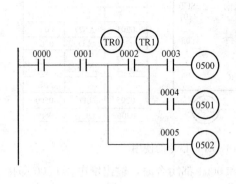

地址	指令名称	数据
0200	LD	0000
0201	AND	0001
0202	OUT	TR0
0203	AND	0002
0204	OUT	TR1
0205	AND	0003
0206	OUT	0500
0207	LD	TR1
0208	AND	0004
0209	OUT	0501
0210	LD	TR0
0211	AND	0005
0212	OUT	0502

图 4-16　TR 的使用

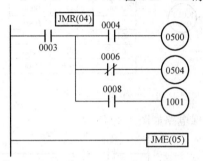

地址	指令名称	数据
0200	LD	0003
0201	JMR(04)	—
0202	LD	0004
0203	OUT	0500
0204	LD–NOT	0006
0205	OUT	0504
0206	LD	0008
0207	OUT	1001
0208	JME(05)	—

图 4-17　JMP 与 JME 指令的使用

3. SFT（FUN10）指令

SFT 是移位指令，其功能是将一个或几个指定通道中的二进制数据由低位到高位的顺序串行移位，但首通道和末通道必须是同类型的继电器。

在移位指令中可以指定通道，如：输出继电器、内部辅助继电器通道号为 05～17；保持继电器通道号为 0～9。

移位指令 SFT 的编程顺序是：数据输入（IN）、时钟输入（CP）、复位输入（R）、移位指令（SFT）。末通道号应大于或等于首通道号。每一条移位指令必须有若干 16 位通道来作为它的移位区域，在每个时钟脉冲输入的上升沿，移位指令都将一个移位输入数据在指定的连续区域内逐位向高位移动一次，原来的最高位溢出，如图 4-18 所示。当 0003 在上升沿时，将 0001 和 0002 的串联状态向输出继电器或内部辅助继电器通道中传送。当 0001 和 0002 的输入为 ON 时且 0003 有上升沿则 0500 闭合，并将上个时钟信号保存的信息，依次按 0500、0501、0502、…、0515 的顺序向后一个继电器号移位，最高位溢出。当 0001 和 0002 的输入为 OFF 时，0003 有上升沿则 0500 为 OFF，并将上个时钟信号保存的信息按 0500～0515 的顺序向后一个继电器号移位，最高位溢出。输入 0004 接通时，05 通道的 16 个输出继电器全部复位。

4. KEEP（FUN11）指令

KEEP 表示锁存指令，它可以形成一个锁存继电器，其编程顺序应按照置位先编输入电路（S），再编复位电路（R），最后编锁存指令（KEEP）锁存指令指定的输出继电器、内部辅助继电器为 0500～1807 和保持继电器 HR000～HR915。锁存继电器置位输入为 ON 时，锁存继电器变为 ON；复位输入为 ON 时，锁存继电器变为 OFF。置位输入和复位输入同时为 ON 时，复位

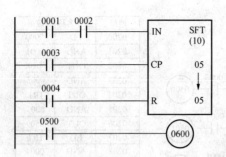

地址	指令名称	数据
0200	LD	0001
0201	AND	0002
0202	LD	0003
0203	LD	0004
0204	SFT(10)	05
		05
0205	LD	0500
0206	OUT	0600

图 4-18 SFT 指令的使用

输入优先，如图 4-19 所示。当输入 0000 和 0001 都闭合时，输出继电器 0500 即接通并保持，只有 0002 和 0003 都闭合时，继电器 0500 才复位。

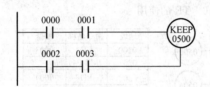

地址	指令名称	数据
0100	LD	0000
0101	AND	0001
0102	LD	0002
0103	AND	0003
0104	KEEP	0500

图 4-19 KEEP 指令的使用

自保电路能用 KEEP 代替，代替后的自保电路如图 4-20 所示。

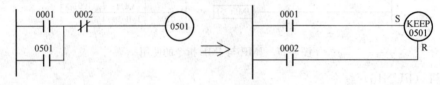

图 4-20 用 KEEP 代替自保电路

5. DIFU（FUN13）和 DIFD（FUN14）指令

DIFU（前沿微分）和 DIFD（后沿微分）指令，用于满足条件时产生一个扫描的脉冲，如图 4-21 所示。当 0002 为 ON 时，DIFU（前沿微分）指令使 0500 输出继电器 ON 一个扫描周期，也就是在输入的前沿执行 DIFU（前沿微分），在输入的后沿执行 DIFD（后沿微分）。

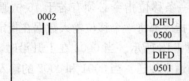

地址	指令名称	数据
0200	LD	0002
0201	DIFU	0500
0202	DIFD	0501

图 4-21 DIFU 和 DIFD 指令的使用

6. CMP（FUN20）指令

比较指令 CMP 是一条通道处理指令，用于比较一个通道与另一个通道的内容，或比较一个通道与四位十六进制常数的操作。再编程时，CMP 指令后应有两个数据 S_1 和 S_2。当 $S_1 > S_2$ 时，专用内部辅助继电器 1905 接通；当 $S_1 = S_2$ 时，专用内部辅助继电器 1906 接通；当 $S_1 < S_2$ 时专用内部辅助继电器 1907 接通，如图 4-22 所示。

在图 4-22 所示的梯形图中执行程序时，定时器 TIM 01 的当前值与 3400 相比较，使专用内部辅助继电器 1905～1907 动作。当输入继电器 0002 为 ON 时，输入 TIM 01 的数据与 3400 比

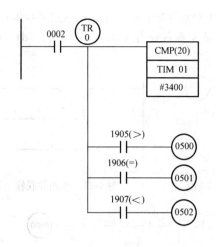

指令名称	数据
LD	0002
OUT	TR0
CMP(20)	—
	TIM 01
	#3400
LD	TR0
AND	1905
OUT	0500
LD	TR0
ANT	1906
OUT	0501
LD	TR0
ANT	1907
OUT	0502

图 4-22 CMP 指令的使用

较，若 TIM 01>3400 时，输出继电器 0500 为 ON；若 TIM 01＝3400 时，输出继电器 0501 为 ON；若 TIM 01<3400 时，输出继电器 0502 为 ON。

第五节 PLC 编程方法及应用

一、编程基本原则

学习了 C 系列 PLC 的指令系统后，就可以按照 PLC 系统的控制要求编制程序，编程必须掌握以下基本原则：

（1）I/O 继电器、内部辅助继电器、TIM/CNT 等触点可以多次重复使用，不必用复杂的程序结构来减少触点的使用次数，尽量使程序结构简化。

（2）梯形图中每一行信号流程都是从左边母线开始，输出线圈接在最右边。

（3）在输出线圈的右边不能再连接触点，在继电接触器的原理图中，热继电器的触点可以在输出线圈的右边，但在 PLC 梯形图中是决不允许的。

（4）线圈不能直接与左母线相连。如果需要，可以通过一个没有使用的内部辅助继电器的动断触点或者专用内部辅助继电器 1813（常 ON）来连接。

（5）同一编号线圈在一个程序中应避免重复使用。

（6）梯形图必须符合顺序执行，即从左到右，从上到下的执行。不符合顺序执行的电路不能直接编程。如图 4-23 所示的桥式电路就不能直接编程。

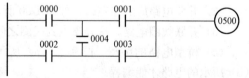

图 4-23 桥式电路

（7）梯形图中的串联触点和并联触点使用的次数不受限制，可以无数次的使用，如图 4-24 所示。两个或两个以上的线圈可以并联输出，如图 4-25 所示。

二、程序简化与编程技巧

1. 程序简化

PLC 程序的编写除必须遵守以上的基本原则外，还要尽量简化程序和合理安排电路。对于较复杂的程序，可将它分段，每一段从最左边触点开始，由上至下向右边进行编程，最后将程序段逐个连接起来。将梯形图 4-26 从上到下，从左到右分为（a）、（b）、（c）、（d）、（e）、（f）六个程序段，如图 4-27 和图 4-28 所示。

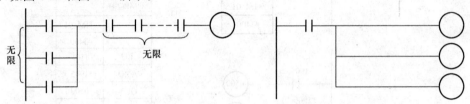

图 4-24　梯形图中的串联、并联触点使用次数示意　　　图 4-25　线圈并联输出示意

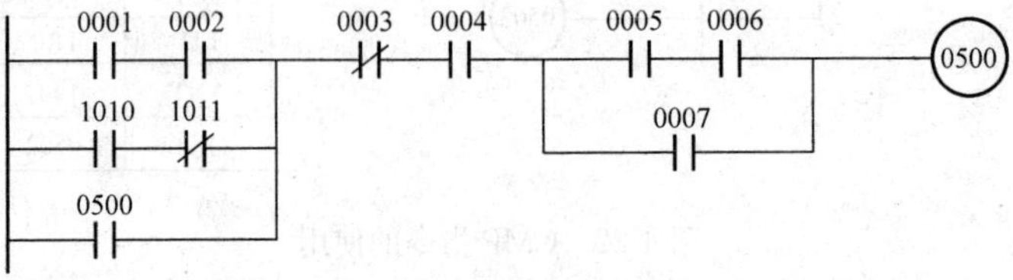

图 4-26　复杂电路

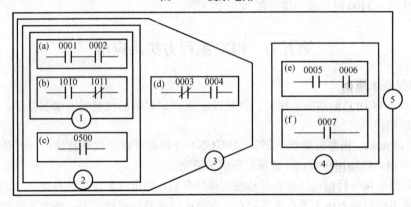

图 4-27　将程序分段

2. 编程技巧

（1）串联触点较多的电路应编在梯形图上方，如图 4-29 所示。

（2）并联电路应放在左边，如图 4-30 所示。

（3）并联线圈电路，从分支点到线圈之间无触点的线圈应放在上方，如图 4-31 所示。

（4）桥型电路的编程，图 4-32（a）所示的梯形图不能直接对它编程，必须重画为图 4-32（b）所示的电路才能编程。

（5）复杂电路的处理。AND-LD、OR-LD 等指令难以解决，可重复使用一些触点画出它的等效电路，然后再进行编程就比较容易了，如图 4-33 和图 4-34 所示。

三、编程器使用

编程器分简易和图形编程器，有与 PLC 组装成整体式，也有用电缆将编程器与 PLC 连接后使用。简易编程器不能直接输入梯形图编程，只有将梯形图转换为指令码后才能进行编程。如果要将梯形图直接输入到 PLC 的存储器中进行编程，就要使用"CRT"或"LCD"图形编程器。编程器有指令键、清除键、数字键和操作键等。操作人员通过键盘操作来完成输入程序、检查程

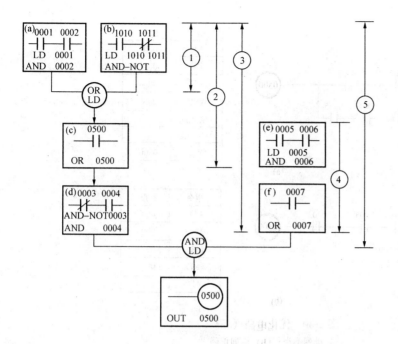

地址	指令名称	数据
0100	LD	0001
0101	AND	0002
0102	LD	1010
0103	AND–NOT	1011
0104	OR–LD	–
0105	OR	0500
0106	AND–NOT	0003
0107	AND	0004
0108	LD	0005
0109	AND	0006
0110	OR	0007
0111	AND–LD	–
0112	OUT	0500

图 4-28 逐段编程

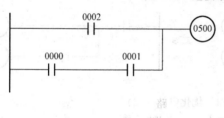

指令	数据
LD	0002
LD	0000
AND	0001
OR–LD	–
OUT	0500

(a)

指令	数据
LD	0000
AND	0001
OR	0002
OUT	0500

(b)

图 4-29 优化电路（一）

（a）排列不当；（b）排列正确

序、监控 PLC 操作等功能。下面以 3G2A6-PRO15-E 编程器为例介绍简易编程器的使用，
3G2A6-PRO15-E 编程器面板布置如图 4-35 所示。

1. PLC 工作方式选择

编程器上设有一个三位置开关供选择 PLC 的工作方式。

（1）RUN 为运行方式，在这种方式下程序正常运行，不能用编程器干预程序的执行，但可

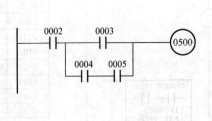

指令	数据
LD	0002
LD	0003
LD	0004
AND	0005
OR–LD	–
AND–LD	–
OUT	0500

(a)

指令	数据
LD	0004
AND	0005
OR	0003
AND	0002
OUT	0500

(b)

图 4-30　优化电路（二）

(a) 排列不当；(b) 排列正确

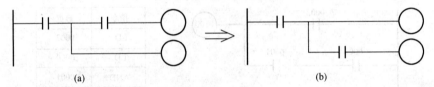

(a)　　　　　　　　　　　　　　　　(b)

图 4-31　优化电路（三）

(a) 排列不当；(b) 排列正确

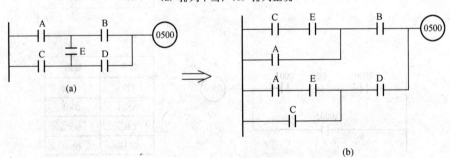

图 4-32　桥型电路编程

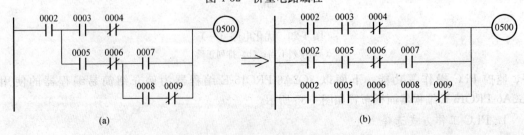

(a)　　　　　　　　　　　　　　　　(b)

图 4-33　复杂电路重新排列（一）

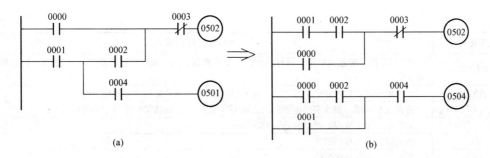

图 4-34　复杂电路重新排列（二）

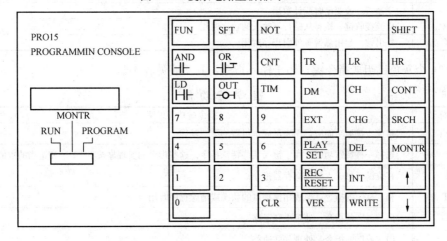

图 4-35　3G2A6-PRO15-E 编程器面板布置

以查询运行状况。

（2）MONITOR 为监控方式，在这种方式下程序处在运行状态，编程器可以干预程序的执行，但不能改变程序。

（3）PROGRAM 为编程方式，在编程期间使用，可将程序写入 PLC 的存储器中，并可对程序进行编辑和修改。

2. 键盘功能

（1）十个白色数字键 0～9 是用来输入程序数据的数值，如 I/O 继电器号、TIM/CNT 的号和数值等均由这些键送入。这些键与功能键（FUN）的组合能构成一些特殊指令，如 END 指令可通过按 FUN 键和 0、1 键输入。

（2）一个红色清除键 CLR，用来清除显示。先将编程器的方式开关设在 PROGRAM（编程状态），开机带电后，编程器上显示 PROGRAM，这是提示用户输入口令，此时应按 CLR 键和 MONTR 键。然后按 CLR 键，就会出现 0000 首地址。若已工作时，要想回到首地址，按 CLR 键即可。

（3）12 个用于程序编辑的黄色键组成操作键，用于写入或修改程序，其功能见表 4-4。

表 4-4　　　　　　　　　　　　　　操 作 键 功 能

操作键符号	操作键功能说明
↑	按向上指针键，程序将一次一步地减一，直减到程序的起始地址。液晶显示屏同时能显示出相应的指令
↓	按向下指针键，程序将一次一步地增一，每按一次向下指针键，显示的程序地址加一。指针键通常用在程序的小范围

操作键符号	操作键功能说明
WRITE	WRITE键。编程过程中，写好一个指令及其数据后按WRITE键将该指令送到PLC内存的指定地址上
PLAY/SET	运行调整键，如改变继电器的状态由OFF变为ON或清除程序等均用此键
REC/RESET	再调、复位键。如改变继电器的状态由ON变为OFF或清除程序等均用此键
MONTR	监控键。用于监控、准备和清除程序等
INT	插入键。插入程序时用
DEL	删除键。删除程序时用
SRCH	检索键。检索指定的指令和继电器接点时用
CHG	变换键。改变定时或计数用
VER	检验接收键。检验从磁带等输入的程序时用
EXT	外引键。起用磁带等外引程序时用

（4）16个灰色键组成指令键，用于输入指令，其功能见表4-5。

表4-5   **指令键功能**

指令键符号	指令键功能说明
SHIFT	移位、扩展功能键，用来形成本组键的第二功能
FUN	选择一种特殊功能，用于键入某些特殊指令。这些指令的实现靠按下FUN和适当的数值
SFT	移位键，可送入移位寄存器指令
NOT	相"反"的指令，形成相反接点的状态或清除程序时用
AND	向"与"的指令，处理串联通路
OR	向"或"的指令，处理并联通路
LD	开始输入键，将第一操作数送入PLC中
CNT	计数键，CNT输入计数器指令，其后必须有计数器数据
TIM	时间键，TIM输入定时器指令，其后必须有定时数据
OUT	输出键，OUT输入OUTPUT指令，对一个指定的输出点输出
TR	TR输入暂存继电器指令
HR	HR输入保持继电器指令
CONT	CONT检索一个触点
LR	LR输入连接继电器指令（P型机不用）
DM	DM数据存储指令
CH	CH指定一个通道

3. 编程前准备

（1）编程之前先将PLC的编程器方式开关设在编程状态，然后，接通电源，编程器显示屏幕上显示PROGRAM PASSWORD，这是提示用户输入口令，此时应按CLR键和MONTR键，屏幕显示PROGRAM，为清除这一显示，再按CLR键屏幕显示0000首地址。

（2）为清除内存中原有程序，首先按CLR键，直到显示器上出现0000首地址后，再依次按PLAY/SET、NOT和REC/RESET键，这时屏幕上显示内容有：（0000 MEMORY CLR?）/（HR CNT DM）。再按MONTR键，屏幕显示内容有：（0000 MEMORY CLR）/（END HR CNT DM）表示全部程序被清除。

要想保留HR、CNT、DM中的某一项不被清除，可先按一下相应的键。若按下REC/

RESET键后，输入一个地址，再按 MONTR 键，则清除程序区该地址后的内容，保留从 0000 到这个地址的所有程序。

在按键的过程中，如果有错误的动作，需要在从 CLR 键重新按起。

4. 编程操作

程序输入。PLC 处于 PROGRAM 状态下可以输入程序，要首先建立程序首地址，然后用指令键和数字键即可输入指令。每输入一条指令后，都要按一次 WRITE 键，则地址自动加一，显示下一个地址的指令内容。

现以指令码表 4-6 为例，将表内程序指令输入到 PLC 中的按键顺序如下：

输入第一条指令（即地址为 0000 的指令）按下 LD 键，屏幕显示 0000/LD 0000，左上角的四个 0 是起始地址，LD 指令即存放在这一地址内。右下角的四个 0 代表输入点的数值，因为这个数据是 0000，所以也可不按，直接按 WRITE 键即可。这时屏幕显示 0001 READ/NOP（00）。这里 0001 是地址号，READ 意味着你正在读程序，而 NOP（00）意味着还没有将操作分配给这一新地址。再输入第二条指令，也就是 0001 地址的内容。

表 4-6　　　　　　　　　　　　　指 令 码 表

地　址	指　令　名　称	数　据
0000	LD	0000
0001	LD	1000
0002	CNT	47
		#0005
0003	LD	CNT47
0004	OR	1000
0005	AND-NOT	TIM00
0006	OUT	1000
0007	LD	1000
0008	TIM	00
		#0020
0009	LD	1000
0010	OUT	0500
0011	END（01）	—

当输入第三条指令，即地址 0002 的内容时，按 CNT 键，输入计数器，再按 4、7、WRITE 键，指定这一继电器的线圈号是 47。屏幕显示 0002 CNT DATA/#0000，现在计数器的给定值是 0000（屏幕右下角的数值），设计的程序中是五次，所以要再按 5、WRITE 键，屏幕显示应为 0002 CNT DATA/#0005。

当输入第九条指令，即 0008 地址时，按 TIM、0、0、WRITE 键，此时屏幕显示 0008 TIM DATA/#0000，要求输入定时器数据。由于这一数据最后一位之前有小数点，为了设定 2s 时间，应按 2、0、WRITE 键，此时屏幕显示 0008 TIM DATA/#0020。

当输入第十条指令即 0009 地址时，可按 OUT 键和 WRITE 键，由于输出继电器号是 0500，这个号由 PLC 自动选择。

程序的最后一条指令是 END，这条指令告诉 PLC 程序已经结束，写此指令时要求用 FUN 键，数值 01 代表 END 指令。此时应按 FUN、0、1、WRITE 键，整个程序输入完毕。

5. 读出程序

如果要观察用户存储器的内容，核实输入程序过程中是否存在错误，先键入某一个地址，然后使用↑键或↓键，就可读出该地址的上一条或下一条指令的内容，连续使用则可以连续读出程序。这个操作在编程器的三个工作状态下都可以进行。

6. 程序检查

在编程状态下，输入程序后，可以按 SRCH 键来检查输入的程序有无错。例如，一个程序从 0200 开始，到 0251 结束（END 指令），检查这个程序的操作应按 CLR、SRCH 键，根据检查的情况显示常见的结果如下：

(1) ＊＊＊＊ PROGR CHK END   表示结果正常
(2) ＊＊＊＊ ????   表示程序被破坏
(3) ＊＊＊＊ CIRCUIT ERR   表示电路有错
(4) ＊＊＊＊ COIL DUPL   表示继电器线圈重复使用
(5) ＊＊＊＊ IL—ILC ERR   表示 IL—ILC 没成对使用
(6) ＊＊＊＊ JMP—JME ERR   表示 JMP—JME 没成对使用
(7) ＊＊＊＊ JMP OVER   表示跳转大于八次
(8) ＊＊＊＊ DIF OVER   表示微分次数大于 48 次

7. 插入指令

本操作只能在 PROGRAM 状态下进行。其目的是将一条指令插入到已存储在存储器的程序中，用 INS 键。例如，要将图 4-36 中的 0007 触点插入的操作如下：

找到 AND NOT 0005 指令（可用读指令、查找指令、查找触点操作）。

输入 AND 0007，按 INS 键，这时显示 INSERT? 提示。

按键，本指令就插入了（如图 4-37 所示），这时程序变为：

0206 AND 0007

0207 AND NOT 0005

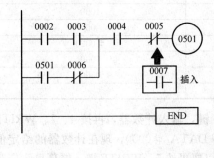

地址	指令	数据
0200	LD	0002
0201	AND	0003
0202	LD	0501
0203	AND—NOT	0006
0204	OR—LD	—
0205	AND	0004
0206	AND—NOT	0005
0207	OUT	0501
0208	END(01)	—

地址	指令	数据
0200	LD	0002
0201	AND	0003
0202	LD	0501
0203	AND—NOT	0006
0204	OR—LD	—
0205	AND	0004
0206	AND	0007
0207	AND—NOT	0005
0208	OUT	0501
0209	END(01)	—

图 4-36   指令插入   图 4-37   指令插入

8. 删除指令

本操作在 PROGRAM 状态下进行。如果在读程序或检查程序过程中，若发现要删除的指令，可在这条指令的地址上停下，然后使用 DEL 键，再按↑键，便可将该指令删除，后面指令的地址会重新排队。

9. 查找触点

查找已存入存储器中的程序触点，可在 PROGRAM、MONITOR、RUN 三种方式下操作。

(1) 按 CLR 键，输入要查找的地址。

(2) 按 SHIFT、CONT/♯键和要查找的触点号（四位数字）。

(3) 按 SRCH 键，这是含有触点号的指令就显示出来，如按的触点号是 0002，屏幕则显示

0200 CONT SRCH/LD 0002，再按 SRCH 键，屏幕又显示 0203 CONT SRCH/AND 0002。

10. 监视程序运行状态的操作

再调试程序时，如果了解当时程序运行情况，了解 TIM 和 CNT 的情况，对调试程序有很大好处。使 PLC 处于 RUN 或 MONITOR 状态，按 CLR 键，给出程序地址。按↓键或↑键，即可在屏幕上显示出继电器的状态或 TIM/CNT 的计数值。例如：

（1）屏幕上显示 0200 READ ON/LD 0002，表示这时输入继电器 0002 接通。

（2）屏幕上显示 0200 READ OFF/LD 0004，表示这时输入继电器 0004 断开。

11. 数据监视

本操作可以在 MONITOR、RUN 状态下进行。它可以监视 I/O 继电器、内部辅助继电器（AR）、保持继电器（HR）以及特殊辅助继电器，TIM/CNT 的状态和数据内容。在 MONITOR 和 RUN 状态下，本操作对于使用者调试程序很有用处。

（1）对 TIM（定时器）/CNT（计数器）的监视。按 CLR 键、按 TIM 或 CNT 键、按 MON-TR 键，则可以看到 TIM/CNT 的动态变化情况。屏幕显示 T00/0123，如果是在 MONITOR 或 RUN 状态下，会看到 TIM 的数据每隔 100ms 减 1（再开始定时的情况下），直到减为 0000，屏幕显示 T00/O 0000。在 0000 前的字母 O 表示 TIM00 继电器为 ON。使用↑键或↓键可以改变 TIM/CNT 号。

（2）对于 I/O、AR、SR、HR 状态的监视。分为以点为单位或以通道为单位的监视。以点为单位的监视，显示点的 ON 或 OFF 状态；以通道为单位的监视，以四位十六进制数显示通道的内容。下面以监视 0512 点为例说明操作过程。

按 CLR、LD、5、1、2 和 MONTR 键，屏幕显示 0512/ON，

当以通道为单位进行监视时，其操作顺序是按 CLR、SHIFT 和 CH/＊键后屏幕显示 0000/CHANNEL 00，

然后指定一个通道号 0000/CHANNEL HR1，

在按 MONTR 键屏幕显示 CH1/FFFF，

按↑键或↓键可以显示该通道上面的通道或下面的通道的内容。

12. 强迫置位/复位

在程序执行期间，此操作对每一个 I/O（输入/输出）继电器、AR（内部辅助）继电器、HR（保持）继电器、TIM 或 CNT 的工作状态进行强迫置位或复位（再一次扫描过程中），此操作只有在 MONITOR（监控方式）下才有效。例如，将图 4-38 中的输出线圈 0501 强置为 ON/OFF 的操作如下：

按 CLR、OUT、5、0 和 1 键，屏幕显示 0000/OUT 0501。

再按 KONTR 键，监视它的状态，显示 0501/OFF。

现在将它强置为 ON，按 PLAY/SET 键，显示 0501/ON。

再按 REC/RESET 键，将它强置为 OFF。

如果再对 TIM/CNT 执行强置 ON/OFF 操作，在强置 ON 时，将它的当前值置为 0000，而对之实行强置 OFF 操作时，恢复 TIM/CNT 的设置值。

13. TIM/CNT

改变 TIM/CNT 的整定值在 MONITOR（监控方式）状态下，在程序执行期间可以改变 TIM/CNT 的整定值，其操作如图 4-39 所示。

操作过程是：按 CLR、TIM、SRCH，再按↓键，将显示器内容移到定时器的数据上来，屏幕显示 0201 TIM DATA/＃0123。定时器现行值是 12.3s，为了改为 12.5s，再按 CHG 键，并

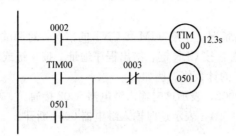

地址	指令	数据
0200	LD	0002
0201	TIM	00
		#123
0202	LD	TIM00
0203	OR	0501
0204	AND-NOT	0003
0205	OUT	0501

图 4-38　强置 ON/OFF

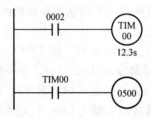

地址	指令	数据
0200	LD	0002
0201	TIM	00
		#123
0202	LD	TIM00
0203	OUT	0500

图 4-39　TIM/CNT 的整定值

输入新的数据（12.5s），按 1、2、5 和 WRITE 键，屏幕显示 0201 TIM DATA/♯0125。

若改变一个通道的内容时，则按 CHG、SHIFT、CH/＊键及通道号，最后按 WRITE 键。

14. 改变当前值

这个操作用来改变 I/O 通道、内部辅助继电器通道、HR 通道和 DM 通道的当前值，TIM/CNT 的当前值是 4 位十进制数，而其他通道内容为 4 位十六进制数。

这个操作可在 PROGRAM 和 MONITOR 状态下操作。下面实例中 PLC 处于 MONITOR 状态下，由于 TIM 的输入是 ON，所以显示的时间值是变化的。在改变之前应指出要改变的通道号或 TIM/CNT 号，改变 TIM00 当前值的操作是按 CLR、TIM 和 MONTR 键。屏幕显示 T00/0122。

按 CHG 键，将当前值改为 200，屏幕显示 0000 PRES VAL? /T00 0119 ???? 和 0000 PRES VAL/T00 0119 0200，按 WRITE 键，完成此操作。

四、PLC 应用

（一）应用 PLC 的步骤

在掌握了 PLC 的工作原理和编程方法的基础上，就可以根据控制要求应用 PLC。从提出控制要求到编辑程序基本需要经历七个阶段如下：

1. 系统分析

确定被控系统必须完成的动作极其顺序；确定各个控制装置之间的相互关系。

2. I/O（输入/输出）分配

确定哪些是 PLC 输入信号的外部设备，哪些是 PLC 输出信号控制的外部设备，并将输入、输出地址与之对应进行分配。

3. 梯形图设计

在设计梯形图时要注意每个从左边母线开始的逻辑行必须终止于一个继电器线圈或 TIM（定时器）、CNT（计数器）。

4. 编程

将设计好的梯形图写入 PLC 的存储器中，一般采用编程器来实现。而使用简易的编程器时，必须将梯形图编码，就是将梯形图转变成指令码，成为 PLC 能识别的语言。

5. 编辑程序

通过编程器将上述指令 PLC 中，并对程序进行编辑。

6. 调试

对程序进行模拟和试运行，发现错误及时纠正。

7. 交付使用

当程序调试完毕并达到对其工作的满意程度，就可以交付用户使用。

（二）PLC 应用举例

1. 三相异步电动机的 Y-△ 启动控制

如图 4-40 所示为一个控制三相异步电动机的主电路图。在启动时，首先使接触器 KM1、KM2 的动合触点闭合，使电动机的定子绕组成 Y 形连接。电动机旋转后，通过时间控制，转速升到一定数值，使接触器 KM1 的动合触点断开，使接触器 KM3 的动合触点闭合，使电动机的绕组改为△形连接，达到了 Y 形启动△形运转的目的。

（1）PLC 的输入和输出分配如下：

输入		输出	
SB1	0000	KM1	0500
SB2	0001	KM2	0501
		KM3	0502

（2）输入/输出连接线如图 4-41 所示。

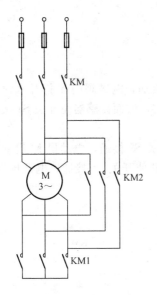

图 4-40　Y-△启动主电路

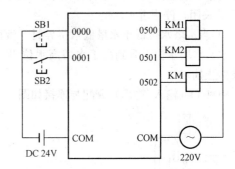

图 4-41　输入/输出连接线图

（3）根据梯形图 4-42 说明 PLC 的工作原理。

按启动按钮 SB1，触点 0000 接通，定时器 TIM00 开始计时，同时 0500 线圈接通，接触器 KM1 动合触点闭合，电动机定子绕组成 Y 形连接。0500 的动合触点闭合，动断触点断开，使 0501 线圈接通，保证 0502 线圈断开。这时 0501 线圈的两个触点接通，其中一个与 0000 触点并联，完成自锁；另一个触点为 0502 线圈的接通做好准备。0501 线圈的接通，使接触器 KM2 通电动作，接通电动机电源，电动机以 Y 形连接开始运转。12s 以后，定时器 TIM00 线圈工作，TIM00 的动断触点断开，0500 线圈随之断开，KM1 失电，电机定子绕组的 Y 形连接被切断。0500 的动断触点恢复闭合，0502 线圈接通，接触器 KM3 通电动作，电动机绕组按△形连接，进入正常工作。0502 线圈的一个动断触点使定时器 TIM00 复位，一个保证 0500 线圈不再接通。当电动机需要停转时，按停止按钮 SB2，0001 触点断开，接触器全部失电，电动机停止运行。

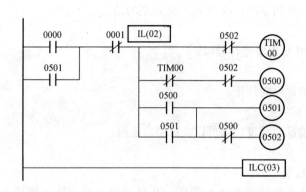

地址	指令	数据
0100	LD	0000
0101	OR	0501
0102	AND–NOT	0001
0103	IL(02)	–
0104	LD–NOT	0502
0105	TIM	00
		#0120
0106	LD–NOT	TIM00
0107	AND–NOT	0502
0108	OUT	0500
0109	LD	0500
0110	OR	0501
0111	OUT	0501
0112	AND–NOT	0500
0113	OUT	0502
0114	ILC(03)	–
0115	END(01)	–

图 4-42　梯形图及指令码

2. 水塔水位自动控制

水塔水位控制系统如图 4-43 所示。

（1）控制要求。

1）当水位低于水池低水位界时，液面传感器开关 S3 接通，电磁阀门 Y 打开水池进水，当水位高于低水位界时，S3 断开。当水位升到水池高水位界时，液面传感器使开关 S4 接通，电磁阀门 Y 关闭，停止进水。

2）当水塔水位低于水塔低水位界时，液面传感器的开关 S2 接通，电动机 M 启动运转，水泵抽水。水塔水位上升到高于水塔高水位界时，液面传感器使开关 S1 接通，电动机停止运行，水泵停止抽水。

3）I/O（输入/输出）分配与连接如图 4-44 所示。

输入		输出	
S1	0000	KM	0500
S2	0001	Y	0501
S3	0002		
S4	0003		

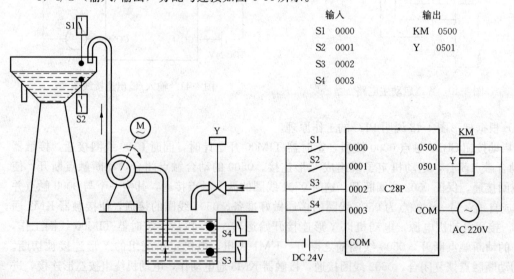

图 4-43　水塔水位控制系统　　　　　图 4-44　I/O 连接

4）梯形图设计如图 4-45 所示。

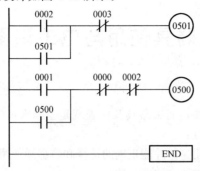

地址	指令	数据
0200	LD	0002
0201	OR	0501
0202	AND–NOT	0003
0203	OUT	0501
0204	LD	0001
0205	OR	0500
0206	AND–NOT	0000
0207	AND–NOT	0002
0208	OUT	0500
0209	END	–

图 4-45　梯形图与指令码

（2）水塔水位自动控制原理。当水池水位低于最低水位时，S3 闭合，即 0002 为 ON（接通），输出继电器 0501 接通，电磁阀门 Y 打开，水池进水，同时触点 0501 完成自锁；当水池水位超过最低水位时，S3 打开（OFF），输出 0501 仍为接通（ON），水池继续进水。直到水池水位超过最高水位时，S4 接通，输入继电器 0003 的动断触点打开，阀门 Y 关闭停水。当 S3 处于断开状态，而水塔水位低于最低水位时，S2 闭合，即 0001 为接通（ON），则输出继电器 0500 接通，使电动机 M 运行，水泵抽水。当水位升高超过最低水位时，S2 打开，即 0001 为断开（OFF），但 0500 自锁，水塔继续进水。直到水位超过最高水位时，开关 S1 接通，动断触点 0000 断开，0500 为 OFF，电动机 M 停止运行，水泵停止抽水。

本 章 小 结

本章主要讲述可编程序控制器（PLC）的构成、特点、工作原理以及继电器及编号和基本指令。PLC 主要由中央处理器（CPU 模块）、输入、输出（I/O 模块）、编程器和电源组成。具有功能强、可靠性高、编程方便、体积小、质量轻等优点。PLC 与继电－接触器控制系统具有相同的逻辑关系，但 PLC 处理逻辑关系是通过软件实现的，而不是实际电路。

继电器有输入继电器（I）、输出继电器（O）、内部辅助继电器、保持继电器（HR）、暂存继电器（TR）、定时器/计数器（TIM/CNT）、数据存储器（DM）。

指令是表达 PLC 各种功能的命令。由指令构成能完成任务的指令组合称为指令码。指令码由地址、指令助记符（指令名称）和作用器件的数据三部分组成。各种型号的 PLC 梯形图在形式上大同小异，虽然符号不尽相同，但编程方法和原理是一致的。本章是以日本欧姆龙公司 C 系列 P 型机的基本指令为例讲述梯形图和指令码，掌握了 PLC 基本指令也就初步掌握了 PLC 的基本使用方法。

第五章　检修工器具使用与电工识图

电工基本技能是一个检修人员应具备的素质，而工器具及仪表就是检修人员的武器，所以，作为一个电气设备的检修人员必须做到以下几点：

（1）了解电工常用工器具的型号、规格及用途，并能正确的选择和熟练地使用。

（2）掌握电工常用仪表的工作原理、使用方法和注意事项。

（3）了解简易起重搬运知识；熟悉电工常用起重搬运工具的种类、用途和规格；掌握简易起重搬运方法以及注意事项。

（4）了解电气工程图的分类和用途；明确图中的文字、图形符号；熟读电气原理图、安装接线图、工程平面图和复杂回路展开图，具备一定的识图能力和应用能力。

第一节　电工常用工器具及仪表使用

一、电工常用工器具使用

正确使用和妥善保管工具，既能提高生产效率和施工质量，又能减轻劳动强度，保证操作安全，延长工具的使用寿命。

以下介绍几种电工常用的工具，如：钢丝钳、尖嘴钳、剥线钳、断线钳（剪线钳）、螺丝刀、电工刀、验电笔、高压测电器、扳手、电烙铁、喷灯、电钻、冲击电钻和射钉枪的使用方法。

1. 钢丝钳

钢丝钳在各地区的称呼不一样，有称电工钳和花腮钳的，也有称克丝钳和老虎钳的。

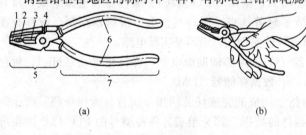

图 5-1　钢丝钳

(a) 构造；(b) 钢丝钳的握法

1—钳口；2—齿口；3—刀口；4—铡口；5—钳头；6—绝缘管；7—钳柄

钢丝钳是一种捏合和剪切的工具，有铁柄和绝缘柄两种，其构造和握法如图 5-1 所示。绝缘柄钢丝钳可供低电压场合使用。电工必须使用绝缘柄钢丝钳工作。绝缘柄钢丝钳工作电压为 500V，试验电压为 10000V。钢丝钳的规格以全长表示，有 150、175mm 和 200mm 三种。

钢丝钳的握法如图 5-1（b）所示。使用时要让刀口朝向自己，手指不能靠近金属部分，以防触电。使用时应注意保护绝缘手柄，不能代替榔头使用，不能随意抛掷。用钢丝钳剪断导线时，不能同时剪两根线，以免发生短路、损坏工具或电弧烧伤工作人员。

2. 尖嘴钳

尖嘴钳又称尖头钳，也是电工不可缺少的工具。它适用于狭小的空间操作。带有刃口的尖嘴钳可以剪细的金属丝。它是仪表、二次回路、低压配线以及电信器材等装配与检修工作常用的工具，其绝缘柄的工作电压为 500V，试验电压为 10000V。它的规格以全长表示，有 130、160、180mm 和 200mm 四种。

3. 剥线钳

剥线钳专供电工用于剥除线芯截面为 6mm² 及以下塑料或橡胶电线、电缆端部的绝缘层。它由刀口、压线口和钳柄组成，其结构如图 5-2 所示。钳柄是绝缘的，其工作电压为 500V。它的规格也是以全长表示，有 140mm 和 180mm 两种。钳口有直径为 0.5～3mm 的多个切口（刀口），使用时，选择的切口直径必须大于线芯直径，以免切伤线芯。

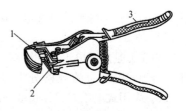

图 5-2 剥线钳结构图
1—刀口；2—压线口；3—钳柄

4. 断线钳

断线钳又称剪线钳，专供剪断较粗的金属丝、线材及电线电缆等，其规格是以全长表示。断线钳规格及断线直径数据见表 5-1。

表 5-1　　　　　　　　断线钳规格及断线直径（mm）

规　格	450	600	750	900	1050
能剪断不大于 HR30 的中碳钢线的最大直径	6	8	10	13	16
能剪断有色金属线材的最大直径	7	9	12	15	18

断线钳有铁柄、管柄和绝缘柄三种。绝缘柄的断线钳可以用于带电场合的作业，其工作电压为 10000V。

5. 螺丝刀

螺丝刀又称螺钉旋具、螺丝批、螺丝起子、旋凿、改锥等。头部形状有"一"字形（俗称平口）和十字形（俗称十字槽）两种，柄部用木材或塑料制成，其外形如图 5-3 所示。其中塑料柄的螺丝刀具有良好的绝缘性能，木柄的需要经过浸蜡处理后方能在带电场合使用。

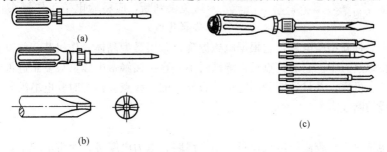

图 5-3　螺丝刀外形
(a)"一"字形（YS型）；(b)"十"字形（SS型）；(c)多用螺钉旋具

(1)"一"字形（平口）螺丝刀规格用柄以外的刀体长度来表示，常用的规格有 75mm×3mm、75mm×5mm、100mm×6mm、150mm×7mm 和 400mm×10mm 五种。

(2)"十"字形螺丝刀的规格是用刀体长度和十字槽规格号表示。十字槽规格号有四个：Ⅰ号适用于螺钉直径为 2～2.5mm，Ⅱ号适用于螺钉直径为 3～5mm，Ⅲ号适用于螺钉直径为 6～8mm，Ⅳ号适用于螺钉直径为 10～12mm。

使用时螺丝刀刃口与螺丝槽要对应，不准凑合使用，以免损坏螺钉或刃口。一般的螺丝刀不宜带电作业，如果需要带电作业时，应在刀体长度部分套上绝缘管，防止造成短路或接地事故。另外，为了工作方便、减轻操作强度和提高生产效率，在工程技术人员的努力下，又设计出了多用螺丝刀、自动螺钉旋具和电动旋具等工具。

6. 电工刀

电工刀是用于电工割削电线、电缆绝缘和绳索、木桩及软性金属等。有普通式和多用式两种。普通式电工刀的规格分大号、小号两种。大号刀片长度为 112mm，小号刀片的长度为 88mm。多用式电工刀刀片长度一般为 100mm。多用式电工刀增加了锯片和锥子等功能，锯片可以锯割电线槽板、圆木等；锥子可用来锥钻木螺丝的底孔等。

电工刀不能带电作业，使用时应刀口向外，但不准对着面前的工作人员。用完后，应将刀身折入刀柄内。

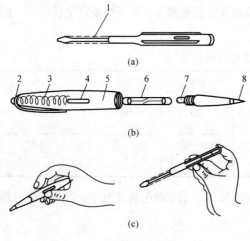

图 5-4　低压验电笔
(a) 低压验电笔外形；(b) 低压验电笔结构；
(c) 低压验电笔正确使用方法
1、8—工作触头；2—握柄；3—弹簧；4—窥视孔；
5—外壳；6—氖泡（氖气管）；7—碳质电阻

7. 验电笔

验电笔又称试电笔。验电笔是用来检查低压导体和电气设备外壳是否带电的保护用具，检查电压范围是 100～500V。常用的有钢笔式和螺丝刀式两种，如图 5-4 所示。

由图 5-4 可见，这种验电笔前端是工作触头，内部依次装接碳质电阻、氖管和弹簧。弹簧与后端外部的金属件（即握柄）接触，另一端压紧氖管。使用时，工作触头接触带电体，手接触握柄的金属件氖管发出红光，表示带电其握法如图 5-4(c) 所示。

验电笔使用前，应检查验电笔是否正常、无损，应在已知有电的设备上测试多下，确认验电笔工作正常后方可使用。明亮的光线下往往不易看清氖管发光，应使氖管小窗背光朝向自己。为避免误判断，应将验电笔工作触头在被测设备上多测几点。

另外，还有一种新型验电笔，它根据电磁原理，采用微型晶体管作机芯，并以发光二极管作显示，一起装在螺丝刀中。它的特点是，测试时不必直接接触带电体，只要靠近带电体就能显示红光，因而更安全可靠，并且还能利用它来检查导线的断线点。检查时验电笔沿导线移动，红光熄灭处即为导线的断线点。

8. 高压测电器

高压测电器是用来检查高压电气设备、架空线路、电力电缆等是否带电的工具，是防止触电事故的一种保护工具。

高压测电器一般为电容电流式，它主要由指示器、绝缘杆和握柄三大部分组成，外形如图 5-5 所示。其中指示器又由触钩、氖管、弹簧、铝箔电容器和接地极等组成。绝缘杆和握柄则由高绝缘胶木制成。

新式高压测电器有一种除了氖管发出光的信号外，同时还发出音响信号，避免发光信号不清而导致误判断。目前又推出 JGHY 型交流高压回转验电器，是利用交变电场中金属带电体尖端放电使空气电离，来推动彩色金属片旋转，以表示物体是否带电。该型验电器主要用于检验交流高压电气设备和输电线路是否带电，对直流电压没有反应。其规格有内圈颜色是绿色的 6～10kV 指示器；内圈颜色是黄色的 35kV 指示器；内圈颜色是蓝色的 66kV 指示器；内圈颜色是红色的 110～220kV 指示器。

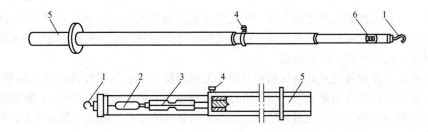

图 5-5　电容电流式高压测电器图

1—工作触头（触钩）；2—氖灯（氖管）；3—电容器；4—接地螺钉；5—握柄；6—氖灯窗

　　总之，在使用高压验电器之前，首先应针对被测设备的电压选择适当规格的测电器，然后验证测电器是否良好，在确认测电器良好无损后方能使用。

　　操作人员应戴绝缘手套，而且身体的任何部位不得超过绝缘杆的护环，以保证操作时的安全，如遇雨、雪和雾天等恶劣天气时，应禁止作业。使用完毕后，应将高压测电器包装好并放入盒内，放在通风干燥处妥善保管。禁止与香蕉水、甲苯、氯仿等化学溶剂接触，并应按相关规程的要求定期检查试验。

　　9. 扳手

　　扳手是用于螺栓拆装的一种工具。因适用场合不同而种类繁多，有呆扳手（死扳手）、梅花扳手、两用扳手、套筒扳手、内六角扳手、活扳手以及专用扳手等。电工最常用的是活动板手（简称活扳手）。活扳手的规格用长度乘最大开口宽度表示，单位是毫米或近似英寸。活扳手的构造和握法如图 5-6 所示，活扳手规格见表 5-2。

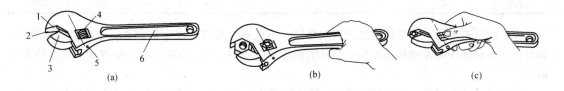

图 5-6　活扳手

（a）活动扳手构造；（b）扳较大螺母握法；（c）扳小螺母握法

1—呆扳唇；2—扳口；3—活扳唇；4—蜗轮；5—轴销；6—手柄

表 5-2　　　　　　　　　　　　　　活　扳　手　规　格

长度	公制[毫米(mm)]	100	150	200	250	300	375	450	600
	英制[英寸(in)]	4	6	8	10	12	15	18	24
最大开口宽度		14	19	24	30	36	46	55	65

　　例如 8in（即 200mm×24mm）表示英制 8 英寸的活扳手全长是 200mm，最大开口 24mm，如用公制来表示即 200mm×24mm。

　　呆扳手和梅花扳手一样，其规格用两端开口宽度来表示，如 8mm×10mm 表示一端为 8mm，一端为 10mm；两用扳手一端为开口扳手，另一端为梅花扳手，两端为同一规格；内六角扳手规格以六角形对边尺寸表示。对于精密的螺母、螺钉，一般需要用呆扳手，不用活扳手。

10. 电烙铁

电烙铁是一种常用的电热焊接工具。按发热方式可分为电阻式、感应式和热敏电阻式三种。电阻式电烙铁按其烙铁头的受热方式又分内热式和外热式两种。各种类型的电烙铁又因控制方式的不同，属于不同的型号，各有特点。

（1）外热式。普通外热式电烙铁结构简单，工作性能可靠，其工作原理是电热丝通电发热，铜焊头插入电热丝内铁管而被加热。缠绕电热丝的空心管，有铁管和瓷管两种，铁管外面与电热丝之间以及电热丝外侧均要用云母片绝缘。外热式电烙铁的发热元件在铜焊头外面，热量容易散失，效率较低，其结构如图5-7所示。

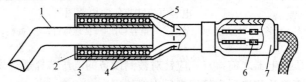

图 5-7　外热式电烙铁结构

1—铜焊头；2—电热丝；3—内铁管；4—云母片；
5—外管；6—接线端子；7—手柄

（2）内热式。内热式电烙铁的外形与外热式相同，区别在于它的铜焊头根部是中空管状结构，发热元件直接插入空心管内。内热式电烙铁除机械强度较差外，其他性能均优于外热式电烙铁。外热式和内热式电烙铁的规格按其功率大小划分见表5-3。

表 5-3　　　　　　　　　　　　　电烙铁的规格

结构形式	功率（W）							
外热式	30	50	75	100	150	200	300	500
内热式	20	35	50	75	100	150	200	300

（3）恒温式电烙铁。又称为温控式电烙铁，不仅可以将焊接温度控制在一个适当的数值上，而且可以通过低压电源变压来减少电烙铁上的感应电动势，对于焊接半导体器件和集成电路尤为适宜。

（4）充电式电烙铁。又称储能式电烙铁，其壳体内装有2～3节1.5V的镉镍充电电池。使用前先对电池充电14h左右，充电电流为150mA。每充一次可间断使用3h左右，连续使用时间为25min左右。镉镍充电电池一般可以反复充电200次。冲好后按下按钮即可焊接。由于充电式电烙铁使用直流电，不会产生感应电动势，适用于电子电路、集成电路、电子计算机等设备的检修。

（5）热敏电阻（PTC）电烙铁。采用大功率热敏电阻制成的电烙铁，价格低廉、工作安全可靠、使用方便、节约电能，与同功率普通镍铬电热丝的电烙铁相比较，耗能仅为其1/3左右。热敏电阻的特性是低温时阻值很小，而温度到居里点时，阻值迅速上升为原来的几十倍。因此，这种电烙铁具有速热性，几十秒钟后即可升高到化锡温度，此后就能恒温工作。

正确使用电烙铁，能延长电烙铁的使用寿命。使用电烙铁应合理使用焊剂，防止腐蚀和破坏绝缘，一般使用松香、松香酒精溶剂。对不易上锡的铁皮或不怕腐蚀的场合可用氯化锌溶液、焊锡膏等焊剂。电烙铁电源线最好用纤维编织花线或三芯橡皮线，不选用塑料线。

11. 喷灯

喷灯是一种利用喷射火焰对工件进行加热的工具，有煤油喷灯、汽油喷灯和液化气喷灯三种，各种喷灯的燃料不能混用。其燃烧温度可达到900℃以上，具有携带方便，使用灵活的特点，所以，是电工焊接铅包电缆的铅包层、大截面铜导线连接处搪锡以及用来加热工件不可缺少的工具，其构造如图5-8所示。

（1）喷灯使用方法。

1）旋下加油螺丝，注入干净的燃油。油量不能超过油筒容积的3/4，让油筒内保留一定的空间，用来储存空气，以维持必要的空气压力。加完油随即旋紧油阀螺丝并擦净筒外部油污。

2）用打气筒先打气4～5下，然后在预热燃烧杯中注入适量的燃油并将其点燃，用以加热汽化管的燃油使其汽化。

3）当预热燃烧杯中的油快燃尽时，用打气筒再打气3～4下，然后慢慢拧开调节阀，使油汽与空气混合后点燃。最后用打气筒再打气4～5下，用调节阀调节，当火焰由黄红色变为蓝色时，即可使用。

4）熄灭喷灯时，先关闭调节阀，使火焰逐渐熄灭，待冷却1min左右再拧开调节阀，用油气冲洗喷嘴，防止喷嘴结垢堵塞喷嘴。冲洗30s左右拧紧调节阀，然后拧开加油阀螺丝将筒内余气放出，再拧紧加油阀螺丝，最后将喷灯放在指定的地方妥善保管。

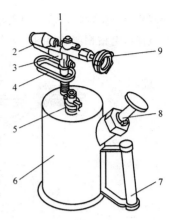

图 5-8　喷灯结构

1—喷嘴（喷油针孔）；2—火焰喷头；3—汽化管；4—预热燃烧杯；5—加油阀；6—油筒；7—手柄；8—打气筒（打气阀）；9—调节阀

（2）喷灯使用注意事项。

1）各种喷灯燃料不能混用。

2）严禁在有火的地方加油。

3）点燃喷灯时，不准将喷燃器对着人体或各种易燃物品以及设备、器材等。

4）首次使用喷灯必须有专人指导。

5）加完油或放完气要拧紧加油阀螺丝。

12. 电钻

电钻是一种电动钻孔的工具，能在金属、塑料、木材等材料上钻孔。它可分为手提式、台式、软轴式等几种。手提式电钻使用较方便，所以应用较广泛，其使用注意事项如下：

（1）使用前首先要检查电源电压是否与电钻铭牌额定电压相符，检查电源线路有无短路保护（如熔断器或低压短路器）检查电钻的接地线是否良好。

（2）在接通电源之前，电钻的开关必须在断开位置上。

（3）钻头应锋锐，钻孔时不宜用力过猛，发现转速突然下降时，应迅速减轻压力或停转；钻孔中突然停转时，应立即切断电源；钻头将通时，适当减少对电钻的压力。

（4）钻夹钥匙不允许用绳系在电钻上或引线上。装拆钻头时不准用其他工具敲打钻夹。

（5）电钻每次使用前宜试转1min，检查各部件运行是否正常。

（6）钻孔时要注意电钻各部温度，如温度过高或有异常杂音时，应立即停机检查，排除故障后方能使用。

（7）移动电钻时，不得手提电钻的电源引出线，防止引线接头受力，并注意软线有无磨损或擦伤现象。

（8）使用电钻时，严禁戴线手套。

13. 冲击电钻

冲击电钻是具有旋转带冲击的切削机械，冲击力大，可以在各类混凝土结构上打孔作业。一般制成可调式结构。调节在无冲击位置时，装上普通钻头就能在金属材料上打孔；当调节在旋转带冲击的位置时，装上硬质合金钻头，就能在砖石上和混凝土等脆性材料上钻孔。冲击电钻外形与普通电钻相似，如图5-9所示。

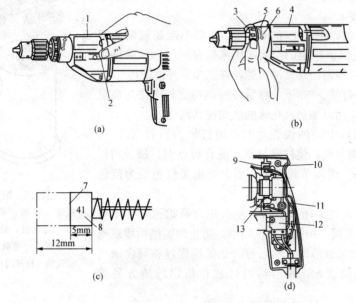

图 5-9　冲击电钻
(a) 高、低速换挡示意；(b) 冲击变旋转示意；
(c) 碳刷（电刷）磨损极限示意；(d) 把手结构示意
1、4—齿轮罩；2—变速锁扣（按压滑动）；3—变换环；5—旋钻；6—旋钻加冲击；7—碳
刷磨损极限；8—碳刷号；9—刷握；10—刷架；11—引出线；12—开关；13—碳刷

冲击电钻使用注意事项：

（1）对墙壁、天花板、地板等进行钻孔时，应首先确认里面没有布设动力电缆或其他设施。

（2）使用之前要确认所用电源应与冲击电钻铭牌上标示的规格相符。

（3）检查冲击电钻开关应在切断状态，防止插头插入电源时电钻突然转动而造成事故。

（4）装配钻头的方法与手提电钻一样，用钥匙紧固钻头，不得用其他工具敲打钻夹来紧固钻头。

（5）移动电钻时，不得用手提电钻的引出线，也不得拉拆软线使插头脱离电源插座。软线应与热源、油液分开，防止损伤导线的绝缘而造成触电事故。

（6）使用冲击电钻应戴防护眼镜，有粉尘飞扬时还应戴防尘面罩。

（7）高、低速换挡前，应将电钻开关断开，并且电钻要全部停止转动。换挡时，先将变速连锁扣压下，如图5-9（a）所示，按箭头方向推动。电钻壳体上的"1"为低速，"2"为高速。

（8）从冲击变为旋转，如图5-9（b）中的3、5、6所示。面对钻头顺时针方向将变换环转到尽头，这样电钻是一面旋转，一面对材料冲击。反时针方向旋转变换环则只能旋转而不能冲击。但要注意各厂家的产品不一定相同，使用前一定要看说明书，按说明书的使用方法进行工作。

（9）电动机上的电刷磨损到极限时，如图5-9（c）中的7所示，应及时更换电刷，同时保持电刷清洁和刷握能自由滑动以及整流片与电刷的接触面清洁、光滑。

14. 射钉枪

射钉枪是利用枪管内弹药爆发时的推力，将特殊形状的螺钉（射钉）射入钢板或混凝土构件中，以安装或固定各种电气设备，如仪器仪表、电线电缆以及水电管道等。它可以代替凿孔、预

埋螺钉等手工劳动，提高工程质量，降低成本，缩短施工周期，是一种较先进的安装工具。射钉枪的使用及注意事项如下：

（1）射手必须对所用射钉枪的结构、性能有所了解，同时根据被固件和基体的材料（如钢板、混凝土、砖砌体或木质松软物体），选择适当的弹和钉，具体应根据所用射钉枪型号的配套使用表或厂家编著《射钉紧固技术》一书去选择弹和钉。SDQ603 型射钉枪、送弹器、射钉弹、射钉配套使用见表 5-4。目前，射钉枪的型号有多种，无论使用哪一种，都要按照厂家的使用说明书选择适当的弹和钉。

表 5-4　　　　　　　　　SDQ603 型射钉枪、送弹器、射钉弹、射钉配套使用表

序号	送弹器类型	射钉类型	枪管口径	活塞直径	射钉弹		
					代号	颜色	威力
1	S1 送弹器	YD、HYD、M8、HM8	8.6	8.6	S1	红	大
						黄	中
		M4、M6、HM6	12	12		绿	小
						白	最小
2	S3 送弹器	YD、HYD、M8、HM8、KD35	8.6	8.6	S3	黑	最大
		DD、HDD、M10、HM10、KD45	10	10		红	大
		M4、M6、HM6	12	12		黄	中
						绿	小

（2）射手在工作时应穿戴劳保护具（如工作帽、工作服、手套、防护镜等），射前应将未装射弹的射钉枪抵在施工面上，活动部分应灵活，各部分紧固件不得松动，枪管内不允许有障碍物，然后开始先装钉，后装弹。切勿用手掌压缩枪管或用枪对准人体以及非固件和基体，射钉枪不要摔落地下，以免走火或损坏零部件。

（3）射击时，周围不可有易燃易爆物品，不可在易被穿透的建筑物及钢板上作业，同时，在作业面背后禁止有人。先将送弹器推倒位，再将枪口对准被固件并压缩枪管，扣动扳机即可射击。

射手应将枪端正，一定要垂直工作面。枪托应用手托住，不宜用胸顶死枪托，以免击发时的反作用力击伤射手。如临时不再射击，应立即将弹钉退出枪腔，先退弹后退钉。

（4）射击时，如果射弹未发火，应等待 5s 后才能松开射钉枪。抽出送弹器，将射弹旋转90°，进行第二次或第三次射击。若再次不发火，则更换新射弹。

（5）每次射击后，应拉出送弹器，退出弹壳。

二、电工常用测量仪表使用

（一）万用表

万用表是一种便携式电气测量仪表，能测量多种电量，具有多个量程，是一个带有整流器的磁电式综合测量仪表。万用表能测量交流电压、直流电压、直流电流和电阻值等，有的万用表还能测量音频电平（分贝）、电感量、电容量和晶体管放大系数等。

1. 万用表原理

万用表的简单原理及基本结构示意如图 5-10 所示。

万用表的表头是一个磁电式直流微安表，它的主要结构是在一块 U 形永久磁铁的两个磁极间放置一可动圆柱形铁心，上面套有铝框架和线圈。当线圈中通有电流时，线圈两边在磁场中受

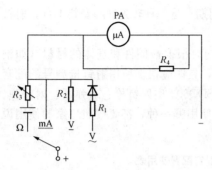

图 5-10 万用表简单原理
及基本结构示意图

到大小相等、方向相反的力的作用。在这个转矩的作用下，线圈转动起来，并带动指针偏转一个角度，直到转轴上的螺旋弹簧被拉紧产生反抗转矩，并与线圈转动力矩相平衡时为止。这时，指针所偏转的角度与流过线圈的电流成正比，因此，可以根据指针位置指示出流过线圈电流的大小。

表头的灵敏度是表示万用表性能优劣的一个参数。灵敏度高低是以表针偏转到满刻度时的线圈电流来衡量的，这个电流越小，说明灵敏度越高。MF 系列万用表的灵敏度均在 10～100mA 范围内，灵敏度都很高。

图 5-10 所示测量电路的功能，是在测量各种不同数值大小和不同种类（如电流、电压、电阻，以及交流、直流等）的电量时，起整流、分流和分压的作用，使流过表头的电流始终为直流量，且数值限制在表头允许的最大值之内。

转换开关是用于选择万用表的测量种类和量程大小的，将其旋转到不同位置上，就接通不同的测量电路。

（1）直流电流的测量。直流电流的测量如图 5-11 所示，其中 PA 为微安表头，R_1 是表头本身电阻和线路串联电阻之和，R_2 是并联电阻，又称分流电阻。由于 R_2 比 R_1 小得多，大部分电流经过 R_2，只要适当选择 R_1、R_2 的比值关系，就能使表头流过的电流 I_1 是总电流 I 的 $1/R$ 倍。例如，令 $K=100$，当流过表头的电流 I_1 为 $100\mu A$ 时，电路中的实际电流应为：$I=KI_1=100\times100\mu A=10mA$。

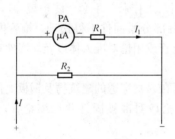

图 5-11 直流电流的测量

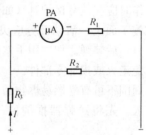

图 5-12 直流电压的测量

（2）直流电压的测量。如图 5-12 所示，直流电压测量的原理，除前面介绍的分流电路外，还串接上一个阻值很大的串联电阻 R_3。当万用表测量一个直流电压时，经 R_3 流入万用表的电流 I 很小，电流 I 再经分流后流入表头 PA，根据倍率和表针偏转的角度即可推算出外电压的数值。

（3）交流电压的测量。交流电压的测量原理如图 5-13 所示，其中 R_3 为串联分压电阻，当外电压 U 的 a 端为正时，电流由 a 端流入，经二极管 V1 分流一部分后，从微安表头 PA 的 "+" 端流入；如果 b 端为正，则电流由 b 端流入，经二极管 V2 及电阻 R_3 流回电源。保证了表头 PA 中的电流始终由 "+" 端流入。因此，根据倍率和表针偏转的角度即可推算出交流电压的数值。

（4）电阻的测量。测量外部电阻 R_x 阻值的原理如图 5-14 所示。图中 E 是万用表内的电池，挡位在 R×1、R×10、R×100 和 R×1k 时，电压均为 1.5V；当挡位在 R×10k 时，电压均为 15、9V 或 6V

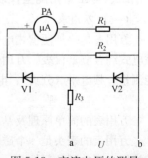

图 5-13 交流电压的测量

等。R_0 为调零电阻，用表盘上的一个调零旋钮调节，其目的是使外部电阻 R_x 为零值（两根表棒短路）时，使表针正好指向"0"位上。由于这时表头中流过的电流最大，"0"位即是表明表头中流过满刻度电流，所以测量欧姆值的刻度尺如图 5-15 所示，由右向左刻度。

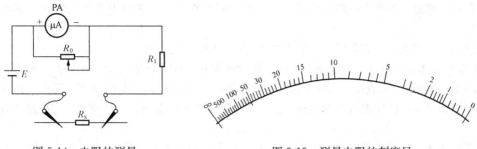

图 5-14 电阻的测量   图 5-15 测量电阻的刻度尺

显然，流过表头的电流取决于外接电阻 R_x 的大小。因此，可由表针的位置反映出 R_x 的大小。由于流过表头的电流与 R_x 不成简单的比例关系，所以标度尺上的刻度是不均匀的。

2. 万用表使用方法及注意事项

（1）正确连接表棒。万用表的红色表棒应插入红色端钮或标有"+"的插孔内；黑色表棒插入黑色端钮或标有"－"和"*"的插孔内；测量直流电压时，红色表棒应接正极，黑色表棒接负极。指针正偏，指示值正确。有的万用表备有交、直流 2500V 测量孔，使用时，黑色表棒不动，将红色表棒接到 2500V 的端钮或插孔内即可。需要注意，用于 2500V 电压测量的表棒和导线是专用的，绝缘性能较好，不可用普通的测棒代替，以防发生危险。

（2）选择正确的测量类别和适当的量程。首先将转换开关转到需要测量的类别上，然后选择适当的量程。如果对被测量的大小心中无数，则应选择大量程挡测量。指针偏转太小时，再将量程逐级减小，这样操作不易损坏万用表。所谓量程适当，是指尽量使指针位置停在刻度尺的 1/2～3/4，这样读数比较准确。

要特别注意不可用电流挡测量电压，也不可用欧姆挡测量电压、电流，否则（除部分万用表有熔丝能起到保护作用外）有可能撞坏表针或烧毁表头。

（3）正确读数。在万用表的刻度盘上有几条刻度尺，一般上面两条刻度尺用于交流电压、直流电压和直流电流的读数。测量电阻值的刻度尺是不均的刻度尺，最下边的刻度尺为音频电平刻度尺。有的万用表为了准确测量交流 0～10V 的电压，会专设一条刻度尺。

读数要注意量程大小，要将指示值乘以相应的倍率。电流和电压的读数是从刻度尺的左面向右读，逐渐增大，而欧姆刻度尺右起为零向左逐渐增大。

（4）正确使用欧姆挡。用欧姆挡测量电阻值时，首先选择适当的量程和倍率，然后将两根表棒碰在一起，转动"调零旋钮"，使指针正好指零位，再用两根表棒测量被测电阻，使表针转在刻度尺的 1/2～3/4，这样误差小，读数准确。每换一次量程，都要重新调零，即使一直使用同一挡位，时间过长也应再校对调零一次。如果指针不能调到零位，说明电池电压不足，需要更换电池。测量电阻时，被测电阻不能带电，否则除读数不准外，还会烧毁表头。

测量低电阻时，接触要良好，避免接触造成误差；测量高电阻时，不能有并联电路，操作人员两只手接触被测电阻两端，也会造成所测电阻值不准。不进行测量电阻时，应断开测量电路，或者将转换开关放到交流最高挡或关停位置，注意不能将两根表棒相碰。

（5）欧姆挡检查电容器和晶体管。

1）检查电容器。使用 R×1K 挡或 R×100K 挡，应以黑表棒接电容器正极（与表内电池正极相连），红表棒接负极，表内电池对电容器充电，表针迅速向阻值小的方向摆动。容量越大，则指针摆动角度就越大，如果电容器失效，则指针几乎不摆动。一个好的电容器，当指针迅速向阻值小的方向摆动后，则慢慢向反方向偏移，经过一段时间放电后，表针最后停留在某一位置上，阻值越大越好，阻值大表明电容器漏电微弱，阻值很小，则表明电容器已短路或漏电电流很大。

测交流电容器则不分正负极，判断方法同直流一样。

2）检查晶体管。测量二极管的正反向电阻，两者相差越大，表明性能越好。一般可用 R×100、R×1K 挡测试，不宜用 R×10K 挡，因为 R×10K 挡的电压高达 6～15V，可能会损坏半导体元件。标有"＋"柱接表内电源负极，标"－"柱接表内电源正极，故测二、三极晶体管时应注意。

对三极晶体管一般也是通过测量发射极 b、e 之间的电阻和集电极 b、c 极之间电阻来判断三极管属 NPN 型还是 PNP 型。首先判别出基极 b，然后测量两种状态下 c、e 之间的电阻（b 悬空，与另一极之间接一大电阻或用手捏住），可以判别出 c、e 两个不同的电极，并可粗略地估计三极管电流的放大倍数，穿透电流的大小等（详见参考文献）。

3. 数字式万用表

数字式万用表与指针式万用表相比，具有内阻高、测量精度高、误差小、显示速度快、耗电省、质量轻、能在强磁场下使用和过负荷能力强等优点。

数字式万用表的基本工作原理是将被测量转换为直流电压，与基准电压相比较，经过放大、积分、逻辑比较等环节，将模拟量转换为数字量，最后用液晶显示器（LCD）或发光二极管（VL）显示出来。一般显示 3.5 或 4 位，即最大显示值为 1999 或 9999。

数字式万用表故障率低，性能优越，而且有电路保护环节，即使操作有误，也不至于损坏万用表。

（二）钳形电流表

钳形电流表具有一个可开合的铁芯，在不拆断电路而需要测量电流的场合，只需将被测导线钳入铁芯内（不必串联于电路中），就可读出导线电流的数值。

钳形电流表分可测量交流电流（如 MG3-1、MG3-2、MG-24 型）和可测量交、直流电流（如 MG-20、MG-21 型）两类。有的钳形电流表还可兼测电压（如 MG3-2、MG-24 型）。测量交流电流的钳形电流表是根据电流互感器原理制成的，图5-16 所示的钳形电流表只适用于交流电路。

钳形电流表的使用方法如下：

（1）测量电流时，被测导线的位置应放在钳口中央，须钳单根导线，以免产生误差。测量三相导线时，导线在钳口中的位置应一样，而且表盘的方向也应一致。

（2）测量前应先估计被测电流或电压的大小，选择适当量程，如心中无数应先选择最大量程，然后视被测电流、电压大小，减小量程。

（3）为使读数准确，钳口接触面应无锈斑，且接合良好。如有杂音，可将钳口重新开合一次；如有污垢，可用汽油擦干净。

（4）测量完毕一定要将调节开关旋到最大电流量程位置，以免下次使用时未经选择量程而损坏仪表。

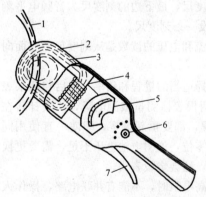

图 5-16 钳形电流表

1—被测导线；2—铁芯；3—磁通；4—二次线圈；5—表头；6—量程调节开关；7—铁芯开合手柄

（5）测量小电流时，在条件许可的情况下，可将导线绕几圈再放到钳口内进行测量，但实际电流数值应为读数除以放进钳口内的导线匝数。

测量交、直流的钳形电流表是一个电磁式仪表，放在钳口中的被测导线作为励磁线圈，磁通在铁芯中形成回路。电磁测量机构位于铁芯缺口中间，受磁场的作用而偏转，从而获得读数。其偏转不受测量电流种类的影响，所以可测量交、直流电流。

（三）绝缘电阻表

绝缘电阻表又称兆欧表、摇表，是一种简便、常用的测量高电阻的直读式仪表。一般用来测量电路、电机绕组、电缆等电气设备绝缘电阻。

最常见的绝缘电阻表是由作为电源的高压手摇发电机（交流或直流发电机）和指示读数的磁电式双动圈流比计组成。也有用交流电作电源或采用晶体管直流电源变换器和磁电式仪表来指示读数的。用交流发电机和直流发电机作为电源的绝缘电阻表测量绝缘电阻的原理电路如图 5-17 所示。

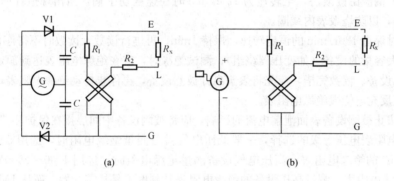

(a)　　　　　　　　　　　　(b)

图 5-17　绝缘电阻表测量电阻原理电路
（a）交流发电机作电源；（b）直流发电机作电源

（1）接线方法。绝缘电阻表上有三个接线柱（端钮），分别标有"L"（电路或线路）、"E"（接地）、"G"（保护环），如图 5-18 所示。

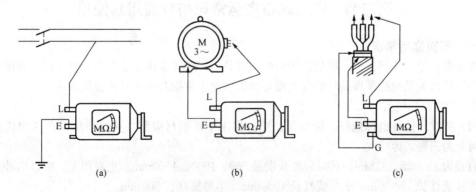

(a)　　　　　　　　(b)　　　　　　　　(c)

图 5-18　绝缘电阻表测量绝缘电阻方法
（a）测线路；（b）测电动机；（c）测电缆

测量线路绝缘时，可将被测线路接绝缘电阻表标有电路或线路的"L"接线柱上，将标有接地的"E"端接线柱与良好的接地体相连接，如图 5-18（a）所示。

测量电动机绝缘电阻时，将电动机绕组接电路或线路的"L"接线柱上，将电动机外壳接绝缘电阻表的"E"接线柱上，如图 5-18（b）所示。

测量电缆绝缘时，除将电缆芯线接"L"，电缆铅包层和铠装护带接"E"接线柱之外，还得将电缆的统包绝缘缠上铜皮或裸铜线后接于绝缘电阻表的保护环"G"接线柱上，以消除电缆线路因绝缘表面漏电而引起的误差，如图 5-18（c）所示。

（2）测量步骤和注意事项。

1）在进行测量前要切断被测设备的电源并对其充分放电 2～3min，以保证人身及仪器的安全。

2）接线端钮与被测设备之间的连接导线不能用双股绝缘线或双股绞线，应用单股分开单独连接的专用绝缘线，以免引起误差。

3）测量前应将绝缘电阻表进行一次开路和短路试验，检查绝缘电阻表是否良好。若将两根连接线开路，摇动手柄指针应指向"∞"处。这时如果将两根连接线瞬间短接一下，指针立即回到"0"处，说明绝缘电阻表是好的，否则绝缘电阻表有故障不能使用。

4）摇动手柄应由慢渐快，至转速为 120r/min 时稳速摇动手柄，当出现指针回"0"时，就停止摇动手柄，以防烧毁表内线圈。

5）测量时保持 120r/min 的恒定转速，保持 1min，再进行读数（读数时不得停止转动）。

6）对于大容量的设备（如变压器绕组），测试绝缘时，应在绝缘电阻表达到额定转速时将表头接入被测试设备。读数完毕，应先将表头离开被测设备，再停止摇动绝缘电阻表，防止被测设备储存的电荷反充电烧毁绝缘电阻表。

7）为了防止被测设备表面泄漏电流的影响，应将被测设备中间层接在保护环"G"端钮上。

8）绝缘电阻表电压等级的选择，一般低压电气设备测量绝缘电阻时，选用 500～1000V 量程为 0～200MΩ 的绝缘电阻表；高压电气设备测量绝缘电阻时，选用 1000～2500V 量程为 0～2000MΩ 的绝缘电阻表。测量高压设备的绝缘电阻表其刻度不是从零开始，而从 1MΩ 或 2MΩ 起始的绝缘电阻表不适合测量低压设备的绝缘电阻。

9）禁止在雷雨时或在临近带有高压导体的设备上测量绝缘电阻，只有在设备不带电时才能进行测量工作。

第二节　电工起重搬运常识与登高用具使用

一、起重搬运常识

在发电厂里，体积较大、质量较大的电气设备，一般规定由专业起重人员进行起重搬运。但是，电气检修人员也应掌握简单的起重搬运知识和电工常用起重工具的使用方法。

1. 起重工具使用

（1）撬杠。撬杠也称撬杆、撬棍等。撬杠多用中碳钢材锻制，其规格是以直径和长度来表示，可分为三种，即

直径为 18、25、32mm。其对应的长度是 500、1000、1500mm。也有用大、中、小号来表示的，大号撬杠长 1500mm，中号撬杠长 1000mm，小号撬杠长 500mm。

撬杠的作用是利用杠杆的原理使重物产生移位，常用于重物的少量抬高、移动和重物的拨正、止退等作业，撬杠的使用如图 5-19 所示。

1）重物的抬高。在抬高前要准备好硬质方木块（或金属块），待重物被撬起后用来支垫重物。一次撬起高度不够时，可将支点垫高继续撬起。第二次撬起后，先垫好新的垫块，再取出第一次垫的垫块，如图 5-19（b）所示。

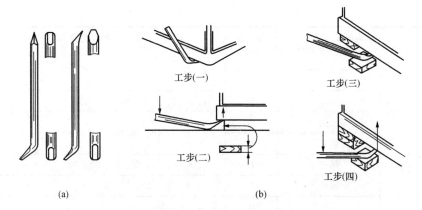

图 5-19 撬杠的使用

(a) 撬杠的形状；(b) 用撬杠抬高重物示意图

2）重物的移动。若重物下面没有垫块时，应先将重物用撬杠撬起，并垫上扁铁之类的垫块，使重物离地。然后用撬杠插入重物底部，用双手握住撬杠上端做下压后移动作。这一动作必须在重物两侧同时进行，随着撬杠的下压后移，重物即可前进。

3）重物的拨正与止退。这两种操作方法基本一样。在止退时，如重物退力较大，要用肩膀扛住撬杠上端，使人体、撬杠及地面形成一个稳固的三角形状。但当重物的退力很大或需要很长时间时，不允许人力止退，必须用三角木楔住。

（2）起重滑车。起重滑车又称吊滑车、小滑车、小葫芦、小滑轮、铁滑车等。小一点的滑车一般用于吊放较轻便的物体，也称小滑轮。其直径有 19、25、38、50、63、75mm 等。大一点的俗称起重滑车或铁滑车，适用于吊放笨重物体，是一种使用简便、携带方便、起重能力较强的起重工具，一般与绞车配套使用。起重滑车形状如图 5-20 所示，其规格见表 5-5。

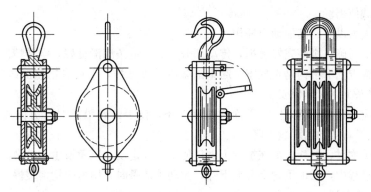

图 5-20 起重滑车形状

表 5-5 起重滑车规格

滑轮数	结构形式			代　号	起重质量（t）
单轮	开口	桃式	吊钩	KBG	0.5、1、2、3、5、8、10、16、20
			链环	KBL	
	闭口	吊钩		G	0.5、1、2、3、5、8、10、16、20
		链环		L	

滑轮数	结构形式		代　号	起重质量（t）
双轮	闭口	吊钩	G	1、2、3、5、8、10、16、20
		链环	L	
		吊环	D	1、2、3、5、8、10、16、20、32
三轮		吊钩	G	3、5、8、10、16、20
		链环	L	
		吊环	D	3、5、8、10、16、20、32、50
四轮		吊环	D	8、10、16、20、32、50
五轮		吊梁	W	32、50、80
		吊环	D	20、32、50、80
六轮		吊环	D	32、50、80、100
七轮		吊环	D	80
八轮		吊梁	W	100、140
		吊环	D	100、140

（3）环链手拉葫芦。手拉葫芦也称葫芦、车筒、导链等。它是一种使用简便、携带方便的手动起重机械、适用于工厂、矿山、建筑工地、农业生产以及码头、船坞、仓库等用来安装机械设备、起吊货物和装卸车辆的一种机械工具、尤其是在露天及无电源作业时、更为重要。电工常用它来起吊电机、变压器以及配合其他起重机械抽装大型电机转子等工作。

环链手拉葫芦的规格一般为 0.5～20t，起重高度为5m以下，其结构如图5-21所示。

环链手拉葫芦使用方法及注意事项如下：

1）严禁超载使用。

2）严禁用人力以外的其他动力操作。

3）再使用前须确认机件完好无损，传动部分及起重链条润滑良好，空转情况正常。

4）起重前检查上下吊钩是否挂牢。起重链条应垂直悬挂，不得有错扭的链环，严禁将下吊钩回扣到起重链条上，以确保安全。

5）操作者应站在与手链条同一平面内拉动链条，使手链轮沿顺时针方向旋转，重物上升；反方向拉动手链条，重物则缓缓下降。

6）在起吊重物时，严禁人员在重物下做任何工作或走动，以免发生意外事故。

7）在起吊过程中，无论重物上升或下降，拉动手链条时，用力应均匀缓慢，不得用力过猛，以免手链条跳动或卡环。

8）操作者如发现手拉力大于正常拉力时，应立即停止使用并进行检查，查明原因消除异常现象后方可继续使用。

（4）千斤顶。千斤顶是一种手动的小型起重和顶压工具，有螺旋千斤顶和液压千斤顶两大类，其结构分别如图5-22所示。它们的规格是以最大起重吨数来表示。螺旋千斤顶有5、10、15、30、50t等规格；液压千斤顶有3、5、8、12.5、16、20～300t等规格。

使用千斤顶的注意事项如下：

1）千斤顶的起重能力不得小于被顶物质量，严禁超载使用。

2）起升高度不得超过千斤顶的规定值，以免损坏千斤顶并造成事故。

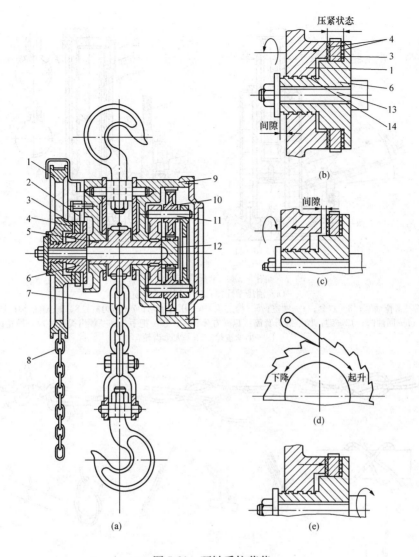

图 5-21 环链手拉葫芦

(a) 结构；(b) 起升重物时自锁机构状态；(c) 下降时自锁机构；(d) 升或
降重物棘轮状态；(e) 在重物的重力作用下自锁机构的自锁状态

1—手链轮；2—棘齿；3—棘轮；4—摩擦片；5—主链轮；6—制动座；

7—主链；8—手链；9—齿圈；10—齿轮；11—小轴；12—齿轮轴；

13—花键轴；14—方牙螺纹

3）重物重心要选择适当，底座要放平，而且千斤顶的基础必须稳固可靠。

（5）绳与绳扣。电工常用麻绳和钢丝绳进行作业，麻绳具有较大的柔性，使用较方便，但强度较低，尤其应注意当它受潮后强度将大为降低，所以麻绳常用于质量较轻物体的手工起重操作中。

钢丝绳是分别由 19、37、61 根细钢丝捻成股线，再由六股线中间加浸油麻芯合成的，这种钢丝绳强度大，也有一定的弹性和柔性，不易生锈，但不耐折，使用时防止钢丝绳打结。

若需要结扣时，应在结扣内垫上木块。一般钢丝绳的两端都做成绳套。常用的绳扣有如图5-23所示的几种。

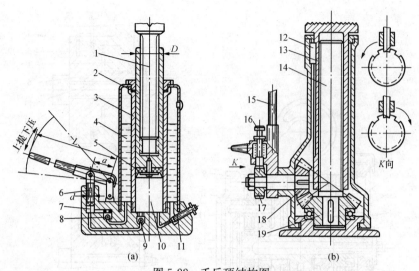

图 5-22　千斤顶结构图

(a) 油压千斤顶；(b) 螺旋千斤顶

1—丝杆；2—工作活塞；3—缸套；4—油室；5—橡皮碗；6—压力活塞；7—压力缸；8、9—逆止阀；10—工作缸；
11—回油阀；12—键；13—螺母套筒；14—方牙螺杆；15—把手；16—棘齿提手；17—棘轮；
18—小伞齿轮；19—大伞齿轮

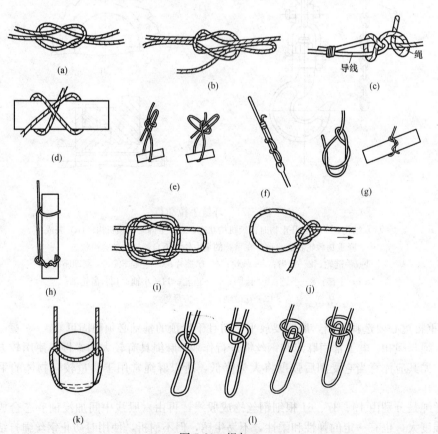

图 5-23　绳扣

(a) 直扣；(b) 活扣；(c) —紧线扣；(d) —猪蹄扣；(e) —抬扣；(f) 倒扣；(g) 背扣；
(h) 倒背扣；(i) 瓶扣；(j) 钢丝绳扣；(k) 抬缸扣；(l) 拴马扣

1）直扣（也称平扣）。用于临时将麻绳的两端接在一起。登杆作业时，也作腰绳扣用。

2）活扣。用途与直扣相似，但不能作腰绳扣用。它用于需要迅速解开的情况。

3）紧线扣。紧线时用来绑结导线的，也可以作腰绳系扣用。

4）猪蹄扣（也称梯形结）。在传递物件和抱杆顶部等处绑绳用。

5）抬扣（也称抬结）。抬重物时用此扣，调整和解开都比较方便。

6）倒扣。临时拉线（抱杆或电杆起立用）在地锚上固定时用。

7）背扣。在高空作业时，上下传递工具、材料等用。

8）倒背扣。垂直吊起轻而细长的物件时用。

9）瓶扣。吊瓷套管多用此扣，因为此扣较结实可靠，物体吊起不易摆动。

10）钢丝绳扣（也称琵琶扣）。它是用来临时拖拉或起吊物体用的，为防止钢丝绳打死结，应在结扣内垫上木块或木棒。

11）抬缸扣。它是用来起吊缸一样的圆柱形物体的。

12）拴马扣。绑扎临时拉绳用。

（6）单杆与双杆起重方法。现场起吊物件，有时因条件所限也用木杆组成的单杆或双杆（人字杆）起吊物件。单杆或双杆的系法，是用钢丝绳的中段在木杆的顶部打一猪蹄扣，然后将绳分为两根，用其中一根继续在猪蹄扣处绕4～6圈，打一倒扣，引下绑到一侧的地锚上；另一根绳在前一倒扣上再打一倒扣，引下绑到另一侧地锚上，但两扣必须顺绳的方向结。

绑双杆时，绳扣先不要结得太紧，以便杆能分叉。单杆或双杆起重方法如图5-24所示。

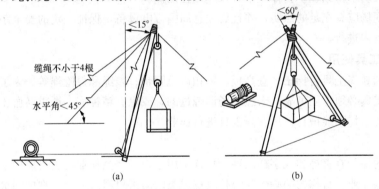

图5-24　单杆或双杆起重方法图
(a) 单杆起重；(b) 双杆（人字杆）起重

2. 搬运方法

搬运物体一般采用桥式吊车、单轨吊车或手推车等，也有采用排子加滚杠滑行的搬运方法。

排子加滚杠的搬运方法，即在物体底部做一固定的木排子，排子底下放上滚杠，再用绳子拉，撬杠撬，借滚杠的滚动移动物体，如图5-25所示。

在设备检修或安装过程中，起重搬运工作占有很重要的地位，它关系到工程的进度和质量。如果发生意外，将会给工程带来很大影响。所以，起重搬运时必须注意以下几点：

（1）起重前应根据被吊物体的质量和大小检查起吊工具是否经过试验，检验是否合格，起吊中的受力是否超过规定的数值。挂钩或滑车上的钢丝绳不得扭曲，以免物体吊起时旋转而发生事故。

（2）起重前后，物体上下均不得有人，以免发生意外。工作人员必须精神集中，一切行动听指挥，无关人员不得进入现场。

（3）物体离开地面时，应全面检查起重设备、钢丝绳及各处的钢丝绳扣，全部合格方能继续起吊。

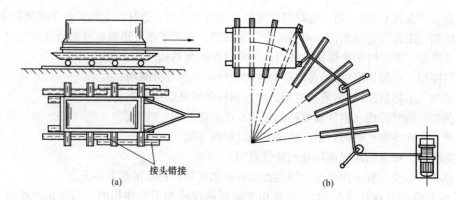

图 5-25　滚移法

(a) 直线拖移；(b) 转弯拖移

（4）重物不能在起重设备上停留太久，当工作人员休息时，应将物体放下。

（5）物体往下降落时，要缓慢平稳，不得向下冲击，而且系物体的绳索要有足够的长度，以免物体旋在空中难以处理。

（6）用人工搬运或装卸重物需要搭跳板时，要使用厚 50mm 以上的木板，跳板中部应设支持物，防止木板过于弯曲。从斜跳板上滑下物体时，需用绳子将物体从上面拉住，以防物体下滑速度太快。工作人员不得站在重物体正下方，应站在两侧。

（7）搬运现场应有充足的照明，并且要注意周围带电设备，保证一定的安全距离，搬运工作应在指定的范围内进行。

二、登高工具使用

电工常用的登高工具有梯子、登高板、脚扣以及腰带、腰绳和保险绳等。为了保证工作人员的安全，登高工具必须牢固可靠。未经现场训练过的，或患有精神病、严重高血压、心脏病以及癫痫症等疾病者，均不能擅自使用登高工具进行作业。

1. 梯子

电工常用的梯子有直梯和人字梯两种。直梯常用于户外登高作业，也可以用于室内作业；人字梯常用于室内作业。直梯的两脚应各绑扎胶皮之类的防滑材料，人字梯在中间绑扎两道防自动滑开的安全绳，如图 5-26(a)、(b) 所示。

电工在梯子上作业时，为了扩大人体作业的活动空间和保证不致因用力过度而站立不稳，必须按图 5-26 (c) 所示的方法站立。人字梯不易采用骑马站立的姿势。在门后使用梯子作业要做好防止开门碰倒梯子的措施，防止发生意外摔伤事故。

2. 登高板

登高板又称登板或踏板，用于攀登电线杆。它由脚板、绳索、套环及钩子组成。绳索的长度应保持一人一手的长，如图 5-27 所示。使用前，一定要检查脚板有无开裂或腐朽，绳索有无断股或受潮。登杆时，钩子一定要向上，以防绳索滑脱。使用后，要整理好登高板，挂在通风干燥处保存。

3. 脚扣

脚扣又称铁脚，也是电杆攀登的工具。它分混凝土杆脚扣和木杆脚扣两类，如图 5-28 所示，图 5-28 (a) 所示为木杆脚扣，图 5-28 (b) 所示为混凝土杆脚扣。混凝土杆用的脚扣又分等径脚扣和可调脚扣。混凝土杆脚扣具有橡胶扣环，木杆脚扣具有铁齿扣环。木杆脚扣分大、中、小三种，分别用于不同规格的木杆。

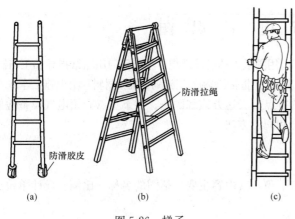

图 5-26　梯子　　　　　　　　　图 5-27　登高板

(a) 直梯；(b) 人字梯；(c) 电工在梯子上作业的站立姿势

　　脚扣使用前必须检查有无裂纹、腐蚀，脚扣皮带有无损坏，如果有损坏应立即修复或更换，不得用绳子或电线代替脚扣皮带。使用脚扣时，等径杆宜用等径脚扣，不等径电杆使用可调脚扣。木杆则使用铁齿脚扣。混凝土杆脚扣也可用于木杆，但木杆脚扣不得用于混凝土杆。

　　使用脚扣登杆要按要领操作，即卡、拉、踩，并要臀部后坐，不要紧靠电杆；下杆时注意两脚扣不要互相撞击，以免滑脱造成意外事故。

　　4. 腰带、腰绳和保险绳

　　腰带、腰绳和保险绳也称安全带如图 5-29 所示。它是电杆登高作业必备的防护用具。腰带是用于系挂保险绳、腰绳和吊物绳的，使用时应系在臀部，不要系在腰间，这样不易扭伤腰部，并且操作时也方便灵活。保险绳的作用是防止万一失误，人体不至于坠地摔伤，因此保险绳的一端系在腰带上，另一端用保险钩挂在牢固的横担或抱箍上。腰绳用来固定人体的臀部，以扩大上身活动的幅度。使用时，应系在电杆横担或抱箍的下方，防止腰绳窜脱至电杆顶端，造成事故。目前，在登杆作业中一般不采用安全绳，但采用时应对安全绳的使用要特别注意有无损坏。要系好绳扣，保证施工安全，使用后挂在通风干燥处妥善保管。

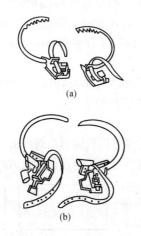
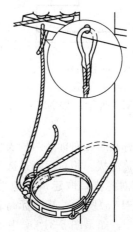

图 5-28　脚扣　　　　　　图 5-29　腰带和保险绳的

(a) 木杆用；(b) 混凝土杆用　　　　　　使用方法

第三节 电 工 识 图

图纸是工程技术界的共同语言,设计部门用图纸表达设计思想,生产部门用图纸指导加工与制造,使用部门用图纸指导使用、维护和管理,施工部门用图纸编制施工计划、准备材料、组织施工等。

图纸种类很多,各种图纸都有各自的特点、表达方式和画法。以下重点介绍电气设备检修工作中最常见的几种电气工程图的基本概念和阅读方法。

一、电气工程图基本概念

1. 图标

图标又称标题栏,一般放在图纸的右下角,其内容主要包括图的名称、比例、设计单位、设计制图者、日期等。

2. 图线

图纸上的各种线条根据用途的不同分为以下九种:

(1)粗实线。它适用于立面图外轮廓线、剖面线、平面图与剖面图的截面轮廓线。

(2)中实线。它适用于土建平面、立面图上的门、窗等的外轮廓线。

(3)细实线。它适用于尺寸标注线。

(4)粗点划线。它适用于平面图中大型构件的轴线位置线,吊车轨道等。

(5)点划线。它适用于定位轴线、中心线。

(6)粗虚线。它适用于地下管道。

(7)虚线。它适用于不可见轮廓线。

(8)折断线。它适用于被断开部分的边界线。

(9)波浪线。它适用于断裂线等。

注意:"导线"的表示方法在各种电气工程图中加以说明。

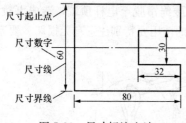

图 5-30 尺寸标注方法

3. 尺寸标注

尺寸标注由尺寸线、尺寸界线、尺寸起止点的箭头或45°短划线、尺寸数字四个要素组成,如图 5-30 所示。

各种图纸上标注的尺寸除标高尺寸、总平面图和一些特大构件尺寸以米为单位外,其余一律以毫米为单位。所以,一般工程图上的尺寸数字都不标注单位。

4. 比例

图纸上所画图形的大小与物体实际大小的比值称为比例,常用符号"M"表示。如 M1:2 表示图形大小只有实物的 1/2。

5. 标高

标高有绝对标高与相对标高两种表示方法。绝对标高是以我国青岛市外海平面为零点而确定的高度尺寸,又称海拔。相对标高是选定某一参考面或参考点为零点而确定的高度尺寸。在工程图上一般采用相对标高,取建筑物地平标高为±0.00m。标注方法如图 5-31(a)所示,其中标高表示建筑物室内地平标高为+3.00m,如果图 5-31(a)中还标出了室外地平标高±0.00m,则室内地平高出室外地平 3.00m,显然,这属于二层楼面。

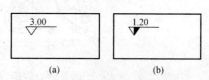

图 5-31 标高的标注方法图
(a)相对标高;(b)敷设标高

图 5-31(b)表示敷设标高。如果电气设备或线路敷设

标高标注＋1.20m，则表示设备下底应高出该层地面或楼面1.20m。

6. 建筑物定位轴线

在建筑物图上一般都标有建筑物定位轴线，凡承重墙、柱子、大梁或屋架等主要承重构件的位置，都画了轴线并编上轴线号。定位轴线编号的基本原则，是在水平方向采用阿拉伯数字，由左向右注写；在垂直方向采用英文字母（I、O、Z这几个字母不用），由下向上注写；这些数字与字母分别用点划线引出。定位轴线标注式样如图5-32所示。一般各相邻定位轴线间的距离是相等的。所以，建筑平面图上的轴线相当于地图上的经纬线，可以帮助人们了解电气设备和其他设备具体的安装位置，以及计算电气管线的长度。

7. 详图

由于总图采用较大的缩小比例绘制，因而某些零部件或节点无法在图中表达清楚，为了详细表明这些细部的结构、做法和安装工艺要求，有必要采用放大比例将这些细部单独画出来。详图有的与总图在一张图纸上，也有的画在另外一张图纸上，因而要用标志将它们联系起来。详图与总图的联系标志称为详图索引标志，如图5-33（a）中的"2/—"表示2号详图与总图在一张图纸上；"2/3"表示2号详图画在第3号图纸上。

详图本身的标注采用详图标志表示，如图5-33（b）所示。其中"5"表示5号详图，被索引的详图所在图纸就是本张图纸；"5/2"是表示5号详图被索引的是第2号图上所标注的详图。

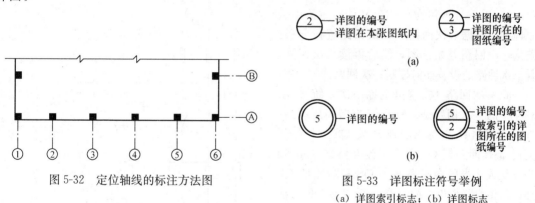

图 5-32　定位轴线的标注方法图

图 5-33　详图标注符号举例
（a）详图索引标志；（b）详图标志

二、电气工程图分类、用途及读图方法

电气工程图的种类比较多，有变配电工程、照明工程以及动力装置等施工图，这些图纸又分为电气系统图、二次接线图、电气控制接线图、动力及照明工程图、电力线路工程图、防雷与接地工程图等。要想读懂电气工程图首先还要明确图中的图形符号和文字符号，理解构成电气工程图的基本要素，以及不同类型的电气工程图有不同的表示方法。下面引用保护接线图、动力控制接线图、照明工程和线路平面图来叙述电气原理图、展开图、安装图、平面布置图的用途以及读图方法和读图步骤。

1. 电气原理图用途及读图方法

（1）用途。电气原理图也称电气原理接线图。它表现某一具体设备或系统的电气工作原理的图纸，用来指导具体设备与系统的安装、接线、调试、使用与维护，是电气工程图的最重要的组成部分之一。它能表示电流从电源到负荷的传送情况和电器元件的动作原理，清楚地表明电流流经的所有路径、控制电器、保护电器和负荷的相互关系。

1）图5-34所示为6～10kV线路过流保护原理图。它将二次线和一次线中的有关部分画在一

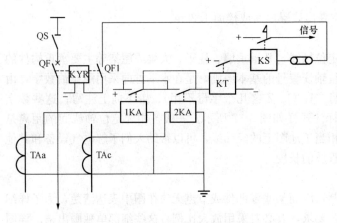

图 5-34　6～10kV 线路过流保护原理图

张图上，在图纸上所有的仪表、继电器和其他电器都以整体形式表示，其相互关系的电流回路、电压回路和直流回路都能表示出来。这种原理接线图的特点是能使看图者对整个装置的构成有一个明确的整体印象，可以看出保护的范围和方式以及动作的顺序。

2）图 5-35 所示为三相异步电动机不可逆电气控制原理接线图，图中上下排列的粗实线是主电路，也称一次部分；右侧左右排列的细实线是辅助电路，也称二次部分或控制电路。在主电路中，三相电源经刀开关 QS、熔断器 FU、交流接触器主触头 KM、热继电器发热元件 KH 至电动机 M。在辅助电路中，电源经停止按钮 SB1、启动按钮 SB2、交流接触器辅助触头 KM、接触器线圈 KM、热继电器动断触点 KH 构成回路。从图 5-36 中清楚地看出电动机启动与停止的顺序以及保护的方式与范围。

（2）电气原理图读图方法。

1）图 5-34 所示为 6～10kV 线路过流保护原理图。根据一次回路和二次回路进行分析。先从一次回路开始读图，然后再读二次回路，看二次回路的设备如何控制一次回路。

a. 一次回路（在这里也称一次系统）。图 5-34 中的一次回路是 6～10kV 交流高压线路，它由三相线路和高压隔离开关 QS（电源开关）、高压断路器 QF 以及电流互感器 TAa 和 TAc 组成。当闭合隔离开关 QS 和断路器 QF 时，三相线路带电，同时高压断路器 QF 的辅助触点 QF 也在闭合状态（它与断路器是联动关系）。

当线路发生故障造成线路电流突然增大超过整定植，使电流互感器二次回路中的继电器通电，启动高压断路器的跳闸机构 YT 使高压断路器 QF 分断，线路停电，起到保护作用。

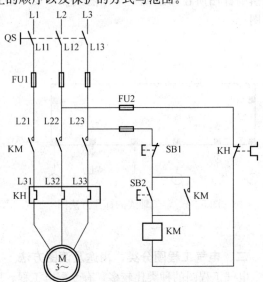

图 5-35　三相异步电动机不可逆
电气控制原理接线图

b. 二次回路（也称二次系统）。此图中二次回路是由两个电流继电器 1KA、2KA（A 相和 C 相各一个），一个时间继电器 KT，一个信号继电器 KS 和一个导线连接板 XB 组成。电流继电器 1KA、2KA 分别由电流互感器 TAa 和 TAc 提供交流电流，两个电流继电器的动合触点分别控制时间继电器 KT 的线圈，而时间继电器 KT 的延时闭合动合触点通过信号继电器 KS 的线圈、导线连接板 XB 和高压断路器的辅助接点 QF 控制跳闸线圈 YT。

当一次线路 A 相或 C 相任何一相发生短路故障时，相应的电流互感器二次电流将超过整定植，使电流继电器 1KA 或 2KA 线圈带电，其动合触点闭合，直流电由"＋"极通过电流继电器 KA 的触点使时间继电器 KT 线圈带电，在一定时间内其延时触点闭合，直流电由"＋"极通过信号继电器 KS 线圈、导线连接板 XB 和高压断路器辅助触点 QF（此触点随断路器而闭合或断开），使跳闸线圈 YT 带电，启动跳闸机构使高压断路器 QF 跳闸，线路停电，达到保护作用。同时，信号继电器 KS 掉牌、触点闭合发出信号（如音响或灯光显示），使运行人员能及时发现或处理故障。

2）图 5-35 所示为三相异步电动机不可逆电气控制原理接线图。根据主、辅电路自左向右，自上而下的进行分析。

a. 主电路。首先确定主电路的用电设备或用电器具的类型用途以及数量和要求。图 5-35 中有一台三相异步电动机，通过电源刀形开关 QS、熔断器 FU1、交流接触器 KM 的主触头和热继电器 KH 的发热元件将三相 380V 电源与电动机 M 相连接。

当合上刀开关 QS，再接通交流接触器 KM 的主触头，电动机 M 将按一定方向旋转。当断开接触器 KM 的主触头时，电动机就会停止转动。当电动机发生短路故障时，熔断器 FU1 将熔断使电动机 M 停转；当电动机过负荷时，热继电器 KH 的发热元件因过热动作使交流接触器 KM 线圈断电，KM 主触头分断使电动机停止运转。

b. 辅助电路。首先看辅助电路的电源是从哪儿接过来的，电源是交流还是直流、电压是多高。其次是分析各电器元件之间的相互关系和它们的用途。图 5-35 所示的辅助电路的电压是 380V，B 相、C 相各串一个熔断器 FU2，C 相熔断器后面串有停止按钮 SB1、合闸按钮 SB2、交流接触器线圈 KM 和热继电器动断触点 KH。在合闸按钮 SB2 上并有交流接触器一个动合辅助触点 KM。

当合上电源刀开关 QS，辅助电路带电，只要合上合闸按钮 SB2 交流接触器线圈带电使接触器 KM 的三个触头接通电动机启动旋转，同时交流接触器的辅助触点闭合使接触器线圈保持带电即使 SB2 断开也没关系；当电动机过负荷时，热继电器动断触点断开 KM 线圈断电接触器跳闸电动机断电停转；当运行的电动机需要停转时，只要按下停止按钮 SB1 即可。

2. 电气展开图用途及读图方法

主要对比较复杂的辅助电路，就是二次回路，常采用展开图的形式来表示，在展开图中将绕组和触点按交流电流回路、交流电压回路和直流回路分开表示。图 5-36 所示为根据图 5-34 所示的 6～10kV 线路过流保护原理图绘制的展开图。它的特点是将设备展开来表示，即将线圈和接点按交流

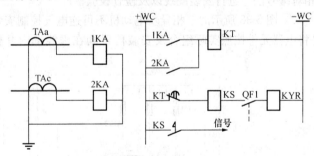

图 5-36　6～10kV 线路过流保护展开图

电流回路、交流电压回路和直流回路分开表示。为了避免回路的混淆，对属于同一线圈作用的接点或同一元件的端子，用相同字母代号表示。另外，按动作次序自左到右、自上而下的排列，这样回路次序比较明显，阅读和查看回路比原理图方便。

3. 电气安装图用途及读图方法

（1）用途。安装图是现场施工中不可缺少的图纸，是电气原理图具体实现的表现形式，也是运行试验、检修等的主要参考图纸。它可以直接用于安装配线。安装图是根据原理图和电气设备的安装位置来绘制的，主要表示电器元件的安装位置和实际配线方式。

1）图 5-37 所示的 6～10kV 线路过流保护安装接线图，是根据原理图 5-34 所绘制的屏后接线图，其中应标明配电屏上各个设备在屏背面的引出端子之间的连接情况，以及屏上设备与端子排的连接情况。为了便于施工和运行中检查，所有设备的端子和导线都应加上走向标志，利用

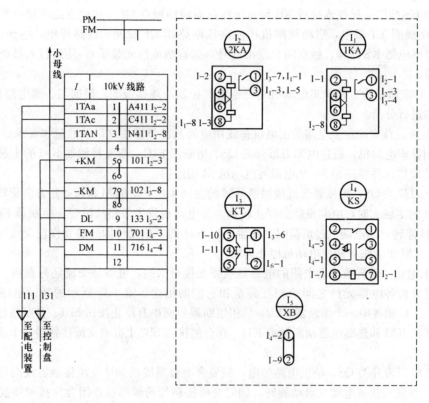

图 5-37　6～10kV 线路过流保护安装接线图

"相对编号法"进行安装配线以及检查校验。

2）图 5-38 所示的三相异步电动机不可逆电气控制安装图，是根据原理图 5-35 所绘制的，它是将电器元件按照实际组合及安装位置画在虚线框内并标注上文字符号的。其中，FU 为熔断

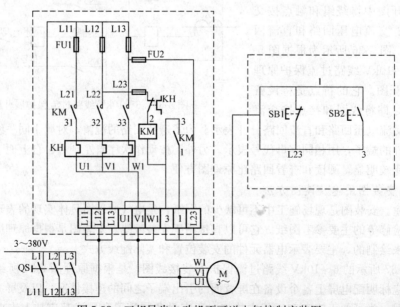

图 5-38　三相异步电动机不可逆电气控制安装图

器、KM 为接触器、KH 为热继电器，将它们组装在一次配电盘（或箱）上，通过端子排与电源、控制按钮和电动机 M 连接。为了区分主电路和辅助电路，安装图中用粗实线表示主电路，用细实线表示辅助电路。

（2）安装图读图方法。电气安装图的读图方法必须与电气原理图结合起来读，如果遇到复杂的辅助电路，还要参照展开接线图来看安装接线图。

1）6～10kV 线路过流保护安装接线图的读法。通常它包括配电盘盘面布置图和盘后接线图两部分。盘面布置图是用来决定各设备元件在盘面的排列和安装位置的，因此，要注有各元件间的距离尺寸，以便于盘面加工，而盘后接线图则是安装配线的依据，如图 5-37 所示，图中除了回路及元件编号必须与原理图 5-34 和展开图 5-36 完全对应外，在端子标号头上也要有更具体的端子编号，用来说明端子的接线由哪里来到哪里去。此外，为了便于配电盘的接线，还需在端子排外的引线侧绘制出至各安装单位的控制电缆去向。如图 5-37 中 10kV 线路"I"号安装单位端子排的左侧一列所示。图中设备元件的编号与前述原理图以及展开图的编号全部对应。接线端子采用"相对编号法"。图中的 $I_1/1KA$、$I_2/2KA$、I_3/KT、I_4/KS、I_5/XB，其分子表示盘上设备元件号，分母表示设备名称。

下面用相对编号法读图 5-37。首先看到"I"号安装单位"10kV"线路的端子排，端子数是 12 个。两侧是接线端子，左侧标号头写着 1TA，1TA 是由配电装置内的电流互感器通过控制电缆接过来的，右侧标号头写着 I_1-2、I_2-2、I_2-8 是接向盘内的三个端子，即分别接到 I_1 元件的 2 号端子和 I_2 元件的 2、8 号端子上。如果找到 I_1 元件的 2 号端子和 I_2 元件的 2、8 号端子，则可见到上面分别写有端子号为 I-1、I-2 和 I-3，这就说明三个端子应接到"I"号端子排上的 1、2、3 端子上的。

2）图 5-38 所示为三相异步电动机不可逆电气控制安装图，虚线框为配电盘，右面虚线框内是操作按钮，左面框内的左半边，从上到下是熔断器 FU1、交流接触器的主触头 KM、热继电器的发热元件 KH；右半边是熔断器 FU2、交流接触器 KM 的线圈和交流接触器的辅助触点 KM。虚线框外，左下角是交流三相 380V 电源刀形开关 QS；右下角是三相异步电动机。

三相异步电动机 M 的电源，是从 380V 电源线 L1、L2、L3 经过电源开关 QS、端子排 L11、L12、L13 串接熔断器 FU1，经过 L21、L22、L23 到交流接触器主触头 KM，再经过 L31、L32、L33，串接热继电器发热元件 KH，经过端子排 U1、V1、W1 连接到电动机的引出线 U1、V1、W1 上。

电动机的控制回路电源是两相 380V，从 L22 经熔断器 FU2、热继电器的动断触点 KH、交流接触器线圈 KM、端子排 3 连接到操作按钮 SB2，再经过跳闸按钮 SB1、端子排 L23 和熔断器 FU2 回到电源线 L23。

另外，端子 3 经接触器辅助触点 KM、接线端子 1 串接跳闸按钮 SB1、经端子排 L23、熔断器 FU2 回到电源线 L23，起电动机能源的自保持作用。

当合上电源开关 QS，按下合闸按钮 SB2 时，交流接触器线圈 KM 通电吸合使接触器主触头 KM 闭合，电动机启动运转。同时交流接触器的辅助触点 KM 闭合，起保持作用。

当按下跳闸按钮 SB1 时，交流接触器线圈 KM 失电，其主触头 KM 分断，电动机停转。

4. 电气工程平面图用途与读图方法

电气工程平面图，有外电总平面图、动力设备、照明设备和线路布置以及架空线路等平面图，常用来表示平面布置和走向。图 5-39 所示为某工程外电总平面图；图 5-40 所示为某锅炉房动力平面图；图 5-41 所示为电气照明平面图；图 5-42 所示为变电所一次系统平面布置及高、低压部分剖面图式样。各种电气工程具体安装位置的表示方法有所不同。动力设备的安装位置一般用平面图和剖面图来表示；照明设备的具体安装位置采用平面图与斜视图来表示；架空线路的具体位置在地段与地形不复杂时可用一张平面图满足施工要求，但在地段与地形较复杂的情况下则采用平面图和纵断面图来表示。

（1）外电路总平面图。它是表示某一建筑物外接供电电源布置情况的图纸，表明变电所与线路的平面布置情况，如图 5-39 所示。它包括以下几个主要内容：

1）高压架空线路或电力电缆线路进线方向。

2）变压器的台数、容量，变电所的型式（如 10kV 变电所是落地式、台墩式还是柱上式等）。

3）配电线路的走向及负荷分配，各建筑物的平面面积或主要平面尺寸及负荷大小。

4）架空线路电杆的型号、编号、电缆沟的规格。

5）导线的型号、截面积及每回线路的根数。

6）各种建筑物、道路的平面布置以及主要地形地物的概况等。

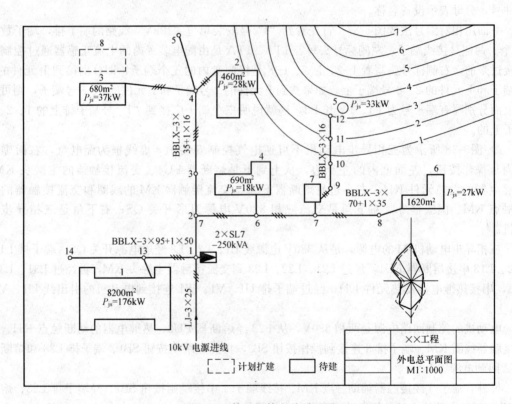

图 5-39　某工程外电总平面图

（2）动力及照明平面图。它是表示建筑物内动力、照明设备和线路平面布置的图纸，这些图纸是按建筑物不同标高的楼层分别画出的，并且动力与照明通常是分开的。一般都是在简化了的土建平面图上绘出的，为了突出电气工程部分，用中实线表示电气部分，用细实线表示土建部分，如图 5-40 和图 5-41 所示。

图 5-40 所示某锅炉房动力平面图中文字符号，如 VLV20-500V-3×25/GD80-DA。其中，VLV 表示铝芯聚氯乙烯绝缘聚氯乙烯护套电力电缆；20—表示裸钢带；500V；3 相；截面

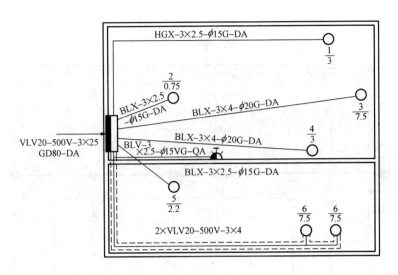

图 5-40　某锅炉房动力平面图

25mm²。分母的"GD"表示管沟内敷设，管径为 80mm；"DA"表示地下暗敷设。如果 2×VLV 就表示有两根铝芯聚氯乙烯绝缘聚氯乙烯护套电力电缆。

又如：BLX-3×2.5—ϕ15G-DA；BLV-3×2.5—ϕ15VG-QA，其中 BLX 表示橡皮绝缘铝导线；BLV 表示聚氯乙烯绝缘铝导线；"ϕ15G"表示穿线铁管直径为 15mm；"ϕ15VG"表示穿线塑料管直径为 15mm；"QA"表示在墙壁上暗敷设。

图 5-41 所示电气照明平面图中文字符号，如：1-G 1×150/3.5 G 其中从左向右看"1-G"表示一盏隔爆灯具，"1×150"表示内装一个 150W 灯泡，分母中"3.5 G"表示距地面高 3.5m，管吊安装。

2-F 1×60/- 其中"2-F"表示两盏 60W 防尘防潮灯具，"1×60"表示灯具内有一个灯泡，分母的"-"表示吸顶安装。

6-Y 2×40/3 L 其中"6-Y"表示 6 组管式荧光灯，"2×40"表示每组有两个 40W 荧光灯管，分母的"3 L"表示距离地面 3m 高、链吊安装。

4-B 3×40/3 其中"4-B"表示 4 个壁灯，"3×40"表示每个壁灯中有三个 40W 灯泡，分母的"3"表示距离地面 3m 高。

1-H 7×60/3.5 L 其中"1-H"表示一套花灯，"7×60"表示这套花灯里有七个 60W 的灯泡，"3.5 L"表示距离地面高 3.5m，链吊安装。

1-J 1×60/- 其中"1-J"表示一个水晶玻璃罩灯具，"1×60"表示灯具内有一个 60W 灯泡，分母"-"表示吸顶安装。

图 5-42 所示为变电所一次系统布置图。它采用平面图和剖面图，清楚地表面了各设备的安装位置，便于正确安装和接线。

图 5-43 所示为双联开关在两地控制一盏灯的接线图。如图 5-43(a)所示，在图示开关位置状态下，灯不亮。这时无论扳动开关 S1 或 S2(即将 S1 扳向"1 或 S2"扳向"2"），灯则亮。具体接线如图 5-43(b)、(c)所示。

(3) 架空线路平面图。如图 5-44 所示为某 10kV 线路平面图，也是此线路的俯视图。在平面图上用线条表示导线，电杆图形符号如图 5-44 (a) 所示。在电杆的图形符号旁边，往往还用文字符号标注电杆的基本情况。

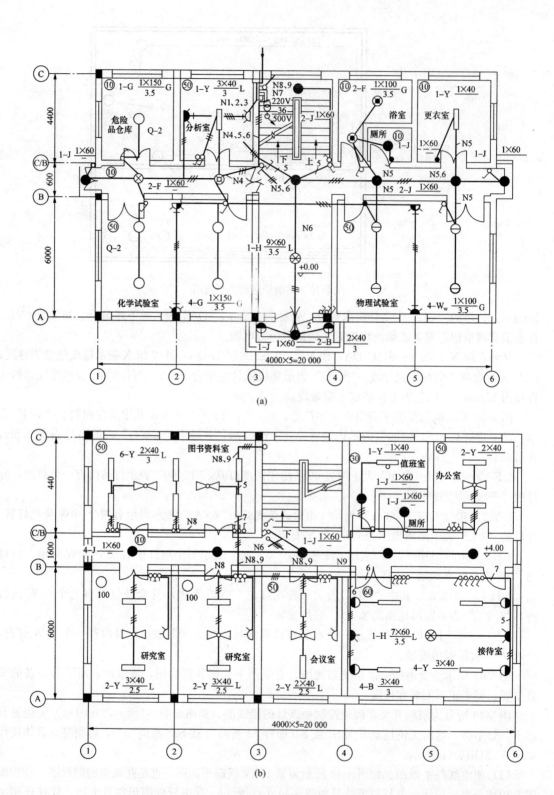

图 5-41 电气照明平面图

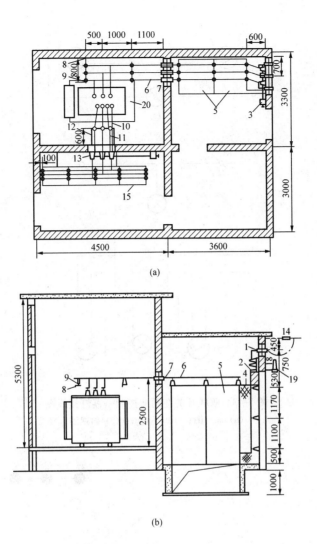

(a)

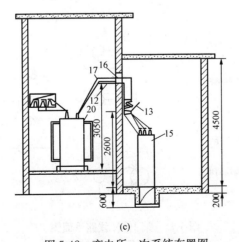

(b)

(c)

图 5-42　变电所一次系统布置图

（a）平面图；（b）高压部分剖面图；（c）低压部分剖面图

1、7—穿墙套管；2、13—隔离开关；3—隔离开关操作机构；4—保护网；5—高压开关柜；6—高压母线；8—高压母线支架；9、17—支持绝缘子；10—低压中性母线；11—低压母线；12—低压母线支架；14—进户线架（架空引入线架及零件）；15—低压配电屏；16—低压母线穿墙板；18—阀型避雷器；19—避雷器支架；20—电力变压器

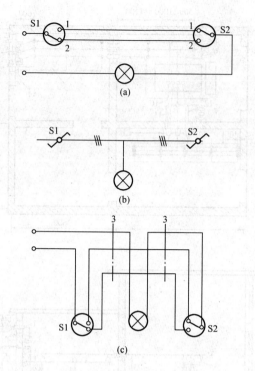

图 5-43　双联开关在两地控制一盏灯接线图

（a）原理图；（b）平面图；（c）斜视图

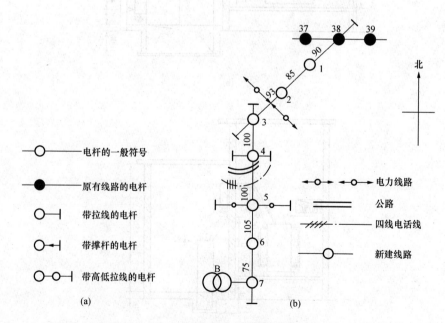

电杆的一般符号	
原有线路的电杆	
带拉线的电杆	电力线路
带撑杆的电杆	公路
带高低拉线的电杆	四线电话线
	新建线路

（a）　　　　　　　　　　　　　　　（b）

图 5-44　某 10kV 线路平面图

（a）电杆图形符号；（b）线路平面图

　　本章主要讲述电气设备检修常用工具和仪器仪表的使用方法、电工起重搬运常识以及登高用具的使用及注意事项，对电工常用的原理图、展开图、安装图以及平面图纸的识图方法作了详细介绍。这都是电气检修人员最基本的技能。

本 篇 练 习 题

　　1. 发电厂有几种类型？简述火力发电厂生产过程。

　　2. 发电厂的主要电气设备、主要辅助电气设备、公用系统各包括哪些部分？

　　3. 发电厂的电气设备为何要检修？检修的目的是什么？

　　4. 检修工作分几种类型？主要电气设备检修包括哪些主要项目？

　　5. 发电厂主要电气设备大小修开工前应具备哪些条件？

　　6. 设备检修后应达到哪些要求？

　　7. 为了保质保量、保证安全的完成检修任务，检修施工期间必须抓好哪几条措施？

　　8. 电气设备检修常用材料主要有哪几种？

　　9. 绝缘材料按物理性质可分为哪几类？各包括哪些材料？

　　10. 绝缘材料按耐热程度可分哪几个等级？各等级的极限温度是如何规定的？

　　11. 常用导电材料有哪些？分别叙述常用导电材料的性质。

　　12. 什么是可编程序控制器？它有什么特点？

　　13. 简要叙述可编程序控制器的基本结构和工作原理。

　　14. PLC与继电接触器控制系统有哪些不同？

　　15. 整体式可编程序控制器与模块式可编程序控制器各有什么特点？分别适用什么场合？

　　16. 低压验电笔和高压验电器分别由哪几部分组成？各部分的作用是什么？使用时应注意哪些事项？

　　17. 叙述绝缘电阻表使用的注意事项。

　　18. 叙述使用电动工具的注意事项。

　　19. 叙述使用手拉链条葫芦和千斤顶的使用注意事项。

　　20. 叙述使用登高用具的注意事项。

电 机 检 修

第六章 变压器检修

第一节 变压器基本知识

变压器是根据电磁感应原理制成的一种静止电器，它是用来将某一电压等级的交流电能变换成同频率的另一电压等级的传递交流电能的设备（即传递功率的电气设备）。变压器分为电力变压器和特种变压器两大类。

一、电力变压器分类及铭牌介绍

（一）电力变压器分类

电力变压器主要分为油浸式和干式两种。油浸式变压器主要用作升压变压器、降压变压器、联络变压器和厂用配电变压器；干式变压器只在部分配电变压器中采用，如商业大厦、写字楼等室内变电所大部分采用干式变压器作电源。

电力变压器还可以按铁芯形式、绕组耦合方式、相数、冷却方式、循环方式、绕组数、绕组导电材料、调压方式等分类，见表6-1。

表 6-1　　　　　　　　　　电力变压器分类及其表示符号

分类方式	类别	表示符号
按铁芯形式分	芯式	
	壳式	
按绕组耦合方式分	普通	无
	自耦	0
按相数分	单相	D
	三相	S
按冷却方式分	油浸自冷	无或J
	干式空气自冷	G
	干式浇注绝缘	C
	油浸风冷	F
	油浸水冷	W
按绕组数分	双绕组	无
	三绕组	S
按绕组导线材料分	铜	无
	铝	L

续表

分类方式	类别	表示符号
按调压方式分	无载	无
	有载	Z
按循环方式分	自然循环	
	强迫循环	

（二）电力变压器铭牌介绍

1. 产品型号

变压器的型号一般由两部分组成，第一部分是汉语拼音，用以代表产品分类、结构特征和用途。第二部分是数据，分子代表额定容量（kVA），分母代表高压绕组电压等级（kV）。另外，在型号后可加注防护类型代号，如 TH 为湿热带，TA 为干热带。

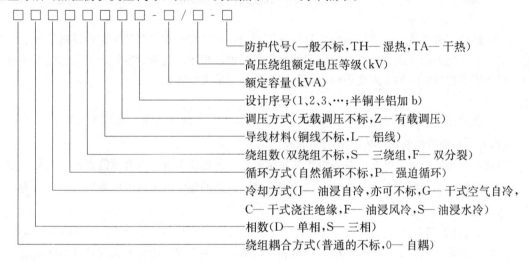

电力变压器产品型号举例：

【例 6-1】 SFP—6300/35 表示三相强迫油循环风冷铜线绕组，额定容量为 6300kVA，高压绕组额定电压为 35kV 电力变压器。

【例 6-2】 S9—2000/35 表示三相油浸自冷双绕组铜线、设计序号 9 为低损耗型、额定容量为 2000kVA，高压绕组额定电压为 35kV 电力变压器。

【例 6-3】 SFZ8—40000/110 表示三相风冷铜绕组有载调压、设计序号 8 为低损耗型、额定容量为 40000kVA，高压绕组额定电压为 110kV 电力变压器。

【例 6-4】 OSFPSZ—250000/220 表示自耦三相风冷强迫油循环三绕组铜线有载调压、额定容量为 250000kVA，高压绕组额定电压为 220kV 电力变压器。

2. 相数和额定频率

变压器分单相和三相两种。一般中小型变压器制成三相，可直接满足输配电的要求，小型变压器也有制成单相的；考虑运输上的要求，大型的变压器一般做成单相后再组成三相变压器组使用。

变压器额定频率是设计的运行频率，我国为 50Hz。

3. 额定电压、额定电压组合、额定电压比

（1）额定电压。额定电压是指线电压，以有效值表示。但是，三个单相变压器组成变压器组，如绕组为星形连接时，则绕组的额定电压以线电压为分子，√3 为分母表示，如 380/√3V。额

83

定电压是变压器重要数据之一，并且与所连接的输变电线路电压相符合，我国输变电线路电压等级为：0.38、3、6、10、35、60、110、220、330、500kV等。

输变电线路电压等级就是线路终端的电压值，因此，连接线路终端变压器一侧的额定电压与上列数值相同。线路始端（电源端）电压考虑了线路的压降，所以将比等级电压数值高。10kV及以下电压等级的始端电压比等级电压要高5%，而10kV以上的要高10%（不包括10kV）因此，变压器的额定电压也相应提高。线路始端（电源端）变压器的额定电压为：0.4、3.15、6.3、10.5、38.5、66、121、242、363、550kV等。

由此可见，变压器高压额定电压等于线路始端电压（电源端电压）的变压器，称为升压变压器；等于线路终端电压（电压等级）的变压器，称为降压变压器。

（2）额定电压组合。变压器的额定电压就是各个绕组的额定电压，是指额定施加的或空载时产生的电压。某一绕组施加电压，则其他绕组同时产生电压。绕组之间额定电压组合是有规定的。

（3）额定电压比。额定电压比是指高压绕组与低压或中压绕组的额定电压之比，额定电压比$K \geqslant 1$。

4. 额定容量

变压器的额定容量与绕组的额定容量是有区别的，如双绕组变压器的额定容量就是绕组的额定容量；而多绕组的变压器应对每个绕组的额定容量加以规定，其额定容量为最大的绕组额定容量；当变压器容量由冷却方式变更时，则额定容量是指最大的容量。

5. 额定电流

变压器的额定电流，是由绕组的额定容量除以该绕组的额定电压及相应的相系数（单相为1，三相为$\sqrt{3}$）而算得的流经绕组线端的电流。

因此，变压器的额定电流就是各绕组的额定电流，是指线电流，以有效值表示。但是，组成三相变压器组的单相变压器，如绕组为三角形连接，绕组的额定电流以线电流为分子，$\sqrt{3}$为分母来表示，如$1000/\sqrt{3}\text{A}$。

6. 绕组联结组标号

（1）绕组联结组。变压器按高压、中压和低压绕组连接的顺序组合起来就是绕组联结组。

例如，高压为Y、低压为yn连接，则绕组联结组为Yyn；高压为Y、低压为zn连接，则绕组联结组为Yzn；高压为D、低压为yn连接，则绕组联结组为Dyn。

三相变压器或组成三相变压器组的单相变压器，可以连接成星形、三角形和曲折形。对于高压绕组分别用符号Y、D、Z表示；对于中压绕组和低压绕组分别用符号y、d、z表示。有中性点引出时则分别用符号N和n表示。自耦变压器有公共部分的两绕组中额定电压低的一个用符号a表示，见表6-2。

表6-2　　　　　　　　　　　电力变压器绕组联结组标号

名　称	GB 1094—1979（旧）			GB 1094.1—5—1985（新）		
	高压	中压	低压	高压	中压	低压
星形连接并有中性点引出	Y Y0	Y Y0	Y Y0	Y YN	y yn	y yn
三角形连接	△	△	△	D	d	d
曲折形连接并有中性点引出	Z Z0	Z Z0	Z Z0	Z ZN	z zn	z zn
自耦变压器	联结组代号前加0			有公共部分两绕组额定电压较低的用a		
组别数	用1～12且前加横线			用0～11		

（2）联结组标号。联结组标号＝联结组＋组别。

单相双绕组变压器不同侧绕组的电压相量相位移为 0 或 180°，其联结组别只有 0 和 6 两种，如图 6-1 所示。

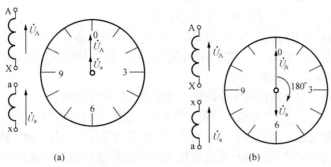

图6-1 单相双绕组变压器绕组的电压相量（左）和联结组别的时钟表示法（右）

(a) 相位移 0°时，组别为 0，联结组标号 I I 0；(b) 相位移 180°时，

组别为 6，联结组标号 I I 6（不常用）

通常绕组的绕向相同、端子标志一致，电压相量为同一方向（极性相同），联结组别仅为 0，如图 6-1（a）所示。因此，单相双绕组变压器实用的联结组别标号为 I I 0。

三相双绕组变压器相位移为 30°的倍数，所以有 0、1、2、…、11 共 12 种组别。也由于通常绕组的绕向相同、端子和相别标志一致，联结组别仅为 0 和 11 两种。因此，三相双绕组变压器实用的联结组特性及应用见表 6-3。

表 6-3   三相双绕组变压器联结组特性及应用

联结组	特性及应用
单相 Ii （Ii0）	作为单相变压器使用时，没有特殊要求，但不能接成 Yy 连接的三相变压器组，因此时三次谐波磁通完全在铁芯中流通，三次谐波电压较高，对绕组绝缘不利；能接成其他连接法的变压器组
三相 Yyn （Yyn0）	绕组导线填充系数大，机械强度高，绝缘用量少，可以实现四线制供电，常用于小容量三柱式铁芯的小型变压器上。但有三次谐波磁通，会在金属结构中引起涡流损耗
三相 Yzn （Yzn11）	在二次侧或一次侧造成冲击过电压时，同一芯柱上的两个半线圈的磁势互相抵消，一次侧不会感应过电压或逆变过电压。用于防雷变压器，但二次绕组需要增加 15.5％的材料用量
三相 Yd （Yd11）	二次侧采用三角形接线，三次谐波电流可以循环流动，三次谐波电压。中性点不引出，常用于中性点非死接地的大、中型变压器上
三相 YNd （YNd11）	特性同上。中性点引出，一次侧中性点是稳定的，用于中性点死接地的大型高压变压器上
三相 （Dyn1）	一次侧采用三角形接线，可适应二次侧不平衡负载，避免二次侧中性点漂移造成的电压波动。但一次侧绕组绝缘水平高，造价相应增高，适用于城市电网配电变压器

7. 调压范围

变压器的绕组具有分接抽头，用以改变电压比。一般情况下是在高压绕组上抽出适当的分接头，因为高压绕组在最外层，引出分接头方便；又因高压侧电流小，所以分接引线和分接开关的载流部分截面积都小，分接开关的触点容易解决。在分接抽头中，"调压级"是相邻分接间以百分数表示的分接因数之差；"调压范围"是最大、最小两个以百分数表示的分接因数与100相比的范围，如在 $100+a \sim 100-b$ 内，则分接范围为 $+a\%$、$-b\%$。如果 $a=b$ 则分接范围为 $\pm a\%$，例如：变压器一次侧额定电压为 10kV，调压范围为 $+5\%$，-5%，则为 $\pm 5\%$。

8. 空负荷电流、空负荷损耗和空负荷合闸电流

(1) 空负荷电流。当变压器二次绕组开路，一次绕组施加额定频率的额定电压时，一次绕组中所流过的电流称空负荷电流 I_0。其较小的有功分量 I_{0a} 用以补偿铁芯的损耗，其较大的无功分量 I_{0r} 用于励磁以平衡铁芯的磁压降。

(2) 空负荷损耗。空负荷损耗主要决定于铁芯材质的单位损耗。

$$空负荷损耗＝电工钢片单位损耗×铁芯质量$$

(3) 空负荷合闸电流。空负荷合闸电流是当变压器空负荷合闸时，由于铁芯饱和而产生很大的励磁电流，又称为励磁涌流。空负荷合闸电流大大地超过稳态的空负荷电流 I_0，甚至可达到额定电流的 $5 \sim 7$ 倍。

9. 阻抗电压和负荷损耗

(1) 阻抗电压。当双绕组变压器二次绕组短接时，一次绕组流过额定电流而施加的电压称阻抗电压 U_z；多绕组变压器则有任意一对绕组组合的 U_z。通常阻抗电压以额定电压百分数表示，即 $u_z\%＝(U_z/U_N)×100\%$，并且应折算到参考温度，见表6-4。

表6-4   油浸式变压器的参考温度

绝缘耐热等级	参考温度（℃）
A、E、B 等级	75
其他的等级	115

注   强迫导向油循环时，参考温度应折算到80℃。

阻抗电压大小与变压器的成本和性能、系统稳定性和供电质量有关，电力变压器的标准阻抗电压见表6-5。

表6-5   双绕组变压器的标准阻抗电压

电压等级（kV）	$6 \sim 10$	35	63	110	220
阻抗电压（%）	$4 \sim 5.5$	$6.5 \sim 8$	$8 \sim 9$	10.5	$12 \sim 14$

(2) 负荷损耗。当二次绕组短接时，一次绕组流过额定电流时所汲取的有功功率称负荷损耗。负荷损耗也要折算到参考温度。

$$负荷损耗＝最大一对绕组的电阻损耗＋附加损耗$$

其中电阻损耗也称铜耗。附加损耗包括绕组涡流损耗、并绕导线的环流损耗、结构损耗和引线损耗。

10. 效率和电压调整率

(1) 效率。变压器的效率是输出的有功功率与输入的有功功率之比的百分数，即

$$效率＝\frac{输出功率}{输入功率}×100\%＝\frac{输出功率}{输出功率＋空负荷损耗＋负荷损耗}×100\%$$

中小型变压器的效率一般在96%以上，大型变压器的效率在99%以上。

(2) 电压调整率。变压器的电压调整率，是二次空负荷电压和二次负荷电压之差与二次空负荷电压的比，即

$$电压调整率＝\frac{二次空负荷电压－二次负荷电压}{二次负荷电压}×100\%$$

二、电力变压器结构

变压器主要由铁芯、绕组、套管、电压分接开关、冷却装置、油箱及附件组成。

（一）铁芯

变压器的铁芯是用冷扎电工钢片（硅钢片）制成的，片间涂刷绝缘漆。其作用主要是导磁，是变压器磁路系统的主体。另外，铁芯是变压器的内部骨架，它的芯柱上套装各个绕组，支撑着引线、木件、分接开关和其他一些组件。

变压器铁芯有壳式和芯式两种。壳式铁芯一般是水平放置的，铁芯截面是矩形，每柱有两旁轭，铁芯包围了绕组，这种铁芯的芯片规格少，铁芯紧固方便，漏磁通有闭合回路，附加损耗小。但与之匹配的矩形绕组制造困难，短路时绕组易变形。芯式铁芯一般是垂直放置的，铁芯截面是分级圆柱形，圆筒形绕组包围芯柱，与芯柱匹配的圆筒形绕组制造方便，短路时稳定性好。所以，电力变压器一般采用芯式铁芯结构。

芯式铁芯由铁芯柱和铁轭组成。铁芯柱的截面一般外圆呈多级阶梯形状，大型变压器铁芯内部还留有冷却铁芯的油道，以利于变压器油循环，也加强了散热效果，如图6-2所示。铁轭截面有矩形、T形、阶梯形等，如图6-3所示。

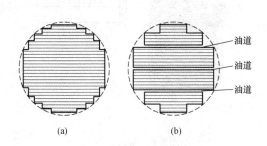

图6-2 变压器铁芯截面图
（a）无油道；（b）有油道

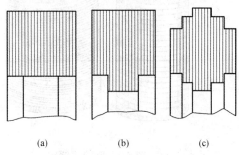

图6-3 变压器铁轭截面图
（a）矩形；（b）T形；（c）阶梯形

铁芯叠好后，要用槽钢夹件将上、下铁轭夹紧，铁芯柱用环氧纤维带扎紧。夹件与铁轭之间必须加绝缘纸板，以免通过夹件形成涡流而过热。

为了避免变压器在运行中或试验中，铁芯对地产生悬浮电压（铁芯与金属零部件处于不同的电位），导致铁芯对地间歇放电，所以，铁芯必须有一点接地。其接地方法是用一薄铜片，一端夹在铁轭任两硅钢片间，另一端夹在夹件与绝缘纸板之间，接地铜片一般放在低压引出线侧。夹件、夹件绝缘纸板和接地铜片的布置如图6-4所示。

大型变压器有些夹件螺栓要穿过铁轭，这种穿芯螺栓对铁芯必须要有良好的绝缘。

（二）绕组

变压器的电路部分就是绕组，它是由电导率较高的铜导线或铝导线绕制而成的。变压器多采用电解铜线绕制。其使用的绝缘材料，高压绕组一般采用高强漆包和纱包线；低压绕组则采用高强度纸包绝缘导线。将高压绕组、低压绕组都绕成圆筒形状，互相同心的套在铁芯柱上，低压绕组套在里面靠近铁芯，高压绕组套在低压绕组外面，绕组与铁芯间和高压绕组与低压绕组之间均用绝缘隔开，而且高、低压绕组间还留有冷却油道，既便于散热冷却，

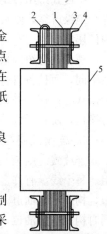

图6-4 变压器
铁芯接地
1—铁轭；2—接地
铜片；3—绝缘纸板；
4—夹件；5—绕组

又加强了绝缘。

变压器绕组形式有圆筒式、螺旋式、连续式和纠结式等。

1. 圆筒式绕组

各个线匝彼此紧靠着绕成一个圆筒形状的螺旋管，如图6-5所示。

低压侧是用扁铜线绕成的单层或双层（图6-5所示为双层）；高压侧通常用圆导线绕成多层，有的层间设有绝缘撑条构成的冷却油道。这种绕组多用于小容量配电变压器。

2. 螺旋式绕组

螺旋式绕组是由多根矩形股线并排按螺旋线的规律绕制而成的一种绕组，如图6-6所示。

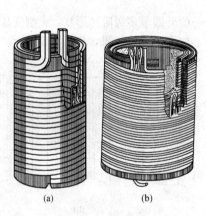

图 6-5　圆筒式绕组
（a）低压侧双层圆筒式绕组；（b）高压侧
多层圆筒式绕组

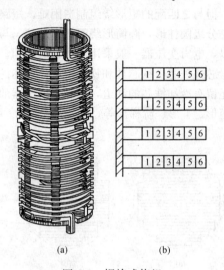

图 6-6　螺旋式绕组
（a）绕组外形；（b）导线排列情况

螺旋式绕组每绕一圈就是一匝，匝间隔着绝缘垫块，形成辐向油道。这种绕组的冷却条件好，绝缘可靠，匝数少，截面积大，具有较大的支撑面，机械强度高，绕制方便，适用于大电流的低压绕组。

螺旋式绕组因采用多股导线并绕，则每匝中处于外圆和内圆不同位置的各并联股线的长度必然不同，而且各自所交链的漏磁通也不相同，使整个绕组各股线的电阻和漏抗不能相等。这样将会造成电流在各并联股线内分布不均匀，增大了变压器的附加损耗。所以在绕制时各股线必须进行换位，使各股线的阻抗相等。

3. 连续式绕组

连续式绕组是一根或几根（一般不超过四根）导线连续绕制成许多呈盘形的线段而组成的绕组。每个线盘有许多匝，各个线盘之间用水平放置的横垫块隔开，横垫块在线盘上沿辐向均匀分布，构成辐向油道。为了便于绕组固定和进行横向夹紧，绕组内径的圆周上均匀装设纸板撑条，同时构成垂直油道。如果是多根导线并绕，从一个线盘到另一个线盘的连接处需要换位。绕组的连续是用特殊方法实现的，在线盘之间没有焊接头。由于连续式绕组有较大的散热表面，端部支撑面也较大，机械强度较高，故广泛的用作高压绕组。如图6-7所示为连续式绕组的外形图和连接顺序示意图。

对于110kV及以上的连续绕组，为了改善它的耐冲击电压水平，在两端的几个线盘应有比较大的截面积，并且加厚绝缘，或者在两端线盘的边缘上加装电容屏蔽环。

4. 纠结式绕组

纠结式绕组与连续式绕组相似，也是由线匝和线盘组成的，只是线盘不再由线匝紧挨着按自然数列顺序排列，而是在顺序相邻的两个线匝之间有规律地插进其他顺序的线匝，如图6-8所示。这种线盘好像很多个线匝纠结在一起，故称为纠结式。

纠结式绕组增加了纵向电容，冲击特性好，因此，尽管制作工艺复杂，在大型变压器中仍被广泛应用。

除以上几种绕组外，15000kVA以下、250kVA以上的变压器的低压侧还采用箔式绕组，即用等宽度的铜箔或铝箔，两侧夹两层及以上的绝缘纸，同时绕制而成的。其结构紧凑，既可用于圆筒形，又可用于矩形变压器绕组，根据需要可制成一个或两个冷却通道。

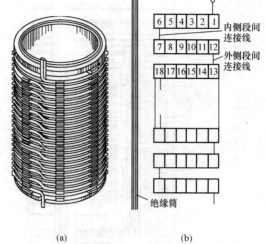

图6-7 连续式绕组的外形图和连接顺序示意
(a) 绕组外形；(b) 连接顺序示意

变压器绕组的绝缘，有主绝缘和纵绝缘两种。主绝缘是指绕组与铁芯、油箱等接地部分之间的绝缘，高、低压绕组之间的绝缘及各相绕组之间的绝缘。纵绝缘是指绕组匝间、层间、段间与静电板之间的绝缘，如图6-9所示。

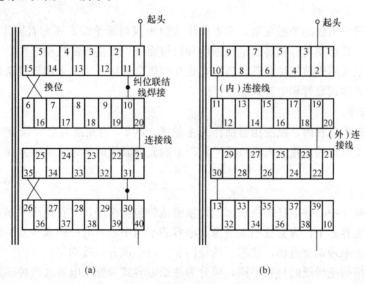

图6-8 纠结式、连续式绕组比较图
(a) 纠结式；(b) 连续式

当电力系统或变压器本身发生短路时，绕组及绝缘层将受到很大电动力的冲击，以致损坏变压器，因此，对绕组必须采取相应的紧固措施。径向压紧靠低压绕组与铁芯之间和低压绕组与高压绕组之间的矩形或圆形的木撑条撑紧；轴向压紧，有用绝缘纸板压制的楔形垫块打进铁轭和绕组端部的压板之间以压紧绕组，而多数变压器则采用压环和压钉来使绕组轴向

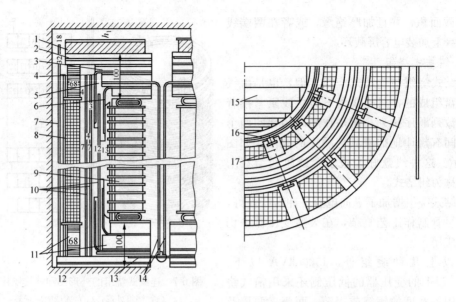

图 6-9　110kV 变压器绝缘结构示意图

1—钢压板；2、3、5—绝缘纸板圈；4、6—角环；7—绝缘纸板筒；8—低压绕组；
9—高压绕组；10—高压绕组绝缘筒；11—绝缘垫圈；12—铁轭绝缘；13—下隔板；
14—相间隔板；15—铁芯柱；16—撑条；17—垫块

压紧。

（三）套管

套管是变压器引出线的绝缘支架。它不仅作为引出线对地绝缘，还起着固定引出线的作用，所以，变压器的套管必须具有较高的电气强度和机械强度以及良好的热稳定性。

低压套管一般采用磁质绝缘套管，高压套管在磁质套管内还必须采用较复杂的内部绝缘，常用的高压套管有充油式套管和电容式套管。

1. 充油式套管

充油式套管在磁套管内，以变压器油作为主绝缘。60kV 的充油式套管设有下部磁套，套管内部的绝缘油从变压器的油箱注入。110kV 及以上的充油套管的绝缘油是独立注入的不与变压器油箱连通。

2. 电容式套管

电容式套管是在中心导电杆的外表面上，紧密地绕包绝缘层，并在绝缘中布置多层均压用的以铝箔为极板的电容芯子作为套管的主绝缘。电容芯子与中心导电杆构成并列的同心圆柱面电容屏，利用电容分压原理调整电场，使芯子的径向和轴向电位分布较均匀。

电容式套管根据绝缘纸的材料不同，可分为油纸电容式和胶纸电容式两种。油纸电容式套管内部需注入变压器油，需要套管有良好的密封性能，需要有下部磁套。胶纸电容式套管内部注入少量变压器油，但芯子是胶纸卷制的，不渗油，可以取消下部磁套，其尺寸比前一种套管小，如图 6-10 所示。

（四）电压分接开关

电压分接开关是用来倒换高压绕组分接头进行调压的装置。其调压方式有两种，一种是停电切换，称为无载调压；另一种是带电切换，称为有载调压。按相数分有三相的（主要用于中、小容量变压器）和单相的（主要用于大容量变压器）。它们的触头材料是镀镍黄铜，具有耐磨性和良好的导电性能。

1. 单相无载电压分接开关

这种开关适用于绕组中部抽头的大型变压器，如图6-11所示。它有六个静触柱，由上、下两绝缘板支撑着。静触柱与绕组分接头连接。动触头由几个套在回转曲轴上的接触环构成。接触环内装有螺旋板弹簧，靠弹簧的压力使接触环和静触柱之间保持良好的接触，并具有自动定位的特性。回转曲轴可以回转五个位置，在每个位置上，接触环同时与两个静触柱接通，构成几种分接状态。

2. 有载调压分接开关

有载调压分接开关是变压器负载运行中，用来变换一次或二次线圈的分接，改变其有效匝数，进行分级调压的。有载调压分接开关由切换开关、选择开关和操动机构等部分组成。

有载调压分接开关在变换分接过程中采用电抗或电阻过度，以限制其过度时的循环电流，因此，有载调压分接开关又分电抗式和电阻式两种。

电抗式有载调压分接开关的特点是：在调压级数相同的情况下，变压器绕组的分接头个数减少一半；分接开关操动机构的电源在调压过程中发生故障时，变压器仍能继续运行。但是，分接开关在过度时循环电流的功率因数较低，切换开关电弧触头寿命较短；由于用了电抗器，变压器的体积增大，制造成本较高。

电阻式有载调压分接开关的特点是：过渡时间较短，过度时循环电流的功率因数为1，切换开关电弧触头寿命是电抗式的10～20倍，可达到10～20万次。但是，在调压过程中必须连续完成，不得停留在过渡位置，以免烧毁电阻造成事故。

下面从电气和机械两个部分分析有载调压开关的工作原理。有载接线形式有多种，而基本原理是相同的，如图6-12所示。

图6-12所示复合型有载调压分接开关原理接线。在绕组中端，每相抽出六个抽头 A、B、C、D、E、F。分别与等距排列在环行绝缘板上的六个静触头 a、b、c、d、e、f 相连接。环行绝缘板内有一个圆形可动绝缘板，上面装有主动触头 M 和两个辅助动触头 M1、M2，在辅助动触头 M1 和 M2 之间，串联着限流电阻 r_1 和 r_2，在 r_1 和 r_2 串联的中点又与主动触头 M 相连接。可动绝缘板由轴带动，并带动装在其上的主动触头 M、辅助动触头 M1 和 M2、限流电阻 r_1 和 r_2 一起转动。可动绝缘板转动时，是一挡一挡地转动的，不会停在任何位置，而只是从一个固定位置变换到另一个固定位置，即主动触头 M 总是正好跨接在两个静触头上。其跨接过程如下：

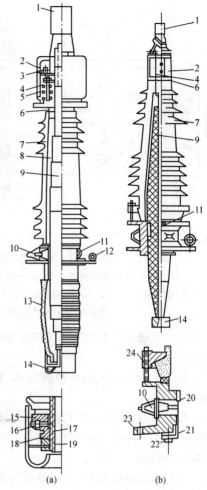

(a)   (b)

图 6-10　电容式套管

(a) 油纸电容式；(b) 胶纸电容式

1—接线端子；2—均压罩；3、22—压圈；4—螺杆及弹簧；5—储油器；6—密封垫圈；7—上瓷套；8—绝缘油；9—电容芯子；10—接地瓷管；11—取油样塞子；12—中间法兰；13—下瓷套；14—均压球；15—底座；16—加油塞；17、21—封环；18—垫圈；19—螺帽；20—锥形环；23—安装法兰；24—压钉

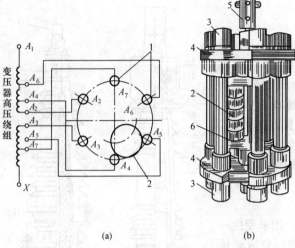

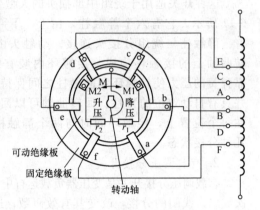

(a)   (b)

图 6-11 单相环形触头无载调压分接开关
(a) 原理接线；(b) 结构图
1—静触柱；2—接触环；3—接线端子；4—绝缘支架；
5—操动杆；6—回转曲轴

图 6-12 复合型有载调压
分接开关原理接线图

(1) 主动触头 M 还没有离开静触头 d 之前，辅助动触头 M2 与 d 接通，这时绕组回路没发生变化。

(2) 主动触头 M 离开静触头 d，辅助动触头 M1 接近静触头 d，这时绕组回路内串联了电阻 r_2。

(3) 辅助动触头 M1 与静触头 b 接触，辅助动触头 M2 还未离开静触头 d，主动触头 M 的中部与静触头 c 接触，这时绕组抽头 B 经限流电阻 r_1 与抽头 c 接通，而抽头 D、B 间则串联着限流电阻 r_1 和 r_2。

(4) 辅助动触头 M2 离开静触头 d，主动触头 M 与静触头 c 接通，辅助动触头 M1 仍与静触头 b 接通，这时抽头 D 和 B 断开，抽头 B、C 间仍串联着限流电阻 r_1 接通。

(5) 主动触头 M 与静触头 b 接通，辅助动触头 M1 即将离开静触头 b，这时主动触头 M 将抽头 B、C 直接接通，电阻 r_1 对短路不起作用。

(6) 辅助动触头 M1 离开静触头 b，主动触头 M 对称地跨接在静触头 b、c 上，可动绝缘板停止转动。

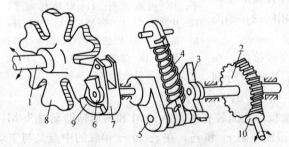

图 6-13 有载调压分接开关传动机构示意图
1—动触头转轴；2—蜗轮；3—拨盘；4—拉簧；
5—曲柄；6—扇形传动板；7—后转臂；
8—六分叉盘；9—弧形板；10—蜗杆

图 6-13 所示为有载调压分接开关传动机构示意图。

用可逆旋转电动机带动蜗杆 10，经蜗轮减速机构后，将转速减至约每 10s 一转。蜗轮轴带动拨盘 3 拨动曲柄 5 转动，将拉簧 4 拉长，使之储能。当曲柄 5 超越死点时，拉簧 4 突然收缩释放所储能量，使曲柄 5 迅速转动。此时曲柄转轴另一端的扇形传动板 6 迅速旋转，撞击后转臂 7 上的弧形板 9，带动后转臂跟着旋转，将六分叉盘 8 很快拨转 60°。六分叉盘与可动绝缘板同轴，所以，当拨盘 3 旋转一周，六分叉盘 8 带动可动绝缘板及其上面的动触头急转 60°，完成了一挡分接头的切换工作。同时六分叉盘 8 还兼作定位之用。

分接开关在切换负荷电流时产生电弧，会使油质劣化，所以，有载调压开关一般单独装在一只体积较小的油箱内，里面充有变压器油，自成封闭体系，整体埋入变压器的油箱内。

（五）冷却装置

电力变压器的铁芯和绕组在运行中存在铁损和铜损，这些损耗转化成的热量会使变压器发热，所发出的热量通过传导、对流和辐射的方式向周围冷却介质散出。当发热大于散热时，变压器各部分温度就会升高。为了保证变压器在额定负荷下安全运行，必须采取一定的冷却方式来降低变压器的工作温度，一般中、小型变压器采用油浸自然冷却的方式；大型变压器采用油浸风冷或强迫油循环风冷的方式，也有采用油浸水冷或强迫油循环水冷方式的。干式变压器主要采用风冷的方式。

中、小型变压器油浸自然冷却方式是依靠与油箱表面接触的空气对流把热量带走。变压器四周焊接许多的管和铁片，称散热器，起着增加散热面的作用。

大型变压器油浸风冷方式是在散热器中间设通风机，使空气流动，将热量带走；强迫油循环风冷，是用油泵强迫油箱中的油循环。另外，在散热器中设通风机加速空气流动带走热量；油浸水冷或强迫油循环水冷是用水将油箱的热量带走。

（六）油箱及附件

油箱是油浸式变压器的外壳，器身全部浸在箱内的变压器油中，变压器油既作为绝缘介质又作为冷却介质。

中、小型变压器多作成箱式，检修时要将器身从油箱中吊出。它的箱壁与箱底焊接成整体，如图 6-14(a)、(b)所示。而大型变压器一般油箱做成钟罩式，如图 6-14(c)所示，检修时，拆除箱底螺栓即可将油箱吊起，而器身不动。

储油柜一般为圆筒形容器，水平安装在油箱的上部，通过弯管与油箱连通，弯管上装有阀门等。储油柜的一端装有油位计，底部装有带油塞的沉积器等。储油柜作为变压器油热胀冷缩的缓冲器，使变压器油与空气在储油柜内接触，由于变压器油热胀冷缩作用，会使空气中的水分进入储油柜内，使油受潮，从而使变压器的绝缘降低。为了延长变压器油受潮和氧化的过程，防止变压器异常事故，所以变压器应装设呼吸器，如图 6-15 所示。

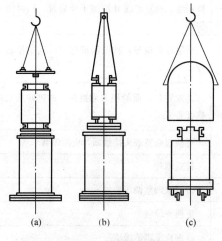

图 6-14 变压器油箱
(a) 箱式；(b) 箱式；(c) 钟罩式

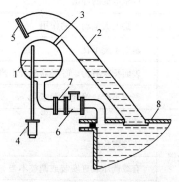

图 6-15 储油柜、呼吸器和防爆管
1—储油柜；2—防爆管；3—储油柜与防爆管连通管；4—呼吸器；5—防爆膜；6—气体继电器；7—蝶形阀；8—箱盖

呼吸器内装有用氯化钴浸过的硅胶，它有很强的吸潮能力，呼吸管直插在储油柜上部，高出油面，随空气进入的水分，经过呼吸器时被硅胶吸收。用氯化钴浸过的硅胶，除吸潮外，还起指示剂作用，其吸湿饱和后，由蓝色变红色。

防爆管是防止变压器内部发生故障时，油箱内大量气体来不及排除而使压力升高，以致造成油箱破裂的，在容量为1000kVA及以上的变压器顶部都装有防爆管。

气体继电器（即瓦斯继电器）是变压器的重要保护装置，装于变压器的油箱和储油柜的连接管上。当变压器内部发生故障时，电弧的热量使绝缘油体积膨胀，并大量气化，大量的油和气体经过气体继电器冲向储油柜，流动的油和气体使气体继电器动作，上触点接通信号回路，下触点接通断路器掉闸回路，发出信号并使断路器跳闸，从而实现对变压器的保护作用。

净油器也称热虹吸器、热交换器或油再生装置，它通过上下两个阀门与变压器油箱连通，内装变压器油总油量1%的硅胶或人造钠氟石吸附剂，利用油的冷热自由循环来过滤和净化变压器油。当净油器下部出口油的酸价不再降低，而变压器油的酸价又超标或硅胶变色都应更换吸附剂（干燥的硅胶是白色不透明，受潮变透明）。

第二节 变压器常见故障原因及处理方法

变压器发生故障的主要部位是在变压器绕组、套管、分接开关的切换装置和铁芯上，见表6-6。

表6-6 变压器常见故障原因及处理方法

故障现象	故障原因	处理方法
绕组短路或接地	温度超过允许值加速变压器油劣化和绝缘老化	清理油道中的杂物、恢复正常油位；保证冷却装置运行良好；处理或更换变压器油；修复坏的绕组、衬垫和绝缘筒
	绝缘受潮	进行浸漆或干燥处理
	过电压击穿绝缘	限制过电压幅值、修复损坏的绝缘
绕组断线	接头焊接不良	按要求重新焊接，割除熔化或截面缩小的部分，补换新线；修复绝缘并浸漆干燥处理，同时清除铜渣和焊渣
	短路电流的冲击	
绕组变形	短路电流电动力的作用	修复变形位置；拧紧压圈螺钉；固定松脱的衬垫和撑条
	制造装配不良	
套管闪络及爆炸	表面积灰脏污，呼吸器配置不当	清除瓷套表面的积灰和脏污；改进呼吸器配置；更换套管
	密封不严，绝缘受潮老化	
分接开关烧损	动触头压力不够	更换或修整触头接触面，更换弹簧
	连接螺栓松动	拧紧螺栓
	有载调压装置安装或调整不当	按要求调整调压装置
	绝缘板绝缘不良	更换绝缘板
铁芯过热或损坏	硅钢片间绝缘损坏	硅钢片重刷绝缘漆
	穿芯螺栓损坏造成铁芯两点接地	更换穿芯螺栓的绝缘管和绝缘垫

第三节 变压器吊芯检修

主变压器在投入运行前应进行吊芯检查，以后根据具体情况每隔5～10年要吊芯检查一次，或者在预防性试验中发现问题，以及事故情况下经过不吊芯检查和试验确定是内部故障时，都需要解体进行吊芯检查修理；配电变压器如一直在正常负荷下运行，可每隔10年吊芯检修一次。

一、检修前准备工作

(1) 将运行中记录下来的缺陷到现场进行核对，制定出消除缺陷的对策；如要消除重大缺陷，需要特殊的检修工艺才能解决，则应制定专门的安全技术措施和组织措施。

(2) 对检修中需要的材料、备品备件和工具应预先列出清单，并到现场检查环境和用具是否齐全；将需要的材料、备品备件运到现场并设专人保管。

(3) 将大修所用的各种工具放入专用工具柜或箱内，并将其型号、规格和数量登记在册，对检修器具，如电焊、火焊、起重工具、梯子、架子、安全用具等，要做好检查，并运到现场和指定位置放好。

(4) 将存放变压器油的储油罐、滤油机、阀门、油管运到现场并连接好油管路。

(5) 准备好临时电源盘和临时照明用具。

(6) 做好防沙、防雨、防火措施（最好在专用检修现场，如吊车房内）。

(7) 准备好技术资料和技术记录表格。

(8) 组织学习检修计划、规程和检修项目，学习安全技术措施，明确任务、分工、进度方法和质量要求。

二、吊芯检修方法和技术要求

变压器解体时，要认真做好各部件安装顺序的记录和记号，所做记号要醒目、牢靠，且便于区分。要及时、完整地做好记录和零件的测绘工作。

1. 吊芯

(1) 大修开始，先将变压器油放至铁芯顶面（以不妨碍拆卸套管为准），然后拆卸引线、套管、储油柜、防爆管等附件，对于芯式变压器在吊芯前，应将变压器大盖螺栓全部松开。对钟罩式变压器，在油全部放完后，再将钟罩下盖的螺栓全部松开。

(2) 当变压器准备吊芯或吊钟罩前，应做好铁芯和绕组的防潮、防尘、防雨措施，联系气象台做好天气预报工作。在雨雾、雪或潮湿天气（相对湿度在75%以上）不允许吊芯和吊罩工作。

(3) 当变压器铁芯温度稍高于周围温度时，即可放油吊芯和吊罩（在室内吊芯和吊罩的变压器，室内温度至少比室外温度高出10℃），如变压器铁芯低于空气温度时，则应采取适当措施提高变压器铁芯温度，一般用外部能量加热使铁芯温度高出周围空气温度10℃。

(4) 为了防止变压器在吊芯过程中受潮，应尽量缩短铁芯在空气中暴露的时间，在一切准备就绪后，方可将变压器油放尽，开始吊芯或吊罩。起吊用的吊杆受力要均匀，吊绳不得与芯子或钟罩的零部件相碰。变压器从放油开始计算，铁芯和绕组与空气接触的时间不应超过以下规定：

1) 相对湿度不大于65%时，16h；

2) 相对湿度不大于75%时，12h。

变压器器身在空气中暴露的时间是从变压器放油开始算起，到开始注油为止（注油时间不包括在内）。

（5）当变压器铁芯温度高于周围环境温度 3～5℃时，则器身在空气中暴露的时间可根据具体情况延长 1～2 倍。吊芯或吊罩前，放油的速度越快越好。

2. 铁芯检修

（1）检修人员应遵守下列规定：

1）检修人员严禁携带其他与检修无关的物品，以免脱落掉入铁芯或绕组内。

2）进入油箱内或到铁芯顶部检修时，工作人员应穿专用工作服及耐油胶鞋，并准备好擦汗毛巾。带入油箱内或铁芯顶部的工具，事前应检查登记，并用白布带拴好，用完后全部清点回收。

3）检修中拆下的螺栓、螺帽以及其他零件均应放入专用箱内，由专人保管，在变压器内使用的照明宜用 12V 的安全电压。

4）检修人员上、下铁芯时，应沿铁构架或梯子上下，严禁检修人员手抓绕组、脚踩绕组以及绕组引线上下，以防损坏绕组绝缘。

（2）铁芯检修方法和质量标准。

1）用竹刀或竹片检查硅钢片的压紧程度，看铁芯有无松动，铁轭与铁芯柱对缝处有无歪斜、变形，检查铁芯有无过热变色和接地是否完好牢靠。

2）检查铁芯油道有无油泥杂物，油道是否畅通，油道衬条应无损坏、松动和位移。

3）所有穿芯螺栓应紧固，用 1000～2500V 绝缘电阻表测量穿芯螺栓与铁芯以及铁轭与铁轭夹件之间的绝缘电阻（应拆开接地片），对 3、6、10kV 的变压器，其绝缘电阻不低于 2MΩ；35kV 变压器不应低于 5MΩ，同时不得低于上次测量值的 50%。

4）大型变压器穿芯螺栓应做交流 1000V 或直流 2500V 的耐压试验 1min，如果不合格应查明原因并及时处理。

5）检查所有螺栓应紧固，并有防止松动措施，木质螺栓应无损伤，防松绑扎线应完好。

3. 绕组检修

（1）变压器绕组所有间隔衬垫应牢固，衬条应无松动位移，绕组与铁轭以及相间的绝缘纸板应完整无损、牢固且无位移。

（2）各组绕组应排列整齐，间隙均匀，压紧用顶丝应牢靠顶住压环，螺帽上的背帽应紧固，绕组表面无油污杂物，油路应畅通无阻。

（3）绕组绝缘层应完整，无过热变色，无脆裂或击穿现象，高、低压绕组无移动变位。用手指按压绕组表面的绝缘物，以观察绝缘是否老化。良好的绝缘有弹性，且绝缘表面颜色较为浅淡，当绝缘有相当程度的老化时，手指按压时会产生较小的裂缝，或会感到绝缘质地变硬、变脆，颜色变深。这时应根据情况更换绝缘或采取加强绝缘的措施。

（4）检查引线绝缘应完好，包扎紧固无破裂现象，引出线固定牢靠，其固定引线的支架坚固，引出线与套管导杆连接牢靠，接触良好，接线正确。

4. 电压分接开关检修

（1）有载调压分接开关。

1）检查调压装置各分接头与绕组的连接应正确牢靠，分接头引线处绝缘应完整无损，各分接头应清洁、接触良好，接触面用 0.05mm×10mm 的塞尺检查，应塞不进去。检查分接头开关传动轴应连接牢固，销钉完好。三相切换时，开关变化应一致，且与指示器指示位置也一致。

2）检查开关触头有无烧损或变色现象，若有，应用丙酮清洗触头。触头间应有足够的压力（一般为 0.5～0.6MPa），检查开关箱、套管及传动轴的密封圈，检查油标，更换油标密封胶垫。

3）检查调压装置的机械传动部分，如连接轴、齿轮、凸轮、传动花盘的各部螺栓、弹簧、垫圈、销钉等应牢固齐全,动作应灵活无卡滞现象。

4)调整传动装置,使其动作配合正确。

(2)无载调压分接开关。

1)检查调压装置各分接头与绕组的连接应正确紧固,各分接头应清洁,且接触紧密,弹力完好。用丙酮清洗接触环和静触柱,不允许用砂布或细锉来打磨接触环和静触柱。所有能接触的部分,同有载调压开关的检查方法一样,应以塞尺塞不进为准。

2)传动接点应正确的停留在各个位置,且与指示器指示位置一致。

3)传动装置的各机械连接部分应牢靠,各部螺栓、弹簧、销钉应完整无损,传动装置动作灵活无卡滞现象,密封完好无漏油或渗油。

4)缘件、胶木筒、胶木管、胶木杆、胶木坐板等均应无裂纹和变形。

5.套管检修

(1)清扫套管外部,除去油垢和积灰,检查套管的法兰、铁件和瓷件应完好无损,无裂纹和破损现象,瓷裙表面无闪络痕迹。

(2)检查瓷套和法兰结合处的胶合剂应牢固可靠,无松动或脱落现象。当发现胶合剂脱落或结合处松动时,则应重新胶合或更换新套管。

(3)检查各部分衬垫密封应良好,无漏油情况。例如,发现有轻微漏油,可以拧紧法兰盘螺栓;又如继续漏油则应更换新的密封垫。

(4)检查储油器或膨胀器有无裂纹,如有破损应查明原因更换备品。检查油位,在一般情况(15~20℃)下油面应在储油器或膨胀器全高的1/2处,否则应补注合格的新油,或放出多余的油。

(5)取样化验,如不合格则将旧油放掉换新油。

(6)当密封衬垫老化漏油、介质损失不合格、内部有损坏的可能时,都应解体检修。首先拆开套管与变压器绕组的引线,拆下套管腰部法兰与变压器顶盖的螺栓,吊下套管,放在专用的架子上并固定牢靠。解体套管应在干燥(空气相对湿度不大于75%)、清洁、无灰尘的场所进行,其步骤如下:

1)解体前应做介质损失试验,并检查是否漏油。

2)打开放油螺丝将油放掉,并取样化验核试验。

3)拆卸套管帽盖。

4)拆卸储油器上盖和储油器口的螺帽、弹簧垫圈与平垫圈,拆卸导电管。

5)拆卸上瓷套,注意松螺栓时,应逐一地拧松,每次每个螺栓不得超过1/3圈,以免瓷套受力不均而破裂,吊出上瓷套,取出密封衬垫。

6)取下固定在双层导电管上的取样蛇形管,取出对准圆中心用的胶木固定圈,抽出全部胶木筒,注意不得将接地线拉断。

7)拆卸下瓷套,拆卸导电管固定螺栓,抽出导电管。

(7)对所有拆下来的零部件,用变压器油清洗,用干净的白细布擦净,设专人保管。检查胶木绝缘筒、胶木圈应无纵向和横向裂纹起层现象,如有则更换备品。

(8)套管组装。组装顺序与解体顺序相反,所用工具材料要干净,工作人员应戴干净的手套,拧螺栓时应注意避免瓷套圆周受力不均而损伤瓷套或漏油,紧螺帽不能用力过猛,避免碰伤瓷套和储油器。套管组装完毕应用合格的变压器油冲洗1~2次,然后注入合格的变压器油,清扫检查外部无异状后,进行检修后的试验。

第四节　变压器附件检修

变压器的附件包括油箱、储油柜、防爆管、阀门、热交换器（净油器或称油再生装置）、呼吸器（吸湿器或称吸潮器）、散热器、温度计等。

一、油箱及散热器检修

（1）油箱内、外部及顶盖应清扫干净，无油垢，无脱漆。如有脱漆的地方应除锈补漆。

（2）检查油箱及散热器有无渗漏或焊缝开裂等现象，如有渗漏应在大修中将油放出，再进行补焊，应做好防火措施。

（3）用干净的细白布和面团清除箱底和箱壁上的油垢、渣滓，用清洁的变压器油冲洗散热器和油箱至干净为止。

二、储油柜和防爆管检修

（1）将储油柜内的油从下部放油孔放出，排除沉淀物，并用变压器油冲洗干净。

（2）检查储油柜各部有无渗漏，储油柜与油箱的连通管有无堵塞，气体继电器两端的蝶形阀应无渗漏。

（3）检查油位计是否正常，有无堵塞，玻璃管应无裂纹和污垢。

（4）清除储油柜和防爆管的油垢和铁锈，检查防爆管的薄膜和密封垫是否良好，如有损坏应及时更换。大修中，密封垫应换新的。

三、阀门和净油器（热交换器）检修

（1）各阀门应灵活严密、不漏油。手柄齐全并有锁定装置。投入运行前应全部检查开闭位置，一定要正确并锁定。

（2）关闭净油器上、下阀门，从下部将交换器内的油放尽，拆开上、下盖将吸附剂（硅胶等）放入洁净的容器内。用洁净的变压器油冲洗净油器内部，除去交换器里面的油垢。

（3）根据吸附剂的受潮程度进行干燥，干燥好的吸附剂（白色不透明）在装入净油器之前，应用清洁的变压器油冲洗，除去其中尘土和杂质。干燥后的吸附剂应及时装入交换器内，以防再受潮，吸附剂装入量为变压器油的总容量1%。

（4）拧紧净油器上、下盖，更换新衬垫，防止渗油。

（5）打开上部的排气螺丝和上部入口阀门，使变压器油流入净油器内，将内部空气排出。待空气排完，油向外溢出时，拧紧排气螺丝，打开下部阀门，等5min左右再从气体继电器上部放一次气，即可投入运行。

四、呼吸器与温度计检修

（1）检查呼吸器。应清洁并装有吸潮剂，检查呼吸器与储油柜连通管，应严密不漏油。当吸潮剂大部分变成红色时，应该更换（干燥的吸附剂是蓝色的）。

（2）检查变压器箱盖上的水银温度计和箱体上带电气接点的温度计，应完整无损。当变压器组装完毕后，将其恢复使用。

第五节　变压器油处理

变压器油在运行过程中，由于受空气中的氧和高温同时作用使变压器油氧化，造成绝缘老化，其性能变坏，再就是变压器油也很容易吸收空气中的水分和脏污，混有一定水分和脏污的变压器油，其击穿强度显著下降，介质损失增加，当变压器油的绝缘性能及物理化学性质不合标准要求时，就必须对变压器油进行处理。对于老化的变压器油，只能用化学的方法将劣化产物分离出去。对于混有水分和脏污的变压器油，可用物理方法将水分和脏污分离出去，称为净化。

一、压力式滤油机及过滤方法

1. 压力式滤油机

压力式滤油机由滤网、油泵、滤过器、压力表、管路和阀门等部件组成，如图6-16所示。滤过器是压力滤油机的核心，如图6-17所示。滤过器一般有20～30个滤过单元，由螺旋夹具压紧构成一个整体，每个滤过单元由铸铁制成的滤框2和滤板1组成。滤油时在滤框和滤板之间夹2～3层滤油纸3。滤框的中间是空的，滤板的两侧刨有流油的沟道。在滤框和滤板下部的两角开有流油的孔，一个是污油进孔4，一个是净油出孔5。滤纸3上也冲有相应的孔。在滤过器下面有集油盘，积存由滤框、滤板和滤纸缝隙中挤出的变压器油，并将此油通过图6-16中所示的阀门9送回污油系统。

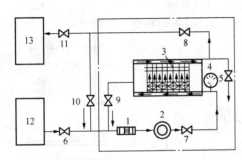

图6-16 压力式滤油机系统图

1—滤网；2—电动油泵；3—滤过器；4—压力表；5—取油样
阀门；6～11—控制阀门；12—污油罐；13—净油罐

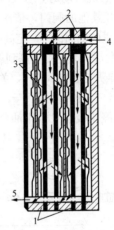

图6-17 滤过器的构造图

1—滤板；2—滤框；3—滤油纸；
4—污油进孔；5—净油出孔

2. 滤油方法

将滤油机上部的出口和入口分别接通净油罐和污油灌，如图6-16所示，启动油泵，电动油泵2从污油罐中抽出污油，经过滤网1，除去其中较大的杂质，然后进入滤过器的污油进孔，分成很多支路，充入各滤过单元的滤框中，经过滤纸，由滤板上的沟道汇入出油孔流出。污油中的水分和污物被滤油纸吸收和粘附，故由出油孔流出的则是净化干燥的变压器油。

滤油纸在使用前，应放在80～90℃的干燥箱内干燥24h，并保存在干燥而清洁的容器内。一般滤过轻度脏污的油，2h左右更换一次滤油纸，脏污较重的油1h左右更换一次滤油纸。每次更换一张滤油纸就可以了，即在进油侧取出一张，在出油侧加一张新滤油纸。

使用过的滤油纸，应放在干净的油中洗涤，去掉杂质后吊起来，滴尽残油进行烘干。一张滤油纸可用2～4次。

使用滤油纸的注意事项如下：

（1）初次启动滤油机3～5min内，要将出油送回污油罐重新过滤，防止滤油纸上脱落的纤维进入净油内。此时关闭阀门11，打开阀门10即可。

（2）进油管路上的滤网，根据油的脏污程度，每10～15h冲洗一次。

（3）压力式滤油机操作时应先打开出油阀门，启动油泵后在打开进油阀门；停机时，先关闭进油阀门，停止油泵后再关闭出油阀门，以防止跑油事故。

（4）压力滤油机的箱盖不是密封的，运行中，空气中的潮气可以浸入，因此要求滤油场所必须干燥和清洁，最好放在室内或工作棚内，而且保持室内温度高于周围温度5～10℃。

二、真空式滤油机及过滤方法

在抽真空的容器里，用喷嘴将变压器油变成雾状，使油中的水分自行扩散，与油脱离，而且由于抽真空，也排除了油中的空气。这是一种除去油中水分效率很高的方法，但不能除去油中脏污和杂质，而且系统较复杂。

真空式滤油机由滤过器、油泵、真空泵、加热器、雾化罐、管道、阀门等组成，如图6-18所示。雾化罐是真空式滤油机的核心，用5～8mm厚的钢板焊成，如图6-19所示。为了补偿水分汽化时所需要的热量，雾化罐需要保温，并在罐壁上有加热励磁绕组，罐底装有电阻加热器。

真空滤油机启动时，如图6-18所示，关闭排油泵的出口阀门4，打开其他的阀门，依次启动吸油泵和排油泵，调节压力使雾化罐里的油面保持一定高度，然后启动真空泵，接通加热电源，将雾化罐的真空度提高到规定值。待变压器油温达到60～70℃时，逐渐开启出口阀门4，关闭回油阀门5，滤油开始。

停止时，打开回油阀门5，关闭出油阀门4，切断加热器电源之后，停止吸油泵、排油泵和真空泵。

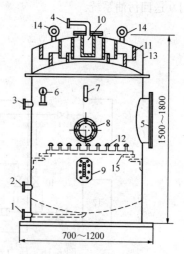

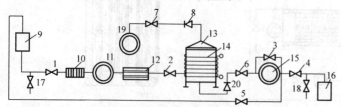

图6-18　真空雾化油处理系统示意图

1～7—控制阀门；8—止回阀；9—污油罐；
10—滤过器；11—吸油泵；12—加热器；
13—雾化罐；14—励磁绕组；15—排油泵；
16—净油罐；17、18—取油样阀门；
19—真空泵；20—止回阀

图6-19　雾化罐结构示意图

1—污油进孔；2—净油出孔；3—放残
油孔；4—接真空装置；5—人孔门；
6—真空表；7—温度表；8—观察孔；
9—油标；10—油气分离器；11—挡
板；12—喷嘴；13—顶盖；14—吊
环；15—支架

第六节　变压器干燥与试验

一、变压器干燥方法

变压器干燥是一项耗时较长、要求较高的工作，并不要求每次大修都进行这项工作，只有在绝缘受潮的情况下，或变压器经过全部或局部更换绕组或绝缘大修以后均应进行干燥。

变压器的干燥方法视其容量大小和结构形式而不同，各单位应根据具体情况和条件来选择干燥方法。其方法有以下几种。

1. 感应加热法

感应加热法是在油箱外表面加石棉等绝热保温层，再绕上导线通以交流电而加热的方法。由于交流电的感应作用，使箱壁产生涡流而发热，从而使箱内空间的温度升高到90～110℃，达到干燥的温度。此时箱壁的温度不应超过115～120℃，器身的温度不应超过90～95℃。其计算方法请查阅《电工计算手册》或《机械检修手册》第六篇电气设备检修。通常电流为150A左右，导线截面积为40mm² 左右，电压为400V或220V，缠绕的匝数不宜过多，所组成的磁化绕组应备有调整的匝数。

2. 热风真空干燥法

热风真空干燥法是将105～130℃的干燥空气送入真空罐，用来加热器身，使其均匀受热，并提高温度以达到蒸发水分的目的。

对于大容量的变压器，加热和抽真空需反复交替进行。如先用热风加热40h，抽真空10～15h；再加热10～20h，抽真空10～15h，如此反复进行。电压等级越高则反复次数越多。这是因为超高压变压器绝缘件多，引线包扎厚，油道间隙小的缘故。

加热过程中，当温度升高到一定程度时，水分大量蒸发，油隙中的湿度较大，继续通热风难以进入器身内部，绝缘体温度就会下降，此时热风加热效果很小。在此情况下抽真空，降低气压，绝缘件和油隙间的水分得到了较快的蒸发，使绝缘体中的水汽浓度下降；达到一定程度时，再次进行热风加热，就会保持变压器内部的温度下降不会太大，且下降后又较快得到恢复，因而得到较好的干燥效果。

热风真空干燥系统示意如图6-20所示。由于真空罐的真空度要求较高（10～133Pa），系统中应选配二级真空泵。一般前级泵宜选用H-9滑阀式真空泵，后级泵宜选用ZJ-1200机械增压泵。阀门选用（GI、GIQ型）高真空阀门。为防止潮气进入真空泵凝结成水，特配制冷凝器，泵前、泵后配制水油分离器，泵前还配备了空气过滤器。

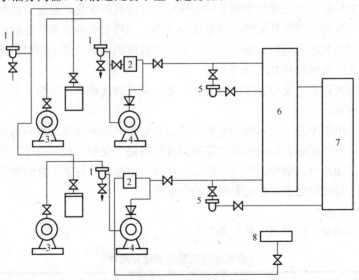

图6-20　热风真空干燥系统示意图
1—分离器；2—冷凝器；3—滑阀式真空泵；4—机械增压泵；
5—空气过滤器；6—真空罐；7—除湿热风装置；8—净油罐

3. 零序电流干燥法

（1）零序电流加热法。将变压器自身一侧的三相绕组依次串联或并联起来，通入电压为220V或400V的单相交流电，而其余的绕组开路，如图6-21（a）所示。三相铁芯的磁通是同向的零序磁通，在三柱芯式铁芯中无回路而经油箱闭合。油箱因涡流发热使箱内空间温度升高，再加上通电的绕组有铜损，铁芯也因涡流而发热，三者都起加热作用。

（2）零序短路干燥法。三绕组变压器可以采用零序短路干燥法。如 Yyd 连接的变压器，可在中压加零序电压 400V，其零序电流约为 30% 额定电流 I_n，其接线如图 6-21（b）所示。这种方法使热量集中在器身上，温升较快，油箱发热量小，不需要保温，所需要的功率也小。

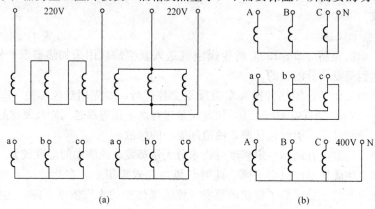

图 6-21　零序电流干燥法

除此之外，为了提高大型变压器的干燥速度和器身温度以及油箱内的真空度，可以采用感应加热和热风真空干燥的组合方法进行干燥；对于小型变压器，可以在烘房内用 100% 不抽真空的方法进行干燥。

二、变压器修后试验

变压器经过大修后，其绝缘性能和某些电气特性可能有所变化，经过测量和试验，将其结果与以往的资料进行比较，即可判定修后的变压器是否达到质量标准。变压器检修后的试验项目主要有绝缘电阻及吸收比的测量、直流电阻测试、泄露电流测试和交流工频耐压试验。

（一）绝缘电阻及吸收比测量方法

绝缘电阻试验可以检查变压器的绝缘性能，尤其能有效地检查出绝缘受潮、表面脏污以及贯穿性的集中缺陷现象。

绝缘体的绝缘电阻不是一个永远不变的数值，它会受到很多外界因素和自身的影响。如绝缘材料吸收了水分，或表面附着油污和灰尘等物以及在检修中受到机械损伤等，其绝缘电阻就会有显著的降低，即使还没有完全变成导体，但是，在运行中也很容易被正常的电压所击穿而造成事故。因此，在变压器试验之前，首先要测量绝缘电阻。

1. 绝缘电阻测量方法

（1）绝缘电阻测量部位和顺序见表 6-7。

表 6-7　　　　　　　　　　　　绝缘电阻测量的部位和顺序

顺序	双绕组变压器		三绕组变压器	
	被测绕组	应接地的部位	被测绕组	应接地的部位
1	低压	外壳及高压	低压	外壳、高压及中压
2	高压	外壳及低压	中压	外壳、高压及低压
3	—	—	高压	外壳、中压及低压
4	高压及低压	外壳	高压及中压	外壳及低压
5	—	—	高压、中压及低压	外壳

注　表中顺序 4、5 的项目，只对 15000kVA 及以上的变压器进行。

（2）测量方法。如测量双绕组变压器的绝缘电阻时，绝缘电阻表接线端子应参照其注明的标号进行连接，即注有"地"（或者"E"）的一端，在测量对外壳的绝缘时，应接到外壳上；在测量高、低压绕组之间的绝缘时，应接低压绕组端。变压器的一次侧及二次侧绕组之间与每一绕组对外壳及铁芯间的绝缘电阻是不可分开的，例如用普通方法测量变压器高、低压绕组之间的绝缘电阻时，通过绝缘体的泄露电流，一方面可以直接从高压绕组流到低压绕组，另一方面也可以从高压绕组流入外壳，再从外壳流入低压绕组，从而使测量值产生误差，绝缘电阻值比真实值略微降低。

测量接线如图 6-22 所示。测量高、低压绕组之间的绝缘电阻时，将绝缘电阻表的"线路"（或者"L"）端和"接地"（或者"E"）端分别接到高压侧和低压侧绕组上，将"保护环"（或"G"）端接到变压器铁芯或外壳上。这种接法所测得的绝缘电阻就是高压对低压的数值，其中没有对地的成分，因为对地的成分完全被保护环所短路，并不经过仪表。

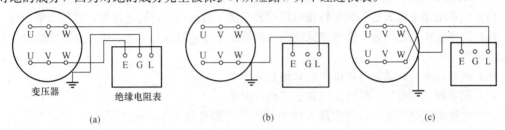

图 6-22　变压器测量绝缘电阻接线示意图
（a）高压绕组对低压绕组；（b）高压绕组对地；（c）低压绕组对地

2. 吸收比试验

当测量容量较大的变压器绝缘电阻时，可以看到绝缘电阻的数值与通电时间有关。通电时间越长，其读数越高，这种现象为绝缘体的吸收特性。

吸收比试验的目的是要求出两种时间下绝缘电阻的比值，用它来判断变压器是否受潮或确定变压器干燥工艺是否良好，这是一项重要的原始数据。此项试验适用于大容量的变压器，其他电容很小的产品不用做吸收比试验。

吸收比的试验与测量绝缘电阻的方法大致相同，所不同的就是要记录通电时间。现在规定的吸收比分两种：一种是 60s 与 15s 时绝缘电阻的比值；另一种是 10min 与 1min 绝缘电阻的比值，即

$$吸收比 = \frac{R_{60}}{R_{15}}$$

或

$$吸收比 = \frac{R_{10}}{R_1}$$

35kV 以下的电力变压器，温度在 10～40℃ 时，60s 与 15s 的吸收比应大于或等于 1.3。35kV 以上的电力变压器，有时需要做 10min 与 1min 的吸收比，其值应大于或等于 2，即

$$\frac{R_{60}}{R_{15}} \geqslant 1.3$$

或

$$\frac{R_{10}}{R_1} \geqslant 2$$

3. 铁芯紧固螺栓的绝缘试验

铁芯与铁轭的紧固螺栓要求绝缘良好，如果其绝缘损坏，在运行中将引起局部短路，产生很大的电流。当有两个以上的螺栓损坏时，则形成一个好像在磁场中受感应的绕组，将产生强烈的循环电流。其产生的热量能使绝缘损坏，以致发展到绕组层间短路，最终烧毁变压器。因此，在

变压器大修中，必须测量铁芯和铁轭紧固螺栓的绝缘电阻。发现异常及时处理。

铁芯和铁轭的紧固螺栓在出厂试验时，用 1000V 以上的绝缘电阻表测量，其值在电压为 3～6kV 的不低于 200MΩ；电压为 20～30kV 的不低于 300MΩ；电压为 0.4kV 的不低于 90MΩ。运行中的变压器其铁芯和铁轭紧固螺栓的绝缘电阻不得低于初始值的 50%。其耐压试验电压为交流 1000V 或直流 2500V，施压时间持续 1min。

4. 绝缘电阻试验注意事项

（1）试验前应拆除被试变压器的所以对外连接线，并将被试绕组对地充分放电，至少放电 2min。

（2）测量时，非被测绕组均应接地。

（3）绝缘电阻表水平放置后校验其指零和无穷大来判断此绝缘电阻表是否良好，测量时保持 120r/min 的恒定转速，测吸收比时，为了读数准确，最好采用电动绝缘电阻表。

（4）应在绝缘电阻表达到额定转速时即将表头接于被试绕组，同时计时，计算出吸收比。

（5）读数完毕，先将表头离开被试绕组，再停止绝缘电阻表的转动，防止被试绕组储存的电荷烧毁绝缘电阻表。

（6）试验结束时，必须将被试绕组对地充分放电。

（7）记录被试物温度、环境温度和空气相对湿度。

（8）绝缘电阻是以变压器绕组浸入油中时所测得的数值为准。变压器注油后应静放 5～6h，再进行测量，所得数值与前次比较，应换算到相同温度时的数值。

（二）变压器直流电阻试验

1. 试验目的

直流电阻的测试是变压器试验中的主要项目之一，它是确定短路损耗的重要数据。同时通过绕组直流电阻的测试可以检查电路的完整性和其数据是否符合设计要求，并可发现变压器电气连接是否牢靠，焊接是否良好，电压分接开关等的接触是否良好。

2. 试验方法

有电压降法和电桥法。由于电压降法准确度不高，灵敏度较低，须换算和消耗电能等原因，所以除测量极小电阻（$10^{-3}\Omega$ 以外）很少采用电压降法，而是采用电桥法。

测量直流电阻用的电桥分为单臂和双臂两种。单臂电桥又称惠斯登电桥，双臂电桥又称凯尔文电桥。单臂电桥适用于测量 10Ω 以上的高电阻，如容量在 180kVA 以下的配电变压器。双臂电桥适用于测量 10Ω 以下的低电阻。图 6-23 所示为单臂电桥测量变压器绕组直流电阻的原理接线图。图 6-24 所示为双臂电桥测量变压器绕组直流电阻的接线示意图。

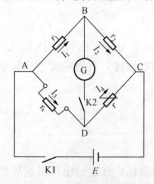

图 6-23 单臂电桥测量直流
电阻的原理接线图

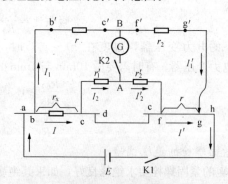

图 6-24 双臂电桥测量直流
电阻的接线示意图

3. 直流电阻测试主要事项

（1）测试前应将被试绕组对地充分放电。

（2）双臂电桥接线说电压端子（P1、P2）靠近被测物侧，电流端子（C1、C2）接外侧。尤其对于低值电阻更要注意接法。

（3）由于绕组电感较大，所以在电路闭合后，待被测电路充电电流稳定后方可接入检流计，进行电阻值的测量。完成测量后要先断开检流计开关，再断开电源。防止反电动势打坏检流计。

（4）变压器有中性点引出的可以测量相电阻，带有分接头的绕组应在所有分接头下测量其直流电阻。

（5）将所测电阻值换算到75℃的电阻值，测得各相电阻相互之间的差别以及制造厂或前次测量值的差别不应超过±2%。

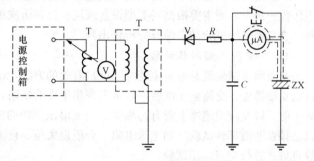

图 6-25 微安表接在高压端的泄露电流试验接线图

（三）变压器泄露电流试验

变压器绝缘在直流高压下测量其泄露电流值，可以灵敏地判断变压器绝缘的整体受潮、部件表面受潮或脏污以及贯穿性的集中缺陷等，在变压器绝缘预防性试验中，可以根据历年来测量泄露电流值的大小，或其变化趋势以判别设备是否受潮或存在缺陷。

1. 微安表接在高压端的泄露电流试验

微安表接在高压端的泄露电流试验，如图 6-25 所示。

（1）这种接线可以消除高压引线等对地的杂散电流（电晕电流、高压试验变压器的泄露电流等）影响造成测量误差。试验时，微安表用金属罩进行屏蔽，微安表接到被试品的高压端采用屏蔽线。应注意，读表时要保证安全距离，站在绝缘垫上并做好安全措施，防止触电。

（2）当被试品出现放电以致击穿时，为防止大电流流过微安表而烧毁表头，因此，在试验回路中还必须对微安表进行保护，如图 6-26 所示。

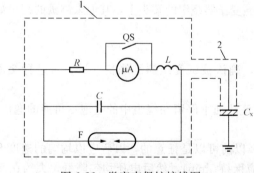

图 6-26 微安表保护接线图
1—屏蔽罩；2—屏蔽线

图 6-26 中 F 为放电管，是用来保护电路中出现微安表所不能容许的电流时，能迅速放电，使微安表短路。R 是微安表前串联电阻，其数值的计算方法为

$$R = \frac{U_f}{I_\mu} \times 10^6$$

式中　U_f——放电管实际放电电压，V；

　　　I_μ——微安表所用挡满量程电流，μA。

图 6-26 中 C 是滤波电容器，用来滤掉试品击穿时电路中出现的高频分量，而电感 L 是阻止高频分量通过微安表。一般 C 取 $0.5 \sim 5\mu F$，电压 300V 的电容器。微安表并联隔离开关 QS，读数时打开。此隔离开关只短路微安表。

2. 微安表接在低压端的泄露电流试验

这种接线优点是读数方便、安全。但由于电路的高压引线等对地的杂散电流以及高压试验变压器对地泄漏电流等都经微安表，使读数包含了被试品以外的电流，造成测量误差。因此，在实际测量中，如果试品一端不直接接地，则微安表可以接在试品与地之间，上述误差即可消除。如果试品一端已接地，则将微安表接在高压侧。

3. 泄漏电流试验注意事项

（1）试验前后都必须将变压器绕组上的剩余电荷放掉，做到充分放电。

（2）保护回路中的隔离开关，只短路微安表，也只有在读数时断开隔离开关，读完数应立即合上隔离开关将微安表继续短路。

（3）由于变压器绝缘结构不同，其泄漏电流值也常有很大变动，因此对变压器的泄漏电流值不作统一规定，而主要根据同类型设备或同一设备历次试验结果比较来估计被试品的绝缘状态，并结合其他绝缘试验结果综合分析作出判定。

（四）交流工频耐压试验

交流耐压试验既是鉴定主绝缘强度最有效的方法，也是保证设备绝缘水平，使变压器可靠运行的重要措施。交流耐压试验一般可发现集中性的缺陷，如绕组主绝缘受潮、开裂或引线绝缘距离不够，以及绕组绝缘上附有污垢等。交流耐压所加的电压远比正常时高（属破坏性试验），所以必须在非破坏性试验（如绝缘电阻、介质损失角、直流泄漏、绝缘油的电气试验）后，认为绝缘良好才进行交流耐压试验。

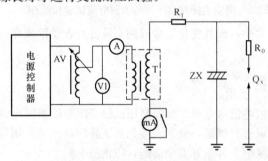

图 6-27 交流耐压试验接线图

1. 交流工频耐压试验方法

如图 6-27 所示，是交流耐压试验接线图，R_1 是限流电阻，当被试变压器绝缘击穿时，限制大电流保护试验变压器；Q_x 是保护球间隙，当试验变压器电压超过预定试验电压的 5%～10% 时，球间隙击穿放电，保护试验变压器；R_0 也是限流电阻，当球间隙 Q_x 击穿放电时，它用来限制大电流，保护试验变压器不受损坏。

AV 是调压器，其输入端接至 50Hz 的 220V 交流电源上，输出端接至试验变压器 T 的输入端，试验变压器 T 的输出端经限流电阻 R_1 接到试验变压器绕组的端头上，其他未测试的绕组如图 6-22 所示，短路并与外壳一起接地。

2. 交流工频耐压试验注意事项

（1）交流耐压试验前必须进行非破坏性试验，确认被试变压器绝缘良好后方可进行交流耐压。

（2）试验应在变压器注油后 5～6h 再进行，以使注油中停留在绕组中的气泡尽可能的逸出。油应注满，使套管浸在油内。

（3）试验时电压上升速度，在试验电压的 40% 以前可以是任意的，以后应以均匀的速度升至预定的数值。保持 1min（固体绝缘干式变压器应保持 5min），然后电压均匀降低，大约在 5s 内降到试验电压的 25% 或更小，再切断电源。

（4）试验过程中，要保持电压稳定，操作人员要精神集中，被试设备和高压引线应设遮拦并有专人监护。

（5）如发现表针指示有变化，或冒烟、有放电的响声，则必须拆开变压器，消除缺陷后再重新试验。

（6）在试验过程中，发现变压器内部有放电声和电流表指示突然变化，或在重复试验时，施加电压比第一次降低，都说明是固体绝缘击穿了；如果施加电压并未降低，仍在原来施加电压下开始放电，属于油隙的贯穿性击穿。如在试验过程中，变压器内部有炒豆般的声响，电流表的指示也很稳定，这可能是悬浮金属件对地的放电。

（7）变压器交流工频耐压试验标准见表 6-8。

表 6-8　　　　　　　　　　变压器交流工频耐压试验标准（kV）

额定电压	3	6	10	15	20	35	44	66	110	154	220
出厂试验电压	18	25	35	45	55	85	105	140	200	275	360 395
预防性试验电压	15	21	30	38	47	72	90	120	170	240	306 336

（8）变压器交流工频耐压试验前后的绝缘电阻值变化不得超过 30％。

3．绝缘油电气击穿强度试验

（1）准备工作。

1）所需仪器：试验变压器以及调压和测量装置；油环和黄铜电极；温度计（0～100℃）。

2）试验前，先用汽油或苯清洗油杯和电极，并调整电极距离，用量规检验使其平行距离精确到 2.5mm。电极和油面的距离不小于 15mm，如图 6-28 所示。

3）试样的温度应使其接近于室温。在取样时将试样瓶颠倒几次，使油均匀混合，但不应使油起泡沫或气泡。

4）用被试油冲洗油杯和电极 2～3 次，然后将被试油样沿油杯壁注入油杯中，并静置 10～15min，使油中气泡逸出。

（2）试验方法。

1）调压器应在零位，脱扣开关应在断开位置。将油杯接入高压电路中，在试验变压器和被试油杯之间串入 5～10MΩ 的保护水电阻。

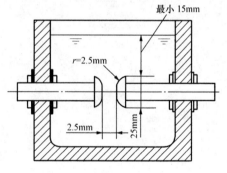

图 6-28　油试验用油杯和电极

2）合上电源开关，启动调压器，升压速度约为每秒 3kV，直至油中发生十分明亮的火花放电，且电压表指针降为零位，脱扣开关跳闸为止。发生击穿前的瞬间，电压表指示的最大电压值称为击穿电压。如发生不大的破裂声和电压表针发生抖动，均不算击穿。

3）油样被击穿后，可用玻璃棒在电极间轻轻拨动数次，但不可改变电极间的距离，以除掉滞留在电极间的游离碳。静置 5min 后，再进行一次试验，如此进行 5 次。试验结果应取 5 次测值的算术平均值，如果 5 次测量值中任一数值与平均值的偏差超过 ±25％ 时，则应继续进行试验，直到偏差不超过 ±25％ 为止。并做好记录。

4）试验宜在室温不低于 20℃ 和相对湿度不大的晴天进行。

本 章 小 结

本章主要讲述变压器的结构原理，常见故障原因及处理方法，重点介绍了变压器吊芯检查和变压器附件检修以及变压器油的处理和修后试验。

变压器有油浸式和干式两大类，大型变压器一般都是油浸式。发电厂主要用油浸式变压器作为升压变压器向电网输送电能，厂用变压器一般也是油浸式。干式变压器一般用于容量不大的室内变电所，如商业大厦等室内变电所等。

变压器主要由油箱、铁芯、绕组、调压开关、套管以及附件组成。主要附件有散热器、储油柜、净油器、防爆管、呼吸器等。

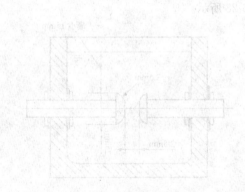

第七章 同步发电机检修

第一节 发电机的基本知识

交流同步发电机是根据电磁感应原理工作的，是机械能转换为电能的旋转电机。在火力发电厂中，用汽轮机作为发电机原动机的整个机组称为汽轮发电机组，其中的交流发电机称为汽轮发电机；在水力发电厂中，用水轮机作为发电机原动机的整个机组称为水轮发电机组，其中交流发电机称为水轮发电机。由于汽轮机转速高，水轮机转速低，因此汽轮发电机和水轮发电机在结构上有一些差别，但是它们的工作原理却完全相同。

一、同步发电机基本原理

图 7-1 所示为同步发电机原理示意。

当转子绕组 5 通入直流电后，在磁极间产生磁力线 4，磁力线从转子的 N 极经过定子、转子之间的空气间隙以及定子铁芯回到 S 极。若转子在外力推动下逆时针转动，定子绕组 U、V、W 切割磁力线，感应出电动势，其方向根据右手定则判定，此时将定子绕组的 X、Y、Z 连接起来，另一端 U、V、W 与负荷接通后，就将在定子绕组和负载中流过三相交流电。

在发电机相序一定的情况下，发电机发出电的质量是否合格，主要看发电机的端电压和电流频率。端电压 U 可通过调整转子电流来保证，而电流频率 f 的高低要靠原动机的转速来调整，频率为

$$f = \frac{pn}{60} \tag{7-1}$$

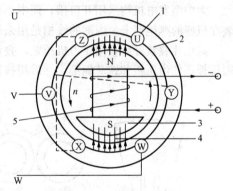

图 7-1 同步发电机原理示意
1—定子绕组；2—定子铁芯；3—磁极；
4—磁力线；5—转子绕组

式中 n——发电机转速，r/min；
p——发电机转子磁极对数。

从式（7-1）得知，同步发电机的转速 n 与转子磁极对数和发出交流的频率有关，即

$$n = \frac{60f}{p}$$

二、汽轮发电机结构

汽轮发电机主要由定子、转子两大主体和励磁、冷却两大附属系统组成。图 7-2 所示，是汽轮发电机总装图。

（一）发电机定子

发电机定子是由定子铁芯、定子绕组、机座与端盖以及固定支持部分所组成。

1. 定子铁芯

发电机定子铁芯由导磁性能良好的硅钢片叠装组成。片与片之间涂有专用的硅钢片绝缘漆。硅钢片由冲床冲成需要的形状，一般大中型发电机定子铁芯尺寸很大，硅钢片都冲成扇形，叠装时拼成一个整圆。硅钢片外圆冲有燕尾槽，内圆冲有线槽，如图 7-3 所示。

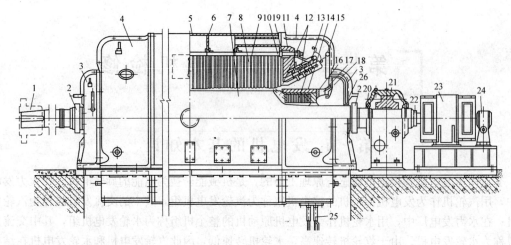

图 7-2　汽轮发电机总装图

1—联轴器（汽侧）；2—集电环；3—小端盖；4—大端盖；5—机座；6—横向壁；7—转子；8—定子铁芯；
9—定子径向风道；10—燕尾筋；11—定子铁芯端压板；12—定子绕组；13—转子绕组；14—护环；
15—消防水管；16—中心环；17—离心风扇；18—内端盖；19—机壁；20—油挡；21—励端轴承；
22—联轴器（励侧）；23—励磁机；24—励磁机轴承；25—引出线；26—风挡

　　大中型发电机均采用开口槽，而中小型发电机有时采用半开口或半闭口槽。外圆的燕尾槽套装在机座的燕尾筋上，内圆的线槽是用来嵌放定子绕组的。

　　硅钢片叠装好后，用压力机压紧，叠片两端装有齿压板和端压板，齿压板压住铁芯每个齿，端压板压住齿压板和铁芯轭部，然后用拉紧螺杆沿轴向压紧铁芯，如图 7-4 所示。

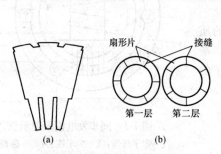

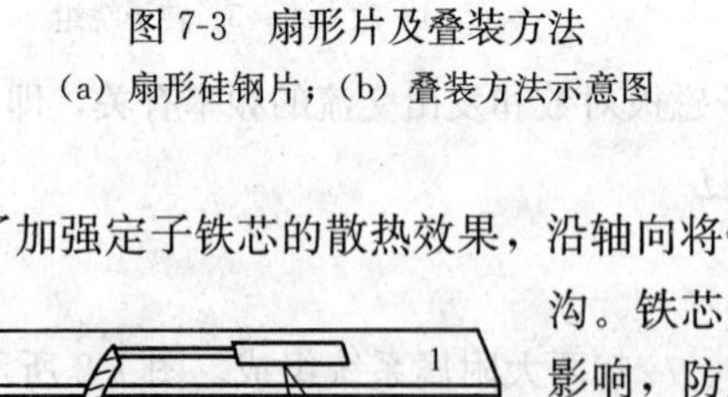

图 7-3　扇形片及叠装方法

（a）扇形硅钢片；（b）叠装方法示意图

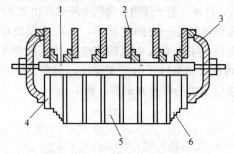

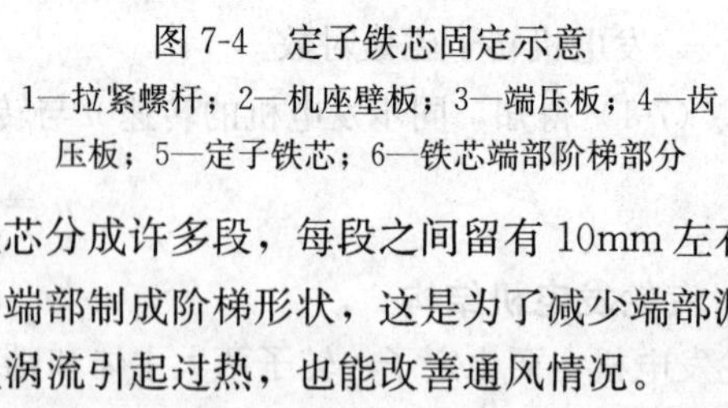

图 7-4　定子铁芯固定示意

1—拉紧螺杆；2—机座壁板；3—端压板；4—齿
压板；5—定子铁芯；6—铁芯端部阶梯部分

　　为了加强定子铁芯的散热效果，沿轴向将铁芯分成许多段，每段之间留有 10mm 左右的通风沟。铁芯的端部制成阶梯形状，这是为了减少端部漏磁通的影响，防止涡流引起过热，也能改善通风情况。

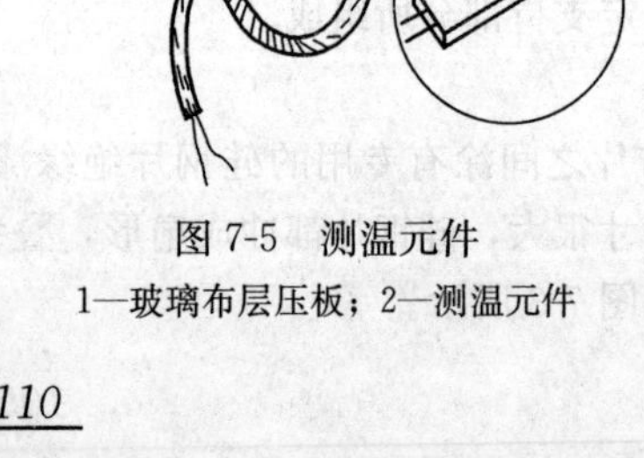

　　为了在运行中监视铁芯的温度，在铁芯中也要埋入一些测温元件，就是将电阻测温元件埋入用环氧酚醛层压玻璃布板冲成的扇形片槽中，其形状与冲好的硅钢片形状相似，测温元件埋好后用环氧树脂胶固定，如图 7-5 所示。在定子铁芯叠片时，就将这种测温元件埋入铁芯的指定部位，电阻测温元件用屏蔽线从铁轭的背面引出。图 7-6 所示为发电机定子铁芯装配图。

图 7-5　测温元件

1—玻璃布层压板；2—测温元件

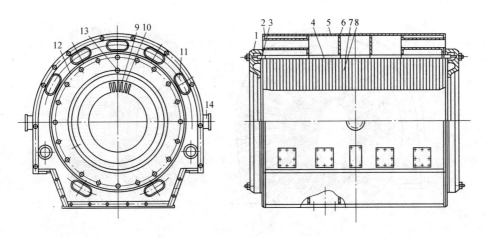

图 7-6　发电机定子铁芯装配

1—端压板；2—机壁；3—齿压板；4—燕尾筋；5—机座；6—横向壁；7—铁芯叠片；
8—径向通风沟；9—铁芯槽；10—铁芯齿；11—轴向通风道；12—端部连线
支架螺孔；13—端压板吊攀螺孔；14—吊攀

2. 定子绕组

定子绕组是发电机的主要部分，因为感应电动势是在这里产生的，负荷电流也是在这里流通的。为了组成一定的相数、极数，产生一定的电压和通过一定的电流，这些嵌在定子铁芯槽中的线圈，必须按一定的规律连接起来。为了制造和嵌线方便，大中型发电机定子绕组的单元部件一般都分成两半，制成半匝式，如图 7-7 所示。该单元部件称为线棒。直线部分（有效边）放在定子槽内，槽外部分称为线圈端部（渐开线）。将篮形绕组的两个半匝式线棒的一端焊接在一起，即成为一个线圈。若干个线圈串成一相即为一相绕组。盘形线绕组是将两个线棒用盘形绕组的连接线焊接起来，即成为一个盘形绕组。

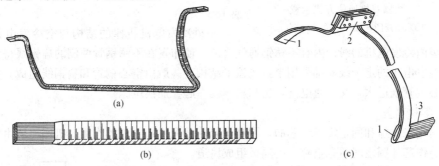

图 7-7　发电机定子线棒（半匝式）

（a）篮形绕组的线棒；（b）盘形绕组的线棒；（c）盘形绕组的连线
1—端部连线；2—连接铜排；3—线棒

篮形绕组的端部和直线部分是一个整体，且呈锥体状，俗称"喇叭口形"端部；而盘形绕组的直线部分和端部是分开的，呈直角形，如图 7-8 所示。

同步发电机定子线棒通过的是交流电，由于集肤效应的影响，电流趋向线棒表面通过，这就相当于增大了导体电阻，增加了铜损。为了克服集肤效应引起的附加损耗，所以发电机线棒不采用大截面整块铜条制成，而是采用小截面绝缘铜线并联，再采取适当换位措施制成线棒。

所谓换位，就是每股扁铜线在一根线棒全长中不断的变换它们所占的位置，使其占遍各个不

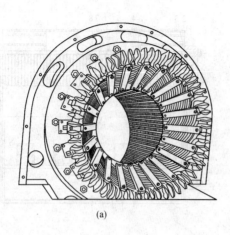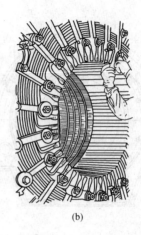

图 7-8　定子绕组端部形式

(a) 篮形绕组端部；(b) 盘形绕组端部

同的位置（尤其是槽内），从而使电流平均分布于每股扁铜线中。一般发电机采用双排换位，如图 7-9 所示。

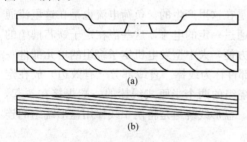

图 7-9　线棒双排换位方式示意

(a) 俯视图；(b) 正视图

线棒双排换位方法，是将扁铜线依次间隔相等的距离，压出两个"δ"弯，然后将铜线分成两排编织起来。这种换位一般只在线棒的直线部分进行，每根扁铜线在槽内的位置，从一端到另一端相当于转了 360°，所以，也称 360°换位。

大型机组为了进一步改善换位效果，常采用 540°换位。即在槽内转换 360°，在端线部分转换 180°。

氢外冷发电机线棒的结构与空冷发电机线棒完全一样。氢内冷发电机的线棒内有不锈钢通气管道，使布置在不锈钢管两侧的扁铜线得到冷却。

水内冷发电机的定子线棒都采用半匝式篮形结构。一般由空心铜管和扁铜线组成，如图 7-10 所示。空心铜管既通水，又导通电流，它和扁铜线一起参加换位。

3. 机座和端盖

机座是用来支撑和固定定子铁芯的，同时也起着分配冷却气流的作用。机座一般由钢板焊接而成，它与铁芯外圆之间留有空隙，由隔板组成风道。

氢冷发电机为了防止漏氢和抵抗氢气爆炸，机座和端盖均采用厚钢板焊接而成，要能承受不小于 6 个大气压的压力。氢气冷却器都装在机座内。为了防止氢气泄露，发电机所有接缝处都要采取密封措施，并采用特殊的轴封系统。

水冷和空冷发电机端盖上有有机玻璃制成的窥视孔，氢冷发电机因防止漏氢而未开窥视孔。

（二）汽轮发电机转子

汽轮发电机转速高，离心力大，所以其转子制成细而长的圆柱形。水轮发电机转速低，为了得到额定的频率，就需要增加极对数，因而水轮发电机的转子直径大而长度相对较短。汽轮发电机是卧式，其转子是

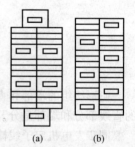

图 7-10　水内冷机组
定子线棒截面

(a) 槽部；(b) 端部

隐极式的。水轮发电机只有中小型或冲击式用卧式，而大型水轮发电机都是立式，其转子是凸极式的。

发电机转子主要由转子铁芯、转子励磁绕组、护环、中心环和风扇等组成。

1. 转子铁芯

高速转动的汽轮发电机转子要受到很大的离心力的作用，所以汽轮发电机转子都由高强度的导磁性良好的合金钢锻造而成。

转子铁芯一般整体锻造，其表面铣有许多槽（占圆周长的 2/3 左右），用来嵌放转子励磁绕组。铁芯表面不开槽的部分称为大齿，是磁极的中心，约占转子圆周长的 1/3；开槽部分其两槽之间的齿称为小齿。转子槽形一般为开口槽，槽的分布有辐射式和平行式两种，我国生产的汽轮发电机转子都是辐射布置的，如图 7-11 所示。

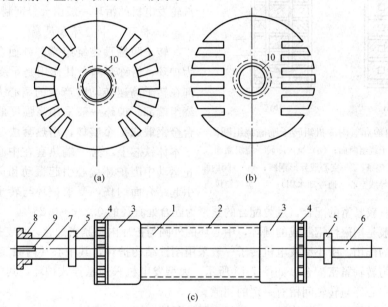

图 7-11　汽轮发电机转子铁芯与转子结构示意
(a) 辐射式铁芯；(b) 平行式铁芯；(c) 汽轮发电机转子结构示意图
1—转子本体；2—表面散热槽；3—护环；4—风扇（离心风扇）；5—集电环；
6—励端轴颈；7—汽端轴颈；8—联轴器（汽侧）；9—键槽；10—中心孔

为了加强冷却效果，有些转子槽底开有通风沟槽，并且在大齿上也铣几个槽进行通风冷却。为了检查转子铁芯的质量，在发电机转子轴全长打有中心孔。

2. 转子励磁绕组

发电机转子励磁绕组是用扁铜线绕成的同心式"集中"绕组，根据槽的宽度情况，通常转子绕组采用宽 20~40mm，厚度为 2~8mm 的扁铜线制成并嵌放在转子铁芯槽内。每极绕组的各线圈间在端部连接起来构成整个绕组。每个绕组的两边分别嵌放在大齿两侧的槽内，所有槽内的线圈串联后，将绕组的两端引出，连接到集电环（滑环）上。

同心式线圈的每个线圈内又分为若干匝。匝间垫有匝间绝缘，匝间绝缘一般采用 0.5~1mm 厚的环氧酚醛玻璃布板或醇酸云母板以及虫胶云母板等。转子端部匝间绝缘常采用聚酰亚胺薄膜聚芳酰胺纤维纸复合箔（NHN）。

转子绕组的槽绝缘，一般采用槽形的环氧玻璃布板和质地均匀、抗切通性优良的大鳞片粉云

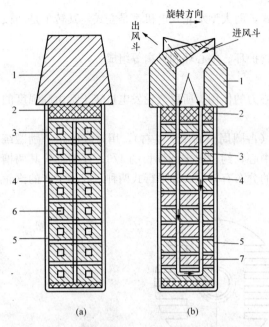

图 7-12　水内冷和氢内冷机组转子励磁绕组断面

(a) 水内冷转子绕组断面；(b) 氢内冷转子绕组断面

1—槽楔；2—楔下垫条；3—空心或异形铜线；4—层间绝缘；
5—槽绝缘；6—导线空心（通冷却水用）；7—氢气斜风道

母箔，以及耐高温、高机械强度的聚酰亚胺薄膜等材料，经复合后在一定温度下压制而成的。转子槽楔一般采用硬铝或铝青铜制成，通常转子两端的槽口采用铝青铜槽楔，而其余中央部位的转子槽楔均采用高强度铝合金制成。

水内冷和氢内冷发电机转子励磁绕组采用空心铜管或异形铜线制成，如图 7-12 所示。

发电机集电环（滑环）是转子绕组引出线的滑动接触端子，对其材料的要求，除了有足够的机械强度外，还要求有足够的耐磨性能。汽轮发电机的滑环一般由合金钢制成。

3. 护环、中心环和风扇

转子两端励磁绕组端部外面套有钢环，称为护环，俗称套箍。其作用是承受励磁绕组端部在转子高速转动时产生的离心力，保护励磁绕组端部。护环一般采用高强度的无磁性锰铬合金钢锻成一个整体，用热套法一端热套在转子本体铁芯上，另一端热套在中心环上。为防止运动中因护环偏心引起振动和负荷不对称时引起结合面灼伤，要求护环与转子本体、护环与中心环之间有较紧密的配合，过盈配合的紧量为配合处直径的 0.2%～0.25%。

中心环一般是用磁性钢制成的圆环，中心环的外圆与护环内圆紧密配合，起支持护环和防止绕组轴向移动的作用。中小型发电机转子一般采用刚性结构护环，其中心环内圆热套在转轴上，使中心环内圆与转轴紧密配合，如图 7-13 所示。大型发电机采用悬挂式护环，其中心环内圆与转轴脱空，使中心环与转轴间留有一定的间隙。

大型机组的转子较长，挠度较大，为了克服护环端口因受挠度引起的附加力而磨损的缺点，故大型发电机转子采用了弹性心环或悬挂式护环两种形式。弹性心环和护环的装配如图 7-14 所示。心环上有一个 S 形的部分，能够产生一定的弹性变形，从而吸收了运行中作用在护环上的附加应力，但也容易在 S 处产生裂纹。

悬挂式护环热套在转子本体上，中心环嵌装在护环上，而与转子轴上的花鼓筒分离，使用这种装配方法，在运行中转子轴的挠度就不会影响到护环，如图 7-15 所示。

单凭结合面的紧力防止悬挂式护环轴向位移是不够的，还必须采取定位锁紧措施，其方法有以下两种：

(1) 将悬挂式护环一端（与转子本体镶嵌的一端）的边口处，沿圆周做出一个个齿状凸起，同时在转子本体端部沿圆周车出一条凹槽，如图 7-15 (a) 所示，并使转子本体端部边缘也形成一个个凸起。组装时，护环加热到

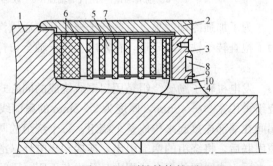

图 7-13　刚性结构护环

1—转子本体；2—护环；3—中心环；4—花鼓筒；5—励磁绕组端部；6—垫块；7—护环绝缘；8—燕尾槽；9—止钉；10—环键

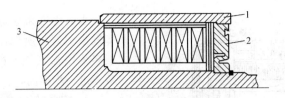

图 7-14 弹性心环和护环装配

1—护环；2—弹性心环；3—转子本体

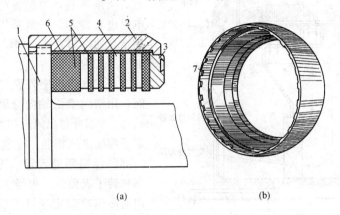

(a)   (b)

图 7-15 悬挂式护环装配

（a）安装情况；（b）护环形状

1—转子本体；2—护环；3—中心环；4—绕组端部；5—垫块；

6—护环绝缘；7—护环上的凸齿

一定温度后，将护环齿状凸起部分沿转子端部边缘齿状凹进位置向转子铁芯推进。达到转子端部凹槽部位时，将护环旋转一个角度，使转子铁芯端部边缘齿状凸起部分与护环齿状凸起部分卡合，并用定位销将护环在轴向和圆周方向固定牢靠。

（2）在转子端部外圆上车一个凹形槽，在护环内圆相应位置上亦车有凹形槽，在安装护环前，先将圆形的环键压紧在转子的凹形沟槽内，待护环整体均匀加热到 $250\sim300℃$，护环膨胀套到转子表面预定的位置后，再使环键自由张开，从而将护环锁住，如图 7-15（b）所示。环键材料与转子材料相同，具有一定的硬度和强度，环键开口两端有锁紧用的销孔，锁紧环键有专用的销钉和斜楔，按规定方法细心操作即可。

风扇是空冷发电机和氢冷发电机组冷却空气循环的重要组成部分，有离心式和旋桨式两种。离心式风扇制作容易，但效率较低，旋桨式风扇效率高，其叶片用合金钢或铝合金制成，采用焊接或用螺栓固定在风扇环上，风扇环再热套在转子轴上。

（三）发电机冷却系统

发电机在运行中，由于存在各种损耗，会引起各部分温度升高，为了限制发电机的温度在允许值之内，必须进行冷却。

中、小型汽轮发电机常用空气作为冷却介质。但空气的冷却性能较差，而且高速流动的空气通过发电机各处风道时，与高速旋转的转子之间的摩擦要产生很大的通风损耗，其可占发电机总损耗的40%，因此，对于大、中型发电机，常采用氢气作为冷却介质。因为氢气具有质量小、比热大、导热系数大等特点。用氢气作为冷却介质，不但冷却性能好，而且它的通风损耗小，仅为空气冷却的1/7左右。

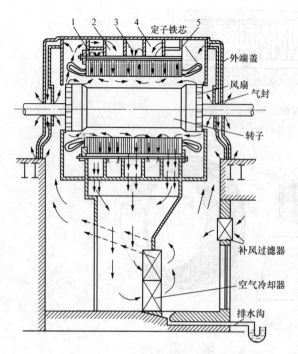

图 7-16 轴向风段通风系统示意

1~5—通风道

图中标注: 1 2 3 4 定子铁芯 5 外端盖 风扇 气封 转子 补风过滤器 空气冷却器 排水沟

水的比热和导热系数比氢气还大，冷却效果更好。所以，目前大型发电机组一般多采用水氢氢的冷却方式，使发电机的效率进一步提高。

1. 空气冷却发电机冷却系统

空气冷却发电机冷却系统是由转子轴上的风扇压送，通过各部分冷却通道对发电机进行冷却。一般采用轴向和径向通风相结合的冷却方式，即轴向风段通风系统，如图 7-16 所示。

在发电机机座外壳与定子铁芯外径之间，用横向壁沿轴向分隔为五部分，其中 1、3、5 部分与出风道相通，2、4 两部分与定子两端进风相通，冷空气经风扇吸入后，一部分经端部进入定、转子间隙、定子齿部和转子表面后，再经 1、5 部分的定子径向通风道冷却定子铁芯后进入出风道，另一部分经定子端部进入 2、4 部分，然后由定子铁芯外径的径向风道，在冷却定子铁芯的同时进入定、转子之间的气隙，冷却

定子齿部和转子表面，再经 1、3、5 部分的定子径向通风道至出风道。

这种风道的特点是可以保证将冷空气直接送到发电机中部最热的地方。空气冷却器是由许多铜管组成，铜管的两端胀接在管板上，管板与端盖形成水室，管内通冷却水，为了增加散热面积，在铜管外面焊有薄铜片或绕成螺旋状的细铜丝，从而改善冷却效果。气体冷却器形状如图 7-17 所示。

2. 氢冷发电机冷却系统

氢冷发电机冷却系统分为氢内冷和氢外冷两个系统。氢外冷发电机的结构和冷却系统与空气冷却机组基本相同，只是它的氢气冷却器不是安装在机座下部的热风室，而是安装在发电机的机壳内，这样可以减小氢气的容积。50～200MW 的汽轮发电机一般采用氢外冷。

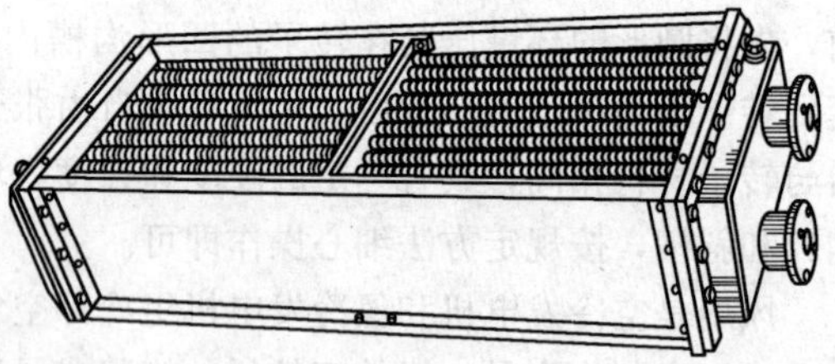

图 7-17 气体冷却器形状

氢气与空气混合后有爆炸的危险，因此，一定要避免空气漏入机内，通常除了整个发电机要很好密封外，还要保持发电机机壳内的氢气压力略大于大气压力。氢气压力越高冷却效果越好，但对密封要求也越高。氢冷发电机转轴的密封采用油密封。其原理就是在静止部分与转动部分的间隙中形成一层油膜，使氢气与空气隔离开，依靠压力不断地将油压入静止部分与转动部分之间的气隙，以维持连续的油膜。为了达到密封的效果，油压应比氢压高。

随着发电机容量的增大和电压的提高，导线截面积和绝缘厚度都增加了，绝缘的温差加大，这时为了提高冷却效果，大型发电机广泛采用氢内冷，尤其发电机转子，因为发热问题比较严重，转子绕组常采用"气隙取气斜流通风"氢气内部冷却的方式。

这种气隙冷却方式的基本原理是：定子风区和转子风区一一相对应。冷却气体从定子的进风区，经铁芯进入气隙中，旋转着的转子表面进风斗（即迎风的风斗），对气隙气体的相对运动而形成了正压，和气体从出风斗（即甩风的风斗）甩出时形成了负压，在这个压力下造成了导体内部冷却风沟里气体流动，从而将热量带走，达到冷却的目的。

这种冷却方式的特点是槽底呈半圆形，供安放导风垫条用。槽楔具有特殊的截面，这种槽楔对应发电机定子的进风区和出风区，开有许多一定形状的风斗，如图7-18所示。由于发电机转子高速转动时，转子和气隙中的气流有很大的相对速度，使气隙中的氢气被压入进风斗，然后，氢气就沿着绕组侧面上的斜风沟自上而下流到槽底，经过槽底垫块上的沟道，流到绕组另一侧的斜风沟，再经出风口甩到气隙中。

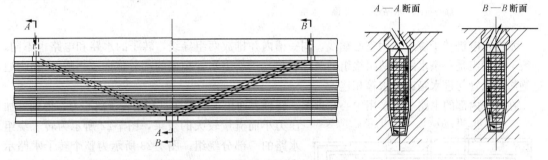

图 7-18　气隙取气斜流通风氢内冷转子示意

定子绕组采用氢内冷时，一般采取轴向通风的方式。

3. 水内冷发电机冷却系统

汽轮发电机采用水内冷的方式大大改善了冷却效果，从而大幅度提高了发电机出力。

水内冷发电机定子线棒一般采用空心和实心交替叠编构成的，如图7-10所示。在线棒的端部，又将空心导线和实心导线分开，这是为了将空心导线弯向一边以便焊接进、出水的铜管头，如图7-19所示。

定子绕组的水路和电路不一样，电路仍然是双层绕组，每相所有绕组串联起来只引出一对首尾端，而水路则是一个或半个绕组，就成为一条支路，以免水路过长而影响冷却效果。各条水路的进出水管汇集接在端部的集水环上。如果采用一个绕组构成一条支路时，进、出口的集水环就都装在发电机的一端，一般装在汽侧机壁上，图7-20（a）所示为定子绕组水路每圈水路示意。如采用半个绕组构成一条支路，进、出口集水环则分装在发电机的两端机壁上，图7-20（b）所示为半圈一水路示意图。

集水环由铜管制成，上面均匀地分布着水接头，它作为发电机定子各线棒冷却水的总进、出水管，图7-21所示为集水环进、出水示意图。集水环与线棒用绝缘软管连接，构成机内的通路，再由集水环与机外冷却水系统进出水管相连接。

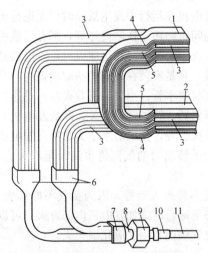

图 7-19　定子线棒水、电接头示意

1—上层线棒；2—下层线棒；3—空心铜管；4—实心导线；5—补充的实心导线；6—板烟斗状接头；7—铜接头；8—不锈钢接头；9—接头螺母；10—水管接头；11—绝缘水管

为了便于发电机在运行或检修时的试验，集水环用绝缘带包缠并用绝缘垫块与机壁隔离开。

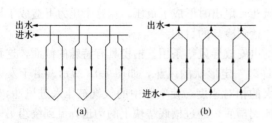

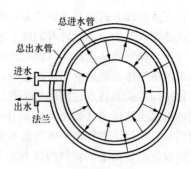

图 7-20 定子绕组水路示意

(a) 每圈一水路；(b) 半圈一水路

图 7-21 集水环进、出水示意

水冷发电机转子绕组采用空心铜线，同一槽内并排放两组导线，转子的水路和电路也不同。一般一组绕组是一条水路。两组绕组的两端引出与进、出水管相接的部分称谓"拐脚"。拐脚通过绝缘引水管与进水箱或出水箱相连。

在转子内部的水路一般采用中心孔进水，转轴表面出水的方法，利用转子离心力，得到外加压力小而流量较大的效果，图 7-22 所示为转子绕组水路的一部分绕组。图 7-23 所示为整个转子水路示意。冷却水从励磁机端的进水支座进入转子中心孔，通过大轴上一径向孔道进入进水箱。水从进水箱一侧的小孔经绝缘引水管、拐脚，流入下层绕组。热水从转子上层绕组出来经另一端到达出水箱。借转子离心力将水从出水箱小孔甩至出水支座，流回管道。

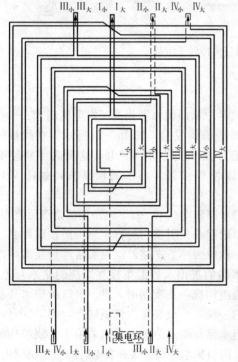

图 7-22 转子绕组水路的一部分绕组

4. 发电机消防装置

空气冷却发电机在运行中发生故障时，无论是定子绕组接地、相间短路还是铁芯损坏等，都有可能引起发电机内部着火。为了及时和迅速灭火，发电机必须装设灭火装置。它是安装在发电机两端端盖内，有很多喷水孔的环状喷水管。当发电机着火时，迅速切断发电机出口断路器、转子励磁开关，降低发电机转速，同时启动灭火装置，使消防水呈雾状喷向发电机端部，并利用转子转动时的气流将水滴带至着火点，使火熄灭。

氢冷发电机不装灭火装置，因为氢气不能助燃。当它在氢冷状态下运行时，如发电机内部着火，可以开启二氧化碳充气阀门，用二氧化碳灭火。

水冷发电机也不设灭火装置。

（四）发电机励磁系统

发电机转子依靠转子绕组中通过的励磁电流产生磁极。为了保证在正常运行条件下和启动故障等特殊情况下，发电机转子都能得到所需要的励磁电流，必须有一套完整调节励磁的设备，这就是发电机的励磁系统。励磁系统是发电机的重要组成部分，其励磁电流的供给方式有以下几种：

1. 同步发电机

同步发电机采用同轴直流发电机作为励磁机，通过灭磁开关给发电机转子提供励磁电流的方式。这种励磁机的结构与普通直流发电机相同。

2. 半导体励磁系统

随着大功率半导体整流元件的发展，许多大型发电机组采用了静止半导体整流的励磁方式。常用的静止半导体励磁系统为交流发电机式，其简单原理是与发电机同轴的100Hz交流主励磁机发出三相交流电，供给两台静止硅整流装置作为交流电源，交流电源经过三相整流后，向发电机提供直流励磁电流。100Hz交流主励磁机的励磁电流由中频副励磁机或永磁发电机供给。中频副励磁机的励磁电流由一套自励恒压装置供给。

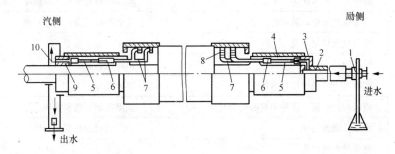

图 7-23　转子整体水路示意

1—进水支座；2—中心孔；3—进水箱；4—小护环；5—绝缘引水管；
6—接头；7—拐脚；8—转子绕组端部；9—出水箱；10—出水支座

3. 无刷励磁系统

随着发电机容量的不断增大，励磁方式也有所发展，静止半导体励磁系统虽然不用整流子，但仍需要滑环和电刷装置。对于大容量的发电机，因励磁电流大，滑环的尺寸需要大，电刷的数量要多，还存在滑环发热、电刷磨损等问题，因此，有的发电机采用无刷励磁系统。

无刷励磁系统的发电机转子励磁电流，是由装在发电机转子轴上的旋转半导体整流器供给的。旋转半导体整流器为三相桥式整流。旋转半导体整流器由与发电机同轴的电枢旋转式三相同步发电机供电。因为发电机转子励磁绕组、整流器和给整流器供电的发电机的旋转电枢在同一轴上，它们之间可以有固定的连线进行连接，这样就不需要电刷、滑环和整流子等部件。

第二节　发电机常见故障原因及处理方法

发电机常见故障原因及处理方法见表 7-1。

表 7-1　　　　　　　　　　　　发电机常见故障原因及处理方法

故障现象	故 障 原 因	处 理 方 法
定子铁芯硅钢片松动	发电机长期振动	做动、静平衡，查找振动原因，消除振动
	片间绝缘层破坏或脱落	在铁芯缝隙中塞进绝缘垫片或注入绝缘漆
	铁芯叠片时，压得不够紧密	必要时与厂家联系重新压紧叠片
定子铁芯片间短路	硅钢片间绝缘因老化、振动磨损或局部过热而被破坏	清除硅钢片之间杂质或毛刺以及氧化物，重涂绝缘漆或塞进绝缘片

故障现象	故障原因	处理方法
定子槽楔和绑线松动	绝缘的热胀冷缩或槽楔老化干缩	更换槽楔
	运行中的振动或短路电流冲击力的作用	在槽内加垫条后打紧槽楔
	制造工艺和质量缺陷	重新绑扎
定子绝缘老化	自然老化	进行恢复性大修，更换全部绕组
	受油浸蚀，绝缘膨胀	清除油污，修补绝缘，涂覆盖漆
	热胀冷缩使漆层脱落	修补涂漆
	绕组急剧变形使绝缘裂缝	局部修补或更换故障线棒后涂漆
定子绕组过热	冷却系统不良，通风管道堵塞	检查冷却系统，疏通管道
	绕组接头焊接不良	按工艺要求重焊
	铁芯短路	消除铁芯故障
定子绕组绝缘击穿	雷电过电压或操作过电压	更换线棒
	绕组匝间短路、接地引起的局部过热	消除匝间短路和接地故障
	绝缘受潮或老化	修复机械损伤部分的绝缘
	绝缘受机械损伤	修复因绝缘击穿时产生电弧而损伤的其他部分
	制造工艺不良	
电晕腐蚀	定子线棒与槽壁嵌合不紧存在气隙（外腐蚀）	槽内加半导体垫条
	线棒主绝缘与防晕层黏合不良存有气隙（内腐蚀）	采用黏合性能好的半导体漆
转子绕组电阻降低或绕组接地	长期停用受潮	进行干燥
	绕组端部积灰	拉出护环进行检修清扫
	滑环与转轴结合处有碳粉和油污堆积	刮去油污并擦拭干净
	滑环、滑环引线绝缘损坏	修补或重包绝缘
	热膨胀和气流冲击使槽口绝缘损坏并积灰	清扫并修补绝缘
	转子槽绝缘损坏	修补或更换槽绝缘
转子绕组匝间短路	匝间绝缘因振动和热胀冷缩而被磨损、脱落或位移	修补绝缘
	匝间绝缘因膨胀系数与导线不同而破裂或损坏	重配端部垫块，起出绕组修复
	端部垫块配置不当，绕组产生永久变形，使端部相碰或倒塌	疏通通风孔
	通风孔堵塞引起局部过热，绝缘老化损坏	清除通风孔杂物，用压缩空气吹净通风孔内的灰尘
氢冷发电机漏氢	绝缘垫老化	查漏、堵漏
	检修质量不佳	更换绝缘垫
	冷却器泄漏	加压试验，查找漏点、堵漏
	制造中的缺陷	与厂家联系，消除缺陷

故障现象	故 障 原 因	处 理 方 法
水冷发电机漏水	接头松动	拧紧接头，更换铜垫圈
	绝缘引水管老化破裂	更换引水管
	转子绕组引水弯脚处折裂	更换引水弯脚
	焊口开裂	焊补裂口
	空心导线质量不良	更换线棒
	冷却器泄漏	检查堵漏
空气冷却器漏水	水管腐蚀损坏	少量水管漏水时将该管两头堵死，大量水管漏水时更换空气冷却器

第三节　发电机标准项目检修

为了保证发电机安全可靠的运行，除了认真管理以外，还必须有计划地安排定期检修和预防性试验。

发电机标准项目检修分为大修和小修。大修时对发电机做全面的检查与清理，按规定进行预防性试验，尽可能消除运行中发现的、上次检修遗留的以及本次大修中发现的设备缺陷，做好防止事故的改进措施等。大修的周期一般为2～3年一次，但新安装的机组在运行一年半左右可解体检修。对于大型机组，性能较好的机组也可4年大修一次。

小修时，只对发电机作一般的检查与维护，消除一些小的设备缺陷。小修的周期为一年1～2次。

一、空气冷却发电机大修

发电机大修前应根据检修项目、运行中发现的缺陷以及前次检修遗留下来的问题和改进措施等，编定检修计划，并做好大修人员的组织和检修工作所需的工具、仪器仪表、备品备件、检修用材料和图纸等的准备工作。

（一）空气冷却发电机解体检查

发电机解体前应测量发电机的各部分绝缘电阻并做好记录。例如，当发电机已解列、灭磁开关已断开时，分别测量发电机转子在3000、2500、2000、1500、1000、500、0r/min时的绝缘电阻；转子完全停止后，电气系统已隔离并做好安全措施，测量发电机定子绕组的绝缘电阻和吸收比，测量励磁系统的绝缘电阻。

1. 拆卸外围设备及附件

（1）拆除励磁机出线电缆、集电环电缆、轴电流接地电刷等，做好标志。

（2）拆开发电机消防水管或励磁机冷却水管接头，并用干净的布将管口封闭防止掉进异物。

（3）与汽机分场或水工分场配合解开发电机与原动机以及发电机与励磁机的联轴器（汽轮发电机在解开联轴器之前应先拆除盘车电机电缆）和集电环罩等。

（4）拆集电环刷架和励磁机地脚螺栓，并将其吊放在指定的检修位置，同时妥善保管拆卸下来的螺栓和零部件，用硬绝缘纸板包好集电环。

2. 拆卸大盖

测量并记录大盖与轴的轴封间隙，取下定位销钉，拆卸大盖螺栓并妥善保管，将大盖吊到指定的检修位置。吊离大盖时应注意扶稳，禁止碰撞发电机端部绕组或转子风扇等处，汽侧和励侧大盖不准互换位置，大盖底下应用道木或木板垫稳。

3. 抽转子前的准备

抽转子前应选择好放置转子的场地，参照有关图纸，按照一定顺序，将抽转子时所用的专用工具、材料全部吊运至现场，积极组织人员将所需专用工具、材料进行整理检查，使其完好无损。同时测量定、转子空气间隙，并做好记录。

4. 抽转子

发电机抽转子必须用起重机械配合进行。其方法应根据发电机的构造、起重设备和现场条件来选择，常用的方法有接轴法和小车法（滑车法）。

(1) 接轴法。在发电机励磁机侧基础外的地面上垫好枕木，并覆盖上厚为 10~15mm 的钢板，使其与机座平齐。将转子连同励磁机侧轴承座用桥式起重机稍微吊起，取出轴承座下面的绝缘垫，并在轴承座下的缝隙中，与转子平行的方向塞入两根以上、上、下两面修平的钢板条，并在与轴承座接触的表面上涂一层润滑油脂以减少摩擦，再将轴承座放到钢板条上。

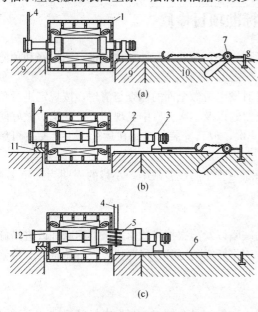

图 7-24 接轴法抽出转子示意

1—定子；2—转子；3—轴承；4—钢丝绳；5—木垫板（或厚橡皮板）；6—钢板条；7—手拉链条葫芦；8—固定用桩；9—轴承基础；10—励磁机基础；11—支架；12—假轴

用桥式起重机将转子从汽轮机侧吊起，在励磁机侧用链条葫芦（手拉葫芦）慢慢地向励磁机侧抽出转子，此时桥式起重机在汽轮机侧随着转子向励磁机侧移动，当汽轮机侧吊钩下的钢丝绳快碰到定子绕组端部时，在汽轮机侧转轴的下面垫入支架，将转轴临时落在支架的木垫块上，然后在汽轮机侧 联轴器上装接假轴，如图 7-24 所示。在假轴上重新绑好钢丝绳，用吊车吊起，起吊时注意定子与转子之间上、下、左、右的间隙，然后撤掉支架，继续用链条葫芦往外抽转子，当转子重心移至定子之外，再在假轴下垫好支架，将转子假轴落在支架上后，撤出汽轮机侧钢丝绳和励磁机侧链条葫芦，在转子重心处绑好两根等长钢丝绳，用桥式起重机将转子吊起，两根钢丝绳之间距离不应小于 500~700mm，转子与钢丝绳之间应衬上木版或橡皮板，以防钢丝绳滑动。吊起转子，调整定子与转子之间的间隙，并保持转子水平后，假轴端由一人扶住，吊车慢慢地向励磁机侧移动，抽出转子。吊至检修位置的专用托加上。

(2) 小车法（滑车法）。在定子腔内放入弧形钢板，在励磁机侧铺轨道，将转子轴径架在小车上，用链条葫芦慢慢移动转子，当转子重心移出定子腔后，再用吊车将转子吊放在检修位置。其操作程序如下：

1) 首先将滑环电刷用的刷架和励磁机拆除运走，然后拆开汽轮机侧和励磁机侧的端盖和护板，吊离轴承盖和上轴瓦，解开汽轮机侧联轴器，使汽轮机与发电机联轴器之间保持一定的间隙，以便转子升降。如果风扇直径大于定子内径，则应拆除汽轮机侧和励磁机侧的风扇叶片，并做好标志记号和详细记录。

2) 用吊车大钩轻抬励磁机侧转子（或用顶转子的专用工具在励磁机侧轴承内侧将转子顶

起），用吊车小钩取出励磁机侧轴承下瓦和瓦衬。同时将转子向上抬至一定高度，使转子本体和护环不碰定子铁芯和端部绕组为准。然后在定子膛内铺一层塑料垫或青壳纸板后，将弧形护芯钢板穿入定子与转子下方间隙中，钢板弧形应与定子铁芯内圆吻合，其厚度应大于12mm，并在汽轮机侧用铁丝拉住。

3）对准发电机中心铺好铁轨，将励磁机侧外部小车放在轨道上，推至轴径下面并调整高度后将转子落下，使其轴径坐落在小车上面的弧形木垫板上，扣上压盖紧固螺栓并装好吊环，将链条葫芦钩住吊环。

4）用吊车将汽轮机侧转子轴抬起，取出汽轮机侧下瓦，安装内部小车，当转子水平，定、转子间隙均匀时，用链条葫芦慢慢向励磁机侧移动转子，此时吊车跟随移动，并设专人用灯光法注意定、转子之间的间隙，当内部小车进入定子铁芯，吊车的钢丝绳也接近汽轮机侧定子绕组时，松钢丝绳放下转子，使内部小车落在弧形护芯钢板上，此时转子质量由小车承受。然后调整定、转子间隙，用手拉链条葫芦向励磁机侧移出转子，如图7-25所示。

5）撤下吊车钢丝绳，用链条葫芦继续移出转子，此时应设有经验的工作人员扶住联轴器，跟随转子并注意间隙，直至送出转子。当转子重心移出定子后，撤链条葫芦，在转子重心处垫上木板或橡胶板后绑钢丝绳，用吊车将转子平稳抽出并放至指定的位置。

注意：在任何情况下，起重钢丝绳都不准接触或碰擦转子轴径、风扇、护环以及转子引线等；当需要移动钢丝绳时，不得将转子直接放在定子铁芯上，如果必须临时放在定子铁芯上时，应在定子膛内放入适当大小的、与定子内圆相吻合的厚钢板，并在钢板下衬垫1～2mm厚的纸板，再将转子放在钢板上，以免碰伤定子铁芯。发电机转子抽出后，应严加防护，在不进行检查修理时，用篷布盖住定子和转子并加贴封条，以防发生意外。

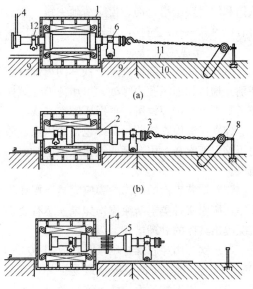

图 7-25　小车法抽出转子示意

1—定子；2—转子；3—吊环；4—钢丝绳；
5 木垫板（或厚橡皮板）；6—外部滑车；
7—手拉链条葫芦；8—桩；9—轴承座
基础；10—励磁机基础；11—铁轨；
12—内部滑车

（二）定子检修

1. 注意事项

（1）禁止穿带钉子的鞋进入定子膛内，进出定子膛不准直接踏在端部绕组上。定子端部绕组应用毡垫或橡胶板盖好，铁芯内径下部也应铺设橡皮垫。

（2）进入定子膛内的工作人员，衣袋里不准有任何金属物品和其他物品。

（3）非工作人员禁止进入定子膛内部，对于领导检查工作或经允许的参观人员进出定子时，要履行登记手续。

（4）设专人看管工具，在定子内工作的所有工具，要全部登记，不得丢失。

（5）在定子内工作，禁止吸烟，遇有特殊工作需要动火时，应预先做好灭火措施。

（6）每日检修完毕应将定子两端用苫布盖好，贴封条，以防意外。

2. 机座与外壳检修

（1）用手锤轻敲机座各处的螺栓，判断机座是否牢固，钢板、加强筋应完整，无开焊和变形，油漆应平滑光泽，机座内外应清洁干净。

（2）定子外壳与定子铁芯应连接牢固，钢板应无变形，夹紧螺栓应紧固，无松动痕迹。

（3）机壳应完好的接地，各起重吊环、吊孔应完整可靠，各温度计座、窥视窗孔应齐全完好，位置正确。

（4）大、小端盖，风挡和轴封各部件应清扫干净，检查各处应无变形、裂纹、开焊等现象，风挡和轴封要圆滑，沟、齿应清晰尖锐，端盖密封毡垫应完整无缺并富有弹性，轴封齿间迷宫的所有风道和风孔应完整，对外无漏风，对内畅通无阻。

3. 定子铁芯检修

（1）首先应仔细检查定子铁芯的齿部或轭部，看有无因铁芯松动而产生的红色粉末状锈斑。特别是槽口和通风孔边缘处，可用薄刀片试探硅钢片的结合处，若有松动可用硬质绝缘材料做成铲子状工具，铲掉锈斑，再用压缩空气吹净，涂上绝缘漆，同时设法消除铁芯松动。

（2）仔细检查铁芯各部，包括通风道、通风沟内均应清扫干净，无灰尘和油垢。用干燥清洁的压缩空气吹灰，用布蘸四氯化碳擦净脏污和油垢。清扫时注意防止四氯化碳中毒，应有良好的通风。

（3）铁芯表面的绝缘漆膜应完整无损和光滑柔润。如果老化或脱落过多，可将残漆彻底清除干净，按原漆种类重新涂漆。如果铁芯有变色，说明有局部过热，必要时应做铁损试验，按实际情况提出具体的处理措施。

（4）铁芯用穿芯螺杆压紧时，应用 $500 \sim 1000V$ 绝缘电阻表测量绝缘电阻，其数值应在 $10 \sim 20M\Omega$ 以上。螺帽下的绝缘垫最易损坏，而且一般无法更换新的，检查时应特别注意，如有损伤，应擦净周围的油垢，涂上绝缘漆。

（5）测量埋在铁芯内的测温元件直流电阻和绝缘电阻，检查有无开路、短路或接地现象。

4. 定子绕组检修

（1）检查定子绕组端部的垫块有无松动，端部固定装置是否牢固。如果垫块、端箍、压板等附件有松动现象时，应垫好垫块，重新扎紧绑带或绳，涂绝缘漆或拧紧压板螺母。

（2）绕组表面绝缘应完整无损，平滑光亮、无胀起、裂纹脱落、变色、焦脆现象。如果漆膜脱落严重，则应重新涂盖一层原质绝缘漆，但要注意漆膜不能过厚，以免影响冷却效果。也不要使用酒精绝缘漆，因其最易破裂和剥离。尤其绕组的接头处，更应注意其有无变色、膨胀以及焦脆现象，接头处的变化一般是由于接头焊接不良发热引起的。如果发现以上现象，应剥开接头绝缘，重新补焊后，再恢复绝缘并涂漆。

（3）端部连接线和引出线以及端部绕组的绝缘部分除不应有以上现象外，对油垢应用蘸少许四氯化碳或航空汽油的布擦净，并查明油垢的来源，予以处理。

（4）用小锤轻敲所有定子槽楔，如有1/3松动（指一个槽内）则应全部更换。对有过热变色的槽楔必须退出更换，同时要查明原因，予以消除。更换槽楔应注意，在退出定子膛内上部的槽楔时，严禁一次性将一个槽的槽楔全部退出，以免绕组下垂，发生意外。应退一半换一半，新打入的槽楔应紧度合适，排列整齐，位置正确。

对于全部更换或重新打紧的槽楔，最后按规程对绕组进行工频耐压试验。

（5）槽部绕组应紧固、平滑完整、没有电晕腐蚀，如果绕组主绝缘严重缺陷，经试验击穿或威胁安全运行，就要进行局部处理或更换备用绕组，对轻微局部损伤现象，为防止扩散，可用补强方法，在损坏处包2～3层原质绝缘带，并涂原质绝缘漆。

（6）绕组在定子铁芯的槽口处最易损坏，所以，大修时应仔细检查绕组在出槽口或铁芯径向通风道处有无严重凸起、磨损和漏胶现象，检查槽口垫块有无松动等情况。

（7）测量埋设在槽内的定子绕组测温元件的直流电阻数值，检查测温元件有无损坏用250V绝缘电阻表测量测温元件对铁芯的绝缘电阻。如发现测温元件接地，应检查引出线并设法消除接地，避免造成铁芯硅钢片间短路。

（三）转子检修

（1）在吹灰清扫之前首先用绝缘电阻表测量转子绝缘电阻，并换算到热状态下应不小于0.5MΩ，用电桥测量转子绕组直流电阻，与前次数值比较相差不应超过2%。

（2）检查转子铁芯各部分，应无过热变色，表面漆膜光亮完整，所有平衡块、平衡螺钉牢靠紧固，无松脱、位移、变形或金属疲劳等现象，且被锁紧。

（3）检查转子槽楔应完整无损，漆膜应光泽，槽楔表面应无裂痕、过热等现象。用小锤轻敲每块槽楔应无空振声音，并应做好记录。

（4）从通风沟、通风道、通风槽和通风孔处检查转子绕组，应无膨胀、变形、破损老化、绝缘飞散等现象。注意端部绕组或护环下绝缘板以及绕组本身绝缘不得堵住护环的通风孔。

（5）转子绕组直线部分应用槽楔和绝缘垫条均匀地压在槽内，绕组端部用绝缘垫块撑紧形成一个坚实的整体。

（6）转子引线及引线连接件应完好，各部分应紧固牢靠，绝缘应无损伤，引线槽压板应稳固可靠并被锁紧。

（7）用干燥的压缩空气进行吹灰清扫，然后重复一次(1)～(6)项的检查工作。

（8）对风扇进行仔细的外观检查，用小锤轻敲风扇，如声音清脆则说明风扇无裂纹并安装牢固，如声音嘶哑则说明叶片松动或有裂纹，应及时查明原因并进行处理。如果转子风扇为轴向分离叶片式，在拆卸过程中，应认真做好标志记号，以便组装时对号入座，避免错位造成不良后果。

（9）护环和中心环应保持清洁光滑，与转子紧密配合，应无位移和机械损伤。在一定的位置用塞尺测量护环与转子本体的轴向间隙，并与前次记录数据或图纸比较，用量块测量中心环弹性沟间隙。用放大镜检查护环边缘、棱角处和中心环弹性沟槽底部应无裂纹，必要时可以做金属探伤试验，严防隐形缺陷存留。

（四）发电机冷却系统与励磁系统检修

1. 发电机冷却系统检修

发电机冷却系统主要检查冷却器各部分有无漏水和渗水现象，用硬毛刷或钢丝刷清洗各冷却水管中的水垢，应边刷边用水冲洗干净，最后由化学分场工作人员进行防腐处理。对水室盖板的密封垫应在大修中更换，以免老化漏水而影响机组运行。冷却器检修完毕恢复原状后，进行水压试验，应无渗漏。

2. 发电机励磁系统检修

（1）中小型发电机转子励磁电流主要由同轴的直流发电机供给，其检修方法参照第九章直流电机检修部分。也有用硅整流盘给发电机转子励磁的。

（2）大中型发电机的励磁系统，一般采用交流主励磁机通过半导体励磁装置给发电机转子励磁。而交流主励磁机靠中频副励磁机或永磁发电机通过半导体励磁装置供给励磁电流。它们的检修方法应参照一般交流发电机和励磁机的方法进行。

（3）晶闸管整流盘检修时，应将晶闸管元件、散热器、熔断器及冷却风机等全部拆下，用压缩空气吹净散热器、风道及其他绝缘部件上的积灰，用干净的布将各部件擦干净，并紧固各部连接螺栓。

测量晶闸管元件的正反向伏安特性，发现个别元件特性劣化，应及时更换新元件。装复硅整流元件时，应将硅整流元件与散热器的接触面涂上硅油，以免腐蚀。

测量各个阻容保护回路的电阻、电容数值，检查各回路接线应良好。清理进风口滤网，检查风机和电动机，用水冷却的还应检修水系统，进行水路冲洗并检查渗漏情况。

（4）用压缩空气对灭磁开关、放电电阻等进行吹灰清扫，检查各部分的连接螺栓应紧固，开关机构动作应灵活，用细锉修整触头，保证接触良好，接触面应在 80％以上。检查引出线和放电电阻应无过热变色现象。

（5）清扫检查磁场变阻器，使其清洁，操动机构灵活，动、静触点光滑无伤痕，要求安装牢固并弹性良好。电阻元件无过热变色氧化等现象。

（6）检修完毕对励磁装置进行耐压试验（1kV，1min），半导体励磁装置在试验前必须将晶闸管元件短路，以免元件被击穿。对无刷励磁装置一般不进行交流耐压试验。

二、氢冷与水冷发电机检修

空气冷却发电机的检修内容也适用于氢冷和水冷发电机，但氢冷和水冷发电机的检修还有它们各自的特点，以下为补充说明：

1. 氢冷发电机检修

（1）氢冷发电机由于氢气在发电机内部有一定的压力，如果渗漏到发电机外部将会降低冷却效果，也易引起爆炸危险，因此，氢冷发电机要求密封良好。在检修时，对于油密封装置固定在端盖上的氢冷发电机，应先拆开端盖上的人孔门，分解油密封装置，然后才能拆卸端盖。如果油密封装置固定在轴承上的，则可以先拆开端盖后再拆开油密封装置。

（2）氢冷发电机一般都采用油密封，由于密封油压高于氢压，往往向发电机内部渗漏，使发电机定子绕组遭到油的侵蚀，长时间会使绕组绝缘膨胀，严重时甚至会堵塞端部通风孔，造成通风不良，所以，在大修时要用蘸航空汽油的布擦净油垢，并认真仔细检查密封装置。

（3）检查定子测温元件引出线端子板处的密封情况。端子板的每个螺钉的紧力应均匀，密封垫如老化或损坏应及时更换。

（4）检查定子引线的密封套管，调整密封弹簧的压力，必要时可将套管放在水中检查有无气泡逸出，也可在定子内充气时用肥皂水检查。

（5）转子应做密封试验（根据出厂标准或检修规程规定的标准）。

（6）检查清扫所有氢冷系统的管道，应畅通无阻，法兰的橡皮垫应更换。

2. 水冷发电机检修

水冷发电机解体时应先拆除转子的进水支座，再拆励磁机等。装复时，应在转子放入定子膛内，找正中心后再安装进水支座。大修时，除了完成前述的空气冷却发电机检修项目外，还需要检查水路零件有无损坏，并要进行水路冲洗和水压试验。

（1）定子的水路冲洗和水压试验。先用 $3 \times 10^5 \sim 4 \times 10^5$ Pa 干净的压缩空气从集水环的出水管处吹入，将定子绕组水路中剩余的水吹净，再通入清洁的凝结水进行冲洗。然后再将压缩空气从集水环的进水口处吹入，吹净剩余的水后，从进水口再通入凝结水进行冲洗。这样反复进行 3～4 次，直到无黄色杂质为止。

冲洗之后进行水压试验，试验标准见表 7-2。

试验时所用的压力表必须校验合格。加压前应将整个水路中的空气排除掉，然后充满水，从集水环最高点处能放出连续水流判断是否满水。加压时，要缓慢的升压，达到所需的压力后，检查各部有无渗漏现象。

表 7-2 水冷发电机的水压试验标准

类　别	标　准	
	试验水压（$\times 10^5$Pa）	时　间（h）
交接试验	7.35	8
更换整台绝缘水管	7.84	8
更换部分绝缘水管	4.9	8
大修、预防性试验	4.9	8

（2）转子水路的冲洗。由于转子水路弯角较多，可以先进行反冲洗，用 $5\times 10^5 \sim 7\times 10^5$Pa 压缩空气从出水箱的出水孔逐个吹入，将剩余的水吹净，然后通入清洁的凝结水冲洗，如此反复 3～4 次直至排出清洁、无黄色杂质为止。有时因有较大的异物进入水路，反冲洗无效后，进行正冲洗或反正重复进行。在冲洗好一半后，将转子旋转 180°，再继续冲洗其余部分。

大修时，转子水路的水压试验最好在汽轮机校验危机保安器时进行，在高转速的情况下，转子绝缘水管承受的是提高了的压力，如果有漏水，则在大小护环的接缝间有雾状水滴沿圆周甩出。

转子漏水的原因一般都是绝缘水管老化破裂，接头松动，焊接处开焊或空心铜管质量问题等，发现漏水应及时处理。

第四节　发电机特殊项目检修

一、定子绕组特殊检修

（一）更换定子线棒

发电机在运行或预防性试验中，如果发生线棒绝缘击穿事故时，为了不延长停机时间，尽快恢复运行设备，一般采取更换备品线棒的方法处理局部故障。

造成发电机线棒绝缘击穿的原因很多。例如，安装时线棒固定不牢，由于振动造成线棒磨损；长期过负荷或铁芯故障造成线棒全部或局部过热；运行中的过电压；短路故障或非同期并列使线棒受到电动力的冲击；水冷机组铜线漏水以及绝缘老化，都可能发生线棒绝缘击穿事故。

1. 更换上层线棒

（1）首先做好人员组织、技术措施、备品备件和工具、材料准备以及安全、保卫等措施，方可进行更换修理工作。

（2）取出故障线棒。首先拆除故障端部的固定零件，打出该槽的槽楔，剥除接头处的外包绝缘，烫开接头，然后抬出故障线棒，测量线棒截面的尺寸并做好记录，进行试验分析。

（3）吹灰清扫。故障线棒取出后，清理其槽内及端部，用压缩空气吹灰清扫，祛除杂物及垫条等的碎屑，同时测量中间垫条的厚度，对已损坏的更换新的。

（4）非故障线棒的检查。非故障线棒应完整无损，与故障线棒的连接头应清理，如果属于银焊的应用氧气和乙炔加热，同时揩清并锉掉毛刺。如果属于锡焊的，搪锡不良的要重新搪锡。对非故障线棒，应按规定进行耐压试验。

（5）备品线棒的检查与搬运。检查备品线棒的尺寸是否符合要求，一般要求备品线棒的宽度比槽宽小 0.3mm 左右。备品线棒的接头部分应当清理干净，如属于锡焊的，应经过搪锡，然后按规定对备品线棒进行耐压试验。

搬运备品线棒时，其直线部分需用托板托住，以防直线部分绝缘损伤。托板的长度应比线棒的直线部分短 100mm 左右。托板形状如槽钢形。

（6）备品线棒入槽。对沥青浸胶连续绝缘的线棒最好用烘箱（房）或者用直流电焊机来预先加热后再入槽，加热温度为80℃左右。

入槽前再检查一次槽内是否清洁，垫好中间垫条，按记录要求，核对线棒汽、励两端的方向，再将线棒从励磁机侧慢慢进入定子达到指定位置，转动到嵌线的方向后，准备入槽。线棒在进入定子膛内和入槽时，工作人员要特别注意不得碰擦线棒以防损伤绝缘。入槽时，先将线棒的一端入槽，再向直线部分加压，使线棒逐渐入槽。

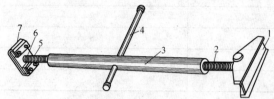

图 7-26　螺杆千斤顶
1—上鞍；2—左螺纹；3—无缝
钢管；4—扳手柄；5—右螺纹；
6—下鞍；7—橡皮板

（7）线棒的压紧。当线棒全部入槽后，检查并调整两端伸出长度符合要求后，再将线棒的直线部分均匀压紧。压线棒可用图7-26所示的螺杆千斤顶。在线棒上面垫上层压板做的长条形垫板（垫板的宽度比槽宽小1mm左右，厚度应使线棒压紧后，垫板仍高出槽口20～30mm，长度近似线棒直线部分），用千斤顶有槽的一端压住垫板，另一端顶住定子铁芯，拧动手柄将线棒压紧。沿线棒的直线部分每隔500～600mm装一副螺杆千斤顶，每副千斤顶的压力应相等。

（8）线棒的固定。线棒压紧后，将绕组端部上、下层垫块垫好，调整端部绕组的间隙，并垫好端线间的垫块，然后扎紧或装好端部压板，拧紧螺母。当线棒冷却后，拆下螺杆千斤顶，检查并清理槽内异物，垫好楔下垫条，打进槽楔。

（9）线棒的焊接。打完槽楔应对嵌入的备用线棒进行一次交流耐压试验，合格后才能进行焊接、包接头绝缘、配垫块、扎紧并涂绝缘漆，最后还应测量直流电阻和绝缘试验。

（10）线棒更换完毕的检查和清理。对发电机的冷、热风道和工作现场进行一次认真仔细的清理和检查。认真清点工具，要确保发电机内部无遗留物，以免发电机投入运行时发生新的故障或事故。

2. 更换下层线棒

（1）拆除与故障线棒有关的所有固定件，做好记录和记号并妥善保管。打出有关部分线棒的槽楔，取出所有压在故障线棒上的全部上层线棒。取出的线棒还要使用，所以，要认真仔细不得损伤线棒，然后剥开接头绝缘，烫开接头，用压缩空气吹扫杂物。

（2）沥青浸胶连续绝缘的线棒在冷状态时绝缘较脆硬，为了避免损伤线棒绝缘，对此类绝缘的线棒应加热到80℃左右后取出，其加热方法可用铁损法或直流加热法。若是烘卷式绝缘或环氧粉云母热弹性胶绝缘的线棒，一般不须要加热。

（3）取出上层线棒时，应从线棒两端慢慢地稍微抬起，如果较紧，可用软质绳索或带子从槽口处上、下层线棒间隙穿过，绑在扛棒上向上抬起。当两端抬起接近端部铁芯通风沟时，可以用图 7-27 所示的抬线棒穿绳索的专用工具内的 $\phi0.5$mm 钢丝作为引线，将绳索从通风沟处穿过上、下层线棒，

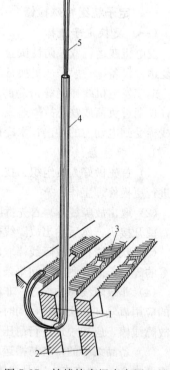

图 7-27　抬线棒穿绳索专用工具
1—上层线棒；2—下层线棒；
3—定子铁芯；4—$\phi5\sim8\times1$mm
紫铜管；5—$\phi0.5$mm 左右的钢丝

绑在扛棒上，慢慢抬起，如此从两端进行，每隔200～300mm穿一道绳索，将线棒抬出。

（4）取出下层故障线棒。当整根上层线棒均匀抬起后，安装取出下层线棒的工具，如图7-28所示，即将绳索按同样的松紧绑在一根和线棒等长的钢管上，利用横担上的螺杆将线棒均匀抬出。横担与拉紧螺杆的数量应按机组大小和线棒在槽内松紧程度来决定，一般两根横担的间距为500～600mm。上层线棒取出后，再取下层故障线棒，然后按更换上层线棒的方法将下层备品线棒和被取出的上层线棒逐一嵌入。

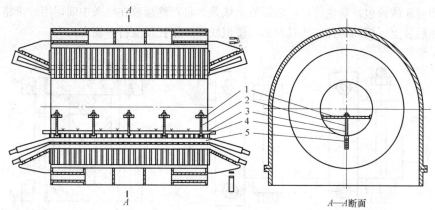

图 7-28　取出线棒的工具

1—横担；2—螺杆；3—尼龙绳或斜纹带；4—钢管；5—需要取出的线棒

（二）故障线棒简易处理方法

1. 线棒重新绝缘

当发电机上层线棒绝缘损坏而击穿时，又没有备品的情况下，而且线棒的铜线没有损坏时，可以将故障线棒重新绝缘。

检修时，先将线棒上的旧绝缘剥去。剥绝缘时应注意不要损坏股间绝缘和导线。旧绝缘剥完后应检查有无股间短路，否则须修复。然后在直线部分连续包上环氧粉云母带，放在加热模上烘压，使环氧树脂聚合。重新绝缘时要特别注意控制线棒的宽度，使其在嵌线允许的公差范围内。线棒烘压好后，将直线部分主绝缘的两端（靠近渐伸线弯角处）削成锥形，并锉光滑便可包端线绝缘，包端线绝缘时，先在锥形处和端线上涂自干环氧清漆，再包环氧粉云母带，层数根据机组的额定电压而定，最外面包一层玻璃丝带，然后外面再涂一层自干环氧清漆，待漆干后，试验合格即可使用。削成锥形的长度可按式（7-2）计算

$$L = 10 + \frac{U_N}{200} \tag{7-2}$$

式中　L——锥形的长度，mm；

　　　U_N——定子额定电压，V。

2. 沥青云母浸胶绝缘线棒的局部处理

局部处理线棒绝缘时，所用的绝缘材料应与线棒的绝缘材料相同。

拆下线棒，剥去击穿的旧绝缘，剥除长度在100mm以上，新旧绝缘搭接处也削成锥形。

在剥削时应注意不得损伤股线绝缘和导线，削成锥形而不应呈阶梯形，以便保证新旧绝缘良好的吻合。

当剥去旧绝缘，削成锥形并清理完毕时，即可在导线上涂一层沥青漆，然后半叠绕包沥青云母带，此时所用的绝缘材料应与线棒原绝缘材料相同。边包边涂漆，这时的漆应比在导线上涂的

漆稀一点。包一层涂一层漆，每层云母带包的方向应该相同。当包到线棒原绝缘尺寸差不多时（稍小一点），再在外面包一层玻璃丝带，并涂沥青漆。

待沥青漆稍干后，裹上电容器纸或聚酯薄膜（作脱膜用），将线棒放在V形加热模上烘压。如果没有V形模，可以做一副简易烘压模具来代替，如图7-29所示。其中，1、3为上、下垫条，其宽度为线棒的宽度加脱模带的厚度；2为侧面垫条，它的高度为线棒包上脱模带的高度加上上、下垫条之和，垫条的长度比新包绝缘段长200mm左右，而垫条的厚度则只需保证其有一定的刚度即可。线棒包好新绝缘后，四面放上垫条，将新绝缘放在垫条中间，用纱带将垫条和线棒扎紧，然后装上压板和螺杆并将其拧紧（整根线棒应用托架支持并固定）。

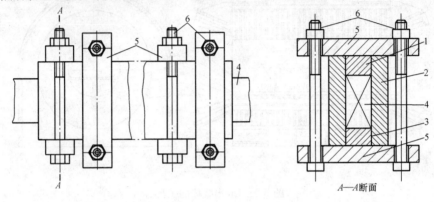

图 7-29 简易烘压模具

1—上垫条；2—侧面垫条；3—下垫条；4—线棒；5—压板；6—螺杆

烘压模装好后便可加热，加热的方法根据现场条件而定，并做好保温措施。当温度达到90～100℃，漆开始流动时，再稍待片刻就可以拧紧螺杆，使垫条上、下、左、右平齐，且垫条两端与原线棒绝缘间没有空隙，然后保温2～3h。保温结束并待线棒与模具冷却后，即可拆开模具和脱模带，经试验合格便可准备嵌放槽中。

3. 烘卷式绝缘线棒的局部处理

烘卷式绝缘线棒的局部处理基本与沥青云母浸胶绝缘线棒的局部处理方法相同，只是包绝缘的方法与烘压时控制的温度不同。

首先削好锥形，在导线上涂虫胶绝缘漆，然后将已裁好的虫胶云母板逐层烘卷上去。云母板上也应涂一层很薄的虫胶漆，可用平板烙铁加热烘卷，云母板的两端与原有绝缘的锥形搭接处应削成斜面，每层云母板接头处也应削成斜面搭接，如图7-30所示。斜面的长度应根据云母板的厚度来决定，如果云母板的厚度为0.5mm时，斜面长10mm左右，第一层云母板的宽度为剥去绝缘的导线长度加上两端斜面长度一少部分，以后每层适当放宽一点，使云母板在每一侧面上都能与铜线或内层云母板及两端斜面紧密接触，云母板的长度可根据线棒截面的尺寸决定，但可以稍长些，待卷上后再剥去多余的部分。各层云母板的接头应错开，不能在同一处。

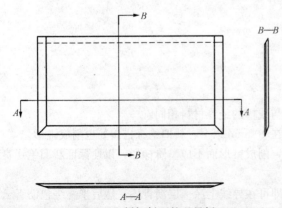

图 7-30 削好斜面的云母板

当烘卷至线棒原绝缘尺寸大致相等时，即可放在 V 形模或简易压模中烘压。烘压温度为 120 ～130℃左右，待虫胶漆吹泡或开始流出时，就可拧紧螺杆至要求的尺寸，保温 2～3h。烘压后的线棒经试验合格即可放入槽内。在嵌放线棒时，应特别注意局部修理处不得弯折或拧曲，以免损伤绝缘。

（三）电晕腐蚀原因及防腐措施

发电机定子线棒表面与定子槽壁之间，由于失去电接触而产生高能电容性放电。这种电容性放电所产生的加速电子，对定子线棒表面产生热和机械的作用同时使空气电离而产生臭氧（O_3）及氮的化合物（NO_2、NO、N_2O_4），这些化合物与气隙内的水分发生化学作用，因而引起线棒的主绝缘出现腐蚀的现象，轻则变色，重则防晕层变酥，主绝缘出现麻坑，这种现象统称为电腐蚀，有外腐蚀和内腐蚀两种。

1. 外腐蚀

外腐蚀是指发生在防晕层与槽壁之间的腐蚀。外腐蚀的蚀损情况较严重，腐蚀速度也较快，腐蚀的程度分为以下三类：

（1）轻微腐蚀。线棒防晕层由原来黑灰色，局部或全部变成深褐色。

（2）较重腐蚀。线棒防晕层呈灰白色，并有不同程度的蚕食现象，局部也变酥，部分主绝缘外露。

（3）严重腐蚀。线棒防晕层大部分或全部变酥，有的甚至完全脱落。主绝缘外露，出现麻坑。此外，槽楔和垫条也都有不同程度的腐蚀，有的呈蜂窝状，甚至只剩残片。

2. 内腐蚀

内腐蚀是指发生在防晕层与主绝缘之间的腐蚀。一般剥去防晕层可以看到，腐蚀程度有以下三类：

（1）轻微腐蚀。线棒防晕层内表面和主绝缘外表面略有小白斑。

（2）较重腐蚀。线棒防晕层内表面和主绝缘外表面呈黄白色。

（3）严重腐蚀。线棒防晕层内表面和主绝缘外表面一片白色，有大量白色粉末。

热固性材料在运行温度下几乎没有膨胀和塑性变形（如环氧粉云母带绝缘），不能填补线棒与槽壁之间的气隙，致使线棒表面与槽壁失去电接触而产生高能电容性放电，使线棒表面产生腐蚀。防止电腐蚀的措施如下：

（1）要保证线棒表面与槽紧密配合，可在线棒嵌入槽中后，在线棒侧面塞半导体垫条，使线棒表面防晕层与槽壁保持良好的接触。

（2）槽内采用半导体垫条，提高防晕性能。

（3）选择适当电阻系数和附着力强的半导体漆，喷于定子槽以及线棒直线部分和端部线圈。

（4）打紧定子槽楔，避免线圈在运行中发生振动。

二、转子特殊检修

（一）护环和中心环拆装

当发电机转子绕组有缺陷或护环、中心环本身有问题等，都要拉出护环和中心环进行检修。就是在正常情况下，每隔几个大修（大约 10 年左右），也应将这些部件拆卸下来进行检查与修理。

各种型号的机组在结构上有所不同，因而拆卸的方法也不一样，但都必须使用专用工具和加热进行拆装护环和中心环。一般机组的护环和中心环是同时拆装，在拆卸时，将护环和中心环一次同时拉出，然后根据需要加热分解护环或中心环。装复时，先将中心环装入护环内再一起热套在转子上。

1. 拆卸前准备工作

（1）检查护环与转子本体以及护环与中心环之间是否有记号，如果没有则应在汽、励两端分别用钢字号码打上记号，防止两端调错位。然后拆除固定护环和中心环用的零件。

（2）用石棉绳塞住转子的花鼓筒处、中心环上的所有孔洞以及护环表面的通风孔，不可塞进太深，避免塞入端子绕组里。不可将石棉绳塞进环键槽内，以防拉护环时卡住护环或中心环。同时在护环与转子本体接合处的间隙里也绕上 2～3 圈直径为 10mm 左右的石棉绳，防止加热时烤坏槽楔和楔下垫条。

2. 拉护环和中心环

（1）装配拉护环的专用工具，并用起重机吊住护环。一般发电机的护环直径比转子本体大，所以可用拉脚式专用工具或抱箍等工具来拉出护环。

1）图 7-31 所示为拉脚式专用工具拉出护环的组装图。拉脚式专用工具包括两根接用长拉杆的拉脚和一只中间有螺纹顶杆的横担。为了便于调整拉杆的长度，拉杆上打有许多孔，拉护环时可将两根拉脚扣住护环的端面，横担的螺纹顶杆顶住转子的轴端，用销钉插入拉杆与横担对应的圆孔里，拉杆的长度可根据轴头的长短来调整，如果一根不够长，可用两根接起来用。

2）图 7-32 所示为抱箍式拉护环专用工具拉出护环的组装图。有些机组护环端部不是直角，而是带有锥度形状，用拉脚式工具无法扣住护环的端部，因此采用图 7-32 所示的抱箍工具。它包括两只用厚钢板弯制的半圆形抱箍，一只用槽钢拼焊的横担和两根作为拉杆的长螺杆等。拉护环时，用抱箍箍紧护环与转子镶嵌的一端，再利用装在护环重心处的抱箍吊住护环。横担放在轴端，横担的中心与轴的中心高度相同，为了保护轴头，可在横担与轴头之间垫上厚度为 10mm 左右的铝板或铜板。在横担两端与抱箍之间配上一定长度的螺杆，扳紧螺母或轴头与横担之间装有千斤顶，如图 7-32 所示组装好。

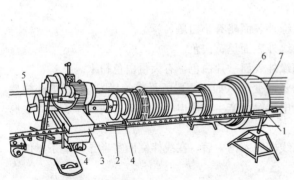

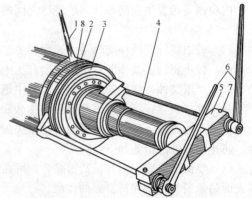

图 7-31　拉脚式拉护环专用工具组装
1—拉脚；2—拉杆；3—横担；4—销钉；
5—顶出护环用的螺杆；6—护环；7—转子本体

图 7-32　抱箍拉护环专用工具组装
1—吊护环的钢丝绳；2—护环；3—中心环；4—拉护环
用的螺杆；5—横担；6—扳手；7—销钉；8—石棉绳

（2）加热。专用工具装好后，将拉杆螺母或螺纹顶杆（或千斤顶）上紧带上劲，即可用氧气与乙炔火焰加热护环。焊枪（有的地区称焊把）的数量根据护环的大小来决定，一般在 4 把以上。加热时火力要猛，而且火嘴要均匀不停地移动位置，不得停留在一处，防止护环局部过热而变形。加热温度一般控制在 250～300℃，可用测温笔或半导体温度计来判断加热温度，当温度已到，迅速扳动拉杆螺母或螺纹顶杆（或千斤顶），发现护环与转子本体的接合处有离开的缝隙时，立即停止加热，并继续拉出护环，同时趁热用专用抱箍将转子端部弧形绝缘板箍紧，防止端部绕组变形，待冷却后再拆下抱箍，测量端部绕组和有关部分的尺寸，并做好记号和记录。

（3）保温。当迅速拉下护环后，将其吊至指定的检修位置，下面垫上木板，将护环端面平放在木板上，立即用石棉布包裹护环，防止在降温时冷却不均匀造成护环变形。当护环冷却后，仔细检查护环和中心环的内部，尤其是嵌装面和弹性心环的 S 形部分，要用着色法或超声波探伤。

当发现护环的嵌装面有细微裂纹或电弧灼伤痕迹时，必须立即找出原因并进行处理。如果弹性心环S形部位有裂纹时，应更换备品。

（4）分解护环与中心环。一般不需要将它们分开，只有在它们本身存在损伤或特殊要求时，才将其分解。

刚性结构的中心环是从护环里侧装入的，只要用吊车吊住中心环，将护环与转子本体嵌装侧的端面平放在木板上，用汽焊枪快速加热护环与中心环嵌装面的外部，移动火焰使护环膨胀后，中心环在吊车的配合下自动落下。如果松下吊钩心环不能自动脱落时，可用紫铜棒轻敲心环即可脱落。

还有一种结构的心环是直接从护环的外侧装入，也可用吊车配合汽焊枪加热的方法吊出心环。装入的方法同样利用吊车的配合，汽焊枪加热进行装复。

3. 装复护环和中心环

当护环、中心环以及转子绕组检修完毕，即可准备装复护环和心环。在装复之前检查转子本体、护环、中心环、花鼓筒处的嵌装面处，应无毛刺、锈斑和漆膜等，用压缩空气吹扫转子端部并将护环、中心环及转子有关嵌装面用干净布擦净。复合转子绕组端部护环绝缘外径尺寸，其尺寸比护环内径大2～3mm左右为正常。

装护环的工具与拆卸时相同，只需将横担装在拉出时的另一轴端即可。装完工具后，吊起护环按照拆卸时的记号进行试套，试套符合要求后，退出加热，温度达到250℃以上移动吊车套护环，同时取下端部临时抱箍，装拉杆（或拉脚），扳紧螺母或螺纹顶杆，使护环套入。应套至原位置，用塞尺测量护环与转子本体之间的轴向间隙来判断是否到位。上、下、左、右四点间隙尺寸相差不得超过0.20mm。当护环冷却到70℃左右即可拆除工具，准备装复另一端的护环。

两端护环装复后，再装复固定护环、中心环的零部件，并用绝缘电阻表测量转子绝缘电阻。

（二）转子绕组检修

1. 转子绕组绝缘电阻过低或接地常见原因

（1）受潮。当发电机长时间停用，尤其在梅雨季节容易使发电机转子绝缘电阻很快降至允许值以下。发现受潮而使绝缘电阻下降，应进行干燥。

（2）集电环（滑环）下堆积碳粉或油垢、引出线绝缘损坏或集电环绝缘损坏时，也会使绝缘电阻下降或接地。

由于集电环与转轴间的绝缘有电刷粉末和油污堆积，使转子绝缘电阻过低或造成接地，应将集电环及绝缘上的油垢用布擦净，再用压缩空气吹扫，要保证集电环与转轴间绝缘表面和缝隙中清洁，然后测量绝缘电阻。如果绝缘电阻回升，应将集电环与转轴间的绝缘上重新涂漆处理。

如果转子引出线是从转轴表面引出的，引出线绝缘损坏时也会引起转子接地。这时应打出引线槽楔，将引线与集电环分开，重新处理引出线绝缘。如果集电环影响操作，则拉出集电环后进行处理绝缘。

（3）转子端部积灰，也会使转子绝缘电阻降低甚至造成接地。由于发电机长期运行，使绕组端部大量积灰，在正常大、小修中，护环内的积灰不易清除。在这种情况下必须拉护环清理积灰。一般当拉掉一端或两端的护环后，绝缘电阻会立即回升，这时应剥去转子端部绝缘板，用干燥的压缩空气将转子端部线圈和转子本体上的各通风沟、槽内的积灰吹净。如果端部绕组的绝缘漆膜已脱落时，应喷绝缘漆处理。测试合格后恢复护环。

（4）槽口绝缘损坏。由于运行中通风和热胀的影响，槽口处保护层老化、断裂、甚至脱落，使槽口处槽套的云母逐渐剥落，断裂、被吹掉，再加上槽口积灰，也会使转子绝缘电阻下降或引起转子接地。要彻底解决这个问题，应该在恢复性大修时更换槽套。当损坏程度不严重的情况下，可做局部修理。

转子绕组绝缘修理时，应首先拉护环，剥去转子绕组端部做好记号和记录的绝缘板，仔细检查转子绕组端部和槽口状况。然后拆去端部和槽口处的垫块，用 $1 \times 10^5 \sim 2 \times 10^5$ Pa 的压缩空气吹净端部及槽口的积灰。如果有的缝隙或转角处的积灰吹不掉时，可用薄竹片刮去或用毛刷刷掉，再用压缩空气吹净。特别注意压缩空气的压力不宜过大，既要做到清除积灰，又不损坏绝缘。待积灰清理完毕后，测量绝缘电阻，其数值稳定且大于 $1M\Omega$，然后开始修补槽口绝缘。

修补绝缘时，先将醇酸漆和云母粉调和的填充泥，塞在槽绝缘损坏处的缝隙内和绕组与本体之间的转角处，转角处填充泥应形成一个圆角，以增加绕组与转子本体间的爬电距离。然后包 $2 \sim 4$ 层 0.10mm 厚、$10 \sim 25$mm 宽的玻璃丝带。第一层和第二层玻璃丝带不应包的过紧，以防将填充泥挤出。也不要包的过长，以免影响散热。新包的玻璃丝带上应涂绝缘漆，所有的槽都同样修理，最后在绕组端部喷一层绝缘漆。

当修补好槽口绝缘并配好垫块后，再测量一次绝缘电阻，确定合格后，按记号包上端部绕组绝缘板，装复护环。

（5）槽绝缘断裂或损坏引起接地。转子的槽绝缘断裂造成转子绝缘电阻降低或引起转子接地。应仔细查明原因，予以消除，避免事故扩大。

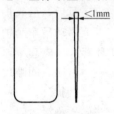

图 7-33 修理槽绝缘用薄钢片

检查时，先拉去两端护环，查出接地槽后，打出槽楔，取出楔下垫条，确定接地点准确位置，在槽口做好记号。同时测量绝缘电阻，观察有无变化。修理时要用薄钢片做一工具，其厚度应比绝缘薄一些，如图 7-33 所示。将钢片从接地点的槽绝缘与槽壁间插入，同时用万用表测量接地情况，逐渐插入钢片，边插边左右摆动一下，如此不断插入，当钢片插到接地点时，万用表的指针将会摆动，再继续插入，直到绝缘电阻回升。然后再将钢片插入 10mm 左右，拔出钢片。如果仅此一点接地，拔出钢片后，接地现象应消失。这时可将预先准备好的天然云母片或层压薄板塞入槽绝缘与槽壁之间的缝隙内，这时用绝缘电阻表测量绝缘，应无接地现象，然后再向新插入的绝缘片周围缝隙注入绝缘漆。

槽绝缘修补好后，在槽内最上面一匝线圈上涂绝缘漆，按原样垫好垫条。打进槽楔。一般先打进 100mm 左右后，用小锤轻敲检查其松紧程度，再次测量绝缘电阻，如符合要求则可以装复护环。

2. 发电机转子绕组接地故障查找方法

发电机转子绕组接地故障，分稳定接地（或称金属性接地）和不稳定接地两种情况。对于不稳定接地故障，可将 220V 交流电压加在转子绕组与转子本体之间，使不稳定接地故障成为明显的稳定接地，这样做对准确查找故障点有利。但必须在送电回路中串联限流电阻，使接地电流不要过大，以免转子绕组过热，同时工作人员要注意安全，防止触电。

查找发电机转子接地的常用方法有以下几种：

（1）电压降法。电压降法可以大致确定故障点的位置，如图 7-34 所示，在两滑环之间施加直流电压 U，然后分别测量两滑环对发电机转子本体之间的电压。设正滑环对转子本体测得电压为 U_1，负滑环对转子本体测得电压为 U_2。设发电机转子绕组的全长为 L，则接地故障点与正滑环间的绕组长度为

$$L_1 = \frac{L \times U_1}{U_1 + U_2}$$

这样可以大致确定接地点是在滑环、引线还是在绕组上，以便确定是否需要拆除护环。

（2）对地电位分布法。用电压降法初步确定故障点的大致位置是在转子绕组上，而不是滑环或转子引出线时，拆除护环以便进一步准确找出接地故障点的方法。

具体方法是：拆除一只滑环，然后在滑环上施加直流电压，电压的大小以能准确的测出转子绕组每一匝的电压降为准则，但电流不能过大（串联限流电阻）。用灵敏度较高的多量程电压表测量每层线匝对转子本体（大、小齿或转轴）的电压值。越靠近接地点的线匝对本体的电压越低，到接地故障点的线匝上测得的电压值将为零或接近于零。接地点的上、下层线匝（或前后线匝）对地（本体）电压的符号相反。这样就能准确地找出故障点的位置。

（3）大电流法。如图 7-35 所示，在发电机转子滑环外侧转子轴上通以 500～1000A 电流，此时转子轴的电位沿转子长度进行分布，如图 7-35 中的曲线 1 所示。而转子绕组和滑环则处于同一电位，也就是接地点的电位，如图 7-35 中的曲线 2 所示。查找接地点的轴向位置，可将检流计一端接于滑环上，而另一端的探针沿转子本体轴向移动，当检流计指针为零或接近于零时，则探针接触处既是故障点的大致位置。

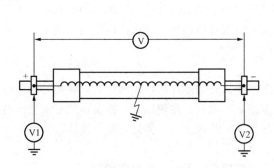

图 7-34　电压降法查找转子绕组接地故障示意　　　图 7-35　大电流法查找转子接地点示意

3. 转子绕组匝间短路

（1）端部个别线匝发生匝间短路的检修。发电机转子绕组端部各线圈间的连接处或极间连接处发生短路时，可以用层压板做的工具将短路点撬开，这时短路消失，剥除旧绝缘换上新绝缘。如果匝间短路发生在最大一只线圈端部时，也可以采用上述工具撬开短路点，当短路消失后，修复绝缘。

（2）端部发生严重匝间短路的检修。发电机转子绕组由于端部倒塌，造成严重的匝间短路时，一般要进行恢复性大修。

如果短路是由于转子绕组端部最上层的线匝产生严重的永久性变形，铜线伸长与外挡的一只线圈相碰，造成严重匝间短路时，且转子的其他部分绝缘尚好，可进行局部修理。修理时，将变形线匝锯断，取下它的端线重新整形后再焊起来。由于接头机械强度较差，故接头应在距槽口 200mm 左右的槽内。

（3）直线部分匝间短路的检修。首先查清短路槽号和槽内的位置。如果发生在槽内靠近槽底部位而且是个别线匝，这种情况可以暂不处理。如果短路点在靠近槽楔的几匝处，可打出槽楔，取出垫条，从端部在短路线匝之间沿槽插进一根适当厚度的层压板通条，通条头部锉成斜面，两边倒出圆角，宽度要比导线窄 2～3mm。将通条插过短路点一段距离，当短路消失时，将通条侧转并抬起一些，再沿通条塞入厚度为 0.5mm 的绝缘垫条，然后抽出通条，在垫条与导线之间涂绝缘漆。做完上述工作后，将导线复平、压紧、打进槽楔，测量绝缘电阻达到要求即可装复护环。

4. 集电环（滑环）绝缘的处理

集电环的绝缘材料一般采用大片天然云母片或环氧酚醛层压玻璃布筒代替。当发电机转子绕组由于集电环绝缘损坏而造成接地时，应检查绝缘损坏程度。如果不严重而且时间紧迫时，可以不拆集电环做局部处理，用布蘸汽油擦净积灰，用小刀或划针等工具将烧损的绝缘和电刷粉末剔除，并用压缩空气吹净，如接地消除则可用环氧树脂将空洞填满，干燥后将集电环绝缘周围全部涂环氧漆。

如果集电环绝缘严重烧损，应拆下集电环进行检修。拆卸集电环时应先剥除引出线头的绝缘，再拆引出线与集电环的连接螺钉。如引出线是用斜楔固定的，则拧出斜楔固定螺钉，打出槽楔。然后加热集电环，待温度达到250℃左右时，用小锤轻敲集电环，如发出哑声则说明集电环已松动，可用紫铜棒或撞木敲下集电环，放在垫有木条的轴径上，不要碰伤轴径面。

检修集电环绝缘时，应将绝缘上的钢皮圈轻轻拔出一半，用棉纱绳或布带将绝缘扎紧，然后取下钢皮圈，切勿使集电环绝缘的云母片散乱。

更换云母片或环氧酚醛层压玻璃布筒时，应准确测量原绝缘尺寸，以免造成尺寸过大使集电环装不上，或造成严重偏心。绝缘装好后装钢皮圈，集电环加热到250℃左右，套上集电环。在套装时要注意集电环与转子引线对应的位置，其位置可用小撬杠插在集电环螺孔内来调整，待集电环冷却后，拧紧转子绕组引出线与集电环的连接螺钉或打进斜楔，并在伸出集电环两侧的绝缘上包扎数层玻璃丝带，最后涂环氧漆并测绝缘电阻。

三、水内冷机组更换绝缘水管

首先拆卸保护绝缘引水管的小护环，取下固定绝缘水管的绝缘垫块，然后剥除接头处的绝缘物，拆下损坏的绝缘水管。按拆下的绝缘水管长度截取新水管，在现场装上接头，装复水管。装复后做总体水压试验，保证不漏水再包好接头绝缘，装复绝缘垫块，最后装复小护环。

更换绝缘水管的注意事项：

(1) 各型号机组的小护环等结构有所不同，拆卸前应查阅图纸，核对实物。

(2) 损坏的水管拆下后，应在绕组的接头和进水箱的接头处做好记号，特别是进出水管都在同一端的机组，以防水管接错造成重大事故。拆下的绝缘垫块也应做好记号，以便原位装复。

(3) 旧水管拆下后对转子绕组进行一次反冲洗和流量试验，此时水管和压缩空气管可以直接接入绕组的接头处。

(4) 换上的水管，其长度应与原来一样，并事先经过水压试验。

(5) 拆装水管时，应用两把扳手，一把卡紧接头，另一把拧动螺母，以免损坏绕组的水接头。

第五节 发电机干燥与试验

一、发电机干燥

1. 发电机干燥基本要求

(1) 干燥前应做好保温和必要的安全措施，必要时可以用热风或电热装置提高周围空气温度。

(2) 干燥时要严格控制发电机各部的温度，不应使其超过以下温度限额：

1) 定子膛内的空气温度，80～90℃（用温度计测量）。

2) 定子绕组表面温度，85℃（用温度计测量）。

3) 定子铁芯温度90℃（在最热点用温度计测量）。

4) 转子绕组平均温度，120～130℃（用电阻法测量）。

(3) 发电机干燥时的预热时间（65～70℃的时间）不得少于12～30h。全部干燥时间一般为

70h 以上。

（4）在干燥时应定时记录绝缘电阻、排出空气的湿度、铁芯温度、绕组温度的数值，并绘制定子温度和绝缘电阻的变化曲线，如图 7-36 所示。从图 7-36 曲线中可以看出，受潮绕组在干燥初期由于潮气蒸发的影响，其绝缘电阻显著下降。随着干燥时间的增加，绝缘电阻便逐渐升高，最后在一定温度下，稳定于一定值。

如果在温度不变的情况下，绝缘电阻及吸收比稳定 3～5h 后，定子的绝缘电阻大于每千伏额定电压 1MΩ，转子的绝缘电阻大于 1MΩ 时，干燥工作可以结束。

2. 发电机干燥方法

发电机干燥方法有定子铁损法、直流电源加热法、热风法、短路电流干燥法、热水干燥法（水冷机组）等。

（1）定子铁损干燥法是现场干燥发电机定子时优先选用的方法，这种方法比较安全，既方便又经济，适用于大型电机抽出转子后的干燥。具体步骤与注意事项如下：

1）用 50mm² 以上截面积的导线将发电机定子绕组接地。

2）在定子铁芯上绕上励磁绕组如图 7-37 所示（选择励磁绕组导线的电流密度不宜过高），通入低压交流电，使定子产生磁通，依靠铁损来干燥。励磁绕组禁止使用铅皮电缆或铠装电缆，而且最好用不易燃烧的绝缘材料架起，使励磁绕组不与铁芯直接接触。

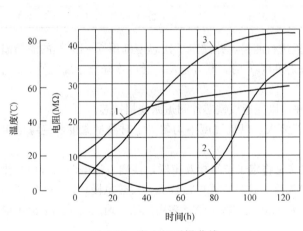

图 7-36　发电机干燥曲线
1—定子温度；2—定子绝缘电阻；3—转子绝缘电阻

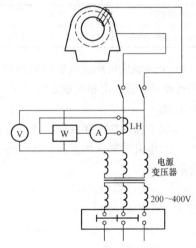

图 7-37　定子铁损干燥法

3）励磁绕组计算方法。首先测量定子铁芯尺寸，然后根据式（7-3）计算定子铁芯的有效截面 S 为

$$S = K(L - nb)\left(\frac{D_0 - D_i}{2} - h\right) \tag{7-3}$$

式中　L——定子铁芯长度，cm；

　　　　n——通风沟数目；

　　　　b——通风沟宽度，cm；

　　　　D_0——定子铁芯外径，cm；

　　　　D_i——定子铁芯内径，cm；

　　　　h——定子槽齿高度，cm；

K——铁芯填充系数，取 $0.9\sim0.95$。

计算励磁绕组匝数 W 为

$$W = \frac{U}{4.44fSB} \times 10^8 = \frac{45U}{SB} \times 10^4$$

式中　f——频率；

　　　U——励磁绕组外施电压，V；

　　　B——定子铁芯磁通密度，T。

一般 $25\,000\text{kW}$ 以上的发电机，W 仅需 $2\sim4$ 匝即可。

计算绕组的电流值 I 为

$$I = \frac{\pi D_{ar}a\omega}{W}$$

$$D_{ar} = D_0 - \frac{D_0 - D_i}{2} - h\,(\text{cm})$$

式中　D_{ar}——定子铁芯平均直径；

　　　$a\omega$——定子铁芯单位长度所需要的安匝数，一般发电机可参考表 7-3。

表 7-3　　　　　　　　　定子铁芯磁通密度 B 与 $a\omega$ 之间的关系

B（T）	5000	6000	7000	8000~10 000
$a\omega$（AW/cm）	0.7~0.85	1.0~1.2	1.3~1.45	1.7~2.1

4）干燥温度可用发电机原有测量装置进行测量，并在定子铁芯中部用 $0\sim100℃$ 的酒精温度计进行校对。若温度超过规定值（定子铁芯 $90℃$）时，断开电源，让温度降低于规定值 $5℃$ 后再合上电源。

5）定子膛内禁止存放金属器具等物件，以免造成铁芯片间短路烧损铁芯。

6）发电机端部应加保温，减少冷空气流入，以免温度不均匀。定时测量温度和绝缘电阻直至合格。

（2）直流电源加热法。直流电源加热法是将定子绕组相互串联，接通直流电源（可用直流电焊机或其他直流电源）用可变电阻来调节温度。这种方式电流较大，发热也慢，发电机定子一般不单独采用此方法，仅作为铁损干燥时的辅助方法。转子干燥多用此法，通入转子的电流不应超过转子的额定电流值。

（3）热风法。用专用的通风机，将空气经过加热器加热到 $70\sim100℃$ 后，吹入发电机内进行加热。此法仅适合干燥小型发电机。

（4）短路电流干燥法。将发电机定子绕组的出口处短路，（或在开关处短路，此时开关要改为非自动），然后使发电机在额定转速下运行，调节励磁电流，使三相短路电流升至额定电流的 $50\%\sim70\%$，维持 $4\sim5\text{h}$ 后，再升至额定电流的 80%，使热空气的温度达到 $65\sim70℃$，直至干燥完毕。有些机组会引起定子端部严重发热，因此必须注意端部的温度。水冷机组不能用此法。

（5）热水干燥法。对水内冷机组是一种最简单易行的干燥方法，干燥时启动发电机的冷却水系统，用 $70℃$ 的热水进行循环。热水可以利用蒸汽通入水箱加热来得到，此时冷却器的循环水应切断，热水的压力约为 1kg/cm^2。

二、发电机修后试验

发电机大修后要对定子绕组、转子绕组进行试验，其主要项目包括定、转子绕组的绝缘电阻和吸收比；定子绕组的直流耐压和泄露电流的测量；定子绕组的工频耐压试验等。

1. 绝缘电阻和吸收比测量方法及注意事项

(1) 测量绝缘电阻通常使用绝缘电阻表，而绝缘电阻表有手摇式、电动式或整流式几种。为了避免手摇绝缘电阻表输出电压不稳而造成绝缘电阻波动的现象，现在大多采用电动式或整流式绝缘电阻表进行测量绝缘和吸收比。测试发电机定子绕组的绝缘电阻时，一般使用 2500V 绝缘电阻表，而测试发电机转子或励磁机绝缘电阻时，使用 500～1000V 的绝缘电阻表。

水内冷发电机通水试验时，在汇水管不直接接地的情况下，应采用专用水内冷发电机绝缘电阻测试仪。在测量绝缘电阻时，必须将汇水管接至测试仪的屏蔽端子上。

(2) 不能带电测量绝缘电阻，测量前应对发电机充分放电，一般放电 2min 以上再进行测试，测试完毕还应充分放电。

(3) 测试前应检查绝缘电阻表是否良好。对绝缘电阻表进行一次开路试验，其表针应指向"∞"，进行一次短路试验，其表针应回"0"。

(4) 测量时绝缘电阻表至额定转速时，再将表笔与被测绕组相接，同时记录时间，保持 1min，进行读数（读数时不得停止转动），读数完毕，应在表笔离开被测设备后，再停止绝缘电阻表的转动，防止被测设备储存的电荷反充电烧毁绝缘电阻表。

(5) 测量吸收比。绝缘电阻表至额定转速时，将表笔与被测绕组相接，同时记录 15s 和 60s 时的绝缘电阻值 R''_{15} 和 R''_{60}，其比值 R''_{60}/R''_{15} 应在 1.3 以上，如低于 1.3 或比上次数值下降较多时，就可判定绕组受潮。利用极化指数 R'_{10}/R'_1（即 10min 绝缘电阻值与 1min 绝缘电阻值之比）在反映定子绝缘受潮程度及判断绝缘是否需要干燥等方面都优于吸收比，因此，推荐大机组测量极化指数。对水内冷发电机在通水的情况下测量极化指数时，需要配备高量程绝缘电阻值的水内冷专用绝缘电阻测试仪。

(6) 我国极化指数规定：$R'_{10}/R'_1 > 2$ 时表示绝缘为良好；美国极化指数规定：$R'_{10}/R'_1 = 3$ 表示绝缘良好；GEC—ALSTHOM 公司极化指数规定：$R'_{10}/R'_1 \geq 4$ 时表示绝缘优良。

(7) 绝缘电阻标准的判断。用 2500V 的绝缘电阻表测量其对地及相间的绝缘电阻值，应不低于式（7-4）所求得的数值

$$R = \frac{U_n}{1000 / \frac{S_n}{100}} \tag{7-4}$$

式中　R——绝缘电阻值，MΩ；

　　　U_n——发电机绕组的额定电压，V；

　　　S_n——发电机额定功率，kVA。

不同温度下定子绕组绝缘电阻的换算公式为

$$R_c = K_t R_t$$

式中　R_c——换算至 75℃时的绝缘电阻值，MΩ；

　　　R_t——试验温度为 t℃时的绝缘电阻值，MΩ；

　　　K_t——绝缘电阻温度换算系数，见表 7-4。

表 7-4　　　　　　　　　　　　　　温度换算系数（K_t）

定子绕组温度（℃）	75	70	60	50	40	30	20	10	5
换算至 75	1.0	0.71	0.35	0.18	0.088	0.044	0.022	0.011	0.007 8
换算至 40	11.4	8.0	4.0	2.0	1.0	0.5	0.25	0.125	0.088

2. 直流耐压试验与泄漏电流的测量

直流耐压试验是将发电机绕组加上较高的直流电压，同时在升压过程中用一只微安表测量通过绝缘的泄漏电流，这不仅可以通过电压和电流的对应关系中判断绝缘状况，还有助于及时发现绝缘的缺陷和进一步检验绝缘的性能是否良好。尤其更易于检查出端部绕组的绝缘缺陷。直流耐压试验接线如图7-38所示，送上交流电源，用调压器逐步升压，高压试验变压器的输出电压经过高压硅堆整流后，变成直流电压加在被试绕组上。为防止损坏硅堆，加在硅堆上电压的有效值不应超过硅堆的最大允许反峰电压值的0.35倍，实际输出的直流电压不应超过硅堆额定反峰电压值的一半。为防止被试绕组击穿或闪络时，烧毁硅堆和微安表，在硅堆出口处串接保护电阻，其电阻值按每伏试验电压10Ω选取。

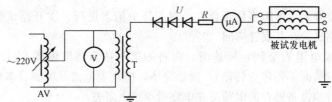

图7-38 直流耐压试验接线

测量泄露电流的微安表一般装在高压端，这样做读数准确，但必须做好对地绝缘与屏蔽，加强安全措施，操作时要特别注意人身安全。如果将微安表装在接地端，就需要采取防止产生误差的措施。

3. 工频耐压试验

工频耐压试验的电压与发电机工作电压的波形、频率一致，作用于绝缘内部的电压分布以及击穿特性与发电机运行状态相同，对发电机主绝缘的考验更接近运行的实际情况，它能发现直流耐压试验所不能发现的绝缘缺陷，因此，两种试验都应进行，互为补充。

工频耐压试验原理接线如图7-39所示。AV是调压器，S是试验控制开关，T是高压试验变压器，TV是电压互感器（这里指仪表变压器），F是球间隙（过电压保护，球间隙的放电电压整定为试验电压的110%～115%），G是发电机定子绕组，R_1是限流保护电阻，用来限制发电机定子线棒被击穿时的电流，而不使故障扩大，其电阻值按每伏试验电压0.05～0.2Ω选取，一般采用水电阻；R_2是用来限制球间隙的放电电流，防止损坏球间隙，其数值按每伏试验电压1Ω选取，一般也选取水电阻，PA是毫安表。

图7-39中的被试品属于电容性负载，高压试验变压器在容性负载下，会使高压侧电压升高，

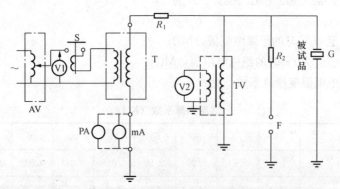

图7-39 工频耐压试验原理接线

而且，当发电机的容抗与试验变压器的漏感抗发生串联谐振时，则电压升高的现象更为显著，最高可达计算电压的 3～4 倍，这个电压对发电机绝缘是很危险的，所以在工频耐压试验时除选择适当的试验设备外，还要用仪表变压器测量试验电压，并采取一定的保护措施。

工频耐压试验标准如下：

（1）交接时的试验电压标准见表 7-5。

表 7-5　　　　　　　　　　　　　　发电机定子绕组交接时耐压试验标准

容量（kVA）	额定电压（V）	试验电压（V）
3～1000	36 以上	$0.75（2U_N+1000）$，但不得少于 1500
1000 及以上	3300 及以下	$0.75（2U_N+1000）$
	3300～6600	$0.75×2.5U_N$
	6600 以上	$0.75（U_N+3000）$

对于运行过的发电机，则不分容量大小，其交接试验电压均为 $1.5U_N$，但不得低于 1500V。

（2）大修不更换绕组时的试验电压标准一般为 $1.5U_N$。

本 章 小 结

本章主要讲述了汽轮发电机的结构、原理和常见故障原因及处理方法。重点叙述了发电机的标准项目和特殊项目的检修内容、方法及质量要求。标准项目即一般的检修项目。而特殊项目主要包括更换定子线棒、故障线棒的简单处理、防止电晕的措施、护环和中心环的拆装、转子绕组绝缘低的处理、转子绕组接地和匝间短路的查找、集电环绝缘的处理、水内冷机组更换绝缘水管等。

第八章 异步电动机检修

一、三相异步电动机结构

三相异步电动机主要由定子、转子两大基本部分和空气间隙组成。按其转子结构又分笼式和绕线式两种。三相笼型异步电动机结构如图 8-1 所示。

1. 定子

定子是由定子铁芯、机座、定子绕组以及端盖、接线盒和风扇罩壳等组成。定子铁芯是异步电动机磁路的主要部分，一般由 0.35mm 厚的硅钢片叠压而成，用压圈和扣片固定，各片之间互相绝缘，以减少涡流损耗。定子铁芯沿内圆均匀的开了许多嵌线槽。

机座是用来支撑定子铁芯和固定端盖的，同时起通风散热作用。中小型电动机一般用铸铁铸成，为了增加散热面积，机座上设有散热片。大型电动机多采用钢板焊成。

三相绕组由带有绝缘的电磁线绕成线圈，按一定的规律嵌放在定子槽内。绕组的六个出线头，分别固定在机座外壳的接线盒里，线头旁标有各相的始末符号（首、尾端符号）。三相绕组根据铭牌要求可以接成星形或三角形，如图 8-2 所示。

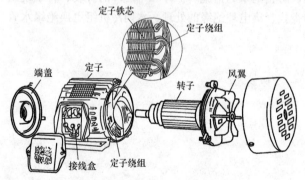

图 8-1 三相笼型异步电动机结构

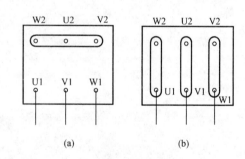

图 8-2 定子绕组在接线盒内的接线
(a) 星形接法；(b) 三角形接法

为了保证转子在定子膛内自由转动，定、转子之间必须有一空气间隙。此间隙的大小直接影响到电动机的性能，异步电动机的空气间隙一般为 0.2~2mm。

端盖起防护和支持轴承作用，风扇罩起防护和导风作用。绕线式异步电机定子还有刷架和提刷装置如图 8-3 所示。

2. 转子

转子由转轴、转子铁芯、转子绕组和风扇组成，中小型电动机轴承也安装在转子轴上。转轴由高碳钢制成，用来支撑转子铁芯、风扇或绕线式电动机的滑环以及短路装置等。转子铁芯也是硅钢片叠压而成的，在铁芯外圆上均匀开有许多槽，槽内嵌放转子绕组。转子绕组有笼式和绕线式两种。绕线式转子还有集电环（滑环）。

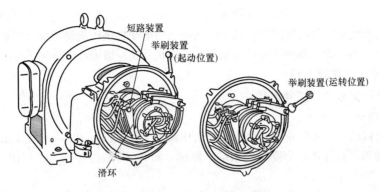

图 8-3　绕线式异步电机提刷装置

（1）笼式转子。其绕组是嵌放在转子铁芯槽内的裸导条和两端的环形端环连接而成。转子绕组的材料有铜和铝两种，铜条笼式转子是在转子槽内插入裸铜条，在铁芯端部用短路环将铜条焊起来（如鼠笼状），其结构如图 8-4（a）所示。铸铝转子是槽内导体和两端短路环连同风扇叶片一起用熔化了的铝液离心浇铸成一个整体，如图 8-4（b）所示。

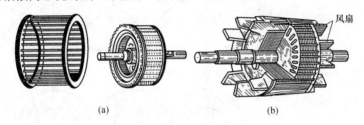

(a)　　　　　　　　　　　　　　　　　(b)

图 8-4　笼式转子结构

(a) 铜条绕组笼式转子；(b) 铸率笼式转子

为了改善电动机的启动特性，小型电动机转子采用斜槽结构，而大型电动机采用深槽式或双笼式转子。深槽式转子是利用交流集肤效应原理限制启动电流，而双笼式转子是利用不同材料的电阻来限制启动电流的。

（2）绕线式转子。绕线式转子绕组与定子绕组相似，其绕组的相数、磁极对数都与定子绕组相同。三相绕组一般接成星形，也有接成三角形的。三根引出线分别接在转轴上的三个集电环（滑环）上，转子绕组通过集电环和一组支持在端盖上的电刷与外接变阻器相连接，以改善电动机的启动特性或调节电动机的速度。绕线式转子结构如图 8-5 所示。

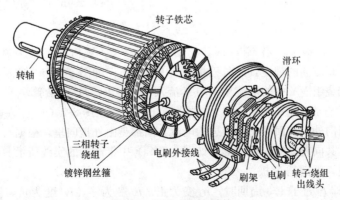

图 8-5　绕线式转子结构

无论何种形式转子，都要用轴承支撑才能旋转。轴承主要分为两大类，即滑动轴承和滚动轴承。微型电动机和大型电动机常用滑动轴承，而中小型电动机多用滚动轴承。滚动轴承又分滚珠和滚柱轴承。大中型电动机轴伸端用滚柱轴承，电动机后端一般采用滚珠轴承。

二、工作原理与铭牌介绍

（一）三相异步电动机工作原理

1. 旋转磁场的产生

在交流电动机的铁芯上分布有三个相同的集中绕组 UX、VY、WZ，它们彼此之间沿定子内圆相差 120°空间角，并且将三个绕组的末端（尾端）x、y、z 短接起来，使三相绕组接成星形，如图 8-6 所示。

将相序 U—V—W—U 的三相对称电流分别送入这三相绕组中，并规定从绕组的首端（U、V、W）到末端（x、y、z）的电流方向作为正方向，如果取 U 相电流为参考正弦量，它们随时间变化的曲线如图 8-7 所示。

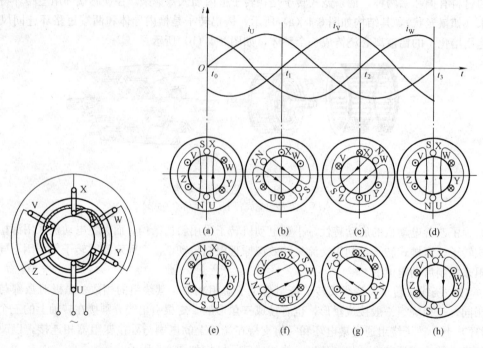

图 8-6　三相异步电动机定子　　　　　图 8-7　旋转磁场的产生原理
　　　绕组接线示意

在图 8-7 的电流曲线中，当 $t=t_0$ 时，U 相电流 $i_U=0$，V 相电流 i_V 为负，W 相电流 i_W 为正。根据前述电流正方向的规定，此时三相绕组中电流方向如图 8-7（a）所示，即 U 相绕组 UX 中没有电流；V 相绕组 VY 中的电流从末端 Y 流入（用 $\oplus$ 表示），而从首端 V 流出（用 $\odot$ 表示）；W 相绕组 WZ 中的电流从首端 W 流入，末端 Z 流出。显然在图 8-7（a）中左面两个绕组边的电流方向都是由里指向外，右面两个绕组边的电流方向都是由外指向里，根据右手螺旋定则，可画出三相电流在这是共同建立的磁场图形，如图 8-7（a）中带箭头的实线所示。从图中可见，定子铁芯的上面是 S 极，下面是 N 极。

当 $t=t_1$ 时，即 t_1 过了 1/3 周期时，i_U 变为正，i_V 变为零，i_W 变为负，按照前面方法进行分析，可得图 8-7（b）所示的磁场图形。这时磁场的 N 极和 S 极从图 8-7（a）的位置顺时针转到图 8-7（b）的位置，当电流随时间变化经过了 120°电角度时，合成磁场在空间也转过了 120°。

同理，当 $t=t_2$、$t=t_3$ 时，可分别得到图 8-7（c）、（d）的磁场图形。在这两个时刻，N 极和 S 极的位置从图 8-7（b）的位置也先后顺时针方向在空间转过了 120°和 240°，到达了图 8-7（c）、（d）的位置。

以上分析说明在对称的三相绕组中流过对称的三相电流时，产生的合成磁场是在空间不断的旋转，这个磁场称作旋转磁场。它具有以下两个基本特性：

（1）三相绕组空间位置已定之后，旋转磁场的转向由绕组中电流的相序决定。当相序改变时，旋转磁场的转向也改变，如图 8-7 中（e）～（h）所示。

（2）旋转磁场的转速

$$n=60f/p$$

式中　f——电网频率，Hz；

　　　　p——旋转磁场的极对数。

2. 旋转磁场对转子绕组的作用

在三相异步电动机的定子绕组中，通入三相交流电后产生旋转磁场，转子绕组与旋转磁场做相对运动，切割磁力线，在转子绕组中感应出电流（用右手定则判断感应电流方向），如图 8-8（c）所示。

转子电流与旋转磁场相互作用产生转矩（用左手定则判断作用力方向），如图 8-8（b）所示。产生转矩，使电动机转子沿旋转磁场方向转动，如图 8-8（a）所示。

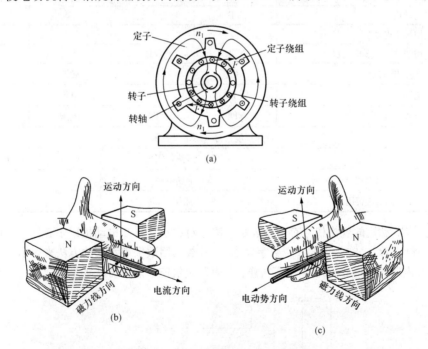

图 8-8　三相异步电动机工作原理图
(a) 工作原理示意图；(b) 左手定则；(c) 右手定则

（二）异步电动机铭牌介绍

电动机的机座上有一块铭牌，它给用户和检修人员提供了简要的使用数据。检修人员必须正确地理解铭牌上的含义。

铭牌上标有电动机的型号、额定容量、额定电压、额定电流、接法、温升（绝缘等级）、转速、防护型式等。

1. 型号

异步电动机的型号由产品代号、规格代号和特殊环境代号三个部分组成。产品代号是由类型代号、电动机特点代号和设计序号三个小节顺序组成。如 YR2 表示第二次设计的绕线式异步电动机。其中 Y 是异步电动机类型代号，R 是电动机特点代号，2 是设计序号。

（1）常用异步电动机产品代号和特殊环境代号见表 8-1。

表 8-1　　　　　　　　常用异步电动机的产品代号和特殊环境代号

产品名称	新产品代号	特点代号	汉字意义	老产品代号
笼型异步电动机	Y			J、JO、JS
绕线式异步电动机	YR	R	绕	JR、JRZ
高速异步电动机	YK	K	快	JK
绕线式高速异步电动机	YRK	RK	绕快	JRK
高启动转矩异步电动机	YQ	Q	启	JQ
高转差率（滑差）异步电动机	YH	H	滑	JH、JHQ
多速异步电动机	YD	D	多	JD、JDO
立式笼型异步电动机	YL	L	立	JL
立式绕线式异步电动机	YRL	RL	绕立	—
隔爆异步电动机	YB	B	爆	JB
起重冶金用异步电动机	YZ	Z	重	ZR
起重冶金用绕线式异步电动机	YZR	ZR	重绕	JZR
电磁调速异步电动机	YCT	CT	磁调	JCT
电梯异步电动机	YTD	TD	电梯	JTD
电动阀门异步电动机	YDF	DF	电阀	—

特殊环境代号（用字母表示）		
G—高原用	TH—湿热带用	W—户外用
T—热带用	TA—干热带用	
F—化工防腐用	H 船用	

（2）异步电动机的规格代号有两种表示方法。对中小型异步电动机以中心标高（mm）、机座长度（用字母表示）、铁芯长度（用数字表示）、极数（用数字表示）的方法来表示。

字母 L 表示长机座；M 表示中等机座；S 表示短机座。表示方法如下：

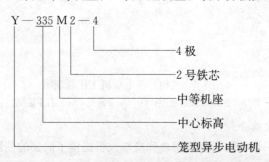

大型异步电动机则以功率、极数、定子铁芯外径来表示，如：

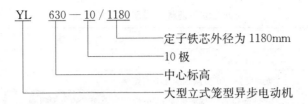

YL   630 — 10 / 1180

- 定子铁芯外径为1180mm
- 10 极
- 中心标高
- 大型立式笼型异步电动机

无特殊环境要求的不标注。

2. 额定值

(1) 额定电压。额定电压是指在正常工作状态下，电动机定子绕组所能承受的电压。

(2) 额定频率。额定频率是指电动机所接受交流电源的频率，我国电网的频率是50Hz。

(3) 额定功率。额定功率是指在额定运行状态下电机轴输出的机械功率。

(4) 额定电流。额定电流是指电动机在额定电压，额定频率的电源下，输出额定功率时，定子绕组允许长期通过的线电流。

(5) 额定转速。额定转速是指电动机在额定电压、额定频率和额定输出功率时的转速。

3. 接法

电动机在额定电压下，定子三相绕组应采取的连接方法。当电动机铭牌上标出额定电压380V/220V，表明电动机每相绕组的额定电压为220V。此时若电源电压为380V时，电动机绕组应接成星形，额定电压为220V时，绕组应接成三角形。当铭牌上标出额定电压380V，表明电机每相绕组的额定电压为380V，此时接法应是三角形。

4. 温升

电动机运行时温度高出环境温度的数值。允许温升决定于电机绕组绝缘材料的耐热性（即绕组绝缘能长期使用的极限温度）。有的铭牌只标注绝缘等级，电机绝缘等级与允许温升的关系见表8-2。

表8-2   电机绝缘等级与允许温升的关系（℃）

绝缘等级	A	E	B	F	H	C
绝缘材料的允许温度	105	120	130	155	180	180以上
电机的允许温升	60	75	80	100	125	125

5. 定额

定额指电机允许持续使用的时间，分为连续定额、短时定额和断续定额三种。

6. 转子开路电压和额定电压

转子开路电压和额定电压是绕线式异步电动机用做配用启动电阻的依据。

7. 防护类型表示法

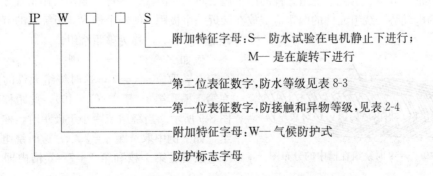

IP   W   □   □   S

- 附加特征字母:S— 防水试验在电机静止下进行; M— 是在旋转下进行
- 第二位表征数字,防水等级见表8-3
- 第一位表征数字,防接触和异物等级,见表2-4
- 附加特征字母:W— 气候防护式
- 防护标志字母

表 8-3 第二位表征数字表示的防护等级

IP 第二位表征数字	简 述
0	无专门防护
1	防滴设备，垂直滴水应无有害影响
2	15°防滴设备，与垂线成15°以内任何角度，滴水无影响
3	防淋水设备，与垂线成60°以内角度，淋水无有害影响
4	防溅水设备，任何方向的溅水应无有害影响
5	防喷水设备，从任何方向喷水应无有害影响
6	防海浪设备
7	防浸水设备，在规定的水压和时间内浸水应无影响
8	指潜水电机，连续浸在水中

表 8-4 第一位表征数字表示的防护等级

IP 第一位表征数字	简 述
0	无专门防护
1	能防止大面积的人体（如手）偶然或意外地接触带电体或转动部分；能防止大于50mm的固体进入
2	能防止手接近带电体或转动部分；能防止大于12mm的固体进入
3	能防止大于2.5mm的固体进入
4	能防止大于1mm的固体进入
5	防尘型

三、三相异步电动机绕组

异步电动机的定子绕组是由许多个线圈连接而成的，所有的线圈逐个放在定子铁芯槽里，然后按一定的规律将其连接起来，组成定子绕组。

三相异步电动机定子绕组分单层和双层两大类。单层绕组又分同心式、链式和交叉式绕组；双层绕组又分双层叠绕和双层波绕组。一般小型电机采用单层绕组，而大中型电机均采用双层绕组。

1. 绕组的基本知识

（1）极距。极距是定子绕组磁极之间的距离。以字母 τ 表示，用槽数计算。当定子槽数为 Z，磁极对数为 P，则极距为

$$\tau = \frac{Z}{2p}$$

（2）节距。节距表示一个绕组元件的两个边之间的距离。以字母 y 表示，用槽计算。为了感应尽量大的电动势，绕组元件的两边应嵌放在接近一个极距 τ 的两个槽内。当绕组的节距等于极距时（$y = \tau$），称为整距绕组。

例如 $Z = 36$，$p = 2$，则 $\tau = Z/2p = 36/4 = 9$（槽），若取 $y = \tau = 9$，这时绕组元件的两边放置在第1槽和第10槽中（1～10），此距称跨距，如图8-9所示。当绕组节距小于极距时，称为短距绕组，如上例中取节距 $y = 7 < \tau$，这时绕组元件的两个边放置在第1槽和第 $1+7=8$ 槽内即（1～8）。

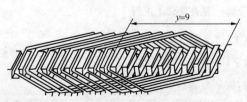

图 8-9 $y=9$ 时绕组在槽中的分布图

双层绕组一般采用短距 $y=$（ $0.7\sim0.9$ ）τ，以同时减少 5 次和 7 次谐波的影响，既改善了电动机的性能，又节省了材料。

（3）电角度。定子或转子的圆周空间角（也称机械角度）等于 360°。旋转磁场在空气隙内按正弦分布，一对磁极对应一个周波，它的电角度 ωt（即电磁关系的角度）等于 360°。两对磁极的电动机对应两个周波，在定子圆周空间内，电角度变化则为 720° 由此可见，空间角与电角之间的关系为

电角度＝空间角×磁极对数

（4）三相绕组的构成原则。

1）每组绕组元件数相同，每相绕组所占槽数应相等，在导体数一定时，选择适当的节距，使三相绕组产生的旋转磁势能有较大的、幅值不变的基波旋转磁势和尽量小的谐波磁势（即磁势波形力求接近正弦分布）。

2）三相绕组必须是对称，即三相绕组结构完全相同，相与相之间在空间上互相间隔 120° 电角度。

3）为了提高绕组的利用系数和分布系数，三相绕组通常在槽内按 60° 相带分布，即每相在每极内占据 60° 电角度的位置。三相绕组在定子槽内分配的次序是 U→Z→V→X→W→Y…，依次类推。

例如，3 相 36 槽 4 极电动机定子绕组，$\tau=Z/2p=36/4=9$（槽），相应的电角度为 180°，U—V，V—W，W—U 相间间隔各 120°，每个极下的 U 相、V 相、W 相各占 60° 相带，如图 8-10 所示。

（5）单层绕组和双层绕组。单层绕组是指每个槽内只嵌一个绕组元件的有效边，整个绕组元件数等于槽数的一半。双层绕组是将每个槽用层间绝缘分成上、下两层，各嵌放一个绕组元件的有效边，整个绕组元件数等于槽数。

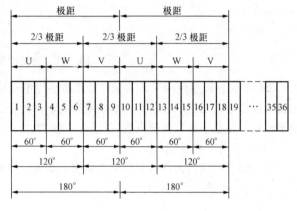

图 8-10　3 相 36 槽 4 极电动机定子槽展开图

（6）极相组。如果定子槽数为 Z，极数为 $2p$ 和相数为 m 时，则每极每相所占的槽数 $q=Z/2pm$。将属于同一相（即一个相带）中的 q 只绕组元件按一定的方式串联成一组叫做极相组（俗称为"联"）。极相组是绕组在绕制和嵌放的基本单元，如图 8-11 所示。

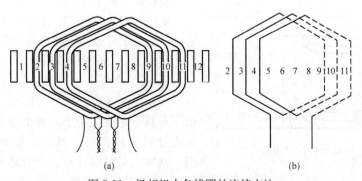

(a)　　　　　　　　　　(b)

图 8-11　极相组中各线圈的连接方法

（7）绕组端部的连接。每相绕组由数个极相组在端部将其连接成一个整体所组成，可以将其串联为一路，或者将其并联成多路。三相绕组只引出 6 个首、末端（延边三角形电动机有 9 个出线端头）。

1）串联。串联分"正串"接法和"反串"接法两种。当两个极相组之间间隔着一个极距时，属于同性磁极，极相组内的电流方向相同，故采用"正串"接法，即前一极相组的尾接后一极相组的头（尾 → 头或头 → 尾相接的原则）。若两个极相组相邻，属于异性磁极，极相组内电流方向应相反，故采用"反串"接法，即前一极相组的尾接后一极相组的尾（尾→尾或头→头相接的原则），如图 8-12 所示。

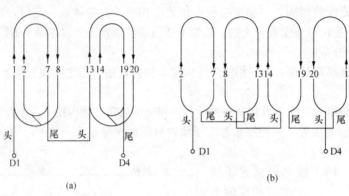

图 8-12　绕组端部连接

2）并联。极相组间并联的条件是绕组感应电动势的大小和相位相等；各条并联支路内的极相组数应相等。绕组的并联支路数用字母 a 表示。在整数槽绕组中，绕组的最大可能并联支路数等于极数。并联支路数与磁极数应保持一定的关系，即磁极数能被并联支路数整除。

2. 单层同心式绕组

极相组内的绕组元件的节距不等，同心地嵌放在槽内。多用于每极每相槽数为偶数的 2 极或 4 极电机中。如图 8-13 所示。

3. 单层链式绕组

它是由等节距绕组元件组成，绕线模是一种尺寸，适用于 4 极、6 极和 8 极的电动机。如图 8-14 所示。

4. 单层交叉式绕组

极相组由两个等节距和一个短节距的绕组元件反串而成，因为采用了适当的短距后，端部用铜节省，广泛用于每极每相槽数为奇数的 2 极、4 极和 6 极的电动机，如图 8-15 所示。

5. 双层叠绕组

极相组各绕组元件、节距相等，彼此相错一槽，并且一个叠压一个，每个绕组元件的两个有效边分别嵌放在一个槽的上层和另一个槽的下层。其优点是可以任意选用合适的短节距，一般

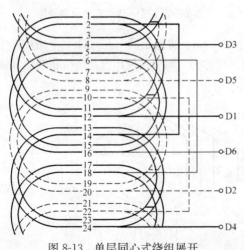

图 8-13　单层同心式绕组展开

采用节距 $y = (0.7 \sim 0.9)\tau$，较大容量的电动机多采用双层叠绕组，如图 8-16 所示。

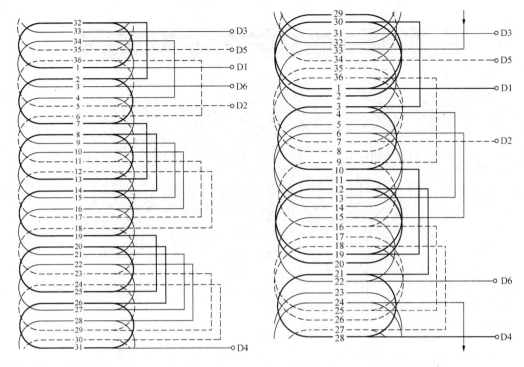

图 8-14 单层链式绕组展开图   图 8-15 单层交叉式绕组展开图

6. 双层波绕组

波绕组接法与叠绕组不同，相连的线圈就其外形似波浪，所以称为波绕组，在波绕组中，绕组的合成节距为第一节距和第二节距之和。每绕完一周需要人为地后退（或前移）一槽，为了节省铜线，通常采取后退一槽。波绕组与叠绕组的相带分布是一样的，只要它们每槽导体数相等，节距相等，当通以三相交流电时，它们产生的磁势大小及波形都一样。它们的差别仅在端部连接形状和线圈之间的连接顺序有所不同。

为了便于与叠绕组进行比较，还以 3 相 4 极 36 槽电动机为例，说明波绕组的连接。其一相绕组的展开图，如图 8-17 所示。

与叠绕组一样，波绕组的 U 相绕组仍由四组线圈组成；线圈 1、2、3 与线圈 19、20、21 分别组成两个相带 U；线圈 10、11、12 与线圈 28、29、30 又分别组成另两个相带负 U。U 相绕组由槽 3 上层边开始，以线圈节距 $y_1=9$ 与槽 12 的下层边相连。该下层边又以第二节距 $y_2=9$ 与槽 21 的上层边相连。

从图 8-17 中可知，波绕组线圈的连接顺序（以 U 相为例）是：由线圈 3→21→2→20→1→线圈 19，这是一组；另一组由线圈 12→30→11→29→10→线圈 28；线圈在按上述顺序连接时，某些第二节距，如槽 30 下层边与槽 2 上层边，槽 29 下层边与槽 1 上层边，都要比正常第二节距 y_2 少一个槽（即后退了一个槽），即 y_2-8。

任一相的两组线圈可以用组间连线串联成一路或并联成两路，如图 8-18 所示。由于相带 U 的线圈组和相带负 U 的线圈组电流方向应该相反，因此，在连线时两组线圈必须反向连接。

绕线式异步电动机转子绕组常采用双层波绕组，例如 JR 系列。因为异步电动机转子绕组通常不与电网相连，其电压不受标准电压的限制，因而可采用条形波绕组。这样制造简单，槽内面积利用情况好，又可省去线圈极间连线，对转子机械平衡有好处。

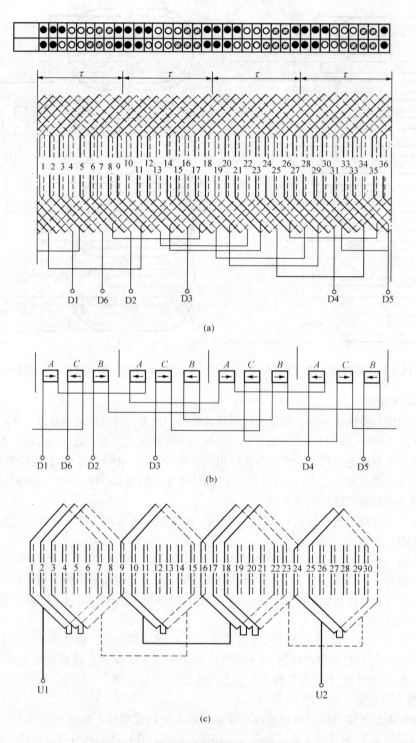

图 8-16 双层叠绕组展开图

（a）整数槽 3 相 4 极 36 槽双层叠绕组展开图；（b）整数槽 3 相 4 极 36 槽双层叠绕组极相组连接图；

（c）分数槽 3 相 4 极 30 槽双层叠绕组一相展开图

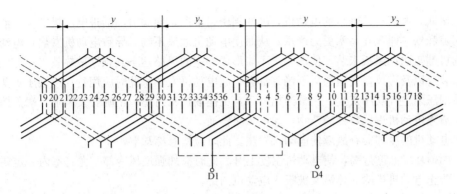

图 8-17 双层波绕组的一相展开图

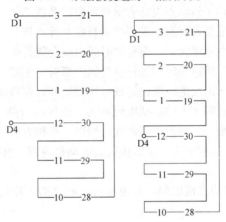

图 8-18 双层绕组并联支路

第二节 异步电动机常见故障原因及处理方法

异步电动机的常见故障主要包括电动机发热、振动、绝缘不良、轴承以及电动机转子故障等几种。

一、电动机发热原因及处理方法

电动机在运行过程中,当外壳的温度达到 80℃ 以上时(由经验可知,这时电动机绕组的温度可能已达到了 100℃ 以上)就认为该电动机处于发热状态。其发热的原因有以下几个方面:

(1)被驱动的机械部分故障,如机械卡住或不灵活使电动机过负荷发热。另外,所带的负荷过大,造成"小马拉大车现象"也会引起电动机过负荷而发热。电动机的温度每升高 8℃ 其绝缘的寿命将缩短一半,如不及时处理将缩短电动机的使用寿命,甚至很快烧毁电动机绕组。此时应立即停机,将联轴器分开,重新启动电动机来判断是否是机械部分的故障。

(2)电源电压过高。电动机在额定电压±7%的范围内可以正常运行,当电压超过额定电压+7%时,电动机铁芯的磁通密度急剧增高,铁损增加而使电动机发热;当电压低于额定电压的7%时,在电动机负载不变的情况下,将引起定子和转子电流增加,因而电动机绕组铜损增加,使电动机定子和转子绕组同时发热。此时应尽快查明电压变化的原因,或减少电动机的负荷来运行。

(3)通风系统故障。由于环境污染,运行中的电动机将灰尘吸入内部,使线圈的间隙和铁芯的通风孔堵塞，尤其滑动轴承的电动机，因油挡密封不严，使润滑油漏进电动机内部，油灰混合使线圈间隙和铁芯通风孔堵塞更为严重。从而使电动机通风不畅，导致电动机发热；电动机风扇罩或电动机端盖内挡风板未装，使电动机不能形成一定的风路达不到预期散热效果；忘记安装风扇或风扇装反以及进风口受阻通风不畅等都会引起电动机发热。此时应用竹片或层压板薄片扣出油泥，并用压缩空气吹净灰尘。调整油挡间隙，更换油挡密封垫；正确安装风扇、端盖挡风板和风扇罩；清除电动机进风口处的杂物，保证风路畅通。

（4）电动机的冷却器有故障使电动机发热。此时应检修冷却器。

（5）周围环境温度过高，使电动机温度上升。此时应加强通风冷却，尤其室内一定要保持空气畅通。防止电动机排除的热风又被吸入电动机内部。

（6）电动机本身机械故障，如由于轴承损坏造成电动机定、转子扫膛（定子与转子相擦），或装配质量不佳，使电动机转子转动不灵活有卡死现象以及铁芯短路或绕组匝间短路等，都会引起电动机发热。遇到这种情况要及时查出原因并进行恢复性检修。

（7）电动机单相运行，电流增大，在很短的时间内就会烧毁电动机。发生单相运行的原因很多，如电动机制造工艺不良，经过长时间运行后绕组内部有一相断线，或内部接头没有焊牢而断线；电动机引出线折断，或引出线绝缘磨损造成短路而烧断；在检修当中抽装转子时，由于机械碰撞使线圈受到损伤，再经过多次大的启动电流冲击，使导线折断，或因机械碰撞使绝缘破裂，造成短路或接地故障烧断线圈等。绕组内部断线可用以下两种方法检查并及时处理。

1）在电动机空转时测量三相电流。星形接线的电动机应有一相电流为零；三角形接线的电动机应有一相电流很小。

2）测量电动机三相绕组的直流电阻，其电阻值互相之差不应超过 2%。电阻值大的一相即有断线或开路。

电动机断线故障多发生在绕组的引出线或极相组的连接处，特别是接线鼻子的根部最易折断。如果断线部位在接头处，可以接一段线重新焊接。当断线较长，又无法连接时，则可以更换备用线圈。

对那些焊接不良或脱焊者，可以重新补焊后，包好绝缘并涂漆。

二、电动机振动的原因及处理方法

发电厂电动机运行的相关规程中规定，电动机运行时的振动值不得超过表8-5的规定。

表 8-5　　　　　　　　　　　　电动机运行时振动值的规定

额定转速（r/min）	3000	1500	1000	750 及以下
双振幅振动值（mm）	0.06	0.10	0.13	0.16

1. 振动原因

（1）电动机制造工艺不良。例如固定定子铁芯的纵、横拉筋数量不足或拉筋太单薄；定子铁芯安装得不紧等都会引起振动，同时伴随有强烈的电磁声。

（2）电动机的转子不平衡、轴弯曲或轴径成椭圆等都会引起电动机振动。

（3）轴承磨损，轴承的间隙超过允许值时，会引起电动机振动，严重时会使电动机转子与定子相摩擦（扫膛）。

（4）转子多根笼条断裂或开焊，引起电动机振动，同时伴有火星飞出。

（5）电动机的地脚破裂，地脚螺丝或端盖螺丝松动引起振动。

（6）电动机滚动轴承外跑道与轴承盒或端盖的接合面间隙过大（俗称轴承走套），会引起振动。同时会引起轴承发热，此时如果拆下端盖会发现轴承外跑道上面有锈斑。

（7）电动机的基础强度不够也会引起振动。

（8）电动机与所驱动的机械设备的中心没找好使电动机振动。

（9）由于电气故障引起磁的不平衡或定、转子铁芯上下左右之间的气隙相差过大（超过平均值的10％）都会引起振动。

2. 处理方法

（1）综上所述，电动机的振动可能由各个方面的原因引起，所以在发现电动机振动时，应首先用振动表测量电动机前、后盖上部的振幅，如果前盖（一般指轴伸端）的振幅比后盖大时，有可能是所驱动的机械设备有问题，此时应停机拆开联轴器的连接，使电动机空转。如果空转时电动机不振动，则可能是电动机所带机械设备的振幅传过来的，或电动机与被驱动机械的中心没找好而引起的振动，此时应切断电源，重新找中心。

（2）若电动机空转时还振动，则是电动机本身原因造成的。这时应切断电源立即测量振幅值，如果振动消失了，说明是电磁性振动，可能是绕组并联支路断线或轴承磨损较严重，使定、转子之间的空气间隙极度不均匀而引起的振动。此时应测量直流电阻，查出断线故障点进行修复；更换轴承和调整定、转子的空气间隙。

（3）当切断电源后，振动继续存在，则为机械性振动，可能是转子不平衡、轴承故障、地脚问题、基础问题等引起的。此时应根据具体情况进行找静平衡或动平衡、更换轴承、处理电动机基础和紧固地脚螺栓。

（4）在额定负荷下运转的电动机，当笼条开焊或断裂时也会引起振动（这种情况在空载或轻载时反映不出来），电动机启动时还会飞出火星。此时的处理办法就是焊接笼条。

三、电动机定子绝缘不良的原因及故障的查找方法

（一）电动机定子绝缘不良的原因

电动机定子绝缘不良的原因主要有以下几个方面。

（1）使用年限已久或长期过负荷的电动机，在热量及电场的作用下使主绝缘变脆老化，尤其电机引线处于铁芯背部热风区位置，长期运行更易使绝缘变质和剥落。

（2）长期储存或备用的电动机，因为周围的潮湿空气、灰尘油垢、盐雾、化学腐蚀性气体等侵入，使绝缘电阻下降。

（3）检修工艺不佳，如抽、装转子时，产生机械碰撞使绕组绝缘损伤或磁性物质遗落在线圈表面，经过一段运行后，由于振动或涡流使绝缘磨损或发热而烧毁。

（4）槽楔松动、端部绑扎不良以及线棒本身松动，使电动机在运行中由于电动力或机械振动的作用下造成绝缘磨损或折断。

（5）定子铁芯短路或定子与转子相摩擦，使铁芯发热损坏绝缘。由于绝缘不良，电动机绕组的绝缘在运行过程中，将有可能被击穿造成匝间短路、相间短路或接地故障。

（二）电动机定子匝间短路的查找方法

导线本身绝缘损坏，会使相邻的导线互相接触，即发生匝间短路故障。短路的线匝内产生很大的环流，使绕组发热，并造成磁场不平衡，使电动机振动，同时发出不正常的声音，如果不及时处理，将会扩大故障，发展成相间短路或接地故障。在检修过程中，可用电流表测量三相电流，或用双臂电桥测量电阻来找出故障相。电流较大或电阻较低的即是有匝间短路的那一相。对于小型电动机，可将电动机空转1min左右，然后停车，迅速拆开端盖，抽出转子，用手触摸绕组端部，如果有一组线圈比其他的热，即表示这组线圈有匝间短路故障。然后，再用以下方法找出具体的短路点。

1. 开口变压器检查法

将开口变压器放在定子铁芯中所要检查的线圈边的槽口上，并将开口变压器线圈通入交流电，这时开口变压器与定子铁芯构成一个磁回路。开口变压器的线圈相当于一般变压器的初级线圈，而被检测的槽内线圈相当于变压器的次级线圈。若被测的线圈有短路，则串在开口变压器线圈回路里的电流表读数就大。如果此时在被测试线圈的另一边槽口放一块薄铁片，这时薄铁片被槽口磁力吸引而产生振动并发出"吱吱"声，如图 8-19 所示。

检查匝间短路故障点时，应将开口变压器沿定子内圆逐槽移动测试，以找出短路线圈的位置，同时应注意以下几点：

(1) 三角形连接的绕组要将接头分开。

(2) 绕组是多路并联的也要将并头分开。

(3) 在双层绕组中，因一个槽内嵌有不同线圈的两个边，要确定故障线圈边时，应分别将铁片放在左边相隔一个节距的槽口和右边相隔一个节距的槽口上都试一下才能确定。

(4) 在接通开口变压器线圈电源前，必须将开口变压器放在电动机定子铁芯上，使磁路闭合，否则线圈中的电流很大，时间稍长会烧毁开口变压器线圈。另外，一定要使开口变压器的铁芯与电动机铁芯接触吻合，否则将影响检查效果。

2. 电压降法

将有匝间短路那一相的各极相组间连接线绝缘剥开，从引线处通入低压交流电，用交流电压表（或万用表交流电压挡）测各极相组接点间的电压降，电压表读数小的那一组或一个线圈即有短路存在。测量方法如图 8-20 所示。

 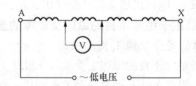

图 8-19　开口变压器检查法　　　　图 8-20　电压降法

3. 匝间短路故障的处理方法

(1) 低压电动机若烧损不严重，可用绝缘带进行包扎，也可以用垫绝缘物、涂漆等方法进行处理。若烧损比较严重，则可局部或全部更换绕组。

(2) 高压电动机匝间短路，首先抬出故障绕组，剥去统包绝缘，切除导线烧损部分并清理和修理导线，将两头锉成斜坡，其破面长度 b 等于导线厚度 a 的 2 倍。各线匝间的接头点必须相互错开，如图 8-21 所示。按照绕组原先长度配好补接新导线后，用银焊将导线焊接。焊接前，先锉好导线对接口，将银焊片夹在对接口中间，涂上硼砂，在导线的两面加上炭精电极，并利用电极将焊点夹紧，然后合上电源加热，如图 8-22 所示。如果电源调节适当，经 5～10s 后，银焊片即熔化。但在焊接中一定待银焊片完全熔化，银焊液在焊接口边缘有"翻滚"现象才可断开电源。待焊接处的银焊变深白色后再松开夹钳。

导线焊接完毕要修整焊接点，焊接点的尺寸不得大于原导线尺寸。在匝间垫上比导线稍宽的绝缘垫条或者按原匝间绝缘厚度包扎匝间绝缘，用玻璃丝带将匝间勒紧，然后刷漆、烘干，清理绕组后刷 1410 沥青漆，包扎统包绝缘，连续包扎 5032 沥青绸云母带。边包扎边涂漆，半叠绕包扎并要勒紧绝缘带，对搭接处应特别注意。包扎绝缘的层数与电动机的额定电压有关，见表 8-6。

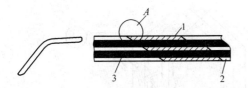

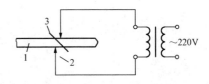

图 8-21　绕组匝间导线断股修理方法　　　　图 8-22　铜导线焊接法
1—新补接铜线；2—原有铜线；3—匝间绝缘　　1—导线；2—炭精电极；3—银焊片

表 8-6　　　　　　　　　　　　　电动机线圈包扎层数的规定

电动机的工作电压 (kV)	云母带厚度 (mm)	云母带层数	
		槽　部	端　部
2.0	0.13	4	3
3.0	0.13	5	4
6.0	0.13	9	8

表 8-6 中规定为最少的层数。在实际工作中，可以根据槽的宽度决定实际应包扎绝缘带的层数。最外面用白布带半叠绕包一层后经过模压到规定尺寸，再包以锡箔后做耐压试验，其耐压标准见表 8-7。耐压合格后，按工艺要求嵌线、封槽、接线、修后试验以及端部涂漆或喷漆。

表 8-7　　　　　　　　　　　2～6kV 电动机局部绕组的耐压标准

试　验　项　目	试验电压 U_S (kV)	
备用绕组放入槽内以前	$2.25U_N+2$	
备用绕组放入槽内后与旧绕组连接前	$2.0U_N+1$	
取出故障绕组后留下的旧绕组	$1.7U_N$ 但不能小于下一项的规定	
全部接好以后	额定电压 U_N	
	试验电压 U_S	

（三）电动机定子相间短路故障的处理

相间短路的原因主要是低压电动机绕组连线或引出线绝缘损坏，绕组端部绝缘的隔极纸或双层绕组槽内、外的层间绝缘没垫好或老化、损坏等；高压电动机的绝缘老化裂缝，再加上灰尘油垢也会引起相间短路。相间短路的后果比较严重，为了避免相间短路故障，应加强平日的维护和检查，缩短预防性试验周期，及时发现隐患，将故障消灭于萌芽之中。

（四）电动机定子绕组接地点的查找与处理方法

1. 定子绕组接地点的查找方法

对于不完全接地可采用冒烟法，即在定子铁芯和绕组之间加一较低的电压（为了避免烧毁铁芯，将电流限制在 5A 以下），当电流通过故障点时会发热，使绝缘烧损而冒烟和产生电火花。对于金属性接地故障，一般采用电压降法或开口变压器法来查找故障点。

（1）电压降法。在抽出转子后，将交流或直流电源接入故障相的两端，如图 8-23 所示。测量 V1、V2、V3 电压表的读数 U_1、U_2、U_3，因为 $U_1+U_2 \approx U_3$，然后按比例求出接地点距离引线端的百分数

$$L=\frac{U_1}{U_3} \times 100\%$$

L 即距离 A 端的百分数，用这个方法查找金属性接地点较准确。

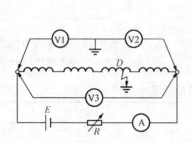

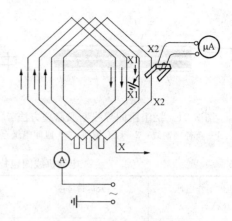

图 8-23　电压降法查找接地点　　　　图 8-24　开口变压器查找接地点

（2）开口变压器测试法。首先确定故障相，在故障相绕组与铁芯之间加一低压交流电源，如图 8-24 所示。这样在电流导入端至接地点之间，所有串联的绕组中都有电流，而接地点以后的绕组则无电流通过。这时用开口变压器跨在槽的上面，开口变压器的绕组接一块微安表，逐槽测量。在每槽上沿轴向移动开口变压器，当全槽上都有感应电压产生时，说明接地点还在后槽内。当开口变压器在 $x_1 x_2$ 槽由上向下移动时，到 D 点后微安表的指示消失（或减少），则表示故障点在 D 处。

2. 接地故障点的处理方法

（1）低压电动机绕组接地的处理方法。当低压电动机绕组接地时，首先应仔细观察绕组损坏情况，除绝缘老化外，都可以进行局部处理。槽口和容易看到的故障点，可在故障处塞入天然云母片来处理。若绕组的上层边绝缘损坏，可以打出槽楔修补槽衬，或抬出上层线匝进行处理。如果故障点在槽底，只有更换槽衬才能解决，由于要抬出一个节距的绕组，在操作时要特别小心，防止损伤匝间绝缘。为了避免绝缘受损伤，最好将绕组加热（用恒温加热，不超过 85℃；通电流加热，其电压一般为 7%～15% 的额定电压，电流不超过额定值，温度不超过 75℃），待绝缘软化后，用滑线板撬开槽衬，认真的进行处理。处理完毕应进行吹灰清扫，清洁后，再浸一次漆并烘干。

（2）高压电动机绕组接地的处理方法。高压电动机绕组常处在高电场下工作，所以对其绝缘的要求较高，在处理故障时，首先要保证施工现场以及绕组本身的清洁。半开口槽电动机的局部修理可以按低压电动机的处理方法进行。而开口槽的局部修理，无论是哪种绝缘结构都可用沥青云母带包扎处理，其工艺如下：

1）割断端部绕组的绑线取下垫块，退出故障槽的槽楔。如果故障点在上层边则抬出故障边即可；如果故障点在下层边，则抬出一个节距的所有上层边才能取出故障边。在操作时要特别注意保护非故障绕组的绝缘，应按照第七章第四节中的发电机故障线棒抬出方法进行处理。若有备品及时更换。

2）故障绕组的修理。剥去绕组直线部分的绝缘并延伸至端部绕组，其尺寸如图 8-25 所示。在绝缘搭接处削成平滑锥形斜坡，以便于新旧绝缘能很好地吻合，斜坡的长度 L 为

$$L=10+U_N/200$$

式中　U_N——电动机额定电压，V。

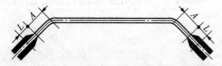

图 8-25　故障线棒绝缘的剥削尺寸

剥去端部绝缘的最短长度 A 为 50～100mm。

剥削绕组绝缘时，不得损伤匝间绝缘和导线。匝间绝缘如有少数损伤，可以用绸带包扎并垫入薄云母条，涂高强度绝缘漆。如有烧断的导线，可用同规格的导线焊接起来，并锉平接头，几个焊接头应错开排列。清理绕组后刷 1410 沥青漆，再连续包扎 5032 沥青绸云母带。半叠绕紧包扎，边包扎边涂漆，包扎层数见表 8-6。最外面用白布带半叠绕包一层，然后经过模压到规定尺寸，再包以锡箔做耐压试验，其试验标准见表 8-7 所示。耐压合格后，去掉锡箔在白布带表面涂刷 1211 自干沥青漆。

3）清扫定子槽并处理其余绕组表面绝缘，对部分绕组进行耐压试验。

4）将修复的绕组或备用绕组嵌入槽内，然后再进行一次耐压试验。

5）嵌入此节距范围内绕组的上层边，打入槽楔，焊好端头和连线，测量绕组的直流电阻，其值相差不得超过 2%，并对全部绕组进行耐压试验。

6）包好引线连接头，配置端部垫块，扎紧端部绑线。

7）端部涂漆或喷漆。

（五）异步电动机干燥方法

长期备用的电动机因受环境或气候的影响受潮，新绕制的电动机绕组在浸漆前后都需要进行干燥处理。干燥方法较多，如外部加热法、直流干燥法、定子铁损干燥法等，根据具体情况分别采用不同的干燥方法。详情请参照第七章第五节。

四、电动机转子故障原因及处理方法

（一）笼式转子故障

笼式转子绕组有铸铝的和铜条的两种，其常见故障主要是铸铝转子的铸铝导条断裂和铜条转子断条。其现象是电动机启动时在通风道内有火星飞出，在运行中定子电流不稳定，电流表指针摆动，电动机振动。主要原因及处理方法如下：

（1）转子铜条在槽内松动，电动机在运行中铜条受电动力和离心力以及启动与停止时的剪切力的作用，引起交变应力而造成疲劳断裂。一般铜条断裂口发生在槽口伸长端与短路环的焊接处，也有焊接质量不好引起开焊的。

在检修时抽出转子，用手锤轻敲铜条，经过外观检查即可发现断裂处。在铜条断裂处打坡口，再用银焊焊接即可。在焊接时，要注意保护铁芯，防止铁芯受热损坏。

如果大部分铜条发生疲劳现象，应全部更换铜条，并适当的加大其截面积，以达到与槽的紧密配合。

（2）铸铝转子铝导条断裂的主要原因是浇铸不良和频繁的反、正转启动以及过载运行或转子扫膛。铸铝导条断裂故障是隐蔽的，外观检查是不易发现的，因此，必须用断条探测器来检查。

断条探测器是利用互感器的原理将被测转子 3 放在铁芯 1 的上面，用探测器 2 逐槽测量，如图 8-26 所示。如果遇到所测槽内有断条，则电压表读数就会增大。

另一种检查方法为铁粉法。在转子两端端环上通一低压大电流，此时每根铝条中都有电流流过，于是在周围产生磁场。如果将铁粉撒在转子表面，铝条周围的铁芯能吸引铁粉，如果某一根铝条周围铁粉很少甚至没有，那么它就是一根断条。所通电流大小，以铝条周围的铁粉能排列成行为准。

（二）绕线式转子故障

绕线式转子在结构上比笼式转子多了端部绕组扎线和集电环。扎线绑扎是否牢固和集电环是否平整光泽以及接触是否良

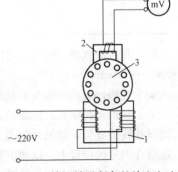

图 8-26 铸铝转子断条的检查方法
1—铁芯；2—探测器；3—被测转子

好，是电动机能否可靠运行的重要条件。

1. 扎线故障的处理

绕线式转子绕组端部扎线方法有两种，一种是用去磁钢丝绑扎，另一种是使用无纬纤维带绑扎。绕线式转子绕组端部绑扎结构如图8-27所示。扎线与转子之间是绝缘的。当电动机绝缘老化或受机械损伤时，会造成绕组与钢丝扎线短接故障。如果绝缘因老化收缩，会使扎线松动或钢丝扎线封头焊接处出现裂痕，造成扎线开焊使扎线断裂甩出，酿成事故。遇此情况必须更换绝缘重新绑扎。

转子绕组经过检修处理后，在端部绕组上卷好绝缘，然后缠绕扎线。缠绕扎线可在机床上进行，无机床时可按图8-28所示，制作一个简易的工具。

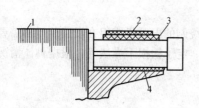

图8-27　绕线式转子绕组端部绑扎结构
1—转子铁芯；2—扎线；3、4—绝缘

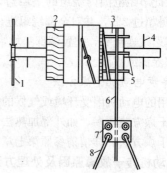

图8-28　缠绕扎线的简易工具
1—扳手；2—转子绕组端部；3—端部绝缘；
4—支架滚筒；5—夹紧铜皮（或无纬纤维带）；
6—钢丝（或无纬纤维带）；7—拉紧工具；8—桩线

电动机转子所用钢丝的弹性极限应不低于160kg/mm²，钢丝所加的拉力应按表8-8选择。

表8-8　　　　　　　　　缠绕钢丝扎线时预加的初应力值

钢丝扎线直径 (mm)	拉力 (kg)	钢丝扎线直径 (mm)	拉力 (kg)
0.5	12～15	1.0	50～60
0.6	17～20	1.2	65～80
0.7	25～30	1.5	100～120
0.8	30～35	1.8	140～160
0.9	40～45	2.0	180～200

钢丝扎线的直径、匝数、宽度和排列方法应尽量保持原样。钢丝扎线的宽度要比绝缘层的宽度小10～30mm。

如果在检修时需要改变钢丝的种类、匝数等项，应做钢丝扎线强度核算。

为了使钢丝扎牢固，在圆周上每隔一定距离，在钢丝扎线底下垫一块预先镀锡的铜片。当该段钢丝扎线绕好后，将铜片的两头弯到钢丝扎线上，用锡焊牢。在缠绕时应将钢丝扎线的首端和末端放在铜片的位置上，以便卡紧焊牢，如图8-29所示。

采用无纬纤维带（即无纬黏性玻璃丝带）绑扎端部绕组时，经烘干固化后成为玻璃钢环，这种材料不用考虑绑环对端部的绝缘。修复后的转子要做静平衡或动平衡试验。

2. 绕线式转子集电环故障处理

如果集电环有偏心度或表面有砂眼、麻点以及长期运行使集电环磨出条形沟等，都会使电刷与集电环接触不良而冒火，从而影响电动机正常运行。遇到这种情况时一般应用车床将集电环表面进行加工并打磨光滑，烧损较严重的集电环需要更换。小型电动机的集电环最好用锰钢制成；大、中型电动机的集电环，在不用变阻器调节速度的电动机中最好用黄铜制作，在调速的电动机中应该用青铜或锡青铜制作。

集电环的组装有热套式和装配式两种。热套式是在铸铁套筒上烘卷 1.5～2mm 的绝缘套筒，再将集电环加热，装在绝缘套筒上；装配式是用螺栓将绝缘套、绝缘环及集电环装配于铸铁套筒上。

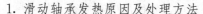

图 8-29　钢扎线的首端和末端图
1—铜夹片；2—钢丝扎线

五、电动机轴承故障原因及处理方法

电动机在运行中，轴承的负载最重，而且是电动机上最易磨损的零件，所以轴承部分发生故障是常见的。

电动机轴承有两种，一种是滚动轴承，另一种是滑动轴承（又称轴瓦）。滑动轴承与滚动轴承相比较，具有精度高、振动小，在保证液体润滑的条件下能长期高速工作等优点。其缺点是安装和检修工艺较复杂，容易漏油。

1. 滑动轴承发热原因及处理方法

滑动轴承常见故障主要是漏油和轴承发热，在运行中的温度高于 85℃ 就处于发热状态，其主要原因是轴瓦内得不到良好的润滑而引起的，如：

（1）轴承中油量不足或润滑油太脏，油中含杂质过多或油色变黑等。处理方法为补足油量或更换新油。

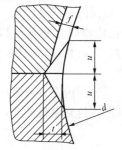

图 8-30　轴瓦开油槽尺寸

（2）润滑油选用不当。处理方法为根据具体情况选用适合的润滑油，如低速电动机选用黏度较大的润滑油，高速电动机或强力油循环的电动机中一般选用透平油。

（3）由于安装工艺不良，引起电动机转子轴向串动，使滑动轴承的圆根被磨，或油圈变形转动慢甚至不转以及对接式油圈的螺丝脱扣等。处理方法为安装前认真检查零部件，确保安装质量。

（4）轴瓦间隙太小，油槽开得不适当，或轴瓦研刮不良造成轴与轴瓦接触角太大以及轴瓦偏心，不能形成油膜，破坏了液体的润滑作用而引起轴瓦发热。处理方法为加强基本功训练，最好由有经验的工作人员进行研刮轴瓦。油槽不应开在油膜承载区域以内，在轴瓦上开油槽尺寸如图 8-30 及表 8-9 所示。

表 8-9　　　　　　　　　　　　电动机轴瓦油槽尺寸（mm）

轴瓦直径 d	<60	>60～80	80～90	90～110	110～140	140～180
u	4.5	6	7	9	10.5	12
f	1.5	1.5	2	2	2.5	2.5
t	1.5	2.0	2.5	3.0	3.5	4.0

两半式轴瓦在拆装时，应注意瓦口的垫片，增减垫片可以调整轴瓦间隙。轴瓦磨损严重应重

新浇铸乌金，并进行研刮和测量。轴瓦顶间隙的测量通常采用压铅法，一般用 $\phi 0.5 \sim 1mm$，长 $30 \sim 4mm$ 的铅丝放在轴瓦接合平面和轴径上，间隙的测量用塞尺。使用中轴瓦允许间隙见表 8-10。当超过表中数值，同时轴瓦运行又不正常时，则必须重新浇铸乌金，然后进行研刮和测量。

表 8-10　　　　　　　　　　　　　　　　　　　轴瓦的允许间隙

项 目	转速 900r/min 以下			转速 900r/min 以上		
轴的直径（mm）	30～50	50～80	80～120	30～50	50～80	80～120
两边之和的间隙（mm）	0.1～0.15	0.15	0.15～0.20	0.15	0.15～0.20	0.20～0.25

（5）强迫油循环的轴承油管道堵塞或油泵故障。

（6）油盘式滑动轴承的刮油片不能装反，否则不能产生油压。当电动机需要反转时，必须将刮油片拆下，装在油道的另一侧。

2. 滑动轴承漏油原因及处理方法

（1）漏油原因：油室（或油箱）油位过高；轴瓦密封圈不严密或失效，加上风扇的抽力使油被吸入电动机内；两半式端盖，接合面不严密；轴瓦内部产生油蒸汽；润滑油的黏度太小等。

（2）处理方法：在电动机静止时加油，满足油圈的浸入深度即可，在电动机运转时，由于油圈的带油会使油位显示下降，此时属于正常状态，如果此时进行补充油量，则会造成油位过高而漏油。对油位指示器（即油标）可以标出"静止"和"运行"两个油位标志，以此提示操作人员。

轴承的密封圈有迷宫式、毛毡的、气封式几种。

迷宫式的轴承与轴有一定的间隙，此间隙不宜过大，密封圈下部应钻几个孔，使油流回轴承座内，如图 8-31 所示。

毛毡式密封圈应紧包住轴径，顺轴淌出的油被毛毡吸收，所以此毛毡应有一定的厚度，不宜太薄，而且应有弹性，每次检修都应更换。不能用油漆之类去涂刷毛毡，以免毛毡失去弹性，使漏油更严重。

两半式端盖如果结合面不严，应该研磨，在检修时应将其刮扫干净，必要时加以毛线，并涂以漆片。组装轴承时，先把紧对口螺栓，再拧紧端盖螺栓。

对强迫油循环冷却的电动机或高速电动机，其轴承内常有油蒸汽产生，应在端盖外面轴承上部装一个排气管，使油蒸汽排到电机外部，以免油气沿缝隙进入电机内部损坏绕组绝缘。

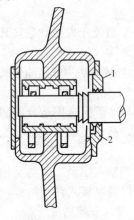

图 8-31　迷宫式密封圈
1—迷宫式密封圈；2—回油孔

3. 滚动轴承发热原因及处理方法

（1）发热原因：滚动轴承寿命已达到极限而磨损；检修质量不良，如轴承装配不到位或轴承内滚道与轴、外滚道于端盖的装配过紧或过松，都会引起发热；轴承油室内的油加的过少或过多以及油内有杂质等原因都会引起轴承发热。

（2）处理方法：

1）对于轴承间隙过大，轴承卡子松动，或在检修时发现滚珠上有麻点的轴承应及时更换新的轴承。

2）安装轴承时一定要将轴承清理干净，检查轴径是否真圆，如果不圆将会造成轴承内、外圆变形，使滚动体与滚道过早磨损。

3）安装轴承时，轴中心线不得歪斜，避免滚道局部受力而造成滚道和滚体迅速疲劳。

4）轴承内滚道与轴的配合不能过紧，强行套装会使轴承破裂。轴承外滚道与端盖的接合面也不能过紧或过松。

5）加强维护，定期检查，保证轴承不缺油而且要保证油的质量，油量应保持在轴承油室的 1/2～2/3 为宜。

第三节　异步电动机拆装工艺

一、解体前的检查

1. 检查电动机机座及转子轴向窜动

（1）检查电动机机座与端盖有无裂纹。

（2）检查转子轴向窜动，对于滑动轴承的电动机，其窜动值不应超过表 8-11 的要求。

表 8-11　　　　　　　　　滑动轴承电机转子轴向窜动值

电动机容量（kW）	10 以下	10～20	30～70	70～125	125 以上
向一侧（mm）	0.50	0.75	1.00	1.50	2.00
向两侧（mm）	1.00	1.50	2.00	3.00	4.00

2. 检查定转子气隙

用塞尺在直径位置上，沿圆周的上、下、左、右测量 4 点，重复 3 次，每次将电动机转子旋转 120°，所测得的结果应符合

$$\frac{最大值 - 最小值}{平均值} < 10\%$$

测量气隙应在电动机两端分别进行测量，塞尺应塞在定子与转子铁芯的齿顶上，不可放在槽楔上，并注意避免定、转子上滴有干漆的影响。

3. 测量定、转子绕组的直流电阻

测量方法与标准详见第八章第五节异步电动机的修后试验"直流电阻试验"部分。

4. 测量定、转子绕组的绝缘电阻

测量方法与标准详见第八章第五节异步电动机的修后试验"绝缘电阻与吸收比的试验"部分。

二、电动机解体

1. 拆卸前的准备工作

（1）做好必要的记号和记录。

（2）拆开联轴器（也称靠背轮或对轮）螺栓、地脚螺栓、引入线电缆头和接地线，做好记号后将电动机吊运至检修场地。

2. 拆卸联轴器

拆卸联轴器应使用专用拉具，操作方法如图 8-32 所示。

根据联轴器直径的大小选择适当的拉具，其螺杆的中心线要对准轴的中心线，并注意联轴器的受力情况。当联轴器与轴结合较紧不易拉出时，可用煤油沿轴浸润，用紫铜锤轻敲联轴器。若联轴器仍然很紧，可将煤油擦净后，用火焊烤把沿联轴器圆周迅速加热，同时上紧拉力器，在拉力器与烤把的配合下卸下联轴器。

3. 拆卸端盖

为了避免组装时产生错误，一般在电动机前后盖与机座

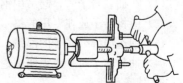

图 8-32　拉出联轴器方法

结合处用钢字头打上记号，两端盖记号应有区别。

滚动轴承的电动机先拧下后轴承油盖螺栓，再拧下后端盖螺栓，卸下后端盖，然后再依次拆下前轴承油盖螺栓、前端盖螺栓，卸下前端盖。组装时顺序相反。

滑动轴承的电动机在拆卸前应先放油，有油环的应将其提起，以免碰坏。

绕线式电动机一定要抬起电刷，然后拆卸端盖。

拆卸端盖时，先拧出端盖与机座的固定螺栓，然后用木锤或紫铜棒沿端盖边缘轻敲，使端盖从机座上脱离。如果端盖上有顶丝的，可用顶丝对角顶出端盖。对于大的端盖，在拆卸前应用起重工具将其系牢，以免端盖脱离机座时碰伤绕组绝缘，端盖离开机座止口后，用手扶持慢慢移放至木架上，止口向上。

4. 抽转子

小型电动机可以用手将转子抬出，但不要碰擦铁芯和绕组。如果转子风扇直径大于定子铁芯内径，应将转子从风扇侧抽出。有集电环的转子应从集电环侧抽出转子。

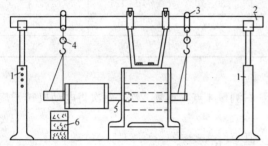

图 8-33 用专用支架抽出转子

1—可调支架；2—横梁；3—滚轮；
4—手拉链条葫芦；5—假轴；6—木台

大中型电动机必须用起重工具或专用工具抽出转子。抽转子的方式有多种，对于中小型电动机可以采用一头撅的方式直接用吊车抽出转子，这种方式操作起来比较简便。对于大中型电动机，一般选用一段内径比轴径大 10～20mm 且管内无毛刺的钢管作为假轴，套在转子轴的一端（套假轴时，在轴径上必须包上保护物），在专用支架上抽出转子，如图 8-33 所示。将转子轴的两端挂在链条葫芦上或可以调节高度的花篮螺栓上，使转子稍微抬起，由专人监视定、转子的间隙，并经过检查牢固可靠后，慢慢移动滚轮将转子从定子膛内抽出，放在木台上或带弧形凹槽的道木上。

用行车抽转子方法如图 8-34 所示。

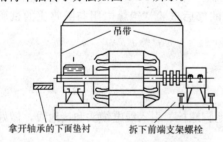
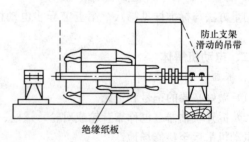

图 8-34 用行车抽转子方法

用行车略微吊起转子，将其重心移出定子膛口，放在临时支架上，再用行车吊住转子重心处，缓慢将转子抽出，放到检修位置即可。无论用何方法都必须遵守以下规定：

(1) 在抽装转子时，起吊用钢丝绳不得碰到转子轴径、风扇、集电环以及绕组。

(2) 应将转子放在专用的垫木上，防止滚动。

(3) 钢丝绳绑缚转子的部位，必须衬以木垫或橡胶板，防止钢丝绳打滑或损坏转子。

(4) 抽装转子时，必须使用透光法监视定、转子间隙，防止转子碰撞定子铁芯和绕组。

5. 轴承的拆卸

（1）滚动轴承的拆卸。利用拆卸轴承的专用工具进行拆卸，如图8-35所示。为了不使轴承外滚道受力，专用工具的卡板应卡在轴承的内滚道上。将专用工具的螺杆对准转轴端头的中心孔，旋动螺杆略微加一点力，用手转动轴承外滚道时，应能自由活动，注意卡板也不能与转轴相碰，然后扳动螺杆对轴承内滚道加力，同时用手锤轻敲卡板，当轴承略有松动时，再用力旋紧螺杆将轴承卸下。如果轴承过紧，可在轴承内滚道上浇注热油使内滚道受热膨胀，便能拉出轴承。

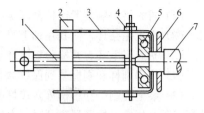

图8-35 拆卸滚动轴承
1—螺杆；2—卡板架；3—卡板；
4—调整螺杆；5—滚动轴承；
6—轴承内端盖；7—电动机转轴

（2）整体式滑动轴承的拆卸。首先放出润滑油，然后拆卸外壳上的油挡，松掉轴承固定螺钉，提起油环，使用专用工具将滑动轴承拔出。

三、电动机的组装

1. 电动机组装前的准备工作

电动机组装前必须进行清理工作，用刮刀刮净止口、定子和转子表面以及其他配合面上的油漆，并用蘸有汽油的棉纱擦净各部件上的油垢和脏物，再用干燥的压缩空气吹净定子和转子，必要时在绕组端部喷上一层覆盖漆（如灰瓷漆等）以加强绝缘和防潮，待漆干后即可按拆卸时相反的程序进行组装。

2. 笼式电动机的组装

（1）在套装滚动轴承前，应首先将轴承内油盖套在轴上，然后擦净轴颈，将加热的轴承套至轴颈肩胛为止。热套的方法是将洗净的轴承放入油槽内的支架上，使轴承悬于油中，如图8-36所示。

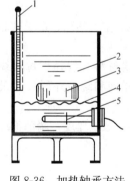

图8-36 加热轴承方法
1—温度计；2—机油；
3—轴承；4—支架；
5—加热器

加热轴承时，油槽要逐步加温，当油温升到70℃时停止加热，保持30min左右，继续加温至95℃左右，取出轴承套于轴上。套轴承时，不允许用铁锤在轴承周围敲打，可以采用一个特制的、一端镶有铜圈的钢套管贴在轴承内滚道的侧面进行敲打，使轴承内滚道逐渐向前移动至预定位置，待轴承冷却后，就会紧箍在轴颈上。然后在轴承空间加润滑脂。

（2）将转子穿入定子膛内。小型转子可以直接放入定子膛内，较大的转子需要用专用工具和起重工具将其平行送入定子膛内，装转子时应注意转子轴伸端与接线盒的相对位置，防止将转子装反。

（3）装端盖前应清理端盖，装上挡风板，若有轴承盒，在加完油后将内外油盖用螺栓对角均匀用力轮换拧紧，装上第一个端盖，用螺栓将轴承盒与端盖固定。轻抬转子，同时用铜棒敲打端盖四周，使端盖与机座止口相吻合一小部分，再对角拧紧螺栓，使端盖与机座止口完全吻合。

（4）装第二个端盖时，将转子稍微抬起后，将止口对合，拧紧螺栓。如端盖无通风孔，可用长螺栓或铁丝钩穿过端盖，将内油盖拉住，当装好端盖后，将油盖螺栓对角拧紧。

（5）滑动轴承电动机组装。滑动轴承电动机组装应特别注意正确安装油环，不得卡坏油环。组装完毕应调整定、转子的空气间隙，其最大偏差不得超过平均值的10%，窜轴间隙应符合表8-11的规定。

3. 绕线式电动机的组装

绕线式电动机的组装除了与笼式电动机相同的部分外，还要组装集电环和提刷装置。

（1）首先将提刷装置保护盒固定在端盖上。

（2）套上短路环，使其在轴上灵活滑动，而径向转动受键所限制。

（3）热套集电环，并检验集电环上 3 个插头和短路环上的 3 个插座的连接情况是否良好。

（4）将提刷杆和刷握装到保护盒上，提刷杆要全部套上绝缘。

（5）装上提刷杆和手柄等，接好电气线路和盖好保护盖。提刷装置必须可靠，电刷提起时短路环必须先短接，短路环离开时，电刷一定要接触集电环。

4. 电动机组装后的测试

（1）测量定子、转子绕组的绝缘电阻。

（2）测量绕组的直流电阻。

（3）进行交流耐压试验。

（4）试运转。

第四节　异步电动机更换定子绕组

异步电动机定子绕组在长期运行中，受温度的影响会使绝缘老化；由于断线单相运行使电动机绕组烧毁；电动机绝缘受机械损伤或化学腐蚀，造成绕组接地或短路故障等。当电动机定子绕组损坏严重时，必须拆除旧绕组，更换新绕组，具体操作步骤如下。

一、记录有关技术数据

（1）记录电动机铭牌上的额定数据。如额定容量、额定电压、额定电流、接法、转速、转子电流等。

（2）记录运行数据。如空载电流、启动电流、负载时的温升、定子绕组每相电阻、空载损耗。

（3）记录定子铁芯数据。如定子槽数、定子铁芯外径、定子铁芯内径、空气间隙、定子铁芯长度、通风槽数、通风槽宽度、定子铁芯有效长度和槽形各部分尺寸。

（4）记录绕组数据。如绕组节距、每极每相槽数、绕组形式、导线材料及线径、每槽线匝数、每个线圈的匝数、绕组接法及并联支路数、分数槽的极相分配排列和绕组外形尺寸及草图。

（5）记录绝缘情况。如槽绝缘材料种类、层数、厚度、绕组绝缘材料层数、厚度、端部绝缘材料、相间绝缘材料尺寸，端部绑线材料、尺寸等。

二、拆除定子旧绕组

打出槽楔，将烧坏的绕组取出。为了便于取出旧绕组，可将绕组加热软化后拆除。拆完旧绕组，应将铁芯进行全面清理干净，并检查休整铁芯，确定铁芯完好无损后才能进行下一道工序。

三、剪裁和放置槽绝缘

为了保证电动机有可靠的绝缘，绕组与铁芯之间和绕组的相与相之间都需要加强绝缘。一般"E 级"绝缘的低压电动机常采用 0.15～0.20mm 厚的聚酯薄膜复合青壳纸再加一层聚酯薄膜（"B 级与 F 级"绝缘的电动机一般使用聚酯薄膜芳香族聚酰胺纤维复合箔）。双层绕组上、下两层之间用 0.15～0.20mm 厚的复合青壳纸隔开，绕组端部相与相之间用一层复合青壳纸即可，剪成端部绕组形状。槽绝缘两端都要伸出槽外 5～10mm，宽度要比槽宽 4～6mm，并折叠成 U 形。放置槽绝缘时，青壳纸一面接触铁芯，薄膜接触导线。槽绝缘放置方法如图 8-37 所示。

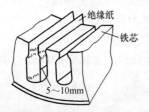

图 8-37　槽绝缘放置方法

四、绕组元件的制作

绕组元件（线圈）要在绕线模上进行制作。绕线模的尺寸和形状要根据所修电动机的型号以及其绕组的形式来确定，如图 8-38 所示。线模尺寸过小使端部长度不足而造成嵌线困难，在操作时容易绕组导线或槽口绝缘。若线模尺寸过大，则电动机端部绕组过长，容易碰端盖，甚至无法使用。一般线模尺寸的确定，可以借助拆下的完整绕组做参考，取最小的一匝，参考它的形状和周长作为线模模芯的尺寸。线模模芯做成后，应在其轴心处倾斜锯开，分别固定在两个夹板上，以便绕组绕好后脱模。

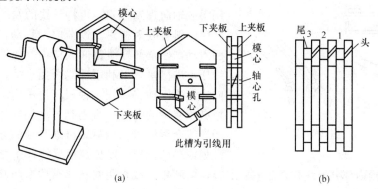

(a) (b)

图 8-38 绕线机和绕线模

(a) 绕线机；(b) 绕线模

绕线模的尺寸也可参照电工手册中有关单层绕组和双层绕组线槽的计算公式来确定。

制作绕线模时，应同时做出一个极相组的模芯，这样可以减少接头。另外，由于电动机的种类、型号、容量大小都很多，如果对每一种电动机制作一副线模，既不经济又浪费时间，所以，对一般电动机绕组元件的制作可用一种万能模如图 8-39 所示。

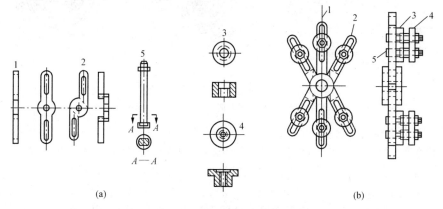

(a) (b)

图 8-39 万能绕线模零件和装配图

(a) 零件图；(b) 装配图

1—立板；2—斜板（2件）；3—垫圈1（6件）；4—垫圈2（6件）；5—轴钉

线圈元件在绕制过程中，要排列整齐，保证匝数并稍微拉紧，不可松散。

五、嵌线工艺

定子绕组嵌线前应清理铁芯槽，制作并放置槽绝缘，准备嵌线工具。嵌线常用工具如图 8-40 所示。

嵌线有一定的规律，每一组线圈都有两个引出线端，通常称为端线，端线分首端（头）和尾

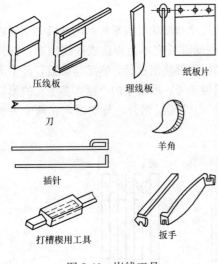

压线板　　　　理线板　　　纸板片

刀

羊角

插针

打槽楔用工具　　扳手

图 8-40　嵌线工具

端（尾）。嵌双层绕组时，先嵌的线圈必定是槽底层（即下层边），其引出端就在下层边，它的线端就是首端；后嵌的线圈必定在槽的上层（即上层边），其引出端在上层边，它的线端就是尾段。每相绕组的引出线端头必须从定子的出线孔一侧引出，所以绕组的引出线都应该放在出线孔一侧。

嵌线时，先将绕组稍加变动，然后将绕组的一边用手顺轴向理顺捏扁，再将导线的左端从槽口右侧有次序倾斜着嵌入槽里。逐渐向左移动，边拉边压、来回滑动，使全部导线都嵌入槽内。如果有一小部分导线压不进槽里，可利用理线板插进槽口，沿着槽的方向边划边压地将导线一根根压进槽内。但应注意理线板必须从槽的一端一直划到另一端，并且必须使所划的导线全根嵌入槽内后，再划其余的导线。切忌随意乱划或局部撬压，以免几根导线产生交叉轧在槽口无法嵌入。如果槽内部分导线有高低不平凸起，可利用压线板下衬树脂薄膜，凸起的一端插进槽里，以小锤轻敲压线板背，并边敲边移动，使槽内导线压平为止。

半封闭槽双层绕组开始嵌线的方法与顺序如图 8-41 所示。

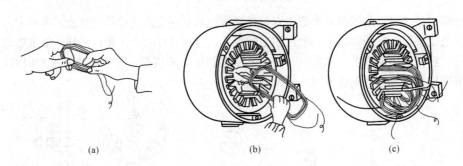

(a)　　　　　　　　　(b)　　　　　　　　　(c)

图 8-41　半封闭槽双层绕组嵌线方法示意
(a) 理顺捏扁；(b) 从槽口嵌线；(c) 向后逐槽嵌入线圈

嵌第一节距的绕组元件时，以机座出线孔为基准，确定第一槽后，向后逐槽嵌入下层边，将上层边用纱带扎好，防止嵌线过程中与铁芯相碰而损伤导线绝缘，也能方便嵌线。当第一节距的下层绕组元件嵌完后，可顺次嵌入其他绕组元件，将上层边嵌入相应的槽内（先放入层间绝缘），覆好槽绝缘，打入槽楔，垫好端部绝缘。嵌最后一个节距绕组元件时，将第一节距绕组元件的上层边吊起，嵌好最后一个节距绕组元件的下层边，然后逐个嵌入第一节距绕组元件的上层边，覆好槽绝缘，打入槽楔，垫好端部绝缘，如图 8-42 所示。

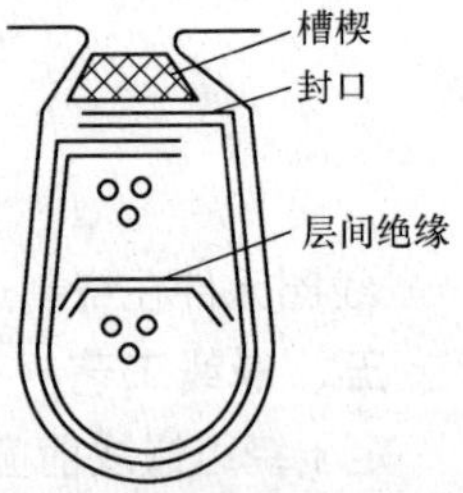

绕组全部嵌放完毕后，对端部绕组进行整形，将绕组端部伸出部分整理为一定的喇叭形，并剪去凸出的绝缘纸。检查端部伸长尺寸和槽楔松紧，然后焊接各极相组间的接头和引出线，包好绝缘，用扎线将端部和引线扎牢。测量三相直流电阻、绝缘电阻、极性，浸漆烘干做交流耐压试验。

槽楔
封口

层间绝缘

图 8-42　槽绝缘、层间绝缘及槽楔的构成

第五节　异步电动机检修后的试验

三相异步电动机检修后的试验项目主要有绝缘电阻和吸收比测定，直流电阻的测量，交流耐压试验以及定子和转子之间的气隙测量等。

一、绝缘电阻和吸收比的测定

根据电动机额定电压的不同，使用不同电压等级的绝缘电阻表进行测量。如果电动机的额定电压在1000V以上，应使用2500V的绝缘电阻表；额定电压在500～1000V时应使用1000V绝缘电阻表；额定电压在500V以下时应使用500V绝缘电阻表进行测量。测量方法及注意事项如下：

（1）分别测量电动机定子绕组、绕线式异步电动机的转子绕组、启动电阻器以及电缆的绝缘电阻。

（2）如果电动机的绝缘不合格，在干燥前后都要测量绝缘电阻，此时应断开电动机的连接部分，并分相进行测量。

（3）对电压在1000V以上的电动机还应测量吸收比（即R''_{60}/R''_{15}）其值大于1.3时即认为绝缘良好。

（4）在测量绝缘电阻时应同时记录绕组温度，然后换算到75℃值与以前测量值进行比较换算公式为

$$R_{75} = R_t \left/ \left[\frac{2 \times (75-t)}{10} \right] \right.$$

式中　R_{75}——温度在75℃时的绝缘电阻值，MΩ；

R_t——温度在t℃时所测量的绝缘电阻值，MΩ；

t——测量时的温度，℃。

若设$2 \times (75-t)/10 = K$，即$R_{75} = R_t/K$，K值可由表8-12查出。

表8-12　　　　　电动机绝缘电阻温度换算系数表

t℃	1	2	3	4	5	6	7	8	9	10
K	170	158	147	139	128	120	112	105	98	91
t℃	11	12	13	14	15	16	17	18	19	20
K	85	79	74	69	64	60	56	52	48.6	45.5
t℃	21	22	23	24	25	26	27	28	29	30
K	42.2	39.5	37	34.5	32	30	28	26	24.3	22.7
t℃	31	32	33	34	35	36	37	38	39	40
K	21.2	19.8	18.5	17.2	16	15	13.9	13	12	11.3
t℃	41	42	43	44	45	46	47	48	49	50
K	10.6	9.9	9.2	8.6	8	7.5	7	6.5	6.1	5.7
t℃	51	52	53	54	55	56	57	58	59	60
K	5.3	4.9	4.6	4.3	4	3.72	3.48	3.25	3.03	2.83
t℃	61	62	63	64	65	66	67	68	69	70
K	2.64	2.46	2.3	2.14	2	1.87	1.74	1.65	1.516	1.414
t℃	71	72	73	74	75	76	77	78	79	80
K	1.32	1.23	1.15	1.07	1	0.93	0.87	0.81	0.76	0.71

(5) 交接时，电压为 1000V 及以上的电动机绝缘电阻在接近运行温度时，定子绕组绝缘电阻不应低于每千伏 1MΩ，转子绕组不应低于 0.5MΩ。电压为 1000V 以下的电动机绝缘电阻，也不应低于 0.5MΩ。

二、直流电阻的测量

1. 测量目的

测量直流电阻是为了检查焊接头是否良好，匝间有无短路现象，回路是否完整等。对笼型电动机应测量定子绕组各相电阻；对绕线式电动机应测量定子、转子绕组各相电阻及启动装置的电阻；对有可变电阻器或启动电阻器的应同时测量其直流电阻。

2. 测量方法

可使用电桥或压降法分别测量电动机各相电阻。如果各相绕组端头已在电机内部连成星形或三角形时，则应按下述方法测量与换算。

（1）星形接法（中性点未引出）。此时先测出三相线间电阻 R_{UV}、R_{VW}、R_{WU}。各相电阻的计算如下

$$R_U = \frac{R_{WU} + R_{UV} - R_{VW}}{2}$$

$$R_V = \frac{R_{UV} + R_{VW} - R_{WU}}{2}$$

$$R_W = \frac{R_{VW} + R_{WU} - R_{UV}}{2}$$

如所测得的 R_{UV}、R_{VW}、R_{WU} 相等，则每相电阻为

$$R_U = R_V = R_W = \frac{R_{UV}}{2}$$

（2）三角形接法（不能拆开时）。此时测出线间电阻 R_{UV}、R_{VW}、R_{WU} 与相电阻的关系为

$$R_{UV} = \frac{R_U(R_V + R_W)}{R_U + R_V + R_W}$$

$$R_{VW} = \frac{R_V(R_W + R_U)}{R_U + R_V + R_W}$$

$$R_{WU} = \frac{R_W(R_U + R_V)}{R_U + R_V + R_W}$$

各相电阻的计算如下

$$R_U = (R_{UV} - K_m) - \frac{R_{WU}R_{VW}}{R_{UV} - K_m}$$

$$R_V = (R_{VW} - K_m) - \frac{R_{UV}R_{WU}}{R_{VW} - K_m}$$

$$R_W = (R_{WU} - K_m) - \frac{R_{VW}R_{UV}}{R_{WU} - K_m}$$

$$K_m = \frac{R_{UV} + R_{VW} + R_{WU}}{2}$$

如测得的 R_{UV}、R_{VW}、R_{WU} 相等，则每相电阻

$$R_U = R_V = R_W = \frac{3R_{UV}}{2}$$

3. 直流电阻的判断标准

各相绕组直流电阻的相互差别与制造厂或最初测得数据相比较，不应超过2%；可变电阻器或启动电阻器的直流电阻与制造厂数值或最初测得的数据比较，相差不应超过10%。如果有分接头的，应在所有分接头上测量其直流电阻。

4. 注意事项

（1）为了与以往的数据比较，应按下式换算到75℃的直流电阻值

$$R_{75} = R_t \frac{235 + 75}{235 + t}$$

式中　R_t——温度t℃时的电阻值，Ω；

　　235——铜导线时的温度换算系数（铝导线为225）。

（2）如各相相间与以往数值比较超过2%以上时，必须查明原因（很可能是接头焊接不良），并应加以处理。

三、交流耐压试验

1. 定子绕组的交流耐压试验

电动机绕组绝缘电阻测定合格后，必须做绕组的工频交流耐压试验。对各相绕组在内部连接好的电动机，只做三相绕组对外壳的耐压试验；对各相绕组在外部连接的，应分别做各相对其他两相和外壳的耐压试验。

2. 对绕线式电动机增加的交流耐压试验项目

（1）转子绕组对轴和绑线的交流耐压试验。

（2）可变电阻器对地的交流耐压试验。

3. 交流耐压试验标准

（1）交接时定子绕组的试验标准见表8-13。

表 8-13　　　　　　　　　　交接时定子绕组的试验标准

额定电压（kV）	0.4 及以下	0.5	2	3	6	10
试验电压（kV）	1	1.5	4	5	10	16

（2）大修不更换绕组时的耐压试验电压为额定电压的1.5倍，但至少为1000V。

（3）局部更换定子绕组时的试验电压标准见表8-14。

表 8-14　　　　　　　　　　局部更换定子绕组时的耐压试验标准

序号	试 验 项 目	高压电机绕组试验电压（V）
1	备用绕组（或线棒）放入槽内前	$2.25U_N + 2000$
2	备用绕组（或线棒）放入槽内后与旧绕组连接前	$2U_N + 1000$
3	取出要更换的绕组（或线棒）后，试验留下的旧绕组部分	$1.7U_N$但不应低于上表的规定
4	全部绕组连接后	见表8-13

注　U_N为定子绕组的额定电压。

（4）全部更换绕组时的试验电压标准见表 8-15。

表 8-15 全部更换定子绕组时的耐压试验标准

序号	试验项目	试验电压（V）	
		额定电压为 1000V 以下的绝缘	额定电压为 2～6kV
1	新绕组元件（线棒）放入槽内前		$2.75U_N+4000$
2	新绕组元件（线棒）放入槽内后，但未连接和焊接前	容量在 1kVA 以下者，$2U_N+1000$ 容量在 1～3kVA 者，$2U_N+2000$ 容量在 3kVA 以上者，$2U_N+2500$	$2.75U_N+2000$
3	全部绕组连接好以后，整个定子绕组	容量在 1kVA 以下者，$2U_N+750$ 容量在 1～3kVA 者，$2U_N+1500$ 容量在 3kVA 以上者，$2U_N+2000$	$2.75U_N+1000$

（5）绕线式转子绕组交流耐压试验标准见表 8-16。

表 8-16 绕线式转子绕组交流耐压试验标准

序号	试 验 项 目	试验电压（V）
1	交接和不更换绕组的大修，或局部更换绕组在连接、焊接并绑扎后	$1.5U_P$但不得低于 1000
2	全部更换绕组时	
	绕组放入槽内前	$2U_P+3000$
	绕组放入槽内后	$2U_P+2000$
	绕组连接、焊接并绑扎后	$2U_P+1000$
	集电环（滑环）与绕组连接前	$2U_P+2200$

注 U_P 为转子静止时，在定子绕组上加额定电压，转子绕组开路，在集电环上测得的电压。

（6）转子绑线对绕组和外壳的交流耐压试验电压为 1000V。

（7）可变电阻器交流耐压试验电压采用 1000V。

第六节　异步电动机控制电路接线

一、三相异步电动机全压启动控制电路接线

当电动机通入三相交流电的瞬间，由于转差率 $S=1$，转子感应电动势最大，而转子电路阻抗很小，故转子电流很大。为了保持定子主磁通不变，定子电流也相应增大许多，可达到额定电流的 4 ～ 7 倍，这个电流会使电动机发热，并会导致供电线路电压下降，影响同一线路上其他电气设备的正常工作。所以，对于较大容量的电动机必须采用降压启动的方法，而小容量的电动机可以全压直接启动。

（一）不可逆全压启动控制电路

不可逆全压启动控制电路常采用负荷开关、组合开关等设备来控制工矿企业中的风扇、砂轮机或小型电钻以及机床的冷却泵等电动机，用按钮和接触器来实现点动控制。

图 8-43 为具有过载保护和自锁的不可逆控制电路图。

当电动机在运转过程中，因各种原因造成电动机过负荷运行，将会使电动机过热，长时间过热会使绝缘损坏，影响电动机使用寿命，甚至烧毁电动机。因此，对连续运行的电动机必须采取过载保护。一般采用热继电器作为过载保护元件，如图 8-43 中的 FR。

图中 FR 为热继电器，它的热元件串接在电动机的主电路中，其动断触点则串接在控制回路中。如果电动机 M 在运行中由于过载使负荷电流超过电动机额定值时，经过一定时间，串接在主电路中的热继电器双金属片受热弯曲，使串接在控制回路中的动断触点分断，从而切断了控制回路，接触器 KM的线圈断电，KM 主触头分断，电动机 M 脱离电源而停转，达到过载保护的目的。

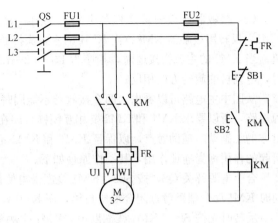

图 8-43　具有过载保护和自锁的不可逆控制电路

（二）可逆全压启动控制电路

很多机械设备在生产过程中需要运动部件具有正反两个可逆运动方向的功能，如电动阀门的开启与关闭、起重机械的上升与下降、机床工作台的前进与后退等，都要求电动机能可逆运转。根据电磁场与电流相序的关系，将电动机三相电源进线中任意两相对调就可以达到反转的目的，常用可逆控制电路有以下几种。

1. 倒顺开关可逆控制

这种开关有三个位置，即"顺转"、"停止"、"倒转"，当电动机处于正转状态时，欲使其反转，必须将手柄扳到"停止"位置，使电动机停转，然后再将手柄扳到"倒转"位置，使其反转。如果直接由"顺转"扳到"倒转"时，电源突然反接，会产生很大的冲击电流，因而损坏定子绕组。

2. 接触器和按钮可逆控制

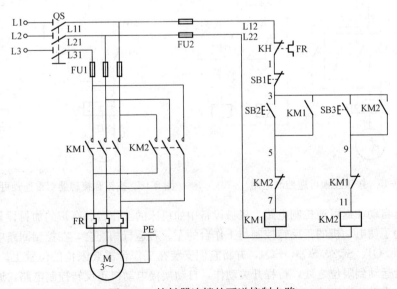

图 8-44　接触器连锁的可逆控制电路

（1）接触器连锁的可逆控制电路。如图 8-44 所示，图中采用两个接触器，正转用接触器 KM1，反转用接触器 KM2。当 KM1 的主触头接通时，三相电源的相序按 L1—L2—L3 接入电动机。当 KM2 的主触头接通时，相序为 L3—L2—L1 接入电动机。所以，当两个接触器分别工作时，电动机的旋转方向相反。

从图中主电路可以看出，两个接触器不能同时工作，如果同时工作将会造成 L1、L3 两相电源短路，所以要求 KM1 和 KM2 要相互闭锁，即在 KM1 与 KM2 线圈各自的支路中相互串联了对方的一副动断辅助触点，以保证 KM1 和 KM2 不会同时通电。这两副动断辅助触头在电路中所起的作用称为连锁作用，其动作原理如下。

合上电源开关 QS，按 SB2，KM1 线圈带电使铁芯吸合，KM1 主触头闭合，电动机 M 正转，同时 KM1 动合辅助触点闭合形成自锁，而 KM1 动断辅助触点分断起到连锁作用。

反转时先按 SB1，KM1 线圈断电，KM1 主触头分断使电动机 M 停转，同时 KM1 自锁触头分断、连锁触头闭合。再按 SB3，KM2 线圈带电铁芯吸合，KM2 主触头闭合，电动机 M 反转，同时 KM2 动合辅助触点闭合形成自锁，KM2 连锁用的动断辅助触点分断达到接触器的电气连锁目的。

（2）按钮连锁可逆控制电路。如图 8-45 所示，其动作原理与图 8-44 接触器连锁可逆控制电路基本相似。由于采用了复合按钮，当按下反转按钮 SB3 后，首先使串接在正转控制电路中的反转按钮 SB3 动断触点分断，于是，正转接触器 KM1 的线圈断电，触点全部恢复正常位置，电动机 M 断电惯性运转，虽然紧接着反转按钮 SB3 的动合触点闭合，使反转接触器 KM2 的线圈通电，电动机反转启动。但保证了正反转接触器 KM1 和 KM2 不会同时通电，起到了连锁作用。

（3）按钮和接触器双重连锁可逆控制电路。以上两种连锁可逆控制均有各自的优缺点，在实际应用中往往是将两者结合起来用，如图 8-46 所示。这种电路安全可靠，常用于工矿企业的电力拖动设备中，其动作原理可结合以上两种控制电路进行分析操作。

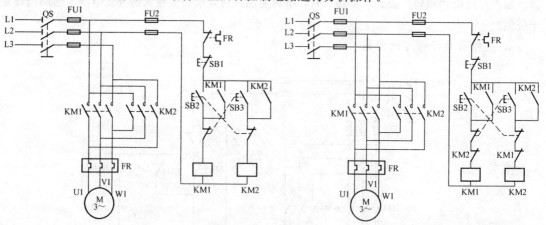

图 8-45　按钮连锁可逆控制电路　　　　图 8-46　按钮和接触器双重连锁可逆控制电路

（4）具有自动往返可逆控制电路。机械设备中如机床的工作台、高炉的加料设备等均需自动往返运行，为了使电动机的正反转控制与工作台的左、右运行相配合，在控制回路中设置了 4 个行程开关，即 SQ1、SQ2、SQ3、SQ4，并将它们安装在工作台需要限位的位置上。如图 8-47 所示。当工作台运动到限位之处，行程开关动作，自动换接电动机正反转控制电路，通过机械传动机构使工作台自动往返运动。

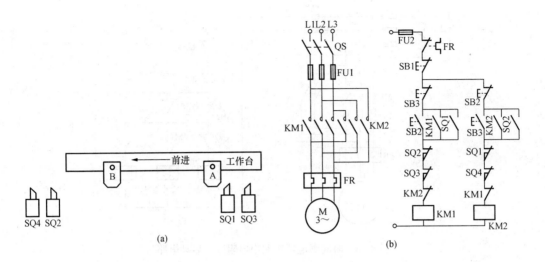

图 8-47　自动往返行程控制电路

(a) 工作台示意图；(b) 控制电路图

按下启动按钮 SB2，接触器 KM1 线圈通电铁芯吸合，主触头闭合，电动机 M 启动正转，通过机械传动装置拖动工作台向左方向运动，当工作台运动到需要限位的位置时，挡铁 B 碰撞行程开关 SQ2，使其动断触点断开，接触器 KM1 线圈断电，主触点分断，使电动机 M 断电停转。与此同时，行程开关 SQ2 动合触点闭合，接触器 KM2 线圈通电吸合使电动机 M 反转，拖动工作台向右运动，同时行程开关 SQ2 复原，接触器 KM2 的辅助动合触点闭合，形成自锁，故电动机 M 继续拖动工作台向右运动。当工作台向右运动到一定位置时，挡铁 A 碰撞行程开关 SQ1，使 SQ1 的动断触点断开，接触器 KM2 线圈断电释放，电动机 M 断电停转。与此同时，行程开关 SQ1 的动合触点闭合，接触器 KM1 线圈带电吸合，电动机 M 又开始正转。如此周而复始，工作台在预定的距离内自动往返运动。

图 8-47 中，行程开关 SQ3 和 SQ4 安装在工作台往返运动的极限位置上，为正反向极限保护用行程开关，以防行程开关 SQ1 和 SQ2 失灵时，工作台运动不止而造成事故。

二、三相异步电动机降压启动控制电路接线

常用降压启动方式有定子电路串联电阻（或电抗器）降压启动；星形与三角形换接启动（俗称 Y—△启动）；自耦变压器降压启动；延边三角形降压启动等。

1. 串电阻（或电抗器）降压启动控制电路

电动机启动时，在定子回路串电阻，使电动机定子绕组电压低于电源电压一定值，从而限制了启动电流。当电动机经过一定时间达到正常转速后将串联电阻短接，使电动机在正常的额定电压下工作。其原理接线如图 8-48 所示。

动作原理如下：合隔离开关 QS，按下合闸按钮 SB2，接触器 KM1 线圈通电，其主触点闭合，电动机串电阻 RST 启动，同时 KM1 的两个辅助触点闭合，形成自锁，并使时间继电器 KT 线圈带电。时间继电器 KT 的动合触点延时闭合后，KM2 线圈带电使其主触点闭合，电阻器 RST 短接，电动机全压运行。同时接触器 KM2 的动合辅助触点闭合自锁，而动断辅助触点分断，使 KM1 线圈断电释放。

2. Y—△换接启动控制电路

Y—△换接启动控制电路所需设备简单，成本较低，但因启动转矩较小，所以只适用于轻载

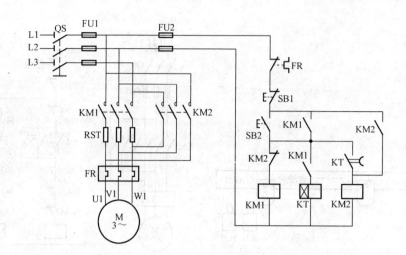

图 8-48 时间继电器控制串电阻降压启动电路

或空载启动，而且电动机的接线方式必须是三角形接线。其原理接线如图 8-49 所示。

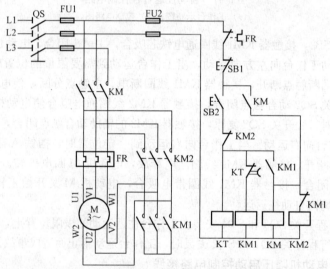

图 8-49 时间继电器自动控制 Y—△启动电路

动作原理如下：合上隔离开关 QS，按下启动按钮 SB2，接触器 KM1 线圈通电铁芯吸合，KM1 主触点闭合，KM1 动断辅助触点分断起连锁作用，而 KM1 的动合辅助触点闭合，使接触 KM 线圈带电，其主触点 KM 闭合、动合辅助触点 KM 闭合形成自锁，电动机接成星形降压启动。

在 KM1 线圈带电的同时，时间继电器 KT 线圈也带电，KT 动断触点延时分断、KM1 线圈断电其主触点 KM1 分断、KM1 的辅助触点复原（即动合触点断开、连锁触点闭合），使接触器 KM2 线圈带电、KM2 主触点闭合，电动机接成三角形全压运行，同时 KM2 的辅助动断触点分断形成连锁，KT 与 KM1 均失压恢复正常备用状态。

3. 自耦变压器降压启动控制

自耦变压器降压启动分手动和自动控制两种。

（1）手动控制。手动控制自耦变压器保护装置和手柄操动机构均装在箱架的上部。自耦变压器的绕组是根据短时设计的，只允许连续启动两次。其抽头电压有两种，分别是电源电压的

65％和80％，可根据电动机启动时负载的大小来选择不同的启动电压。

手动控制自耦变压器的寿命为5000次左右。它具有过载保护和欠压保护，过载保护采用双金属片式热继电器FR，也有用过流继电器的。在室温35℃环境下，电流增加到额定电流的1.2倍时，继电器FR将在规定的时间内动作，切断电源。欠压保护采用失压脱扣器KV，它由绕组、铁芯和衔铁组成，其绕组跨接在两相之间。在电源电压正常的情况下，绕组带电吸合主衔铁，当电源电压低于85％以下时，铁芯吸力减小，衔铁通过自重下落，使机构动作跳闸，切断电动机的电源，保护电动机不会因电压过低而烧毁。

手动控制自耦变压器触点系统包括两排静触点和一排动触点，均装在其装置的下部，浸在绝缘油内，绝缘油必须清洁并有良好的绝缘性能。上面5个触点叫做启动触点，其中3个在启动时与动触点接触，另外两个是在启动时将自耦变压器的三相绕组接成星形；下面3个叫做运行触点；中间一排是动触点，共有5个，其中三个触点通过软连接接到接线板上的三相电源，另外2个触点自行接通，在启动时做自耦变压器绕组的中性点用，如图8-50所示。

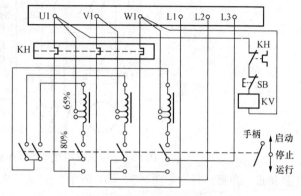

图 8-50　QJ3 型补偿器控制电路

QJ3型补偿器控制电路动作原理如下：当手柄在"停止"位置时，装在主轴上的动触点与两排静触点都不接触，电动机不通电；当手柄向前推倒"启动"位置时，动触点与上面一排静触点接通，电源通过动触点、3个启动用静触点、自耦变压器以及变压器的3个抽头、接线板上U1、V1、W1至电动机；当电动机转速升到一定值时，将手柄向后迅速扳到"运行"位置，此时动触点与下面一排运行用的静触点接通，电源通过动触点、3个静触点、热继电器FR、接线板上的U1、V1、W1，使电动机直接与电源接通，在额定电压下正常运行。如果需要电动机停止转动，只要按下停止按钮SB，跨接在两相电源之间的失压脱扣器绕组就会断电，衔铁释放，通过机械传动机构使补偿器手柄回到"停止"位置，电动机停转。

（2）自动控制。串接自耦变压器降压启动的自动控制电路，如图8-51所示。

动作原理如下：合上电源开关QS后，按启动按钮SB2，使KM1线圈通电吸合，其主触点KM1闭合，自耦变压器TA接成星形。同时其动断辅助触点KM1分断形成连锁、而动合辅助触点KM1闭合，使接触器KM2线圈带电、时间继电器KT线圈带电，KM2主触点闭合，其动合辅助触点KM2闭合形成自锁使电动机M串自耦变压器启动。由于时间继电器KT线圈带电，KT动断触点延时断开，使继电器KM1线圈断电、主触点KM1分断、辅助触点KM1动合触点分断、KM1动断辅助触点恢复常闭状态、时间继电器KT的动合触点延时闭合，使KM3线圈带电，其主触点KM3闭合、动合辅助触点KM3闭合自锁，电动机M全压运行。同时KM3动断辅助触点分断，使KM2线圈断电，KM2主触点分断、自锁辅助触点KM2分断。

4．延边三角形降压启动控制电路

延边三角形降压启动是一种不用增加专用启动设备而能得到较高的启动转矩的降压启动方法，但是它只适用于定子绕组有9个出线头的异步电动机，其启动原理如图8-52所示。它将每一相绕组按一定比例分成两部分，引出一个中间接头。启动时，靠接触器将一部分绕组接成三角形，另一部分绕组按星形接在三角形的延边上，达到启动的目的，如图8-52（a）所示。启动完

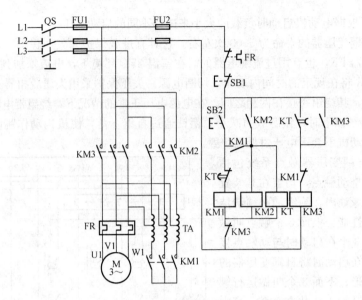

图 8-51　串接自耦变压器降压启动自动控制电路

毕换接成三角形运行，如图 8-52（b）所示。

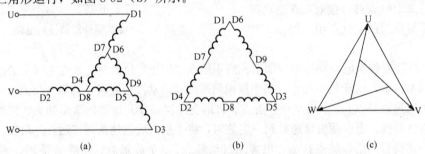

(a) (b) (c)

图 8-52　延边三角形降压启动原理

(a) 延边三角形接法；(b) 三角形接法；(c) 原理示意

延边三角形启动电压降低的程度决定于电动机绕组抽头两端的匝数，三角形延边部分的匝数越多，每相绕组所承受的电压降就降得越低，电压的向量如图 8-52（c）所示。三角形的边长为 U_1，其内部的三个向量为三个绕组所承受的电压，变化极限在 $U_1 \sim \sqrt{3}U_1$ 之间。

根据试验，当绕组的星形接线部分与三角形接线部分匝数之比为 1∶1 时，启动电压降低为 $U_1/\sqrt{2}$，启动电流和启动转矩均降低为直接启动时的 0.5 倍；当星接与三角接部分的匝数比为 1∶2 时，启动电压降低为 $0.78U_1$，启动电流和启动转矩均降低为直接启动时的 0.6 倍。

延边三角形启动可以根据负荷特性的要求，选用不同比例的抽头，通过绕组的换接实现降压，其控制电路如图 8-53 所示。

三、单相异步电动机的类型及启动控制

单相异步电动机的转子是笼式的，定子有两个绕组，一个是一次绕组或称工作绕组，另一个是二次绕组也称启动绕组。为了使单相异步电动机产生启动转矩，就需要采取一定的方法，使电动机启动时在气隙中形成一个旋转磁场。

1. 电容启动的单相异步电动机

电容启动单相异步电动机的工作原理接线如图 8-54 所示。启动时，将启动绕组、电容器及

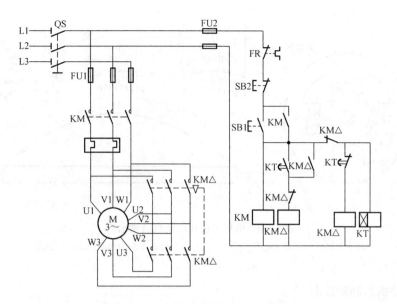

图 8-53　延边三角形降压启动自动控制电路

离心开关 S 串接后与工作绕组并联再接至单相交流电源上。当电动机静止不动或转速较低时，装在电动机上的离心开关 S 处于闭合状态。当电动机启动完毕，转速达到同步转速的 75% ～ 80% 时，离心开关 S 分断，切断电容器和启动绕组电路，电动机通过工作绕组稳定工作。

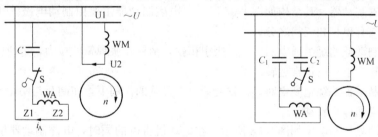

图 8-54　电容启动单相异步电动机的工作原理接线　　图 8-55　电容运行电动机原理接线

2．电容运行电动机

电容运行电动机原理接线如图 8-55 所示。在运行时串联在启动绕组电路中的电容器仍与电路接通，保持启动时产生两相旋转磁场的特性，既可得到较大的转矩，而且电动机的功率因数、效率、过载能力都比其他类型单相电动机要高。

3．罩极式单相异步电动机

罩极式单相异步电动机的定子铁芯通常是凸极式，一次绕组就绕在这个磁极上，在磁极表面约 1/4～1/3 的部位有一个凹槽，将磁极分成大小两部分，在磁极小的部分套着一个较粗的短路铜环，相当于一个二次绕组（或称罩极绕组），如图 8-56（a）所示。

当一次绕组接通单相交流电时，产生脉动磁场，其中一部分磁通穿过短路环，根据楞次定律，在短路环中产生感应电流，反对罩极中的磁通变化，使这部分磁通滞后一个角度，而将极面下的磁通分成空间和时间上都存在相位差的两部分，如图 8-56（b）所示。于是在磁极的端面上就形成了一个移动的磁场，转子受到这局部移动磁场的作用而向短路环的方向自行启动达到稳定运转状态。

这种电动机结构简单，但启动转矩小，效率也低，一般应用在风扇、音响、小型鼓风机以及

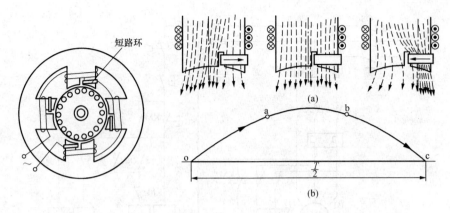

图 8-56　单相罩极式电动机结构示意

(a) 罩极式单相异步电动机结构示意；(b) 磁通在空间和时间上的相位差

自动装置中。

四、电动机的制动控制

电动机切断电源后，由于惯性不能立即停转，为了克服电动机的惯性使其迅速停车，需要采取一定的方法来制动电动机。制动的方法一般有机械制动和电力制动两种。

1. 机械制动

机械制动是利用机械装置使电动机切断电源后迅速停止转动的方法，比较普遍应用的机械制动设备是电磁制动器，其结构如图 8-57 所示。电磁制动器主要由制动电磁铁和闸瓦制动器两大部分组成。它有单相和三相之分。

当电磁制动器的绕组通电后，铁芯吸引衔铁，衔铁克服弹簧的拉力，迫使杠杆向上移动，使闸瓦松开闸轮，电动机正常运转。

当电磁制动器的绕组断电时，衔铁复原，在弹簧的作用下，使闸瓦与闸轮紧紧抱住，电动机就被迅速制动而停止转动。

电磁制动器控制电路如图 8-58 所示。在电动机带电的同时，电磁制动器也带电，二者同时动作，克服了电动机瞬间断路运行工作状态。

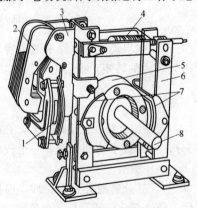

图 8-57　电磁制动器

1—绕组；2—衔铁；3—铁芯；

4—弹簧；5—闸轮；6—杠杆；

7—闸瓦；8—轴

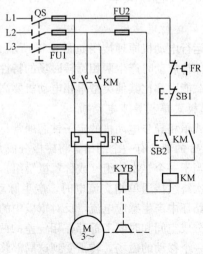

图 8-58　电磁制动器控制电路

2. 电力制动

在电动机断电后停转过程中，产生一个与电动机实际旋转方向相反的电磁力矩，迫使电动机迅速停转，这种制动方法称为电力制动。常用的电力制动方法有反接制动和能耗制动。

（1）反接制动。反接制动是改变三相异步电动机电源相序来改变旋转磁场的方向，使惯性运转的电动机转子产生一个相反的电磁转矩，迫使电动机停转，达到制动的目的。

电动机反接制动时，定子绕组电流很大，为了防止绕组过热和减小制动冲击，一般功率在 10kW 以上电动机的定子电路中应串入反接制动电阻。另外，采用反接制动当电动机转速降至零时，仍有反向转矩，因此应在电动机接近零时利用速度继电器切断三相电源，避免引起电动机反向启动，如图 8-59 所示。

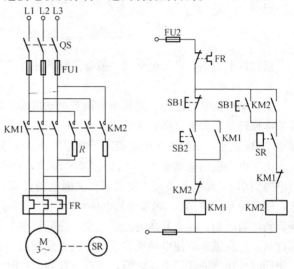

图 8-59　反向制动控制电路

动作原理如下：电动机正常运行时，接触器 KM1 通电吸合，速度继电器 SR 的一对动合触点闭合，为反接制动做准备。当按下停止按钮 SB1 时，其动断触点分断，接触器 KM1 线圈断电，主触点 KM1 分断、辅助触点 KM1 恢复动断状态，电动机定子绕组脱离电源，而电动机转子因惯性继续旋转，同时停止按钮 SB1 的动合触点闭合（SB1 是复合按钮），接触器 KM2 线圈通电，其主触点 KM2 闭合、辅助触点 KM2 闭合自锁，电动机 M 的定子串电阻接上反序电源进入反接制动状态。此时电动机转速迅速下降，当转速接近 100r/min 时，速度继电器 SR 动合触点复位，接触器 KM2 线圈断电，其主触点 KM2 分断、辅助动合触点 KM2 复位，电动机脱离电源达到停车目的。

（2）能耗制动。当电动机切断交流电源时，立即在定子绕组任意两相中通入直流电，以产生一个静止磁场，使惯性旋转的电动机转子切割磁力线，感应电流（右手定则），产生制动转矩（左手定则），阻止转子旋转，达到制动的目的。当电动机停止转动时，应立即切断直流电源。

能耗制动的工作顺序如图 8-60 所示。若要停机，按下复合停止按钮 SB1，KM1 断电，电动机脱离交流电源，KM1 动断辅助触点复位，同时停止按钮 SB1 的动合触点闭合，接触器 KM2 线圈通电，主触点 KM2 闭合，动合辅助触点 KM2 闭合自锁，将直流电源接入定子两相绕组，同时接通时间继电器线圈 KT，使其延时触点 KT 在整定时间（电动机转速接近零时）后，时间继电器延时断开的动断触点 KT

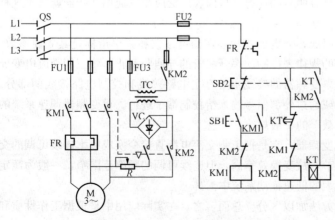

图 8-60　能耗制动自动控制电路

分断，KM2 线圈断电，主触点分断，将直流电源切断。

五、异步电动机调速

异步电动机转子的转速 n 决定于旋转磁场的同步转速 n_1 和转差率 s，而旋转磁场的转速 n_1 又取决于电源的频率 f_1 和定子绕组的磁极对数 p，即

因为

$$n=(1-s) \, n_1, \, n_1=\frac{(60 \, f_1)}{p}$$

所以

$$n=\frac{(1-s) \, (60 \, f_1)}{p}$$

根据以上关系，异步电动机一般有变频调速、变极调速、电磁滑差离合器等调速方式。

1. 变频调速

变频调速就是用改变电源频率来调节电动机旋转磁场的转速，从而实现电动机的平滑调速。其基本原理是根据电动机转速公式 $n=(60 f_1)/p$ 得知，当磁极对数 p 不变时，电动机转速 n 与频率 f_1 成正比，如果改变电动机定子电源频率 f_1，就可以改变电动机的转速。

由于电动机的电动势 $E=4.44 f_1 N\Phi \times 10^{-8}$，当电动机定子匝数 N 不变的情况下，电动势 E 与电源频率 f_1 和磁通 Φ 成正比关系。又因电动势 E 近似外加电压 U_1，所以 $U_1=Cf_1\Phi$，C 为常数，则磁通 $\Phi=U_1/f_1$，如果外加电压 U_1 不变，则磁通 Φ 随电源频率 f_1 的改变而改变，即频率降低则磁通增加，频率升高则磁通减少。降低频率会造成磁路过饱和，使励磁电流增加而引起铁芯过热；升高频率将使电动机容量得不到充分利用，所以，在要求恒转矩调速运行中，降低频率必须同时成比例的降低电压，即 $U_1/f_1=$ 常数，这时气隙主磁通及磁路各部分磁密基本不变，电动机的性能也几乎不变。

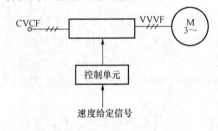

图 8-61 变频调速系统框图

变频调速系统的表示方法如图 8-61 所示。它由变频器（或称变频电源）和控制单元组成，完成将恒压恒频（CVCF）电源转换为变压调频电源（VVVF），为交流异步电动机提供调速用变频电源。

变频调速系统可分为交—直—交变频调速系统和交—交变频调速系统两大类。

交—直—交变频调速系统又称带直流环节的间接变频器，它是先把工频交流电整流成直流电，再把直流电逆变成频率连续可调的交流电。由于将直流电逆变成交流的环节较易控制，因此，在频率的调节范围以及变频后电动机的特性等方面，都具有明显的优势，目前较广泛应用的通用变频器就属于这种形式。

通用变频器由主电路和控制电路组成，分类形式较多，额定参数和频率指标是其主要参数。通用变频器逆变的基本原理是按一定的规律来控制功率开关管的导通与截止，将三相交流电变成直流电，再将直流电变成三相交流电。变频器的接线主要有主电路接线和控制电路接线两部分。变频器的操作可以通过控制面板进行或通过外部信号输入给控制端子进行。对变频器调速系统的调试应遵循"先空载、继轻载、再重载"的一般规律。

交—交变频调速系统又称直接式变频器，它是把工频交流电源直接变换成频率连续可调的交流电源。其主要的优点是没有中间环节，故变换效率高，但连续可调的频率范围窄，一般为额定频率的 1/2 以下，它主要用于容量较大的低速拖动系统中。

每一类中又可以根据不同的分类方法加以区分。总而言之，在实际应用中是根据工作性质和要求选择不同类型的变频系统。

2. 变极调速

改变电动机定子绕组的极对数就可以改变旋转磁场和转子的转速。如将一套绕组中的部分线圈按一定的规律改接，以改变其电流方向来变更极对数，达到变极变速。常用于调速比为 2∶1 的双速电机或三速电机，如图 8-62 所示。

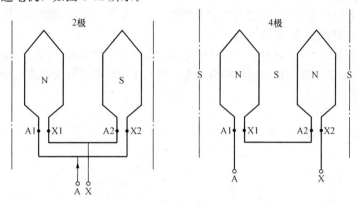

图 8-62　调速比变极电机接线原理

将每一相的一半线圈反接（如图中 A2 和 X2），便可改变绕组的极数。对于三相绕组改变极对数的接线方法较多，如（多极变少极）Y/YY，△/YY，YY/△。假定两种级数下允许的电流密度相同，力能指标相同，则各种接法的功率比（多极变少极）分别为 0.5、0.866 和 1.15 等，无论三相绕组接法如何不同，其极对数仅能改变一次。

3. 电磁滑差离合器调速

电磁滑差离合器调速系统是由笼式异步电动机、电磁滑差离合器和控制装置组成。这种调速是通过电磁滑差离合器来实现的，它在一定范围内可以平滑调速，但低速运行时损耗较大，效率较低。

电磁滑差离合器的主要部件是电枢、磁极和励磁绕组，如图 8-63 所示。电枢是用铸钢做成圆筒形结构，与电动机转轴连接在一起，随电动机一起转动。磁极做成爪形结构，若干对爪形磁极利用放在中间的隔磁环用铆钉铆在一起，与机械负载的轴连接在一起。励磁绕组固定在离合器外壳的内侧，由晶闸管整流电源供给励磁电流。

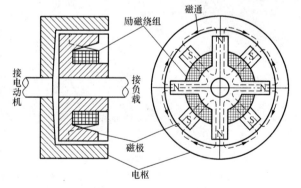

图 8-63　电磁滑差离合器基本结构示意

当电动机带动筒形电枢旋转时，电枢切割磁力线感应出涡流，这个涡流与磁极的磁场相互作用产生电磁转矩，使磁极跟着电枢同方向旋转，从而带动机械运行。由于电磁离合器中的电枢转速近似不变，磁极带动负载的转速高低是由励磁绕组中的电流大小而定，因此，改变励磁电流的大小也就改变了工作机械的转速。

由于电磁滑差离合器在原理上与异步电动机相似，随着负载转矩的增加，转速下降很快，故机械特性很软，速度不稳定。为此，在滑差调速系统中需要接入速度负反馈，即在从动轴上装有负反馈测速发电机，由测速发电机与控制箱内的晶闸管配合，及时调节励磁电流来保证工作机械的稳定运行。

本 章 小 结

　　本章对异步电动机结构、原理和绕组的基本概念作了介绍。重点讲述异步电动机的拆装工艺和常见故障的原因及处理方法，通过更换定子绕组，进一步了解电动机绕组的结构形式，为今后的预防性试验和查找绕组故障奠定基础。

　　本章对异步电动机的有关试验标准也作了介绍，并讲述了异步电动机的启动、反正转、制动与调速等控制电路以及控制电路的连锁环节和电动机的保护环节等接线，这也是检修人员应该熟练掌握的知识。

第九章 直流电动机检修

第一节 直流电动机基本知识

一、直流电机结构

直流电机主要是由机座、磁极、电刷装置和电枢等组成，如图9-1所示。

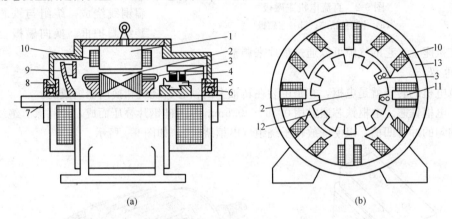

(a)   (b)

图 9-1　直流电机的结构

(a) 结构示意图；(b) 剖面图

1—磁极；2—电枢；3—电枢绕组；4—电刷；5—换向器；6—轴承；7—轴；
8—端盖；9—风扇；10—主磁极线圈；11—换向磁极；12—极靴；13—机座

1. 机座和端盖

直流电机的机座（即外壳）是由浇钢铸成或钢板卷曲焊接而成，其主要作用是固定主磁极和换向磁极，是磁通的主要通路（也称磁轭）；机座对电机内部的部件起保护作用，也是通风散热系统的一部分；机座的底脚将电机固定在基础上，保证了电机稳定的拖动机械负载进行工作。

端盖一般由铸铁铸成，保护电机内部部件不受外部因素引起的损害，同时也保护工作人员的人身安全。中小型直流电机的轴承装在端盖上，所以，中小型电机的端盖还起支撑转动部分的作用，因此，要求端盖应有足够的强度。

2. 磁极

直流电机的磁极分主磁极和换向磁极两种，它们的作用不同。

(1) 主磁极。主磁极由铁芯和套在铁芯上的绕组组成，如图9-2所示。

铁芯一般用0.5～1mm厚的硅钢片叠压而成，片与片之间靠钢片本身的氧化膜绝缘，然后用铆钉铆紧，再用螺栓固定在机座上。磁极下面的扩大部分称为极靴，其作用是使磁通在空气隙中分布均匀，并使励磁绕组牢固的套在铁芯上。

励磁绕组由绝缘铜线绕成，绕组与铁芯之间用聚酯纤维纸、云母纸等绝缘。

(2) 换向磁极。换向磁极又称附加极或补偿磁极，它是装在两个主磁极之间中心线上的小极，

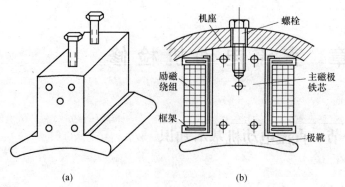

图 9-2 直流电机主磁极
(a) 主磁极铁芯；(b) 主磁极

起克服直流电机的电枢反应，减少电机运行时电刷下面可能产生的火花，改善换向作用。换向磁极也是由铁芯和绕组组成，如图9-3所示。

小型直流电机换向磁极的铁芯是由整块锻钢制成，大中型电机的换向磁极是由 1～1.5mm 厚的低碳钢板叠成。

换向磁极的绕组一般用绝缘扁铜线绕成，绕组与铁芯之间加装线圈护框。换向磁极也是用螺栓固定在机座上，它的气隙可以通过垫片来调整。

3. 电枢

直流电机的转子就是电枢，它是由装在转轴上的铁芯、绕组和换向器组成的。

(1) 电枢铁芯。电枢铁芯通常用 0.35～0.5mm 厚的硅钢片叠压而成，片间涂有绝缘漆，铁芯圆周均匀的冲有凹槽，以便嵌放转子绕组（电枢绕组），如图9-4所示。

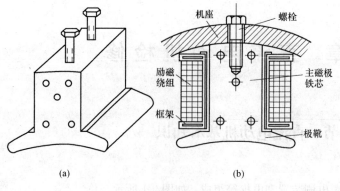

图 9-3 直流电机换向磁极   图 9-4 直流电机电枢铁芯图

容量较大的直流电机电枢铁芯沿轴向分成几段，各段间留有一定间隙，称为通风道。运行时可通风，以冷却电枢铁芯和绕组。

(2) 电枢绕组。电枢绕组能产生电动势和通过电流，使电机达到能量转换的目的。它是由绝缘铜导线绕制的线圈，镶嵌在铁芯的槽内，并用槽楔固定。绕组与铁芯之间有绝缘，其端部通过绝缘层用去磁钢丝扎紧。

(3) 换向器。换向器由许多带有燕尾槽的换向片（铜片）拼成一个圆筒形，如图9-5所示。

电枢绕组各线圈首末端都接到换向器的换向片上。相邻两换向片之间垫有 0.6～1mm 厚的云母片绝缘，换向片与套筒之间也用云母绝缘，换向片嵌入金属套筒后，用 V 形钢环和螺旋压圈固定成一个整体。换向片与 V 形钢环间也要用特制的 V 形云母绝缘，这种换向器称为拱式换向器。转速高、离心力大的直流电机换向器常采用紧固式换向器，如图9-5（c）所示。它的结构特点是用不带燕尾的换向片拼成圆筒，内衬绝缘套在套筒上，在换向器端部和升高片附近分别垫上环状绝缘层，然后用热套法将两个预先加工好的钢圈套上，使换向片箍为一体。

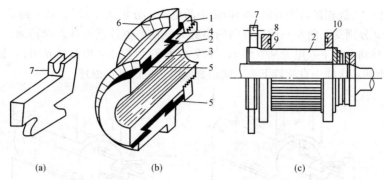

(a)   (b)   (c)

图 9-5 换向片与换向器

（a）换向片；（b）拱式换向器；（c）紧固式换向器
1—螺旋压圈；2—换向片；3—套筒；4—V形钢环；5—云母；
6—片间绝缘；7—升高片；8—钢圈；9—绝缘层；10—平衡槽

4. 电刷装置

电刷装置是电枢绕组连接外电路的滑动触点，它由电刷、刷握、刷杆和刷杆座（也称刷架）组成，如图 9-6 所示。

电刷装在刷握中，用弹簧压紧在换向器上，压力一般为 $0.15 \times 10^5 \sim 0.25 \times 10^5$ Pa，刷握用螺栓固定在刷杆上。按电流大小，每个刷杆上由几块电刷组成电刷组。电刷组的数目等于主磁极数目，各电刷组的位置通过刷杆座进行调节，当电刷调节到物理中性线位置时，就将刷杆座用螺栓固定在端盖或机座上。

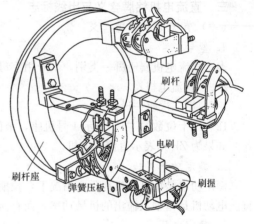

图 9-6 直流电机的电刷装置

二、直流电机基本原理

1. 直流发电机工作原理

图 9-7（a）所示为两极直流发电机的简单工作原理。在两个固定磁极 N、S 之间，有一个圆柱形铁芯，上面放一匝线圈 abcd，这就是电枢绕组。线圈两端分别与两个半圆形铜环相连接，铜环固定在轴上并和轴一起旋转。铜环之间以及铜环与转轴之间都是互相绝缘的。这两个半圆形铜环组成了最简单的换向器，铜环就是换向片，分别与位置固定不变的电刷 A 和 B 相接触，电刷与铜环之间可以相对滑动，通过电刷将电枢绕组中的电流引出来。

当发电机的电枢由原动机带动，按逆时针等速旋转时，绕组线圈的导线 ab 及 cd 便切割磁力线而产生感应电动势，感应电动势的方向由右手定则决定。在图 9-7（a）的位置瞬间，导线 ab 的感应电动势方向由 b 到 a，导线 cd 中的感应电动势方向由 d 到 c，此时，电刷 A 为正极，B 为负极。转子转了半圈后，导线 ab 移到 S 极下，导线 cd 移到 N 极下，这时，它们的感应电动势方向与前面恰好相反，但这时电刷 A 同导线 cd 相接，它仍为正极，电刷 B 同导线 ab 相接，仍为负极。所以，随着转子的不断旋转，尽管线圈 abcd 中电动势的方向不断地交替变化，但通过换向器，就把线圈 abcd 中的交变电动势变成了直流电动势，输出直流电能。

2. 直流电动机工作原理

图 9-7（b）所示为两极直流电动机原理图，其结构与发电机完全相同。将电刷 A 和 B 分别

与直流电源的正、负极相接，则导线 ab 和 cd 中的电流，分别从 a 到 b、从 c 到 d，按左手定则，载流导线 ab、cd 分别受到向左和向右方向的电磁力，使电枢按逆时针方向转动。当电枢转过半周时，导线 ab 移到 S 极下，电流从 b 到 a，导线 cd 移到 N 极下，电流从 d 到 c，根据左手定则，电枢仍逆时针旋转，这样一直旋转下去，就是直流电动机的基本原理。

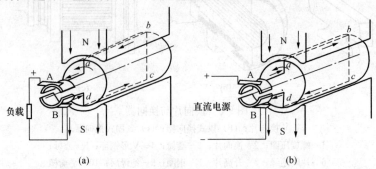

图 9-7 直流电动机的工作原理示意图
(a) 直流发电机；(b) 直流电动机

三、直流电机铭牌含义与出线标志

（一）直流电机铭牌含义

1. 型号

表示直流电机属于哪一类别，型号用字母与数字组合在一起表示。如 Z2-12：

Z——直流电机；

2——第二次统一设计；

12——十位数的"1"表示 1 号机座，个位数的"2"表示电枢铁芯采用长铁芯。

如果为 ZF 则表示直流发电机。

2. 额定功率

额定功率是指电动机在预定情况下，长期运行所允许的输出功率，单位一般用"kW"表示。直流电动机是指轴上输出的机械功率，而直流发电机则是指供给负载的电功率。

3. 额定电压

对发电机来讲，额定电压是指在预定运转情况下发电机两端的输出电压；对电动机来讲，额定电压是指所规定的正常工作时，加在电动机两端的输入电压。它们的单位以"V"（伏）表示。有的发电机在铭牌上电压项目中标有两个数字如 220/320，这类发电机称调压发电机，即电动机可以在这个电压范围内调变使用。有的电动机在铭牌上电压项目中标有三个数字如 185/220/320，这类电动机称幅压电动机，它表示这个电动机正常工作电压是 220V，但当电压是 320V 或 185V 时，它能短时工作。

4. 额定电流

对发电机来讲，额定电流一般是指长期连续运行时允许供给负载的电流；对电动机来讲，额定电流是指长期连续运行时允许从电源输入的电流。它们的单位用"A"（安）表示。

5. 额定转速

额定电压、额定电流和额定输出功率时转子旋转的速度，单位用"r/min"（转/分）表示。

6. 励磁方式

电机常用的励磁方式有并励、串励、复励和他励。

7. 额定励磁电压

额定励磁电压表示加在励磁绕组两端的额定电压，单位是"V"（伏）。

8. 额定励磁电流

表示在额定励磁电压下，通过励磁绕组上的额定电流，单位是"A"（安）。

9. 定额（工作方式）

定额是指电机在正常使用时持续的时间，一般分连续、断续与短时三种。

10. 额定温升

额定温升表示电机在额定情况下，电机所允许的工作温度减去环境温度的数值，单位是"℃"（摄氏度）。

（二）直流电机出线端的标志

直流电机出线端的标志见表9-1。

表 9-1 直流电机出线端的标志

绕组名称	出 线 端 标 志					
	曾 经 采 用		目 前 采 用		IEC 推 荐	
	始端	末端	始端	末端	始端	末端
电枢绕组	S_1	S_2	S_1	S_2	A_1	A_2
换向绕组	H_1	H_2	H_1	H_2	B_1	B_2
串励绕组	C_1	C_2	C_1	C_2	D_1	D_2
并励绕组	F_1	F_2	B_1	B_2	E_1	E_2
他励绕组	W_1	W_2	T_1	T_2	F_1	F_2
补偿绕组	B_1	B_2	BC_1	BC_2	C_1	C_2

四、直流电机绕组

直流电机的定子为凸极式，其主磁极绕组和换向磁极绕组为集中式矩形绕组，它们分别套装在主极和换向极铁芯上；转子的电枢绕组是隐极式，复杂多样，且都是双层的，按一定规律互相连接于换向器上。小容量电动机的电枢绕组一般用多匝导线绕成，大容量电动机则用较大截面的绝缘扁铜线或扁铜条制成单元元件分别嵌入电枢铁芯槽内，然后将端部连接起来构成叠绕组或波形绕组；补偿绕组用扁铜条焊接而成，它嵌放在主磁极极靴上专门冲制的槽内，是防止换向器环火最有效的方法。有补偿绕组的电动机，电枢磁势大部分被补偿绕组磁势所抵消，因此，换向磁极所需的磁势可大大减少。但装设补偿绕组将增加用铜量，且使结构复杂化，故只有在负载经常变化的大中型直流电动机中才采用。

电枢绕组的节距是线圈或绕组元件有效边的宽度，也用槽数表示，是等于或接近于电动机极距的槽数。

1. 电枢绕组的连接方式

电枢绕组与换向片的连接方式有两种，如图9-8所示。

图9-8（a）所示构成的电枢绕组称为叠绕组，图9-8（b）所示构成的绕组称为波绕组。每个线圈的首尾两端不是接在相邻换向片上，而是接在相距约两倍于极距的换向片上，相邻两个线圈元件边不重叠，而串联成波浪形，故称为波绕组。无论是叠绕组或波绕组，每一个换向片上，都接有相邻两个线圈或元件的前者尾端和后者首端。

2. 电枢绕组的参数

由于直流电机的电枢绕组都是双层的，每个槽内都嵌有两个有效边，所以电枢绕组的线圈数 S 等于电枢铁芯的槽数 Z。每个换向片上又都焊有两个线圈的端头，其中一个端头是上层线圈边的，一个是另一线圈的下层边的，所以，每台直流电机的换向片数 K 必等于电枢绕组的线圈数

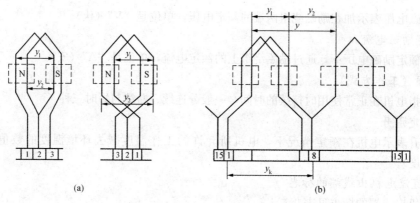

图 9-8 直流电机电枢绕组的连接方式

(a) 叠绕组；(b) 波绕组

元件数 S。它们的关系如下

$$K=S=Z$$

直流电机电枢绕组的节距如图 9-8 所示，分为四种。

（1）第一节距 y_1。同一个线圈或元件的两个有效边在电枢表面所跨的距离，用槽数表示。y_1 值应等于或接近于一个极距的槽数。其表达式为

$$y_1=Z/2P\pm\varepsilon \ \text{或} \ y_1=\frac{K}{2P\pm\varepsilon}$$

式中　　y_1——第一节距；

　　　　Z——电枢铁芯槽数；

　　　　K——换向片数；

　　　　P——磁极对数；

　　　　ε——使 y_1 凑成整数的分数古值，$\varepsilon\leqslant1$ 取"一"号时，为短距绕组，取"+"号时，为
　　　　长距绕组，当 $\varepsilon=0$ 时，为整距绕组。

注：第一节距不能采用分数，均取整数。

（2）第二节距 y_2。y_2 是前一个线圈或元件的尾端有效边与相继连接的后一个线圈或元件的首端有效边之间的距离，也用槽数表示。但第二节距 y_2 值由线圈或元件的绕向不同而有所差异，图 9-8（a）所示，其左图为右绕行线圈，右图为左绕行线圈，两者的第一节距相同，而第二节距就有差异，右图的 y_2 较左图为大。

（3）合成节距 y。y 是相邻两线圈或元件首端有效边之间的距离，它是判别电枢绕组连接方式与型式的重要依据。

叠绕组的合成节距 $y=y_1-y_2$ 或 y_2-y_1；波绕组的合成节距 $y=y_1+y_2$。

（4）换向器节距 y_k。y_k 是一个线圈或元件的首端与尾端在换向器上以换向片数来计算的距离，如图 9-8（b）所示。

3. 直流电机电枢绕组展开图

电枢绕组分单叠绕组、复叠绕组、单波绕组和复波绕组四种。

（1）单叠绕组展开图。四极直流电机电枢单叠绕组展开图如图 9-9 所示。凡电枢绕组或元件的首尾端与相邻两个换向片相接的属于单叠绕组。其绕组排列如图 9-8（a）所示。绕组的合成节距 $y=y_k=\pm1$，并联支路数 $2a=2p$ 或 $a=p$。

式中　a——支路对数；

　　　p——磁极对数。

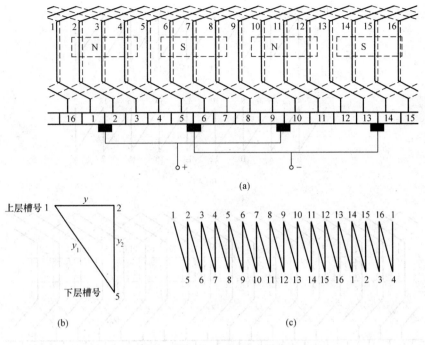

(a)

上层槽号 1 —— 2
下层槽号 5

(b)

(c)

图 9-9 四极直流电机电枢单叠绕组展开图
(a) 展开图；(b) 电枢绕组节距三角形；
(c) 电枢绕组排列表（$Z=K=16$，$y_1=4$，$y_2=3$，$y=y_k=1$）

已知：$K=S=Z=16$，画四极直流电机电枢单叠绕组展开图。

1）计算绕组数据（选右行绕组方案）

$$y = y_k = 1$$

$$y_1 = \frac{Z}{2P} \pm \varepsilon = \frac{16}{4}$$

$$y_2 = y_1 - y = 4 - 1 = 3$$

2）等分画出 $Z=K=16$ 个槽，每一个槽用实线代表上层边，虚线代表下层边。并在槽的下方一定距离画出与槽同等宽度的 16 个换向片。

3）根据计算的数据，从 1 号换向片开始，依次与各线圈或元件连接，绘出如图 9-9 所示的实际极电枢绕组展开图。

（2）复叠绕组展开图。复叠绕组的每一个线圈或元件首尾端不是接在相邻换向片上。它的换向节距 $y_k = \pm m$，这时可把绕组看成是 m 个单叠绕组所组成，m 为场移系数。在实用上一般采用 $m=2$ 的复叠绕组。其支路数为 $2a = 2pm$，复叠绕组的连接如图 9-10 所示，展开图如图 9-11 所示。

已知：场移系数 $m=2$，$S=K=Z=18$，画出四极直流电机电枢复叠绕组展开图。

1）计算绕组数据（选右行绕组方案）

$$y = y_k = m = 2$$

$$y_1 = \frac{Z}{2P} \pm \varepsilon = \frac{18}{4} - \frac{2}{4} = 4$$

$$y_2 = y_1 - y = 4 - 2 = 2$$

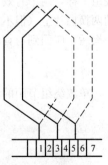

图 9-10 复叠绕组的连接

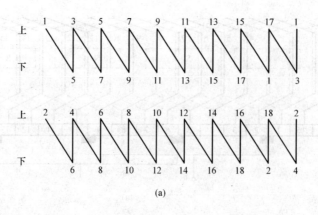

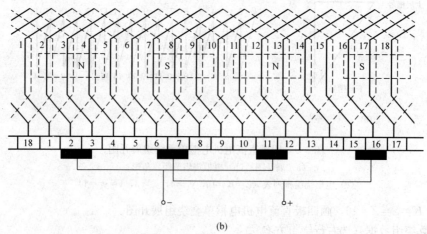

(b)

图 9-11　四极 18 槽复叠绕组展开图

（a）双闭路复叠绕组排列表；（b）双闭路复叠绕组展开图

2）等分画出 18 个槽和 18 个换向片。

3）绘制四极 18 槽复叠绕组展开图如图 9-11 所示。

（3）单波绕组展开图。单波绕组的特征是合成节距 $y=y_k>y_1$，线圈的第一节距 y_1 与单叠绕组一样，两个有效边的跨距约等于一个极距，而线圈或元件的首、尾两端接到相隔约两倍极距的两换向片上（但不能等于 2 倍），互相连接的线圈或元件相隔较远，但串联的元件绕行换向器一周后，应回到与首端相邻的换向片上。因此，绕组的换向节距

$$y_k = y = \frac{K \pm 1}{P} = 整数$$

单波绕组节距的计算

$$y = y_k$$

$$y_1 = \frac{Z}{2P} \pm \varepsilon = 整数$$

$$y_2 = y - y_1$$

单波绕组的并联支路对数与极数无关，恒等于 2，即 $2a=2$

已知 $S=K=Z=15$，画出四极电枢单波绕组展开图。

1）计算节距（采用左行绕组）

$$y_k = y = \frac{K \pm 1}{P} = \frac{15-1}{2} = 7$$

$$y_1 = \frac{Z}{2P} \pm \varepsilon = \frac{15}{4} - \frac{3}{4} = 3$$

$$y_2 = y - y_1 = 7 - 3 = 4$$

2）作绕组排列表，由计算数据得节距三角形如图 9-12 所示。将各线圈或元件连接便得绕组排列表如图 9-13 所示。

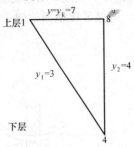

图 9-12　单波绕组节距三角形

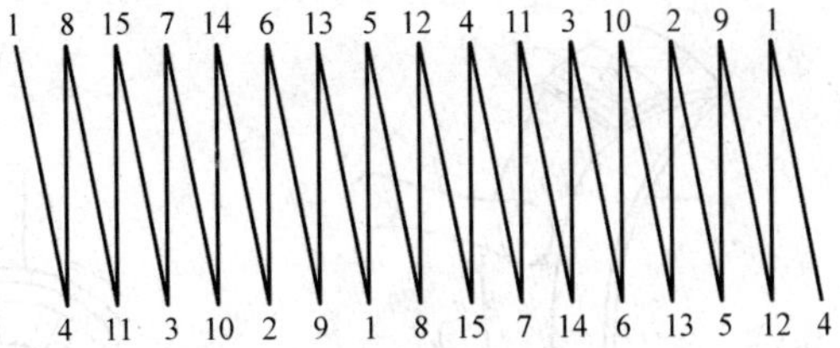

图 9-13　单波绕组排列表

3）绘制绕组展开图如图 9-14 所示。

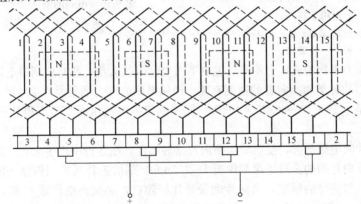

图 9-14　单波绕组展开图

（4）复波绕组展开图。若波绕组元件在绕行换向器一周后所接的换向片，和原出发的换向片相距不是 1，而是 2、3、…、m 个时，所得到的是 2、3、…、m 个独立的单波绕组。而单波绕组有一对支路（$2a=2$），故复波绕组的并联支路为 $2a=2m$。这时，换向器节距为

$$y_k = \frac{K \pm m}{P}$$

其他节距可由单波绕组公式求出。

第二节　直流电动机常见故障及处理方法

一、电刷下火花过大原因及处理方法

（1）换向器表面不清洁，氧化层被破坏无光泽，将会引起电刷下面发生火花。这时可用干净的帆布或玻璃纤维刷子擦拭换向器表面。如果污垢较严重，也可用 00 号玻璃砂纸进行研磨，如在旋转的换向器上研磨，可用木质打磨工具，如图 9-15 所示。将砂纸固定在特制的木块上，木块下面的弧形应恰好与换向器弧形相吻合，将带有砂纸的木块压在旋转的换向片上打磨，磨光滑

后，再用带有帆布的木块，蘸有少量凡士林压在旋转的换向片上进行研磨，使换向器表面建立氧化层，以改善换向条件。

（2）电刷尺寸与型号不符合要求。如电刷在刷握中太紧或太松、使用的电刷型号不同以及电刷过短都会引起电刷下面发生火花。对卡涩的电刷应取下，用细玻璃砂纸研磨，保证电刷在刷握中有 0.1～0.2mm 的间隙。对太松和过短（最短不得低于刷握的 1/3 高度）的电刷应更换同型号的新电刷。更换的新电刷应研磨电刷与换向器相接触的一端，应保证接触面达到 70% 以上，其研磨方法如图 9-16 所示。

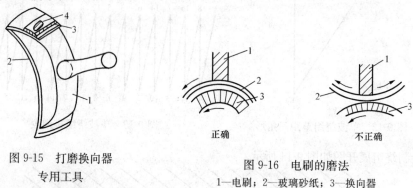

图 9-15　打磨换向器
专用工具
1—木块；2—玻璃砂纸；3—压
板；4—木螺丝

图 9-16　电刷的磨法
1—电刷；2—玻璃砂纸；3—换向器

（3）各电刷压力不均匀或压力不够，电刷下面也会引起火花，此时应调节电刷压力。电刷所承受的压力与电刷的种类和换向器的速度有关。硬质电刷的压力通常是 $0.2 \times 10^5 \sim 0.3 \times 10^5$ Pa，软质电刷的压力是 $0.15 \times 10^5 \sim 0.25 \times 10^5$ Pa。同一刷架各电刷压力之差不得超过 10%。测量方法如图 9-17 所示。

（4）换向器片间绝缘凸起，使电刷与换向片接触不良，在运行中产生火花。这种情况应采用特制刻槽工具将换向片间的云母绝缘刻深至 1～1.5mm。刻槽工具通常用钢锯条制成，锯条的厚度应为换向片间云母绝缘的厚度，换向片间云母片铲除后，必须将槽修成 U 形，换向片的尖缘应用刮刀倒成 45°，如图 9-18 所示。在刻槽或倒角过程中避免刀具跳出划伤换向片，倒完角后，用细油石打磨，清除毛刺，然后清理干净。

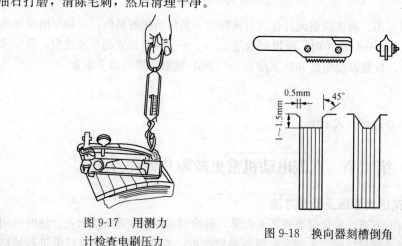

图 9-17　用测力
计检查电刷压力

图 9-18　换向器刻槽倒角

（5）换向器表面不平整或偏心，电动机在运行中振动使电刷产生火花。换向器表面的偏心度不得超过 0.1mm，如果换向器表面偏心或不平整应进行车削，然后同（4）一样进行刻槽、倒角和打磨毛刺。

（6）电刷不在中性线上将会产生火花，这时用调整刷杆座（刷架）的位置来移动电刷，找出中性位置。确定电刷中性位置的方法通常用感应法，如图 9-19 所示。

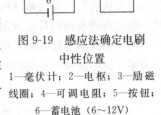

图 9-19 感应法确定电刷
中性位置

1—毫伏计；2—电枢；3—励磁
线圈；4—可调电阻；5—按钮；
6—蓄电池（6～12V）

测试时，将低量程电压表（毫伏计）跨接在相邻极性的电刷上，在主极绕组（励磁线圈）上交替接通或断开电动机的励磁电流。当电刷不在中性位置时，电压表将显示电枢绕组的感应电动势值。反复移动电刷刷架位置，找出电压表读数为零的一点，即为电刷中性位置。做此试验时，仪表的读数以断开励磁电流时为准，并且通入绕组的励磁电流应小于 5%～10% 的额定电流。

（7）刷架上各刷杆之间的距离不相等，或同一刷杆上的各刷握不在一直线上。调整各刷杆或刷握的位置即可。

（8）电枢绕组有短路、断路、接地或接错线故障时，都会使换向器发热和电刷下冒火花。其处理方法见"电枢绕组故障检修"。

（9）轴承故障见第八章第二节中的相关内容。

二、直流电动机电枢绕组故障检修

1. 电枢绕组短路、断路故障的查找与处理方法

（1）短路探测器检查法。将电枢放在短路探测器上，通入交流电，并将钢锯片放置在转子顶部槽口。当换向片或线圈有短路，如属叠绕组，将有两个槽口使锯片振动；若是波绕组，则有 2P 个槽口发生振动。

（2）直流电压降法。将低压直流电源接于近一个极距的两个换向片上，用小量程毫伏表依次测量相邻两换向片的压降，如图 9-20 所示（可用毫安表代替毫伏表）。

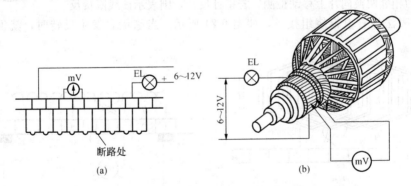

图 9-20 直流电压降法检查电枢绕组短路、断路和开焊
（a）检查断路或开焊；（b）检查短路方法

正常情况下，相邻两换向片间应有一定的读数，而且压降一般应相等，或其中最大和最小值与平均值的偏差不大于 ±5%；当电枢绕组匝间直接短路，则片间压降等于零或其微。若电枢绕组断路或焊接不良，则在相邻两换向片上测得的压降将比平均值显著增大。

有些类型的电枢绕组在正常情况下，换向片间压降呈规律性变化但不相等，这并不能说明电枢绕组有故障，如果发现测量结果不呈规律性变化，就说明电枢绕组存在故障。

对于电枢绕组只有一、二个线圈短路、断路或开焊，应急措施，可将故障线圈从电路中隔离开，然后采用跳接处理。一般都应将电动机绕组做局部或全部重绕。

2. 电枢绕组接地故障的检查与处理方法

（1）绝缘电阻表或试灯检查法。将绝缘电阻表或试灯一端接电枢轴，另一端接换向片。如果绝缘电阻为零或试灯亮时，说明电枢有接地故障。

（2）毫伏表检查法。如图 9-21 所示。将低压直流电源接在相隔接近一个极距的两换向片上，然后将毫伏表的一端接轴（接地），另一端接在换向片上，依次移动测试，若表中读数下降为零时，则此线圈或换向片是接地故障点。

（3）用探测器检查法。将电枢放在探测器上，再用交流毫伏表测量换向片对轴的电压，若电压为零，说明连接该片的线圈有接地现象，如图 9-22 所示。

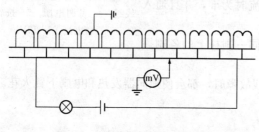

图 9-21　毫伏表检查电枢接地

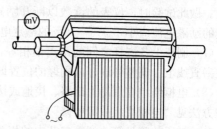

图 9-22　探测器检查电枢接地

接地线圈确定后，如果故障点在槽口附近可以看到，即可采用加强绝缘方法修复。如果故障点在槽内，小电动机的应急法可用跳接法修复，大中型电枢应更换槽绝缘。

（4）电枢绕组接错（反接）。一般反接易发生在重绕之后，由于嵌放线圈过程中将引线放错位置而造成误接所致。通常的检查方法如下：

1）永久磁铁法检查电枢绕组接反，如图 9-23 所示。永久磁铁在两个槽口上移动，用毫伏表在相应位置的相邻两换向片上移动检测。若指针反转，则表示该线圈接反。

2）毫伏表法检查电枢绕组接反，如图 9-24 所示。当毫伏表发生反转时，就说明该线圈接反。

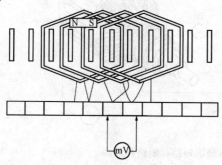

图 9-23　永久磁铁法查反接

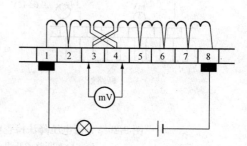

图 9-24　毫伏表查反接

3）指南针法检查电枢绕组接反。在换向片间引入低压直流电源，在靠近电枢旁边放置指南针，然后缓慢转动电枢转子。当指南针反向时，表示该线圈反接。

反接线圈查出后，可用烙铁烫出引线，然后调整重新焊接。

三、直流电动机绕组重绕工艺

直流电动机绕组主要分主磁极绕组（磁场绕组）、换向极绕组、电枢绕组和补偿绕组，因为它们的结构不同，所以其绕线的工艺也不同。

1. 主磁极绕组的重绕工艺

直流电动机的励磁方式有并励、串励和复励三种形式。并励磁场线圈因为电流相对较小，而匝数较多，所以，一般采用绝缘圆铜线绕制（也有用绝缘扁铜线绕制的）。这种线圈属于集中式，是在绕线模或线圈框架上绕制。串励磁场线圈是与电枢绕组串联，通过的电流较大，尤其大功率串励磁场线圈或换向极线圈通常用大截面的扁铜线绕制，一般采用专用工具平绕。

绕线时，绕线模的几个缺口槽里要预先放好扎带，当线圈绕到一定层数时，将各边上的扎带回折一次，再继续绕，每绕过20匝左右时，拉紧各边扎带一次，绕到最后一层时，将扎带系成结扣并拉紧，使最后一匝导线被压住不致松脱。

在采用较粗的导线绕制并励线圈或串励线圈时，要求线圈的首、尾引线端都放置在线圈外层的表面上，以便于接线的需要。因此，要预先计算好线圈的匝数、层数和每层匝数。然后采用正、反面的绕制方法。例如：某线圈共28匝，分绕4层，每层7匝，如图9-25所示。绕第一层时，先取4匝导线的总长度（包括引线的长度）在绕线模上反绕第4、3、2、1匝，随手扎住第1匝的线端；然后顺绕第一层靠近磁极铁芯的5、6、7、8、9、10；再继续依次顺绕第二层、第三层、第四层，这样的绕线顺序能使线圈首、尾引线端都在线圈外层表面上。

换向极绕组线圈的绕法同磁场线圈绕法一样。

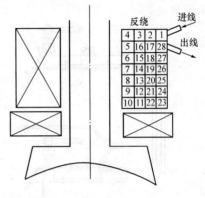

图9-25　磁场线圈正反面绕法

2. 电枢绕组重绕工艺

电枢绕组分叠式和波式两种，元件线圈有单匝与多匝之分。截面积较小的单匝线圈一般用绝缘扁导线绕成，截面积较大的通常采用扁裸铜带绕制。扁裸铜带在加工成形过程中会不断受到机械应力而变硬，因此成形后需进行退火处理，然后，将绝缘材料垫在线匝之间或包绕在线匝上。单匝元件线圈一般分半匝和全匝两种，如图9-26所示。

多匝元件线圈一般采用绝缘导线绕制，其匝间绝缘就是导线本身的绝缘层，如图9-27所示。散绕线圈一般用于小型直流电动机，成形硬线圈用于大中型直流电动机。

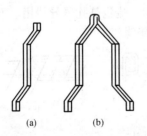

(a)　　　　(b)

图9-26　电枢绕组单匝线圈

(a) 半匝；(b) 全匝

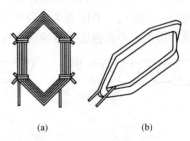

(a)　　　　(b)

图9-27　电枢绕组多匝线圈

(a) 散绕线圈；(b) 成形线圈

1）多匝线圈的绕制。散绕线圈采用绝缘圆导线在绕线模上绕制，而成形线圈是采用绝缘扁铜线在特制的梭形绕线模上绕制。绕线时，先留出适当长度的首端引线，边绕边整平各匝导线，以防线匝间有间隙。匝间需要绝缘垫条的应在绕线时随时垫入，绕完后用棉线扎紧避免散乱。

绕好的线圈要用白纱带临时包扎紧固，再在拉形机、整形模上成形，使线圈各部分尺寸和形状完全符合要求，然后，拆白纱带，包裹绝缘。

2）单匝线圈的绕制。单匝线圈一般采用裸扁铜线绕制，其工序大致为：弯曲鼻端、矫直、下料、退火、成形、端部搪锡、包扎绝缘。

弯曲鼻端要在专用工具上手工弯制，是电枢单匝扁形线圈一端部的特殊形式。为了恢复导线的韧性，方便以后的工序，必须进行退火处理。退火时，将弯制好的导线排列在铁槽里，推入退火炉中加温到 600～650℃，保温 30min 左右，取出后尽快投入清洁的水槽内冷却、干燥待用。

单匝元件线圈的成形加工可在特制虎钳装置上进行，其成形顺序如图 9-28 所示。

半匝元件线圈的端部成形，可在如图 9-29 所示的专用装置上加工。绝缘带的包扎方法如图 9-30 所示。

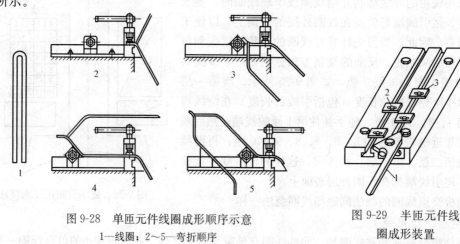

图 9-28　单匝元件线圈成形顺序示意
1—线圈；2～5—弯折顺序

图 9-29　半匝元件线
圈成形装置
1—转动杆；2—挡块；
3—螺栓

绝缘的包扎方式有连续式和套管式两种。连续式绝缘是用绝缘带包绕线圈；套管式绝缘是在单匝元件线圈的直线部分用裁好的绝缘套管套裹，端部用绝缘带包扎，套管与绝缘带连接处是套管式绝缘的薄弱环节，也是电场的畸变区段，所以包扎时要特别注意。

绝缘带包绕又分疏包、平包和半叠包如图 9-30 所示。疏包是扎紧导线用，不算绝缘层；平包是作为绝缘外层用；半叠包法才是导线或线圈的基本绝缘。

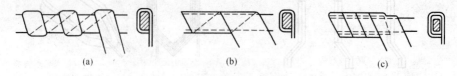

图 9-30　绝缘带包扎法
(a) 疏包；(b) 平包；(c) 半叠包

3. 补偿绕组

补偿绕组是用扁铜条焊接而成，它嵌放在主磁极极靴上专门冲制的槽内，如图 9-31 所示（发电机情况）。装设补偿绕组的目的是为了消除由电枢反应所引起的气隙磁场的畸变，从而减少电刷下产生火花的可能性。补偿绕组磁势所建立的磁场轴线也在几何中性线上，且两种磁势（即补偿绕组磁势和电枢磁势）大小相等、方向相反。为了在任何负载下都能达到补偿作用，所以补偿绕组与电枢绕组相串联。

有补偿绕组的电动机，电枢磁势大部分被补偿绕组磁势所抵消，因此换向极所需的磁势可大大减少。但装设补偿绕组将增加用铜量，且使结构复杂化，所以，只在负载经常变化的大中型直流电动机中采用。

4. 电枢绕组的嵌线与接线

电枢端压环是压紧电枢硅钢片的部件，也是电枢绕组的支架，小型电动机的支架是圆柱形，大型电动机的支架是圆环形。圆柱形端压环的绝缘结构如图 9-32 所示。圆环形端压环绝缘结构如图 9-33 所示。

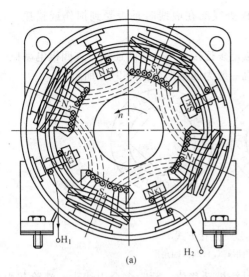

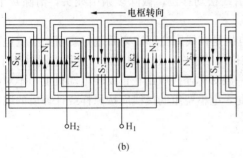

图 9-31　补偿绕组

（a）结构示意图；（b）绕组展开图

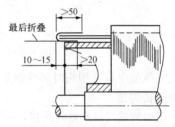

图 9-32　圆柱形端压环的绝缘结构

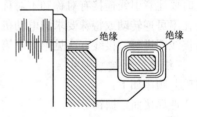

图 9-33　圆环形端压环绝缘结构

在嵌线前，首先作好端压环的绝缘，如圆柱形端压环的绝缘，是用玻璃丝布包在端环边沿，其宽度悬于端环外 60mm 左右；玻璃丝布上面用 0.2mm 厚的云母箔两层和 0.2mm 厚聚酯薄膜玻璃漆布两层剪成条形，再搭接拼合围包在端压环上，其宽度应伸出端环外 10～15mm，边垫放边用玻璃丝布带缠绕扎紧；然后将悬于端环外的玻璃丝布折叠回来，继续用玻璃丝带缠紧，修除毛边；最后用玻璃丝带半叠绕法均匀缠绕一层即可。

端压环（电枢绕组支架）的绝缘处理完毕即可嵌线。以散绕线圈嵌线方法为例叙述如下：

（1）嵌入下层线圈边，用理线板理顺导线，放置层间绝缘，用压线板压紧。注意线圈两端伸出槽口的长度应一样，端部形状和分布要均匀一致。

（2）将下层各引线按接线图放到对应的换向片槽里，相邻引线应用聚酰亚胺薄膜或云母带上下交错隔开。如已经有上层线圈的引线时，可将其暂时竖起无碰换向器。

（3）当下层边嵌放到一个节距以外后即可嵌放各线圈的上层边，注意端部的上下层间要安放衬垫绝缘。各槽上下层线圈全部嵌完，要整理烟紧、平整导线，剪去槽口多余绝缘纸，折叠覆盖槽绝缘，打入槽楔。

（4）检查测试各换向片间和对地的绝缘情况，同时整理各线圈上层引线，按照换向器节距放入对应的换向片槽里。

（5）对地耐压试验和换向片间电压降试验，以检查线圈在嵌线时是否受到损伤或错接、短路等。

（6）电枢绕组如有均压线时，应按接线图或原始记录连接。均压线的连接方式四极电动机一般为对半接；六级电动机一般为三角形；八极电动机一般为四角形，如图9-34所示。

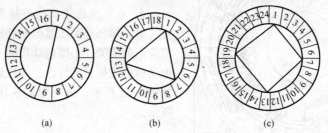

图9-34　电枢绕组均压线的连接方式

(a) 四极对半接；(b) 六极三角形；(c) 八极四角形

（7）嵌完线的电枢要用临时绑线捆紧，防止各引线松动移位，截除多余引线头，清除灰尘、毛刺、杂物等待焊接。

电枢绕组引线端与换向器的连接，对于小容量电机是在线圈全部嵌完后进行，而大容量电机的线圈元件一般是成形线圈或单匝线圈，往往接线与嵌线结合在一起，即在嵌线过程中同时进行。

接线时要注意引线连接有对称和不对称之分，一般对称连接应用在正反转电动机上；不对称连接应用在不可逆转动或特殊要求的电动机上。因此，电枢绕组的接线应按原样或计算后的绕组排列表与接线图进行，接线方法见第九章第一节。

5. 电枢绕组的焊接与绑扎

焊接工艺顺序如下：

（1）清理焊接面，搪锡。

（2）接线端与焊接面要互相靠紧，不得有较大的间隙。

（3）整理好升高片的距离，使升高片均匀分布，且垂直于换向器。

（4）根据焊接面的形状特制烙铁头。

（5）按电动机绝缘等级选用焊料，B级用焊锡，F、H级用纯锡。采用40%松香、60%酒精的混合液作焊剂，严禁使用酸性焊剂。

（6）焊接前要将换向器用纸或布包好，在烘房中预热，然后将电枢倾斜放在支架上，使换向器一端向下，以防焊锡流到绕组端部造成短路故障。

（7）在换向片接线处涂松香酒精溶液，防止焊接面产生氧化膜。

（8）将烙铁头先粘上适量焊锡，使烙铁的热量均匀的传到焊接面上。

（9）当接触面加热到能熔化焊料时，在接线槽内加些松香粉末，以除去焊接面的氧化物。

（10）把焊锡条从换向片接线槽面和端面插进去，使焊锡充满接线槽的全部缝隙。

（11）趁热用清洁抹布将余锡擦干净，使焊接面光滑整洁。

对于竖板式（即辐射式）接线槽的换向器，烙铁可以放在接线槽缝的顶部加热焊接；对于升高片接线槽的换向器，必须在升高片之间插上梯形木楔，使升高片焊接时不致偏斜。待全部接线焊好后，才可将所有木楔拔除。

电枢绕组引线与换向器的焊接完毕，经检验合格后，用无纬玻璃丝带对绕组端部进行绑扎。在绑扎无纬玻璃丝带时，应将玻璃丝带预先加热到80～100℃，并将电枢也预热到同样温度，对绕组进行整形，同时进行绑扎。绑扎完毕同电枢一起浸漆绝缘，待漆滴干后送入烘房烘烤固化。

第三节 直流电动机拆装与检修

直流电动机的拆卸与组装基本与异步电动机相似，同样要做修前试验和准备工作。

一、直流电动机拆卸

(1) 拆去接至电动机的所有连接线，做记号。

(2) 拆除与电动机相连接的传动装置。

(3) 拆除电动机的地脚螺栓，将电动机搬运至检修位置。

(4) 拆去轴伸端的联轴器或皮带轮等。

(5) 对刷架、刷架上的连接引线以及电动机前后端盖作好记号，同时检查端盖有无裂纹，刷瓣有无过热变色和断股现象，然后，取出电刷，拆除刷架引线，测量磁极与电枢之间的间隙，其主极与转子的间隙，最大与最小之差同平均值之比，不应大于10%。

(6) 拆除换向器侧轴承盖和端盖的螺栓，水平的拆下端盖，注意刷握不能碰伤换向器。用纸板将换向器包好，然后拆卸轴伸端的油盖、端盖螺栓和端盖。

(7) 从轴伸端抽出转子（小型直流电动机可直接将带有轴伸端端盖的转子从定子膛内抽出）放到木制支架上。

(8) 如果发现轴承已经损坏，则用拉具将轴承取下更换。无特殊原因一般不拆卸轴承。

二、直流电动机解体检查

(1) 定子检查。全部拆卸完毕后，检查定子绕组各部分接头应无松动断裂现象；定子主极和换向极应无油浸、过热和绝缘变色脱落现象；定子磁极铁芯应无变色、生锈，螺栓无松动；刷架应无裂纹。

(2) 转子检查。检查转子表面有无过热、生锈，通风孔是否堵塞；绕组端部绑线应无松弛、断裂，绑线下面的绝缘应完整无过热变色等现象；转子槽楔应无松动、过热、断裂凸起等现象；转子绕组与换向片的焊接处、升高片与绕组以及升高片与换向片的连接应无开焊、松脱、短路、过热和断裂等现象。

三、直流电动机组装

检修完毕经吹灰清扫，检查电动机定子和转子内确无遗留物、无漏修和漏试项目后，方可进行组装。组装顺序同拆卸时相反。

(1) 使用专用工具将转子（电枢）穿入定子膛内。注意电枢与定子所对应的位置，不能碰伤磁极、电枢和换向器。

(2) 装端盖应注意前后盖并对齐止口、锉平毛刺，将螺栓拧紧后保证端盖与机座结合部要严密。注意磁极与刷架的连线，防止安装端盖时，压伤磁极线圈与刷架的连接线。

(3) 刷架、刷握装配位置应正确，无论刷架还是刷握距离电枢升高片在轴向串轴时，其间隙应保持5mm以上。

(4) 刷握安装角度应符合设计要求，刷握的下边缘距离换向器表面应保持2～3mm，各排电刷应于换向器平行，且轴向排列应正、负极成对地在换向器上错开。

(5) 在轴承中加入适量的润滑油。

(6) 各引出线平整、牢固、接触良好，绝缘可靠；标志齐全、正确。

(7) 检查接地线应无断股、无压伤，截面符合规定且不受力。

(8) 用1000V绝缘电阻表测量电动机绝缘电阻，不得低于1MΩ。

第四节　直流电动机控制

一、直流电动机启动

直流电动机有三种启动方法，即直接启动、电枢回路串联电阻启动、降压启动。

1. 直接启动

直接启动不需要附加启动设备，操作简便，但启动时突出的问题是启动电流大，因为启动开始时，转速为零，反电动势为零，故电枢电流 $I = (U-E)/R = U/R$，将达到很大的数值（因电枢电阻 R 一般很小），甚至可达额定电流的 $15 \sim 20$ 倍，使电网受到电流的冲击，从而影响其他设备的正常工作，也使电动机换向恶化，电刷下产生强烈的火花。因此，直接启动一般只适用于功率不大于 1kW 的直流电动机。

2. 电枢回路串联电阻启动

在电枢回路内串入启动电阻，将启动电流限制在额定电流的 $1.3 \sim 1.5$ 倍范围内。启动电阻通常为一组分级可变电阻，在启动过程中逐级短接，由于启动电阻是按短时工作设计的，所以，不能长时间接在电枢回路中。这种启动方法广泛应用于各种规格的直流电动机，但启动过程中能量消耗较大，因此经常频繁启动的或大中型的电动机不宜采用。

3. 降压启动

降压启动是由单独的电源供电，用降低电源电压的方法来限制启动电流。降压启动时，启动电流将随电枢电压的降低程度按正比地减少。为使电动机能在最大磁场情况下启动，在启动过程中励磁应不受电源电压的影响，故电动机应采用他励。电动机启动后，随着转速的上升，可相应提高电压，以获得所需要的加速转矩。

用这种方法启动时，启动过程中消耗能量少，启动平滑，但需要专用电源设备，多数用于要求经常启动的或大中型的直流电动机。

二、直流电动机改变转向

在生产实践中，常要求电动机既能正转也能反转。要改变直流电动机的旋转方向，可以通过改变电磁力矩的方向来达到。

对并励电动机，改变转向的方法有两个：一是改变励磁电流的方向，即主磁极磁通方向，而电枢电流方向不变，如图 9-35 (a) 所示；二是改变电枢电流的方向，而主磁极的磁通方向不变，如图 9-35 (b) 所示。如果两者电流同时改变方向，则转向不变。

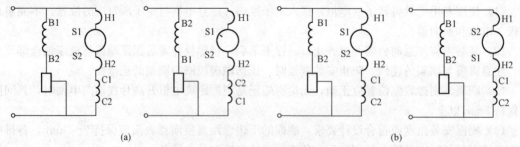

图 9-35　直流电动机正反转接线

(a) 改变励磁电流方向；(b) 改变电枢电流方向

并励电动机改变旋转方向的原理如图 9-36 所示。改变励磁电流的方向，而电枢电流方向不变时，电动机的旋转方向，根据左手定则，比较图 9-36 (a) 和 (b) 即可理解；改变电枢电流的

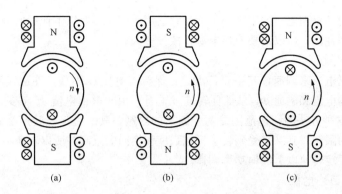

图 9-36　并励电动机改变旋转方向原理示意图

（a）原来转向；（b）改变励磁电流方向后的转向；（c）改变电枢电流方向后的转向

方向，而主磁极的磁通方向不变，根据左手定则，比较图 9-36（a）和（c）即可理解。

在选择改变旋转方向的方法时，由于磁极回路电感较大，在切换时易感应较高的电动势，对磁极绕组的绝缘不利，因此，在实用中，一般采用改变电枢电流的方法来改变旋转方向。

对复励电动机改变旋转方向时，一般也采用改变电枢电流方向来改变转向。如果用改变主磁极励磁电流方向来改变转向，则必须将串励绕组中的电流方向随同并励绕组的电流方向一起改变。

三、直流电动机调速

以并励电动机为例，直流电动机的转速公式为

$$n = \frac{U - I_s(R_s + R_w)}{C_e \Phi}$$

式中　n——电动机转子转速；

U——外施电压；

I_s——电枢电流；

R_s——电枢电阻；

R_w——电枢回路外加电阻；

C_e——常数；

Φ——磁极磁通。

从转速公式中得知，有三种调速方法，即调节电枢端电压、调节磁极励磁电流、调节电枢回路电阻，如图 9-37 所示。

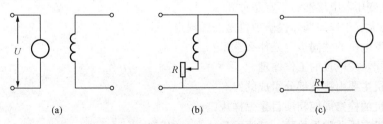

图 9-37　并励电动机调速方法

（a）调节电枢端电压；（b）调节磁极励磁电流；（c）调节电枢回路电阻

1. 调节电枢端电压

调节电枢端电压来调速，其主要特点是：通常保持磁通 Φ 不变；有较大的调速范围；较好

的低速稳定性；但功率随电压的下降而下降。它适用于额定转速以下他励的恒转矩调速。最大的缺点是励磁方式为他励，所以需要专用电源，故投资大。

2. 调节磁极励磁电流

调节磁极励磁电流来调速，其主要特点是：保持端电压 U 不变，在磁极绕组回路中串联可变电阻，减少磁场电流和磁通 Φ，从而使转速 n 上升；由于电枢电流 I_s 不变，电压 U 不变，故功率 P 不变。但这种方法的调速范围受两个因素的限制，其一是最低转速受励磁绕组本身固有电阻和磁路饱和的限制；其二是受到转子机械强度和换向的限制，所以转速不能调得太高。这种调速方法适用于额定转速以上的恒功率调速。

3. 调节电枢回路电阻

这种调速方法的主要特点是：保持电压 U 不变，磁通 Φ 不变，转速随电阻 R_w 增加而降低；电机机械特性软；当电枢电流 I_s 不变时，可作恒转矩调速，但低速时输出功率随转速 n 的降低而减小，而输入功率不变，因此效率低，不经济。这种调速方法只适用于额定转速以下，不需要经常调速，且机械特性要求较软的调速。

本 章 小 结

本章介绍了直流电机的基本知识和拆装工艺，重点讲述了直流电动机常见故障的原因及处理方法，对直流电动机的控制也作了介绍。虽然直流电机在发电厂应用较少，但它也是不可缺少的重要设备，所以，作为电气检修人员必须了解直流电机的结构、原理和性能，熟练掌握直流电机的拆装工艺和控制接线。

本 篇 练 习 题

1. 简述变压器在电力系统中的作用和工作原理。
2. 变压器主要由哪些部分组成？
3. 变压器的铁芯为什么要接地？为什么只能一点接地？
4. 变压器有哪些主要的技术数据？
5. 变压器冷却系统有哪几种方式？各有什么特点？
6. 变压器调压方式有哪几种？各有什么特点？
7. 变压器油需要进行哪几项试验？
8. 为什么变压器上层油温不宜超过 85℃？
9. 变压器大、小修周期和检修项目是怎样规定的？
10. 同步发电机的"同步"是什么意思？
11. 简述同步发电机的工作原理。
12. 发电机主要由哪几部分组成的？
13. 发电机的检修周期和项目是怎样规定的？
14. 发电机有哪些常见故障？其原因是什么？如何处理？
15. 汽轮发电机的冷却方式有哪几种？
16. 氢冷发电机解体前应做好哪些准备工作？
17. 发电机检修应做哪些试验项目？
18. 发电机的一般检修项目、特殊检修项目和重大特殊检修项目各包括哪些内容？

19. 发电机转子接地的查找方法有哪几种？具体怎样进行查找？

20. 请叙述异步电动机的结构和工作原理。

21. 异步电动机常见故障有哪些？其原因及处理方法是什么？

22. 请画出 3 相 4 极 30 槽双层绕组展开图。

23. 请画出 3 相 4 极 24 槽单层绕组展开图。

24. 异步电动机更换定子绕组前应做好哪些准备工作？

25. 交流电动机如何调速？叙述变频调速的工作原理。

26. 交流异步电动机有哪几种启动方法？各有什么特点？如何接线？

27. 怎样判断三相异步电动机定子绕组首尾端？

28. 单相异步电动机为什么不能自启动？它的启动方式有哪几种？

29. 三相异步电动机有哪几种制动方法？各适用何种场合？

30. 直流电动机主要由哪几部分组成？各部分起什么作用？

31. 直流电动机常见故障的原因是什么？如何处理？

32. 直流电动机的启动方式有哪几种？各有什么特点？

33. 直流电动机的调速方法有哪几种？各有什么特点？

34. 直流电动机换向不良的原因是什么？如何处理？

35. 直流电动机反正转如何接线？

36. 怎样查找直流电动机电刷的中性位置？

高压电器检修

第十章　高压断路器检修

高压断路器是电力系统中重要的控制和保护电器。它能分断或闭合高压电路的空载电流、负载电流或故障电流，与继电保护装置配合使用，能将故障部分从系统中迅速切除，保证系统安全运行。

高压断路器按其灭弧介质可分为油断路器、真空断路器、六氟化硫断路器、空气断路器以及磁吹断路器和产气断路器等。本章重点介绍部分油断路器、真空断路器、六氟化硫断路器和空气断路器。

第一节　油断路器检修

凡是以变压器油作为灭弧介质并起绝缘作用的断路器都称为油断路器。油断路器分少油断路器和多油断路器以及有户内和户外之分。少油断路器用油量少且外形尺寸轻巧，其油主要是起灭弧介质作用；而多油断路器由于用油量较大，所以外形尺寸也显得庞大笨重，但多油断路器的油不仅起灭弧介质作用，还起绝缘作用。少油断路器的灭弧装置、绝缘以及导电结构等比较复杂，而多油断路器的灭弧装置很简单，甚至没有灭弧装置，在开断性能上多油断路器不如少油断路器，少油断路器的开断容量较大。

目前国内各地使用的油断路器型号较多，主要有 SN10—10 系列，SN4—20G、SN10—35 系列，SW2、SW3—35 系列，DW2—35、DW6—35 以及 SW2—60、SW2—110、SW2—220 和 SW4—110Ⅲ、SW4—220Ⅲ、SW6—110、SW6—220、SW6—110GA、SW6—220G、SW7—110、SW7—220 等系列的高压断路器。

油断路器型号意义：

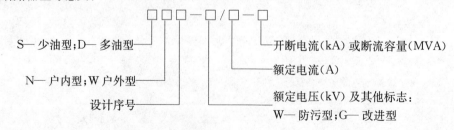

S—少油型；D—多油型
N—户内型；W 户外型
设计序号
开断电流(kA)或断流容量(MVA)
额定电流(A)
额定电压(kV)及其他标志：
W—防污型；G—改进型

一、SN10—10 系列高压断路器的检修

1. SN10—10 系列高压断路器的结构与工作原理

SN10—10 系列高压断路器是三相交流 50Hz 户内开关设备。它适用于发电厂、变电所和具有同类要求的其他场所，作为保护和控制高压电器的设备，也适用于操作较频繁的控制和通断电容器组。

SN10—10 系列的Ⅰ、Ⅱ、Ⅲ型高压断路器主体结构基本相似，除Ⅲ型外，其他两种类型每相都有一个圆筒形油箱，装在悬挂式钢架上；油箱顶罩带电，中间是玻璃钢绝缘筒，下部是带电的铸铁机构室。利用支持绝缘子和绝缘拉杆，使断路器的带电基座（铸铁机构室）和导电对金属框架绝缘。总的来说，这三种型号的断路器主要是由框架、传动系统和箱体三大部分组成。只是Ⅲ型3000A断路器箱体采用双筒结构，由主筒和副筒组成，副筒没有灭弧装置。其外形及结构特点如图10-1～图10-4所示。

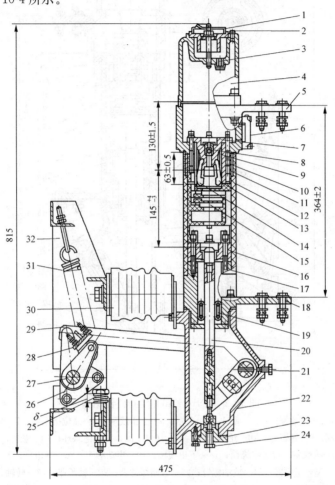

图 10-1　SN10—10 I 型断路器结构

1—帽盖；2—注油螺钉；3—活门；4—上帽；5—上出线座；6—油位指示器；7—静触座；8—止回阀；
9—弹簧片；10—绝缘套筒；11、16—压圈；12—绝缘环；13—触指；14—弧触指；15—灭弧室；17—绝缘
筒；18—下出线座；19—滚动触头；20—导电杆；21—螺栓；22—基座；23—阻尼器；24—放油螺钉；
25—合闸缓冲器；26—轴承座；27—转轴；28—分闸限位器；29—绝缘拉杆；30—支持绝缘子；
31—分闸弹簧；32—框架

框加上装有分闸弹簧31、支持绝缘子30、分闸限位器28和合闸缓冲器25。

传动系统包括转轴27、绝缘拉杆29和轴承座26。

箱体的下部是用球墨铸铁制成的基座22，基座内装有转轴、拐臂和连板组成的变直机构。当断路器分合闸时，操作机构通过转轴27、绝缘拉杆29和基座内的变直机构，使导电杆20上下运动，实现断路器的分合闸。基座下部装有阻尼器23和放油螺钉24。分闸时阻尼器起油缓冲作

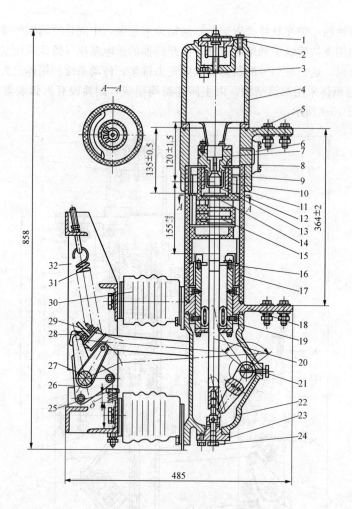

图 10-2　SN10—10Ⅱ型断路器结构

1—帽盖；2—注油螺钉；3—活门；4—上帽；5—上出线座；6—油位指示器；7—静触座；
8—止回阀；9—弹簧片；10—绝缘套筒；11、16—压圈；12—绝缘环；13—触指；14—弧
触指；15—灭弧室；17—绝缘筒；18—下出线座；19—滚动触头；20—导电杆；21—螺栓；
22—基座；23—阻尼器；24—放油螺钉；25—合闸缓冲器；26—轴承座；27—转轴；28—分
闸限位器；29—绝缘拉杆；30—支持绝缘子；31—分闸弹簧；32—框架

用。导电杆的端部和静触头的弧触指 14 上均装有耐弧铜钨合金，以提高电寿命和开断能力，每相弧触指数量，Ⅰ型为 3 片；Ⅱ型为 4 片；Ⅲ型为 12 片。

箱体中间部位是灭弧室，采用纵横吹和机械油吹联合作用的灭弧装置。三级横吹、一级纵吹和横吹口采用了扁喷口，配合最佳的分闸速度使燃弧时间缩短。

导电杆与下出线座 18 之间装有滚动触头 19，滚动触头在压缩弹簧的作用下与导电杆及下接线座之间紧密接触，保证载流能力和动热稳定性。

箱体上部是上帽 4，它是一个惯性膨胀式油气分离器，结构简单，但油气分离效果好。帽的顶部设有注油螺钉 2 和定向排气孔。静触座 7 中间装有一个止回阀 8，起单向阀门作用，防止开断时电弧烧伤静触座表面。

上出线座 5 上装有油位指示器 6。

Ⅲ型 3000A 断路器副筒与主筒并联，副筒没有灭弧室。

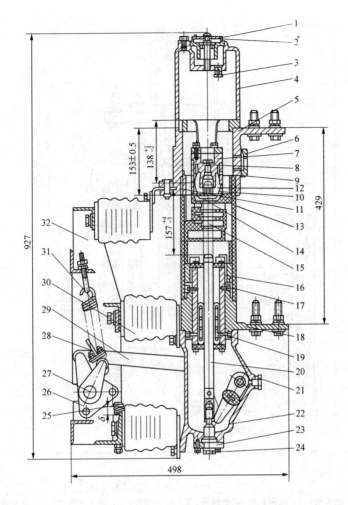

图 10-3　SN10—10 Ⅲ型 1250A 结构

1—帽盖；2—注油螺钉；3—活门；4—上帽；5—上出线座；6—油位指示器；7—静触座；8—止回阀；9—弹簧片；10—绝缘套筒；11、16—压圈；12—触指；13—绝缘环；14—弧触指；15—灭弧室；17—绝缘筒；18—下出线座；19—滚动触头；20—导电杆；21—螺栓；22—基座；23—阻尼器；24—放油螺钉；25—合闸缓冲器；26—轴承座；27—转轴；28—分闸限位器；29—绝缘拉杆；30—支持绝缘子；31—分闸弹簧；32—框架

　　副筒下部的副基座 7 由铸铝合金制成。副绝缘筒 4 是半透明的，可以直接观察到内部油面的高度。副基座外部的拉杆 8 与主筒在机械上是连锁的，断路器合闸时主筒触头先接通，而分闸时副筒触头先分开，这样在合分闸过程中，副筒内没有电弧产生，因此，副筒不设灭弧装置，动、静触头也无耐弧合金。副筒仅作为并联的载流回路，其中绝缘油主要用做断口绝缘及散热。

2. SN10—10Ⅲ/3000 型断路器检修工艺

（1）解体。

1）打开底部放油螺栓将油放出。

2）拆掉上下出线端子引线，卸下副筒。

3）用内六角扳子松开上帽与上出线法兰间的 4 只内六角螺钉，取下上帽和静触座以及小绝缘筒。

4）用专用工具卸下上压环，取出灭弧室，然后用专用工具卸下下压环上 4 只内六角螺栓，取出绝缘筒和下出线座。

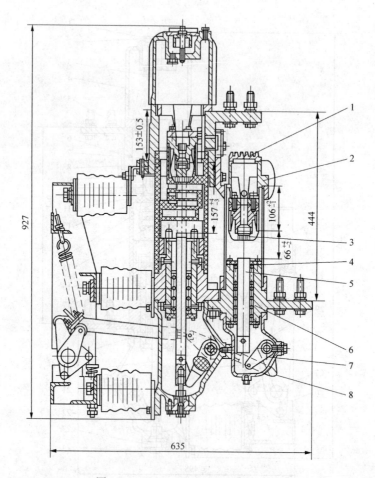

图 10-4　SN10—10Ⅲ型 3000A 结构

1—上盖；2—触头架；3—触指；4—副绝缘筒；5—副导电杆；6—副下出线座；7—副基座；8—拉杆

5）松开绝缘拉杆与基座处摇臂的连接销，提起导电杆（动触杆），卸下导电杆与摇臂连接的 10mm×55mm 带孔销，取下导电杆（动触杆）。

6）必要时，可松开固定基座的螺栓，将基座从支持绝缘子上取下。拆下的零部件应放在清洁干燥的场所，要按各相、按次序排列，以防丢失或错装，不得碰伤绝缘部件。

（2）上帽检修。

1）松开 M8×12 半圆头螺钉，取下排气孔盖，松开 M12 特殊螺栓，取下油气分离器，进行各部件清洗检查。上帽盖应无砂眼，派气孔应畅通。Ⅲ型断路器上帽盖回油阀应动作灵活，钢球能可靠密封。

2）检修后进行组装，其顺序与拆卸时相反。应注意两边各相上盖的定向排气孔与中间一相定向排气孔之间的夹角为 45°，而且排气孔应背离引线安装。

（3）静触头检修。

1）检查触指接触面，应光滑、平整，不得有金属熔粒堆集，并测量闭合圆，应保证在 $\phi 19$～20mm 范围内，触指如果烧损可以用细锉或 0 号砂布修整，但触指厚度不得小于 4mm。

2）检查触头架与触座的连接应紧密，触座与触指接触处不应有烧痕和积垢。用绝缘油清洗干净。弹簧不应弯曲变形，与触指、触座及隔栅接触处不应有烧痕。

3）卸下止回阀，用绝缘油清洗，用气吹动阀内钢球，看其动作情况是否封闭严密。止回阀内不得有金属熔粒及杂质，钢球动作应灵活，挡钢球的圆柱销两端应铆好、修平，不得凸出。如果钢球封闭的不严，可将钢球冲打一下，使钢球与特殊螺栓之间有可靠的密封线，然后再装上。

4）用绝缘油清洗小绝缘筒并检查其外观状况。内壁不得有严重炭化、烧损及剥落其层现象。

（4）灭弧室检修。依次取出灭弧片及垫片，用泡沫塑料在绝缘油中擦洗灭弧片上的电弧伤痕；严重时，可用0号砂布轻轻地擦拭弧痕，以消除炭化表面。保证灭弧片表面光滑平整，无炭化颗粒，无裂纹或损坏。

（5）绝缘筒检修。

1）检查上出线座，分解油标，清扫干净后组装。出线端子接触面应平整并涂中性凡士林油。油标应清洁，上下孔应畅通。

2）清扫检查绝缘筒内外壁，应无渗油现象，检修时一般不进行分解。如果漆膜脱落，应涂绝缘漆。

3）取出绝缘筒内下压圈（压环），检查压圈与绝缘筒连接用弹簧。压圈应完整无损，弹簧应无变形或断裂等。

（6）下出线座及滚动触头（导向轮）检修。

1）卸下导电杆的上导向绝缘板及导条，检查导条与下出线座的接触是否紧密，两侧导电面是否有烧痕，导电条与滚动触头表面应无烧痕，滚动触头的滚轮转动应灵活，轴杆不得弯曲，两端铆固，各部件齐全，弹簧应符合要求。

2）检查清洗导电杆（动触杆）上下导向绝缘挡板，应无破损裂纹，导向口应光滑。清洗检查下出线座，修整下出线座接线端子，其表面应无气孔、砂眼及裂纹。接线端子表面光滑、平整并涂以中性凡士林。组装顺序与拆卸时相反。

（7）导电杆（动触杆）检修。

1）在取出导电杆之前，用专用工具卸下动触头，检查烧损程度及连接螺纹，并检查动触头端部孔内的螺钉紧固情况。连接螺纹不应有乱丝脱扣现象，端部孔内的螺钉应紧固。动触头的铜钨合金部分烧蚀深度大于2mm时应更换触头，导电接触面烧蚀深度大于0.5mm，应更换。导电杆的压缩弹簧应完好无损。

2）取出导电杆，检查导电杆和缓冲器，导电杆应无烧损，弯曲程度不能大于0.15mm。缓冲器孔的口部，应无严重撞击痕迹。

（8）基座检修。

1）拆卸正面凸起部位的特殊螺钉，用专用工具打下转轴上的弹簧销（卡），退出转轴。然后取出基座内的联臂，进行清洗，联臂各部件应无变形、损坏，焊接要牢固。检查各部轴销、开口销应完整齐全，转动灵活，铆钉牢固，橡皮绝缘块完整无损。

2）检查清洗转轴及外摇臂上的销轴及各部焊口状况。转轴与外摇臂上的销轴不平行度不应大于0.3mm。

3）用专用工具松开转轴密封的螺纹套，取出硬质耐油、耐磨橡胶垫圈及骨架橡胶油封，清洗转轴，并更换有关密封胶垫。

4）拆卸缓冲器，清洗检查活塞与圆盘。

5）用绝缘油清洗底罩（即机构盒）内部，底罩应无砂眼和裂纹。

6）组装顺序与分解时相反。在装转轴时，先依次将螺纹套、硬质橡胶垫圈、骨架橡胶油封套在转轴上的外摇臂端，再将底罩内部联臂的轴套孔对准，穿上转轴，然后打入弹性销，最后将转轴上的螺纹套用专用工具旋紧。弹性销有倒角一端应向里，两个弹性销的缺口不应重合，外提臂与联臂的拐臂间夹角应为92°。转轴组装后应转动灵活。

（9）SN10—10Ⅲ型 3000A 断路器副筒检修可参照（1）～（8）部分。

（10）SN10—10 系列断路器的组装。

1）将下出线座放在基座上口找正。

2）将弹簧圈放入绝缘筒内壁半圆槽内，然后放入压圈（压环）使内圆弧台均匀压在弹簧上。将绝缘筒找正后，用专用工具将压圈上的 4 只内六角螺栓对角均匀旋紧，应保证导电杆上下运动灵活。

3）依次装入灭弧片，并使最下面灭弧片的弧形油道与出线端子的方向一致，以保证横吹弧道与上出线座的出线端子方向相反（SN10—10Ⅱ、Ⅲ型断路器横吹弧道与上出线端子方向相反；SN10—10Ⅰ型断路器横吹弧道与上出线端子夹角为 135°）。

4）用专用工具装上上压圈压紧灭弧室，测量 A 尺寸（Ⅲ型为 153mm±0.5mm），如不合格时，可调整下面第 1、2 灭弧片间的调整片。

5）在底罩、出线座、绝缘筒间的 O 形橡胶密封圈均需更换并放好，紧固后检查各密封圈不得有损坏、麻纹及塑性变形和压扁。

6）安装副筒，并转动底罩处摇臂，检查触头灵活情况。

（11）主轴检修。

1）拆卸分闸弹簧及绝缘拉杆，打开主轴两端轴承盖，将轴承由框架里侧拉向外侧，清洗轴承及主轴，待干后涂防冻润滑油，重新装好。要求轴向窜动不大于 1mm，如超过则用垫圈调节。

2）检查主轴上各拐臂焊接情况，必要时进行补焊。检查附件是否完好，各传动轴销涂防冻润滑油。

3）检查主轴与垂直连杆拐臂的连接是否完好，拐臂不得有活动现象，不得有顶丝或螺栓代替 8mm×70mm 圆锥销。

4）检查绝缘拉杆表面有无放电痕迹，漆膜是否完整，如有脱落应涂绝缘漆。

（12）框架及分闸限位器检修。

1）检查框架各组件的焊接与安装状况，必要时重新补焊和重新找正。

2）检查分闸限位器及其支架不应变形，橡皮板及钢垫片应隔片安装。

（13）分闸弹簧及合闸缓冲器弹簧检修。

分闸弹簧及合闸缓冲器弹簧应无严重锈蚀及塑性变形、损坏等。

（14）支撑绝缘子检修。

1）绝缘子表面应清洁无垢，完整无损，无裂纹现象。

2）检查安装螺栓及绝缘子铁部件的浇装情况是否良好。

3）同相绝缘子应在一条垂直线上，各相绝缘子在一条水平线上，绝缘子高差不应大于 1mm。必要时加垫片调整。

（15）SN10—10 系列断路器调整参数，见表 10-1。

3. SN10—10 系列断路器调整方法

（1）合闸位置时，导电杆上端面距离上接线座上端面的尺寸及三相不同期性，可通过调整绝缘拉杆的调节头长度来达到。

（2）隔弧板上端面距离上接线座端面尺寸，须用增减隔弧板间绝缘衬垫的厚度来达到。

（3）导电杆行程的调节。须调整绝缘拉杆长度和增减分闸限位器垫片的厚度，但要注意当断路器处于分闸位置时，落在分闸限位器上的滚子应有一定的压力。

表 10-1　　　　　　　　　　　　**SN10—10 系列断路器调整参数**

序号	项目		单位	数据			
				SN10—10 Ⅰ	SN10—10 Ⅱ	SN10—10 Ⅲ	
				630A	1000A	1250A	3000A
1	导电杆行程	主筒		145^{+4}_{-3}	155^{+4}_{-3}	157^{+4}_{-3}	
		副筒				—	66 ± 3
2	电动合闸位置时导电杆上端（A尺寸）距	上出线上端面	mm	130 ± 1.5	—	—	
		触头架上端面			120 ± 1.5	136^{+1}_{-2}	
		副筒上法兰上端面					106^{+2}_{-1}
3	灭弧室上端面距	上出线上端面		—	135 ± 0.5	153 ± 0.5	
		绝缘筒上端面		63 ± 0.5			
4	三相分闸不同期性①		ms	不大于2			
5	副触头比主触头提前分开时间						不小于10
6	最小空气绝缘距离		mm	不小于100			
7	每相导电回路电阻		$\mu\Omega$	不大于100	不大于60	不大于40	不大于17
8	刚合速度②		m/s	不小于3.5		不小于4	
9	刚分速度②			$3^{+0.3}_{0}$			

① 三相导电杆上端合闸位置之差不大于2mm时，可不测三相分闸不同期性。

② 分合闸速度可用示波器、数字显示测速器或电磁振荡器测量。当采用电磁振荡器（电源频率为50Hz）测量时，刚合、刚分速度分别为触头接触前及刚分后0.01s内的平均速度。刚合、刚分点距合闸位置的距离，Ⅰ型为25mm，Ⅱ型为27mm，Ⅲ型为42mm。

（4）调整分闸弹簧的拉力和合闸缓冲器弹簧的压力可使分合闸速度达到要求。但应保证合闸缓冲器在合闸位置时δ值为4mm±2mm，分闸位置时Ⅰ、Ⅱ型δ值为20mm±2mm（Ⅲ型分闸位置δ值不限制）。

（5）Ⅲ型3000A断路器所需合闸功率较大，配用CD10型电磁机构时，手力合闸手柄仅作为检验断路器动、静触头接通前各机械部位动作是否灵活或有无卡滞现象。进行合闸操作及测量技术参数时须用力操作。

（6）Ⅲ型3000A断路器副筒导电杆行程的调节，可通过与主筒连接的拉杆来实现，要想达到副筒触头比主筒触头提前分开时间不小于10ms，各调整参数必须达到表10-1上的要求。

（7）回路电阻如果大于要求值时，可检查和清理各导电接触面，拧紧各紧固件。

二、SW2—35 型断路器检修

SW2—35型少油断路器有四种型号，其中SW2—35Ⅰ型额定电流为1000A，开断电流为16.5kA；SW2—35Ⅱ型额定电流为1500A，开断电流为25kA；SW2—35Ⅲ型额定电流为2000A，开断电流为25kA；SW2—35Ⅳ型额定电流为1600A，开断电流为25kA。

SW2—35Ⅳ型与Ⅰ、Ⅱ、Ⅲ型的主要区别是：Ⅰ、Ⅱ、Ⅲ型的电流互感器为内接型；而Ⅳ型的电流互感器为外接型，为了改善通断空载长线性能，在SW2—35Ⅳ型中增加了压油活塞，而其他三种型号均无压油活塞，故不能满足通断空载长线的要求。

（1）安装与维修。

1）SW2—35型断路器在安装时，要求基础垂直或水平，并要考虑基础的荷重能力。因为SW2—35型断路器除自身与机构的重量外，还要考虑其向上操作荷重2t、向下操作荷重3t的应力。

2）SW2—35 型断路器与机构分别装在基础上，机构输出拐臂应对准断路器的水平拉杆，校准其垂直度与水平面，使其水平连杆在分、合闸过程中不至于碰擦基架上连杆输出孔壁。

3）经常检查油位的高度，使油位保持在油标指示范围内。注意油质的变化情况，在油样耐压试验低于 25kV 时必须更换清洁、符合标准的新变压器油，其耐压值一定要在 30kV 以上，南方地区使用 25 号变压器油，北方地区使用 45 号变压器油。

4）解体检查。①检查绝缘子应无损坏；②检查动、静触头有无烧损现象，如果烧损严重需要更换新触头；③检查灭弧片应无烧损，如果有烧损、变形或开裂等现象则应更换新灭弧片；④更换橡胶密封圈（一般在解体检修时都应更换橡胶密封圈），检查密封面应无漏油现象；⑤解体后重新组装时，不得有漏装或错装现象，并要重新检查其机械特性尺寸，特别是引弧距离必须达到 20mm±1mm；⑥检查各紧固零件应无松动，否则要加以紧固。

（2）调整与试验。

1）按产品说明书的要求和标准，测量和调整断路器的行程和超程，使其符合产品说明书的规定。行程主要靠增减油缓冲器调节垫片来调整，行程小则增加调节垫片，行程大则减少调节垫片。超程主要靠伸长或缩短水平拉杆的长度来实现。

2）测量分、合闸速度方法：刚分速度的大小用调整刚分弹簧和主弹簧来达到，合闸速度靠调节机构上的合闸弹簧来满足。

3）测量每相导电回路电阻：SW2—35 型断路器每相导电回路电阻不得大于 $60\mu\Omega$，如果超出此规定，可采用分段测量的办法来确定阻值大的部位，然后对该部位进行处理，直到满足要求为止。

4）在规定的高、低操作电压下进行分闸、合闸以及自动重合闸操作试验，断路器不得有拒分、拒合、卡死、误动等异常现象。

5）测量各零部件绝缘电阻应无损坏和受潮。

三、SW4—110/220Ⅲ型少油断路器维修与调试

SW4—110/220Ⅲ型断路器是在Ⅱ型的基础上发展起来的，其外形、结构、安装尺寸完全相同，但在性能上比Ⅱ型优越，如 SW4—110/220Ⅱ型的开断电流为 21kA，而Ⅲ型开断电流为 31.5kA。而且按现行相关标准补齐了全套开断试验，包括Ⅱ型从未进行过的近区故障、非对称电流开断、空载长线等开断试验，达到了无重燃断路器的要求；SW4—110/220Ⅱ型的机械寿命为 1050 次，Ⅲ型为 2000 次；Ⅱ型产品没有防污型，Ⅲ型产品加强了绝缘，提供了防污型产品，故扩大了使用范围。

SW4—110/220Ⅲ型少油断路器采用多断口积木式结构，SW4—110 型采用每相一柱两个断口，呈 Y 字形布置；SW4—220 型则采用每相两柱四个断口，两个 Y 字形串联布置，如图 10-5 和图 10-6 所示。

SW4—220 少油断路器由底座、支持瓷套、中间机构箱、灭弧装置以及并联电容器等组成。

底座内有拐臂盒、主轴装配、内外拐臂、油缓冲器和放油阀。支持瓷套固定在底座上，瓷套内装有绝缘提升拉杆并充满绝缘油。提升栏杆的下端与主轴内拐臂连接，上端与中间箱变直机构相连，支持瓷套起断路器对地绝缘作用。中间机构箱内有两套变直机构，分别连接两个灭弧装置中的导电杆作直线运动。其顶端还装有分闸弹簧。电流从 Y 形的顶端一头进另一头出。每柱两个灭弧单元（即灭弧装置）对称安装在中间机构箱上，内有静触头和灭弧室如图 10-7 所示。

在分断过程中，动静触头分离产生电弧，使灭弧室上部的油气化和分解。随着动触头向下运动，纵吹油囊中的油也随着气化和分解，形成压力流，并沿电弧轴线方向吹拂，在电流过零时熄灭电弧。在分断小电流时，压油活塞的油被压入灭弧室，有利于电弧的熄灭。

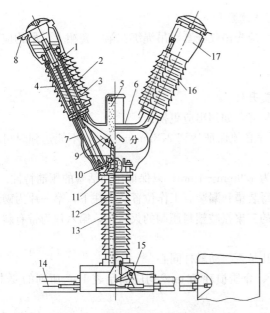

图 10-5　SW4—110 少油断路器外形

1—静触头；2—动触杆；3—中间触头；4—上瓷套；5—分闸弹
簧；6—硬连接；7—中间机构箱；8—接线座；9、15—拐臂；
10—分闸油缓冲器；11—油标；12—绝缘提升杆；13—下瓷套；
14—水平拉杆；16—并联电容；17—上帽

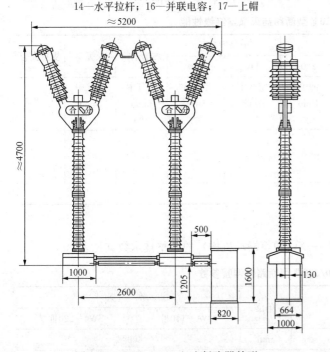

图 10-6　SW4—220 少油断路器外形

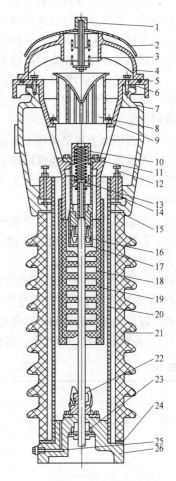

图 10-7　SW4 系列断路器
灭弧装置机构图

1、4—帽子；2、10—盖；
3、11—弹簧；5、6、15、23、
24—密封垫；7—罐；8—油气
分离器；9—喇叭形机座；
12—压紧螺钉；13—压油活
塞；14—法兰圈；16—静触
头；17—耐弧环；18—灭弧
室；19—灭弧隔板；20—玻璃
钢筒；21—瓷套；22—中间触
头；25—放油阀；26—下机座

　　由于采用多断口积木式结构，为了使各断口间恢复电压能均匀分布，故在灭弧单元断口上安装一个并联电容器。

1. SW4—110/220Ⅲ型少油断路器维修的注意事项

(1) 起吊断口，在拆卸瓷套间法兰螺栓时，应先吊住瓷套。吊绳绑在第一瓷裙上，吊钩应放在断口内侧，以免动触杆发生弯曲变形。

(2) 起吊三角箱时，应首先拆除中间连接。

(3) 起吊支柱绝缘瓷套时，应先取出绝缘提升杆。

(4) 受电弧烧损的零件不能超出极限使用尺寸，如超出应更换。

(5) 第一片隔弧板到静触头固定平面的尺寸必须保证达到278mm±1mm，不能达到时可用衬圈进行调整。

(6) 压油活塞上盖至弧环平面距离应保证为439mm±1mm，以保证压油活塞的压油特性。

(7) 灭弧片压紧前必须保证同心，并且不得装错和漏装。工作位置从上往下，第一片为碗形酚醛纸板的灭弧片，第二～五片为带有空气垫的三聚氰胺塑料压制的灭弧片，第六片为带有斜形倒角的灭弧片。

(8) 安装喇叭基座时，应注意灭弧室中心孔是否与动触杆同心。

(9) 各绝缘零部件的泄露电流、工频耐压、介质损耗角 $\tan\delta$ 均应满足表 10-2 所列的要求，不符合要求的应进行处理。

(10) 不同牌号的绝缘油不允许混合使用。

(11) 支柱瓷套中的油仅作绝缘用，维修时可按一般运行规程处理。若发现有水分存在，必须更换，以免绝缘拉杆受潮。三角箱中的油仅作缓冲用，耐压值在20kV以上即可。

(12) 各紧固零件必须拧紧，各处开口销都应为燕尾开口，且不得漏装。

表 10-2　　　　　　　　　　　SW4—110/220Ⅲ型断路器灭弧室绝缘性能

序号	检查零件及部位　检查项目	断　口		绝缘提升杆		玻璃钢筒	灭弧室	支持瓷套
		110	220	110	220			
1	工频耐压（kV）	油中 1min 131	油中 1min 135	空气中 5min 240	空气中 5min 475	空气中 5min 170	空气中 5min 115	
2	泄露电流（μA，直流 40kV 以下 1min 后稳定值）	≤8	≤8	≤8	≤5	≤8	≤8	≤8
3	介质损失角 $\tan\delta$ 不大于	15%						

2. SW4—110/220Ⅲ型断路器调试

SW4—110/220Ⅲ型断路器（配用 CT6—XG 弹簧操动机构）的调整技术数据见表 10-3。

表 10-3　　　　　　　　　　　SW4—110/220Ⅲ型断路器调整参数

序号	项　目		单位	数据	
				SW4—110Ⅲ	SW4—220Ⅲ
1	触头行程		mm	400^{+15}_{-10}	
2	触头超程（从弧平面算起）		mm	70±4	
3	分闸速度	刚分后 10ms 内平均速度	m/s	6.6±0.4	
		刚分 20ms 时开距	mm	130	
4	合闸速度（刚分前 10ms 内平均速度）		m/s	5.7±0.5	

序号	项目		单位	数据	
				SW4—110Ⅲ	SW4—220Ⅲ
5	固有合闸时间≤		s	0.18	
6	固有分闸时间≤		s	0.06	0.05
7	同相分闸同步性≤		ms	2.5	
8	间相分闸同步性≤		ms	5	
9	间相合闸同步性≤		ms	10	
10	回路电阻	每相	μΩ	300	600
		每断口		120	

（1）水平拉杆的调整。应使 SW4—220Ⅲ型断路器一相中两个外拐臂和 SW4—110Ⅲ型断路器三相中三个外拐臂偏转角度相同，然后再拧紧拉杆螺母。

（2）行程、超程的调整。测试行程、超程前先应慢分、慢合两次，如各运动部分灵活正常，即可调整。

断路器行程为 $400\text{mm}^{+15}_{-10}\text{mm}$，主要靠调节总水平拉杆来实现；相间为同步靠调节提升杆和 T 形连杆的连接来实现；超程 70mm±4mm 是间接测量出来的，即当合闸位置动触头顶端面到油压活塞顶端平面的尺寸达到 369mm±4mm 时，即认为满足了超程 70mm±4mm 的要求，超程主要靠调节十字滑块和动触杆连接来达到。

（3）刚分、刚合速度的调整。刚分速度如不能满足表 10-3 所列要求时，则可调节三角箱的拐臂高度（拐臂到固定轴承间的距离）或断路器的主分弹簧长度；刚合速度的大小可通过调节弹簧机构中的合闸弹簧的松紧程度来调整。

（4）分合闸时间的调整。

1）分闸时间不能满足要求时，可调整分闸电磁铁的行程、主分弹簧的松紧程度以及三角箱中传动拐臂与固定轴销间的距离。对 SW4—220Ⅲ型断路器还可以调节水平拉杆上的刚分弹簧。

2）合闸时间不能满足要求时，可调整合闸电磁铁的行程或改变合闸速度（在规定的范围内）。

（5）同步的调整。

1）对同一三角箱两个断口的同步，可通过调节超程的正、负偏差来解决。

2）对不同三角箱的同步，除调节超程大小外，主要靠调节三角箱中拐臂的角度大小来解决。

四、SW₆—110/220 型少油断路器检修

SW₆—110/220 型少油断路器也是采用多断口积木式结构，SW₆—110 每相一柱两个断口，呈 Y 字形布置。SW₆—220 每相两柱四个断口，呈两个 Y 字形串联布置，它们由底座、支持瓷套、中间机构箱、灭弧单元和并联电容等组成，如图 10-8 所示。

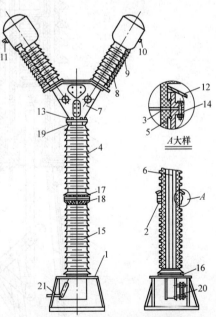

图 10-8 SW6—220 单柱结构

1—底座；2—法兰；3—橡皮垫；4—上瓷套；5—卡固弹簧；6—提升杆；7—中间机构箱；8—灭弧单元；9—并联电容器；10—软连接；11—接线板；12—防雨橡皮；13、14—M12 螺栓；15—下瓷套；16—下法兰；17、18—中间法兰；19—上法兰；20—外拐臂；21—连杆

底座内有拐臂盒、主轴装配、内外拐臂、油缓冲器、合闸保持弹簧和放油阀。油缓冲器装在底座拐臂盒内，起分闸缓冲作用。合闸保持弹簧是在液压机构的压力突然消失时，仍可保持在合闸位置。

底座上装有支持瓷套，瓷套内有提升拉杆并充满绝缘油，拉杆上端与中间机构箱内的变直机构相连，下端与底座盒内拐臂相连接。

中间机构箱内有两套对称的椭圆变直机构，分别使两个灭弧断口中的导电杆作斜向的直线运动，使动、静触头接通或分断。电流是从 Y 形结构上端的一侧进入，经过两个灭弧装置下法兰之间的导电板从另一端引出。

每柱两个灭弧单元对称装在中间机构箱上，它包括上帽、玻璃钢绝缘筒、灭弧断口瓷套及内部灭弧室。灭弧室采用单筒多油囊纵吹灭弧结构，如图 10-9 所示。在动静触头分断时产生的电

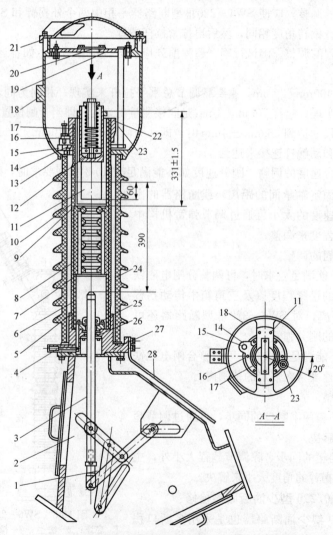

图 10-9 SW6 系列断路器灭弧装置及中间机构

1—直线机构；2—中间机构箱；3—导电杆；4—放油阀；5—玻璃钢筒；6—下衬筒；7、9—调垫节；
8—灭弧室；10—上衬筒；11—静触头；12—压油活塞；13—密封垫；14—铝压圈；15—止回阀；
16—铁压圈；17—铝法兰；18—铝帽；19—上盖板；20—安全阀片；21—盖；22—压圈；23—通气管；
24—瓷套；25—中间触头；26—油毡垫；27—下铝法兰；28—导电板

弧将绝缘油气化分解,形成高压力,随着动触头向下运动,各油囊共同产生的高压气流和油流沿电弧轴线方向吹拂,在电流过零时熄弧。同时静触头上的压油活塞在分闸时向灭弧室喷油,更有利于熄灭电弧。

五、SW7—110/220 型少油断路器检修

SW7 系列少油断路器是由三个单柱支持绝缘子经拉杆联动的三相高压隔离开关,其中 SW7—110 为每相单柱单断口,SW7—220 为每相单柱双断口(SW7—220 的外形与 SW4—220 单柱的外形基本相似),这个系列的断路器与同样电压等级的断路器相比较,其断口数要少一倍。SW7—110 型断路器外形结构如图 10-10 所示。

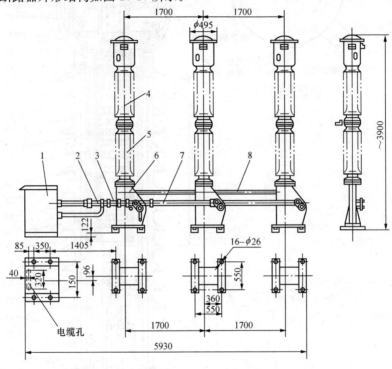

图 10-10　SW7—110 型断路器外形结构

1—液压机构;2—工作缸;3—导向缸;4—灭弧室;5—支持绝缘子;6—底座;7—联动拉杆;8—撑杆

SW7—220 断路器主要由支持绝缘子、中间机构箱、灭弧断口单元、并联电容器和液压机构等几部分组成。液压机构工作缸活塞,通过一个可调接头与传动拉杆连接,通过传动拉杆再与导向杆、提升拉杆连接。

中间机构箱装在支持绝缘子上,其机构箱内有变直机构,提升拉杆与变直机构经轴销连接,以实现动静触头的分、合闸动作。

电流从灭弧断口瓷套的上帽接线板 34 进入,经过静触头、动触杆、中间触头至灭弧瓷套下法兰接线板 37 引出,如图 10-11 所示。

对于 SW7—220 型断路器的电流,是从第一个断口上帽接线板进入,经过动静触头、灭弧瓷套下法兰与第二个断口灭弧瓷套下法兰、第二个断口的动静触头,再从第二个断口上帽的接线板引出。

灭弧室固定在中间机构箱上,灭弧室采用双筒纵横吹结构,灭弧筒固定在支座上,内部装有绝缘环和灭弧片形成油囊空间,上下共有八个横吹口。断路器在分断过程中,动静触头之间产生电弧,绝缘油在电弧的高温作用下分解和气化,随着动触杆向下运动,压力油气在灭弧片中心孔

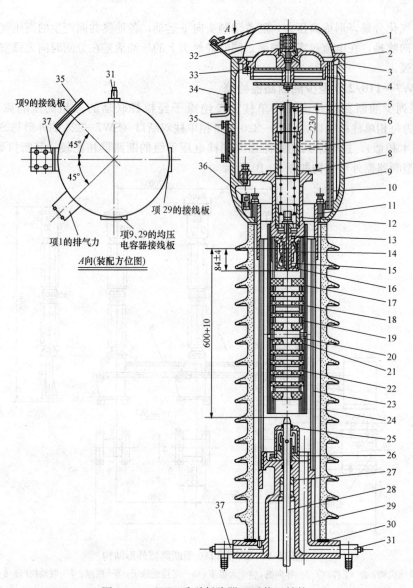

项9的接线板

35

31

37

45°

45°

项1的排气力

项29的接线板

项9、29的均压
电容器接线板

A向(装配方位图)

图 10-11　SW7 系列断路器灭弧装置结构

1—盖；2—密封圈；3—油分离器座；4—分离片；5—螺套；6—压油弹簧；7、10—管；8—支座；9—帽；11—连接套；12—压油活塞；13—喷管；14—上触座；15—触指；16—弧环；17、18、21—灭弧片；19—绝缘环；20—灭弧管；22—灭弧筒；23—绝缘筒；24—瓷套；25—保护罩；26—下触头；27—U 形密封组；28—动触杆；29—中间法兰；30—密封垫；31—灭弧室放油阀；32—弹簧阀；33—分油器的回油阀；34—接线板；35—油标；36—止回阀；37—瓷套放油阀

处沿电弧轴线方向形成强烈的纵吹，同时在横吹口产生强烈的横吹，使电弧在电流过零时熄灭。压油活塞在断路器分断过程中向灭弧室内喷油，加速电弧的熄灭。

第二节　真空断路器检修

高压真空断路器是三相联动的交流 50 Hz 户内配电装置，它配有专用操动机构，并具有结构简单、维护检修工作量少；使用寿命长，运行可靠；能频繁操作，噪声小；灭弧效果好，电弧不外漏和无爆炸危险等优点。所以，被广泛地应用于发电厂、变电所以及其他工矿企业额定电压为10kV的配电网或电缆线路的配电开关，尤其适用于频繁操作的高压电动机等的控制。

一、型号含义与技术参数

户内高压真空断路器的型号多达上百种，其典型产品有 ZN12 型、ZN28 型与 ZN28A 型、ZN63A 型（VS1 型）、ZN65—12 型等型号的产品。其型号含义如下：

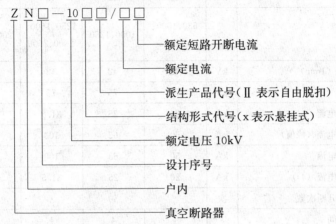

高压真空断路器主要技术参数见表 10-4～表 10-6。

表 10-4　　　　　　　ZN28A—12 型高压真空断路器主要技术参数

序号	参 数 名 称	单位	技 术 参 数		
			ZN28A—12/630、1000、1250—20	ZN28A—12/1000、1250、1600—25	ZN28A—12/1250、1600、2000—31.5
1	额定电压	kV	12	12	12
2	额定电流	A	630、1000、1250	1000、1250、1600	1250、1600、2000
3	额定短路开断电流	kA	20	25	31.5
4	额定短路关合电流（峰值）	kA	50	63	80
5	额定峰值耐受电流	kA	50	63	80
6	额定短时耐受电流（4s）	kA	20	25	31.5
7	额定短路持续时间	s	4	4	4
8	额定短路电流开断次数	次	50	50	50
9	额定操作顺序		分-0.3s-合分-180s-合分		
10	工频耐压（1min）	kV	42	42	42
11	雷电冲击耐压	kV	75	75	75
12	机械寿命	次	10 000	10 000	10 000
13	触头开距	mm	11±1	11±1	11±1
14	超行程	mm	4±1	4±1	4±1
15	三相分合闸同期性	ms	≤2	≤2	≤2
16	合闸触头弹跳时间	ms	≤2	≤2	≤2
17	相间中心距	mm	250±5	250±5	250±5
18	平均分闸速度（接触油缓冲器前）	m/s	0.7～1.3	0.7～1.3	0.9～1.3
19	平均合闸速度	m/s	0.4～0.8	0.4～0.8	0.4～0.8
20	动静触头累计允许磨损度	mm	3	3	3

表 10-5   **ZN65A—12 系列真空断路器主要技术参数**

序号	参数名称	单位	技术参数				
			ZN65A—12/20	ZN65A—12/25	ZN65A—12/31.5	ZN65A—12/40	ZN65A—12/63
1	额定电压	kV	12	12	12	12	12
2	额定电流	A	630、1000、1250	1000、1250	1250、1600、2000、2500	1250、1600、2000、2500、3150	4000
3	工频耐受电压（1min）	kV	42	42	42	42	42
4	冲击耐受电压	kV	75	75	75	75	75
5	额定短路开断电流	kA	20	25	31.5	40	63
6	额定短路关合电流（峰值）	kA	50	63	100	130	160
7	额定峰值耐受电流	kA	50	63	100	130	160
8	额定短时耐受电流（4s）	kA	20	25	31.5	40	63
9	额定短路电流开断次数	次	50			30	20
10	额定热稳定时间	s	4	4	4	4	4
11	额定操作顺序		分-0.3s-合分-180s-合分			分-180s-合分-180s-合分	
12	机械寿命	次	20 000			10 000	
13	额定单个电容器组开断电流	A	630				
14	额定背对背电容器组开断电流	A	400				
15	额定分闸时间	ms	45±10				
16	最低操作电压分闸时间	ms	65±10				
17	额定合闸时间	ms	50±10				

表 10-6   **ZN12—12 型真空断路器主要技术参数**

序号	参数名称	单位	技术数据									
			I	II	III	IV	V	VI	VII	VIII	IX	X
1	额定电压	kV	12									
2	额定电流	A	1250	1600	2000	2500	1600	2000	3150	1600	2000	3150
3	额定短路开断电流	kA	31.5	31.5	31.5	31.5	40	40	40	50	50	50
4	峰值耐受电流	kA	100	100	100	100	130	130	130	140	140	140
5	短时耐受电流（4s）	kA	31.5	31.5	31.5	31.5	40	40	40	50	50	50
6	额定短路关合电流（峰值）	kA	100	100	100	100	130	130	130	140	140	140
7	额定短路电流开断次数	次	50				30			12		
8	额定操作顺序		分-0.3s-合分-180s-合分							分-180s-合分-180s-合分		
9	额定雷电冲击耐受电压	kV	75									
10	额定短时工频耐受电压（1min）	kV	42									
11	合闸时间	s	≤0.075									

序号	参 数 名 称	单位	技 术 数 据									
			I	II	III	IV	V	VI	VII	VIII	IX	X
12	分闸时间	s	≤0.065（用储能式脱扣器分闸时间为 0.045s）									
13	机械寿命	次	20 000（I～IV型）				10 000（V～X型）					
14	额定电流开断次数	次	20 000（I～IV型）				10 000（V～X型）					
15	储能电动机功率	W	≈275									
16	储能电动机额定电压	V	110、220									
17	储能时间	s	≤15									
18	合闸电磁铁额定电压	V	110、220									
19	分闸电磁铁额定电压	V	110、220									
20	储能式脱扣器额定电压	V	110、220									
21	合闸连锁器额定电压	V	110、220									
22	失压脱扣器额定电压	V	110、220									
23	过流脱扣器额定电流	A	5									
24	辅助开关额定电流	A	AC 为 10；DC 为 5									
25	触头行程	mm	11±1				11±1			11±1		
26	触头超行程	mm	8±2				8±2			5±1		
27	合闸速度	m/s	0.6～1.1				0.8～1.3			0.8～1.3		
28	分闸速度	m/s	1.0～1.4				1.0～1.8			1.0～1.8		
29	触头合闸弹跳时间	ms	≤2									
30	相间中心距离	mm	210±1.5									
31	三相触头分合闸同期性	ms	≤2									
32	每相回路电阻	μΩ	≤25									

二、高压真空断路器的结构

高压真空断路器主要是由导电部分、真空灭弧室、绝缘部分、传动部分、框架和操动机构等组成，有固定式（悬挂式）和手车式。真空灭弧室与操动机构的布置方式有两种，一种为上下布置，即操动机构在下面，真空灭弧室在上面；另一种是前后布置，即操动机构在前面，真空灭弧室在后面，通过转轴拐臂等部件进行联动操作。下面以 ZN28A—12 型、ZN28—12 型；ZN65A—12 型和 ZN12 型真空断路器简要介绍其结构及原理。

1．ZN28A—12 型与 ZN28—12 型真空断路器的结构

（1）ZN28A—12 型是悬挂式，它固定在开关柜内，是专为固定式开关柜设计的，其结构如图 10-12 所示。其主电路和真空灭弧室是利用水平布置的支持绝缘子固定在开关柜的框架上，灭弧室垂直固定在两个水平支持绝缘子之间，其动导电杆在灭弧室的下方，经拐臂、转轴、绝缘拉杆与操作机构相连接，在弹簧及电磁机构的作用下，使断路器分、合闸。

（2）ZN28—12 型真空断路器是配手车用的，通常称为手车式真空断路器，如图 10-13 所示。其主电路和真空灭弧室与操动机构是前后布置，灭弧室上下垂直布置，靠水平支持绝缘子和垂直支持绝缘子固定在手车的框架和底座上。动导电杆在灭弧室的上方，通过拐臂、转轴、绝缘拉杆与弹簧及电磁储能机构相连接，在操动机构的作用下，使断路器分、合闸。

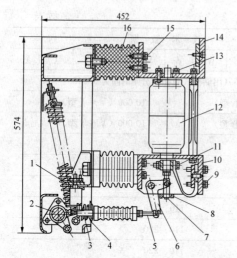

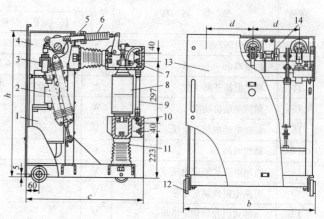

图 10-12　ZN28A—12 型真空断路器结构

1—开距调整片；2—主轴；3—触头压力弹簧；4—弹簧座；5—行程调整螺栓；6—拐臂；7—导杆；8—导向板；9—螺栓；10—动触头支架；11—导电夹紧固螺栓；12—真空灭弧室；13—灭弧室固定螺栓；14—静触头支架；15—支持绝缘子固定螺栓；16—支持绝缘子

图 10-13　ZN28—12 型真空断路器结构

1—操动机构；2—分闸弹簧；3—油缓冲器；4—框架；5—触头弹簧；6—绝缘拉杆；7—上出线端；8—真空灭弧室；9—绝缘杆；10—下出线端；11—垂直支持绝缘子；12—手车轮子；13—面板；14—计数器

2. ZN65A—12 系列真空断路器的结构

ZN65A—12 系列真空断路器采用整体式布置，其操动机构与灭弧室分别布置在断路器的前后两面，均固定在同一个金属框架上，如图 10-14 所示。这种布置使得断路器具有稳定的机械特性和可靠的电气性能。

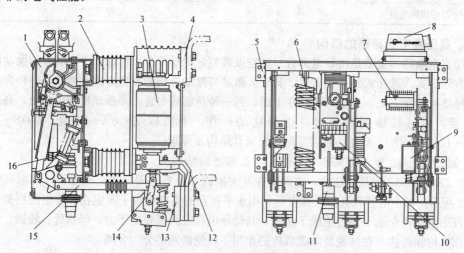

图 10-14　ZN65A—12 系列高压真空断路器结构

1—操动机构箱体；2—支持绝缘子；3—灭弧室；4—上出线端；5—安装挂板；6—合闸弹簧；7—辅助开关；8—二次插头；9—分闸电磁铁；10—合闸电磁铁；11—油缓冲器；12—软连接；13—下出线端；14—变直传动机构；15—绝缘推杆；16—分闸弹簧

断路器的主电路和灭弧室,通过水平布置的两个支持绝缘子固定在金属框架的后面,灭弧室是上下垂直布置,动导电杆在灭弧室的下方,通过特殊的变直机构使动导电杆经过导向装置上下垂直运动达到分、合闸的目的。

弹簧储能操动机构布置在断路器金属框架的前半部,按功能设计成四个单元,即合闸功能单元、分闸功能单元、传动功能单元和辅助功能单元。

合闸功能单元的主体是机构箱。机构箱的输入部分是储能电动机或手动储能轴的轴端,电动机或手力驱动能使断路器的合闸弹簧拉伸储能。机构箱的输出部分是驱动凸轮,当断路器合闸电磁铁执行合闸指令时,电磁铁的动铁芯使得储能弹簧的保持机构解体,由储能弹簧带动驱动凸轮进行合闸操作。

分闸功能单元的主体是一个合闸保持机构。合闸保持机构的一端与断路器的传动主轴发生关系,通过这一关系实现断路器合闸状态的有效保持。合闸保持机构的另一端是一个脱扣机构,当断路器分闸电磁铁执行分闸指令时,脱扣机构在分闸电磁铁的驱动下使合闸保持机构解体,完成分闸操作。也可手动操作脱扣机构实现分闸。

传动功能单元主要包括传动主轴、分闸弹簧、分闸缓冲器等构件。其功能是将操动机构的驱动输出传递给灭弧室的动导电杆,并实现规定的机械特性参数。辅助功能单元主要由分闸及合闸电磁铁、辅助开关、二次引出接线端子等部分组成。

3. ZN12 型真空断路器

ZN12 型真空断路器如图 10-15 所示,它主要由三大部分组成。

(1)真空灭弧室。真空灭弧室上下垂直固定在 V 字形支持绝缘子之间,动导电杆在灭弧室的下方,通过导电夹、软连接与下出线端相连接,静导电杆在灭弧室的上部与上出线端连接。

(2)操动机构。操动机构主要由储能机构、缓冲器(分闸为油缓冲器;合闸为橡皮缓冲器)、锁定机构、分闸弹簧、开关主轴、绝缘拉杆及控制装置组成。储能机构是一个外壳为铸铝的减速箱体,内部装有两级蜗轮蜗

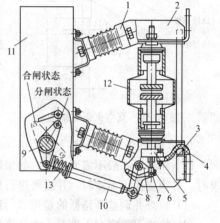

图 10-15 ZN12 型真空断路器

1—支持绝缘子;2—上出线端;3—下出线端;
4—软连接;5—导电夹;6—轴承;7—轴销;
8—杠杆;9—主轴;10—绝缘拉杆;11—机构
箱;12—真空灭弧室;13—触头弹簧

杆减速装置。储能电机装在减速箱的下部。锁定机构由分、合闸掣子与相应的拐臂滚轮组成。

(3)支持绝缘子。支持绝缘子是由两个瓷质绝缘子组成 V 字形状,一端固定在机构箱体后的金属框架上,另一端用来固定灭弧室和主轴。

三、真空灭弧室结构与基本原理

真空灭弧室主要由动静触头、屏蔽罩、动静导电杆、波纹管及气密绝缘外壳等部分组成,如图 10-16 所示。

(1)真空灭弧室中的动静触头和动静导电杆组成导电回路,起接通与断开回路的作用。

(2)屏蔽罩通常由环绕触头四周的金属屏蔽筒构成,其主要作用是防止触头在燃烧过程中产生的大量金属蒸汽和熔化的金属液体污染绝缘外壳的内壁而影响管内绝缘,改善管内电场分布,吸收电弧能量,冷凝电弧生成物,提高真空灭弧室开断电流的能力。

(3)波纹管是由厚度为 0.1～0.2mm 的不锈钢制成的薄壁元件,是真空灭弧室的一个重要组成部分,它使灭弧室内的动触头在真空状态下正常的闭合和保证真空断路器机械寿命的重要零件。

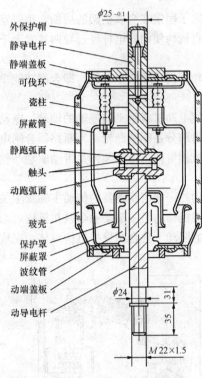

外保护帽
静导电杆
静端盖板
可伐环
瓷柱
屏蔽筒
静跑弧面
触头
动跑弧面
玻壳
保护罩
屏蔽罩
波纹管
动端盖板
动导电杆

$\phi 25_{-0.1}$

$\phi 24$

31

35

$M\,22 \times 1.5$

图 10-16　真空灭弧室结构

（4）气密绝缘外壳由玻璃或陶瓷制成，它与动端盖板、静端盖板、不锈钢波纹管组成气密绝缘系统，起密封绝缘作用。

真空灭弧室动导电杆通过导电夹、软连接，与下出线板相连接，动导电杆下端通过拐臂、行程调整螺栓、绝缘拉杆与操动机构连接。在弹簧及电磁机构的作用下，使断路器分、合闸。

合闸过程：当操动机构的合闸线圈通电，合闸铁芯被吸合，通过绝缘拉杆、拐臂（杠杆）使真空灭弧室的动导电杆运动，将断路器合闸。

分闸过程：当操动机构的分闸线圈通电，分闸铁芯被吸合，从而使锁扣释放，断路器在分闸弹簧的作用下迅速分闸。

熄灭电弧是在真空灭弧室中进行的，利用高真空作为灭弧介质。当断路器分断一定数值电流的瞬间，动、静触头之间将产生真空电弧。一般真空断路器的动、静触头上开有螺旋槽，使电弧的轴向外加一横向磁场去驱动电弧，使电弧高速旋转，避免触头过热。在工频电流过零时熄灭电弧。

四、真空断路器的检修与调整

1. 真空断路器的检修项目

真空断路器一般不需要大修，如果断路器操作超过 10 000 次或真空灭弧室真空度达不到要求时，必须更换灭弧室时，并需要进行检查修理，其项目如下：

（1）检查并调整断路器的超程和行程。

（2）检查灭弧室有无破裂、内部零件有无氧化以及真空灭弧室的真空度。

（3）检查二次回路的接线有无松动。

（4）检查并修理辅助开关和接触。

（5）检查测量每相主导电回路的电阻值。

（6）检查传动部分的润滑情况。

（7）按产品说明书进行各项机械操作。

（8）将吸附在导电部分以及绝缘子上的灰尘擦去，并仔细检查紧固螺栓应无松动。

2. 判断真空灭弧室的真空度

在无条件进行真空度的测量情况下，大部分采用工频耐压的办法来检查真空度，其方法为：切断电源，使断路器处于分闸位置，然后在真空灭弧室的动静触头两端施加工频电压 42kV1min，若无放电或击穿现象，则说明灭弧室的真空度完好，仍可使用。否则须更换新灭弧室。现场一般也用目测看内部零件是否光亮，若失去光亮则说明灭弧室已漏气，漏气的灭弧室真空度下降，断路器的开断性能将劣化，使用寿命缩短，此时必须更换新的灭弧室。

3. 更换真空灭弧室的注意事项

（1）按产品使用说明书所规定的顺序将已损坏的真空灭弧室拆下。

（2）在新的真空灭弧室安装之前，必须仔细检查并清理干净，将所有导电接触面砂磨光亮，但严禁涂油。

226

（3）更换真空灭弧室时，其动导电杆必须仔细调整，使其保持在灭弧室的中间位置，并且使动导电杆在分、合闸过程中不擦碰灭弧室，在固定灭弧室时，灭弧室不应受弯矩，也不应受到明显的拉力和横向应力，且灭弧室的弯曲变形不得大于 0.5mm。

（4）安装完毕后对灭弧室应作工频耐压试验（在分闸位置施加电压于动静触头之间），并将断路器合闸，测量其主回路的电阻值。

（5）测量断路器超程和行程，并调整至规定值。

（6）全部试验合格后，必须进行不带负载的合、分闸操作数十次，方能投入运行。

4. 真空断路器的调整与测试

（1）检查调整合闸机构的超行程。将断路器置于合闸位置，测量触头压力弹簧的尺寸（20kA 为 34～35mm；31.5kA 为 33～34mm；40kA 为 45～46mm）。如果上述尺寸已超过，应将绝缘子上端 M16 螺母拧松，每旋转半圈即可增大或减小 1mm，直至达到上述尺寸为止。在拧紧螺母的过程中，应用手握住导电杆，以免扭力矩传给真空灭弧室的波纹管，造成灭弧室漏气。再测量触头超程尺寸，如不符合 3mm±0.5mm 时，将超程下面的螺母松开，转动螺母，使触头超程尺寸达到 3mm±0.5mm 时为止。调整完毕，必须将两个螺母背紧。

（2）行程的调整。测量绝缘子的合、分位置的差值即可。但必须在保证超程的前提下进行，可用分闸限位垫片的增减来达到（具体情况参照产品说明书）。

（3）三相同期（同步）的调整。调节绝缘子连接头和真空灭弧室动导电杆螺纹拧入深度，用同期指示灯检查，三相不同期度应不大于 1mm。

（4）分合闸速度调整。真空断路器的灭弧能力较强，触头开距较小，所以真空断路器一般采用平均速度的方法来进行考核，即测量在整个触头开距下所需时间之间的比值。测量方法是在动静触头间增设一接点，如果不符合要求时，可调整触头弹簧和分闸弹簧来满足要求，测量时必须用示波器进行。

（5）辅助开关的检查与调整。辅助开关是断路器的重要组成部分，如果它出现问题将会造成断路器拒动，所以要求辅助开关的动合、动断触头必须接触良好，而且对其中一对串接于合闸控制回路中的触点要调整到断路器合闸后，能可靠切断合闸线圈回路，避免烧毁合闸线圈。

（6）工频耐压试验。当手动、电动分合闸无问题后，使断路器处于合闸位置，施加工频电压 42kV，做相与相和相与地之间耐压试验 1min，合格后，连接上下引出线。

（7）按规程或产品说明书的要求测试机构的跳、合闸电压应合格。

第三节　SF₆ 断路器检修

六氟化硫（SF₆）是由化学元素硫（S）和氟（F）合成的一种化学气体，它比空气重 5 倍，是无色、无臭、无毒、不燃的惰性气体。在 2～3（$2 \sim 3 \times 10^5$Pa）个大气压下，SF₆ 能达到变压器油的绝缘强度，其灭弧能力也要比空气大 100 倍。由于 SF₆ 具有良好的灭弧性能和较高的绝缘强度，所以被广泛的应用于电力系统和其他工矿企业。

一、SF₆ 断路器的结构与灭弧原理

SF₆ 断路器是一种利用具有优良灭弧性能和绝缘性能的 SF₆ 气体作为灭弧和绝缘介质的新型气吹断路器。在吹弧过程中，SF₆ 气体不排入大气，而在封闭系统中反复使用。

SF₆ 断路器按安装位置可分为户外断路器和户内断路器两种；按结构形式，又可分为瓷柱式、绝缘筒式和罐式三种。

户内 SF₆ 断路器一般是绝缘筒式，适于组装在开关柜内，如 LN 系列 SF₆ 断路器是组装在开关柜或手车中，广泛用于 10kV 电压领域，做分断负荷电流和保护线路以及电气设备的开关用。

户外 SF$_6$ 断路器一般都是瓷柱式或罐式，如 LW 系列 SF$_6$ 断路器主要用于高压或超高压的电路中，作为分断负荷和保护线路以及电气设备用。

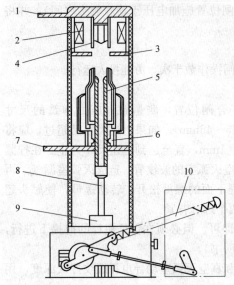

图 10-17　LN 系列户内 SF$_6$ 断路器示意图
1—上引线；2—吹弧线圈；3—环形电极；4—静触头；5—动触头；6—中间触头；7—下引线；8—绝缘操作杆；9—滑动密封装置；10—分闸弹簧

瓷柱式或绝缘筒式的灭弧室置于高电位的瓷套或绝缘筒内，一个系列中有很多型号；罐式灭弧室置于接地的金属罐中，重心较低，抗震性好，易于加装电流互感器，还能和隔离开关、接地开关等组成复合式（GIS）开关设备。

（1）LN 系列户内 SF$_6$ 断路器。图 10-17 所示为三相 10kV 户内用 SF$_6$ 高压断路器结构示意图。在底座内有一根三相连动轴，通过拐臂和绝缘操作杆 8，操动动触头 5 进行开、合闸操作。每相有上下两个绝缘筒，下筒为对地绝缘，而上筒内构成断口，筒内 SF$_6$ 气体作为灭弧介质和绝缘用。

这种断路器的灭弧室是综合应用旋弧纵吹灭弧原理和压气原理来进行灭弧的，因此它具有良好的灭弧性能。开断过程中，动触头向下移动，电弧在动、静触头之间起弧，随之电弧的一个弧根迅速地由静触头转移到环形电极上，然后，电弧电流通过环形电极流过磁吹线圈产生纵向磁场，电弧在磁场作用下快速旋转，同时电弧旋转燃烧产生大量热能使气体产生高压力，在喷口形成气流，将电弧冷却直至熄灭。

（2）LW 系列户外 SF$_6$ 断路器的型号多达几十种，其结构形式基本就是瓷柱式和罐式两大类。它们的灭弧方式是以压气式为主的灭弧方式。

压气式灭弧室可分为定开距和变开距两种。定开距灭弧装置即定喷口吹弧装置，SF$_6$ 断路器的定喷口吹弧装置沿用了空气断路器的吹弧结构。通常采用对称双向吹弧方式。其喷口采用耐电弧性能好的金属或石墨等导电材料制成；变开距灭弧装置即动喷口吹弧装置，有单向纵吹和双向纵吹两种。高压大容量断路器多采用双向纵吹方式，其主喷口常采用聚四氟乙烯或聚四氟乙烯为主加填料制成。因为这类材料具有耐电弧、机械强度高、易加工、耐高温，不受 SF$_6$ 分解物侵蚀等特点。

压气式灭弧室双向吹弧原理如图 10-18 所示。当断路器处于合闸位置时，管状静触头 2 与管状动触头 3 接触闭合。管状动触头固定在可移动的压气缸 4 上。两者之间是固定的压气活塞 5。操作杆拉动压气缸 4 与压气活塞 5 做相对运动，压缩 SF$_6$ 气体。当触头分离时，起关阀作用的管状动触头释放 SF$_6$ 气体，形成双向吹弧将电弧熄灭。

为了降低操作 SF$_6$ 断路器时所用的功率和提高断路器的机械可靠性，自能式灭弧 SF$_6$ 高压断路器是发展方向。自能式灭弧原理就是利用自身电弧的能量来加热灭弧室内的 SF$_6$ 气体，使其膨胀提高气体压力，在喷口处形成高速气流与电弧的强烈能量交换，在电流过零时熄灭电弧。由于自能式灭弧原理是靠电弧本身能量熄灭电弧，不用操动机构另外提供能量，所以操作功率将大为减少。

自能式断路器一般为热膨胀式结构。为解决小电流的开断问题，一般灭弧室带有助吹装置，形成以热膨胀为主而以压气为辅的灭弧方式。在混合灭弧中，是以压气为主而热膨胀为辅的灭弧方式。在中压断路器中一般采用旋弧自能式灭弧，以旋弧为主压气为辅的灭弧方式。

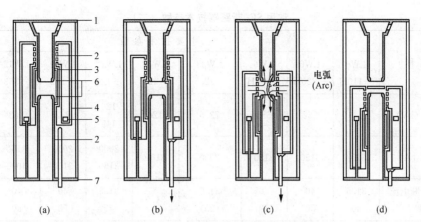

图 10-18 压气式灭弧室双向吹弧原理图

(a) 合闸位置；(b) 气体预压缩；(c) 吹弧气流方向；(d) 分闸位置

1—上接线端；2—管状静触头；3—管状动触头；4—压气缸；5—压气活塞；6—灭弧喷嘴；7—下接线端

常用 SF_6 断路器的型号及主要技术参数见表 10-7 和表 10-8。

表 10-7　　　　　　　　常用 SF_6 断路器技术参数（一）

项 目 名 称		LW9—72.5	LW25—126	LW25—252	LW15—550	LW24—40.5	LW24—126	LW23—252	LW13—363	LW13—550
		主 要 技 术 参 数								
额定电压（kV）		72.5	126	252	550	40.5	126	252	363	550
额定电流（A）		3150	3150	3150/4000	4000	2500	3150	3150	3150	4000
额定短路开断电流（kA）		31.2	40	40	63	40	31.5	50	50	63
额定短时耐受电流（kA）		31.5 (4s)	40 (4s)	40 (4s)	63 (3s)	40 (4s)	31.5 (4s)	50 (4s)	50 (3s)	63 (3s)
额定峰值耐受电流（kA）		80	100	100	160	100	80	125	125	160
额定雷电冲击耐受电压（kV）	断口	410	750	950 +206	1675 +450	185 +33	650 100	950 +206	1175 +295	1675 +450
	对地	350	650	1050	1675	185	650	1050	1175	1675
额定工频耐压 1min（kV）	断口	160 +42	315	395 +145	800	95 +23.5	315	395 +145	510 147	740 +150
	对地	160	275	460	740	95	275	460	510	740
开断时间（ms）		60	60	60	50	60	60	50	50	50
机械寿命（次）		3000								
灭弧室类型		压气式	自能式	自能式	压气式	自能式	自能式	压气式	压气式	压气式
操动机构类型		弹簧	弹簧	弹簧/液压弹簧	气动	弹簧	弹簧	气动	气动	气动
结构形式		瓷柱式	瓷柱式	瓷柱式	瓷柱式	罐式	罐式	罐式	罐式	罐式

表 10-8 **常用 SF₆ 断路器技术参数（二）**

项 目 名 称	主 要 技 术 参 数								
	LW6 —110H	LW6 —220H	LW6 —500H	LW33 —72.5	LW33 —126	LW12 —126	LW12 —252	LW12 —363	LW12 —550
额定电压（kV）	126	252	550	72.5	126	126 145	252	363	550
额定电流（A）	3150	3150	3150	2500	3150	2000 3150	2000 3150	3150 4000	3150 4000
额定短路开断电流（kA）	31.5 40	40 50	40 50	31.5 (25)	31.5	31.5 40	40 50	40 50	50 63
额定峰值耐受电流（kA）	80 100	100 125	100 125	80 (63)	80	50 100	100 125	100 125	100 125
额定短时耐受电流（3s）（kA）	31.5 40	40 50	40 50	31.5/4 25/4	31.5/4	31.5 40	40 50	40 50	50 63
1min 工频耐压（kV） 对地	185	470	890	160	230	230 275	460	510	740
1min 工频耐压（kV） 断口	230	470 +146	890	202	265	265 315	395 +146	510 +210	680 +318
雷电冲击耐受电压（kV） 对地	450	1050	1675	350	550	550 650	950	1175	1675
雷电冲击耐受电压（kV） 断口	550	1050 +146	1675 +450	409	630	650 750	950 +206	1175 +295	1675 +450
合闸时间不大于（ms）	90	90	90	T：104±16 Y：78±7	90^{+20}_{-25}	130	120	130	130
分闸时间不大于（ms）	40	30	28	T：35±9 Y：38±7	40±10	30	30	30	20/30
气体额定压力（MPa）	0.6	0.4 0.6	0.4 0.6	0.5 0.4	0.64	0.5	0.5	0.5	0.5
SF₆ 气体质量（kg）	15	22 31	54 75	7	10	80	140	250	840
SF₆ 断路器质量（kg）	3000	6300	16 000	T：1500 Y：2000	2000	5500	11 000	18 000	45 000
断口数	1	2	4			1	1	1	2
操动机构类别	液压	液压	液压	全弹簧 弹簧液压	弹簧液压	气动	液压 气动	液压	液压

二、SF₆ 断路器的检修周期及检修项目

（1）SF₆ 断路器一般为 10～20 年大修一次，或在开断短路电流 30 次时以及回路电阻大于 200μΩ 时也应进行大修。

（2）由于 SF_6 气体具有优良的绝缘性能和灭弧性能，所以断路器在正常情况下基本无需进行检修。但事故检修是特殊情况特殊对待，如果遇到以下情况必须进行临时检修：

1）当 SF_6 断路器绝缘不良，放电闪络或绝缘击穿。

2）当 SF_6 气体有泄漏，压力迅速下降或年漏气率大于 2% 时。

3）当分合闸速度过低或分合闸操作不灵活以及其他影响安全运行的不正常现象等。

在现场一般主要进行小修项目和操作机构的大修项目。小修周期根据各厂具体情况每年一至二次。

（3）小修项目。

1）引线、导电接触面、软连接等的固定螺栓检查。

2）法兰连接螺栓、地脚螺栓和接地螺栓的检查。

3）SF_6 气体检漏和水分测量。

4）测量操动机构电气回路的绝缘。

5）检查操动机构的辅助接点和行程开关。

6）检查氮气的预压力及各压力接点的整定值。

7）加热器及机构、柜门的密封检查。

8）液压油的检查和添补。

其中 5）～8）主要是针对液压机构而言。

三、SF_6 断路器检漏方法与注意事项

SF_6 断路器的灭弧室或支持瓷套中充有 $5 \times 10^5 \sim 7 \times 10^5 Pa$ 的 SF_6 气体，当断路器的密封面不平整或密封垫老化等原因，将会使 SF_6 气体泄漏。当 SF_6 气体压力迅速下降（压力表指示）或漏气率大于 2% 时，必须查明原因并进行检修。

（1）用检漏仪认真仔细地检查断路器本体每个静止密封面和活动密封面；对 SF_6 组合电器先区分漏气管路系统，通过观察压力表分段关闭阀门，找出漏气段或漏气范围。重点检查管路连接螺栓的松紧情况或密封垫圈的压缩量以及密封垫圈的老损程度。

（2）当发现 SF_6 断路器有泄漏时，为了避免误检，先将周围的气体用风扇吹走再进行查找泄露点。在使用检漏仪前，必须认真阅读检漏仪产品说明书（因各厂家产品不进尽相同），正确掌握使用方法，慢慢移动探头确保准确、可靠的检漏结果。

四、解体检修

（1）首先做好解体前的准备工作，根据断路器存在的问题检查有关部位，测定必要的数据；检查密封情况并做记录；检查压力表、瓷套管、接线端子，进行手动分、合闸操作；检查传动部分的动作情况以及机构和辅助开关等，并制定检修时的安全措施。

（2）用气体回收装置抽出断路器内的 SF_6 气体。用过的 SF_6 气体含有较多的有害物质，所以不能随意排放，一般经过吸附净化，检验合格后回收再利用。若不能回收利用，可将气体排放到处于较低位置的 20%NaOH 溶液中，再将溶液排入下水道以减少污染。

（3）因为 SF_6 气体在电弧高温作用下，大量分解为氟原子（F）、硫原子（S）以及低氟化物，这些物质具有一定的毒性和腐蚀性，为了工作人员的身体健康，故开启 SF_6 断路器的端盖时，工作人员最好撤离现场 30min 左右，并注意工作时不能吃东西、喝水或吸烟等，工作结束应及时洗手和清洗身体外露部分。

一般在气室抽空之后，充入氮气或空气稀释残留气体，然后反复抽空 1～2 次，再开启阀门放入空气，这样拆开断路器比较安全。拆开灭弧室，应将触头和有关部分表面的白色粉末用吸尘器或抹布轻轻擦几下，集中在一起包好，深埋地下妥善处理。

（4）取出吸附剂进行处理，用真空吸尘器吸出内部残留物，并检查、清扫断路器内部。将用过的抹布和残留物以及不能再使用的吸附剂深埋处理，防止污染。

（5）认真检查断路器的组装以及调整试验情况。

（6）烘干断路器，并将加热干燥的吸附剂放入使用，也可更换新的吸附剂。吸附剂在空气中暴露一般不得超过 4h，否则重新烘焙。

（7）用真空吸尘器清除断路器上所有粉尘。

（8）用酒精清洗密封面，清除密封面上的杂物或划痕后，更换密封圈，封闭端盖。然后用真空泵抽真空。如图 10-19 所示，将真空泵 1 接入 SF_6 断路器 4，启动真空泵 1，并开启断路器的阀门开始抽真空。当真空度为 0.5kPa 以下时，仍持续抽真空不少于 30min。如果周围环境湿度较大，则可延长抽真空时间，让断路器内部水分充分蒸发和抽空，达到要求后，关闭阀门 2，准备充气。

（9）按图 10-19 所示，将 SF_6 气瓶 7 接断路器，气瓶 7 最好倾斜放置，如图 10-20 所示。然后开启阀门 3 和 8，将 SF_6 气体充入断路器内，直到压力表上的读数达到 20℃时规定的工作压力值。充气完毕即可关闭断路器侧阀门，关闭气瓶阀门，拆除气瓶和真空泵。

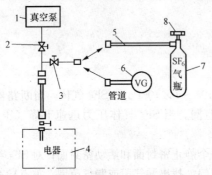

图 10-19　抽真空与充气
1—真空泵；2、3—阀门；4—SF_6 断路器；5—压力管道；
6—真空表；7—SF_6 气瓶；8—气瓶阀门

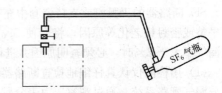

图 10-20　钢瓶充气示意

SF_6 气体标准见表 10-9。

表 10-9　　　　　　　　　　　　　SF_6 气体标准

序　号	指　标　名　称	指　　标
1	SF_6 的质量分数（%）	≥99.8
2	空气的质量分数（%）	≤0.05
3	CF_4 的质量分数（%）	≤0.05
4	水分（H_2O，$\times10^{-6}$）	≤8
5	酸度（以 HF 计，$\times10^{-6}$）	≤0.3
6	可水解氟化物（以 HF 计，$\times10^{-6}$）	≤1
7	矿物油（$\times10^{-6}$）	≤10
8	毒性	≤生物试验无毒

（10）用检漏仪检查有无泄漏现象，要保证年泄漏率在规定范围内。

（11）进行分、合闸试验和工频耐压等电气试验合格后，再进行整体检查进入备用状态。

第四节 KW4—220充气式空气断路器检修

一、空气断路器基本结构

（一）断路器本体结构

断路器本体结构如图10-21所示，它主要由灭弧室、支持瓷套、底架、传动系统、控制箱和拉紧绝缘子六个部分组成。

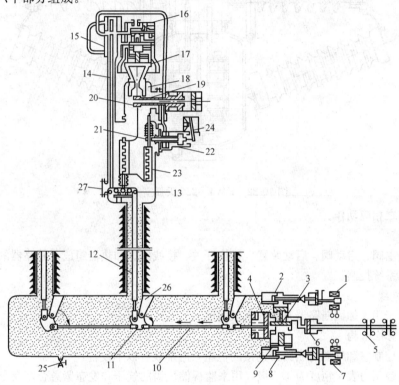

图 10-21 断路器本体结构

1—分闸电磁铁；2—分闸启动阀；3—中间放大阀；4—主阀；5—转换开关；6—切换机构；7—合闸电磁铁；8—合闸启动阀；9—复位活塞；10—水平拉杆；11—轴承座；12—绝缘拉杆；13—杠杆；14—拉杆；15—控制阀；16—排气小阀；17—排气阀；18—喷口；19—主动触点；20—主静触点；21—辅助静触点；22—辅助动触点；23—并联电阻；24—位置指示器；25—充、放气阀；26—支持板；27—钢罐手孔

1. 灭弧室

灭弧室主要部分如图10-22所示，由控制阀、排气阀、主灭弧室动触点、主静触点、喷口、辅助灭弧室动触点、辅助静触点、均压环、灭弧瓷套、均压电容器、钢罐、并联电阻、灭弧铜躯壳、导电杆、引线铜套管、杠杆等组成。

2. 支柱瓷套

支柱瓷套是空心的，用作对地绝缘及空气通道。

3. 底架

底架是储气筒，同时又是断路器的基础。

4. 传动系统

传动系统由连杆、轴承板、绝缘拉杆等部分组成，其作用是将分、合闸命令从地面传到高电

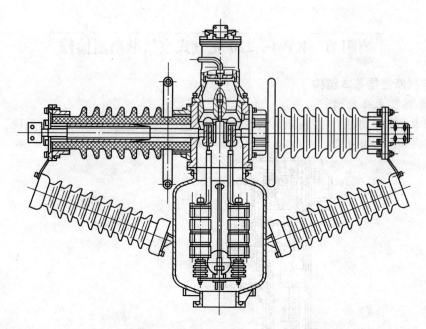

图 10-22　KW4—220 灭弧室剖面

位的灭弧室使之相应动作。

5. 控制箱

控制箱由主阀、启动阀、启动装置、切换开关、接线座、加热器组成，断路器的动作由控制箱内部的阀门系统控制。

6. 拉紧绝缘子

拉紧绝缘子用来加固断路器整体的机械强度。

（二）控制柜结构

控制柜是控制室和气源与断路器连接的枢纽，内部装有以下设备：

（1）电接触压力表。精度为 1.5 级，用来监视储气筒的气压和发布紧急合闸命令。

（2）气道系统。由进气管、给气阀、过滤器、止回阀、放气阀、安全阀、出气管组成。

（3）启动按钮（气动）。供就地气动控制断路器用。

（4）压力继电器。断路器的低气压动作闭锁由它来完成。

（5）加热器。保持柜内的温度及干燥用。

（6）接线座（端子排）。连接导线用。

（7）指示灯。指示断路器的分、合闸位置。

二、KW4—220 空气断路器检修

（一）检修周期

（1）断路器经过三次以上开断短路电流（容量大于 80% 额定容量）后，应对灭弧室进行检查修理，重点修理或更换易烧损部件，如喷口、静触点、弧触指、辅助动触点以及辅助静触点。

（2）断路器首次投入运行一年后，应对以下部分进行抽查：排气阀、主动触点、辅助动触点、电阻、控制箱内部阀门系统转换开关触点、传动系统的轴承以及控制柜内的过滤器等。

（3）断路器解体大修一般 2～3 年一次，周期的长短要根据断路器周围的环境条件和使用条件而定，工作繁重的可以缩短检修周期，反之可延长周期。

（二）灭弧室零部件的检修

（1）喷口、触点、触指烧伤的毛面可用细锉或砂布打磨光滑。对于主静触点的铜钨触点烧损不严重的，在修理光滑后可垫以薄铜片，将起弧面转移到别处继续使用，或将不同灭弧室的铜钨触点互换继续使用。

（2）弧触指的铜钨合金全部烧损大于1mm时，可将左右两只触指对换位置继续使用，对换时将隔板换到触指的另一侧。

（3）在使用过程中，将同一灭弧室的两个喷口互换后，可延长使用寿命。

（三）主要部件的拆装与调整

断路器拆装之前首先关闭控制柜的气阀，切断气源，然后打开储气筒下部的放气阀，将压缩空气全部放掉。放气时要特别注意断路器必须在合闸位置；储气筒下部的放气阀在检修过程中始终不能关闭。放气之后则可绑好吊绳，打开灭弧室安装孔，拆去绝缘拉杆上端与杠杆的连接销；拆除灭弧室与支持瓷套法兰螺栓，吊下灭弧室。

1. 灭弧室拆装与调整

（1）喷口。拆卸管道和排气阀1的螺栓，搬开排气阀，拆卸固定喷口。重装喷口的M4定位螺钉时，注意喷口的缺口应朝向动触点的方向。

（2）主灭弧室动触点。拆卸管道，再先拆下固定动触点的八只M16螺栓中的其中两只，换上两根导向杆，如图10-23所示。然后再拆除其余六只螺栓，抽出动触点。重装时应使动触点处于合闸位置，按图10-23使用导向杆装配。

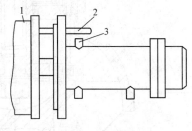

图10-23　导向杆
1—灭弧室；2—导向杆；3—进气孔

（3）辅助灭弧室动触点。辅助灭弧室动触点的拆装方法与主灭弧室动触点相似。

（4）主静触点。卸下螺母，取出引线，使用套筒扳手旋出螺栓，将主静触点从导电杆夹子取出。拆卸铜钨触点时要注意方向。两个铜钨触点分别为左螺纹和右螺纹。重装时先旋紧铜钨触点，再使用专用工具定位，然后旋紧螺栓，复合尺寸并紧螺母。注意两根引线应互相平行，并顺着主静触点轴线直下延伸。

（5）辅助静触点。拆卸辅助静触点时，一般不动与其相关的绝缘子和触点座，只要取下定位销即可。

（6）电阻。电阻A、B各由四组电阻串接而成，每两串的电阻值（即一个断口）为500Ω±7.5Ω。一般在检修中不拆卸电阻。如果拆卸后重装，必须使用专用工具（如定位板）确保电阻与钢罐壁的绝缘距离（具体见产品说明书）。

（7）引线套管。一般不必拆动引线套管，如果需要拆动时，必须按检修规程或产品说明书的要求，确保各部尺寸符合规定。

（8）均压电容器。均压电容器使用油纸绝缘结构，瓷套内充有一定压力的绝缘油。电容器在任何情况下不得解体与倒置。一旦发现电容器内部绝缘下降，损耗角正切值大于规定值（0.4%）或严重漏油时应停止使用，与制造厂联系修理。使用期间不宜多做耐压试验，如果必须用耐压检查电容器性能时，试验电压不得高于150kV，时间为10s。

2. 排气阀的拆装与调整

排气阀的结构及其拆装与调整如图10-24所示。

（1）卸去M12螺栓，移开排气小阀13，将吊环旋在气缸1的两个螺孔上，然后将整套阀门提起，再按图10-24（b）的拆卸程序进行解体。

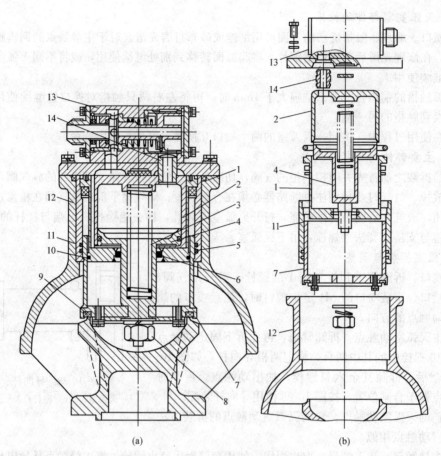

图 10-24 排气阀

(a) 排气阀结构图；（b）排气阀的拆卸程序

1—气缸套；2—六角铜套；3—弹簧；4—活塞；5、6—密封圈；7—气门；8—螺母；
9—密封垫；10—胀圈；11—铜套；12—躯壳；13—小排气阀；14—连接管

（2）组装前在活塞杆与铜套内壁涂上二硫化钼。将整套阀门装入后，应先用紫铜棒或木锤敲击活塞 4，使气门关闭，然后装入弹簧 3 和六角铜套 2，插入连接管 14，组装完毕后，检查活塞行程是否为 50mm±1mm。最后将小排气阀固定在大排气阀上。

3. 主灭弧室动触点的拆装与调整

主灭弧室动触点的结构及其拆装与调整如图 10-25 所示。

（1）主灭弧室动触点解体。首先拆去触点座 12 两端的四只 M6 螺钉，然后抽出防触指松动的钢丝，使用专用钳子将弧触指 2 和电流触指 1 取下，用套筒扳手卸掉触点座中央的四只 M8 螺钉，使触点座和支持板与活塞杆 6 分离。卸去尾部盖装配 10 的 M12 螺钉，按图 10-25（b）所示程序解体。拆卸铜套 8 时，可用一根 ϕ10 的铁棒插入装配孔中以便将铜套取出。

（2）组装。装铜套 7 之前，先将衬垫套在躯壳 4 的凸肩上；紧固触点座时，应使触点座顺时针与逆时针方向转动的角度相等，然后将弧触指和电流触指装入触点座内，分别用弹簧调整每对触指间的距离（弧触指距离为 73mm±0.5mm，电流触指为 72mm±0.5mm）；装上防止触指松动用的钢丝。

组装过程中，应注意检查活塞杆 6 尾部至躯壳尾部法兰之间的距离 A 和活塞 9 端面至躯壳尾

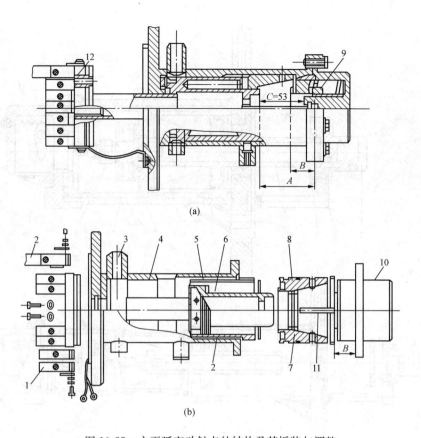

(a)

(b)

图 10-25　主灭弧室动触点的结构及其拆装与调整

(a) 结构图；(b) 拆卸程序

1—电流触指；2—弧触指；3—进气孔；4—躯壳；5—胀圈；6—活塞杆；

7、8—铜套；9—活塞；10—尾部装配；11—导向杆；12—触头座

部法兰之间的距离 B。这两个尺寸之差就是活塞杆的空程 $C=A-B$ 按规定 $C=53\text{mm}$ 时才有可能满足动触头的总行程。

组装完毕后用手将活塞杆推到极限位置，撤掉推力后，活塞应返回 $33\sim35\text{mm}$（压缩行程），满足这一尺寸即说明主灭弧室动触点在总行程 88mm 范围内运动是灵活的（总行程＝空程＋压缩行程）。

4. 辅助灭弧室动触点拆装与调整

辅助灭弧室动触点的结构及其拆装与调整如图 10-26 所示。

(1) 拆卸动触点座 2 上的四只 M6 螺钉，使动触点座与活塞 5 分离。拆掉尾部端盖 11 的四只 M12 螺钉，打开尾部端盖，卸掉螺母 9 和气门 7，将活塞杆连同气缸 13、活塞套 14、锥形弹簧 6 一起从躯壳 8 内抽出。

(2) 组装。按拆卸的相反顺序进行，各处密封垫和密封圈必须装好，不能有遗漏。活塞套内锥形弹簧 6 的小头应靠近活塞 5 的后腔，切无装反。触点座 2 与活塞杆 4 固定时，注意半圆槽应对准导向杆侧。组装完毕后应拉动活塞运动，检查其灵活性和行程是否为 55mm±1mm。

5. 控制阀拆装与调整

控制阀的结构及其拆装与调整如图 10-27 所示。

(1) 卸掉管道，打开安装孔，拔掉开口销，抽出销子，然后卸去 M12 螺钉，将控制阀拆下。按图 10-27 (b) 所示。卸下控制阀上盖 1 的四只 M12 螺钉，打开上盖 1，则气门 3 与活塞 7 可从两端分别取出。

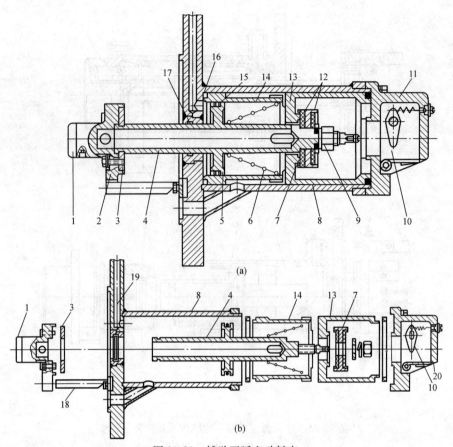

图 10-26 辅助灭弧室动触点

1—触点；2—触点座；3—半圆环；4—活塞杆；5—活塞；6—弹簧；7—气门；8—驱壳；
9—螺母；10—分合闸指示舌片；11—后端盖；12—密封垫；13—气缸；14—活塞套；
15～17—密封圈；18—导向杆；19—进气管；20—出气盖

（2）组装前检查活塞表面与活塞套的内壁有无拉毛的痕迹，如果有，则用金相砂纸适当打磨，清除污物并涂二硫化钼。装铁套时，只能直线旋转前进，不能后退，否则会损坏密封垫圈而漏气。注意活塞套 9 上的孔道和铁套上的孔道，一定要对准驱壳上的相应出气孔道。控制阀至主动触点出口处设有调节针，此针在必要时起对主触头合闸的调节，不要随意拆动。控制阀气门打开行程为 10mm±1mm。

6. 启动阀拆装与调整

启动阀的结构及其拆装与调整如图 10-28 所示。

（1）启动阀的拆卸如图 10-28（b）所示，卸掉两侧八只 M12 螺母，拆下分、合闸启动装置 16 和 15 后，即可取出活塞后，即可取出活塞 2、活塞套 3、弹簧 4、套筒 5。用套筒扳手和专用扳手卸下气门 7 和活塞 11。

（2）分、合闸启动装置拆装与调整如图 10-29 所示。

1）取下磁轭盖 15，卸下螺帽 1 和铁芯 2，拧下螺母 5 使磁轭 16 与支架 19 分离。

2）卸下阀块 18 上的螺钉，取下阀块、活塞 6、弹簧 8 和推杆 9。

3）卸下铜套 10 上的压板，取出铜套，倒出气门芯 13 和弹簧 14。

（3）组装前先在启动阀左右腔的活塞活动范围、活塞镀铬表面以及分、合闸装置的铜套 10

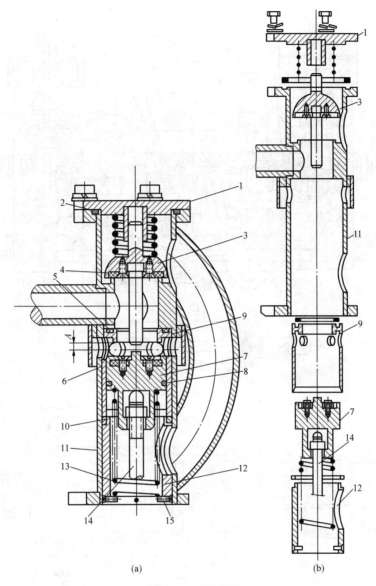

(a)　　　　　　　　　　　(b)

图 10-27　控制阀

(a) 结构图；(b) 拆卸程序

1—盖；2~6、10—密封垫；3—气门；7—活塞；8—密封圈；9—活塞套；11—躯壳；12—铁套；

13—弹簧；14—拉杆；15—平头螺钉

内壁、阀块 18 与活塞 6 的接触面涂二硫化钼，然后组装启动阀本体，再组装分、合闸启动装置，最后将分、合闸启动装置固定在启动阀的躯壳上。组装的同时，应检查启动阀活塞的行程是否为 $10mm\pm1mm$，检查分、合闸启动装置的三个主要尺寸，即 $B=1.5\sim2mm$；$C=1\sim1.5mm$；$D\geqslant B+C+0.3mm$，检查分合闸启动装置活塞 6 与阀块 18 滑动情况以及上下阀口的密封情况，如有漏气应重新研磨气门和阀口。

7. 主阀的拆装与调整（如图 10-30 所示）

主阀的结构如图 10-30 所示，其拆装与调整顺序如下。

(1) 首先打开安装孔拆卸主阀与拐臂的连接销子 11，使二者分离。然后打开控制箱卸去两

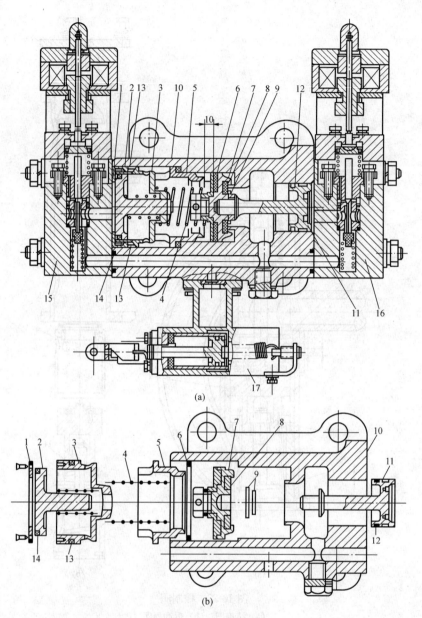

图 10-28　启动阀

（a）启动阀结构；（b）启动阀体拆卸程序

1—压板；2—复位活塞；3—活塞套；4—弹簧；5—套筒；6、8、12、13、14—密封
垫；7—气门；9—压圈；10—躯壳；11—中间放大阀活塞；15—合闸启动装置；
16—分闸启动装置；17—气动切换机构

侧的两根导气管以及主阀与底架相连接的六只 M16 螺母，拆下主阀。

　　（2）取下开口销 2，将连接头 1 与螺杆 3 旋开，拆掉启动阀 9 与躯壳 4 连接的四只 M16 螺母，取出活塞 5、铜套 13、弹簧 14 和滑套 12。

　　（3）组装前先将清洗干净的活塞表面与铜套的内壁打磨光洁后涂二硫化钼。然后按拆卸的相反顺序进行组装。在活塞装入时必须检查弹簧 14 是否卡在滑套 12 的凸肩上。连接头 1 旋入螺杆 3 后，用开口销穿入定位孔，连接头 1 与滑套 12 之间应保留 4mm 的间隙。

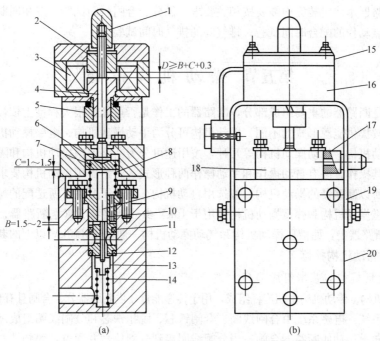

图 10-29　分、合闸启动装置结构图
(a) 主视图；(b) 侧视图

1—螺帽；2—铁芯；3—线圈；4—顶杆；5—螺母；6—活塞；7、11、17—密封圈；8、14—弹簧；9—推杆；
10—铜套；12—密封垫；13—气门芯；15—盖；16—磁轭；18—阀块；19—支架；20—躯壳

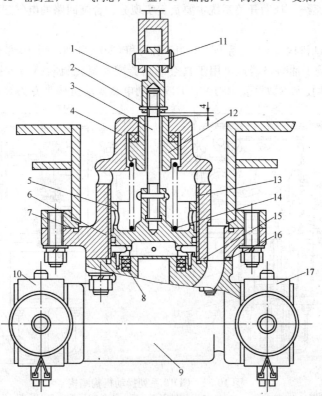

图 10-30　主阀结构图

1—连接头；2—开口销；3—螺杆；4—躯壳；5—活塞；6—密封圈；7、15、16—密封垫；8—缓冲垫；
9—启动阀；10—合闸启动装置；11—销子；12—滑套；13—铜套；14—弹簧；17—分闸启动装置

最后，断路器本体组装完毕需要按相关要求，做分、合闸时间试验；三相同期试验；主动触点与辅助动触点动作的配合时间试验；排气阀的排气时间试验。

第五节 操 动 机 构 检 修

操动机构是断路器的重要组成部分，断路器的工作是否可靠在很大程度上依赖于操动机构的动作可靠性。按提供能源形式的不同，操动机构可分为手动操动机构、电磁操动机构、弹簧操动机构、液压操动机构、气动操动机构等几种，按用途可分为断路器用操动机构和隔离开关用操动机构两大类。其操作方法有自动操作和手动操作两种形式，断路器用操动机构要求功率大、分合闸的速度快，所以断路器的操动机构一般选用自动机构。各高压开关厂所选配的操动机构也有所异同，一般电磁操动机构和弹簧操动机构多用于10kV少油断路器、真空断路器、六氟化硫断路器或35kV的断路器上，而液压操动机构和气动操动机构一般用于110kV以上的断路器上。

一、电磁操动机构检修

1. 电磁操动机构的基本组成部分

(1) 传动机构。传动机构由四连杆组成，用于传递能量，供断路器分、合闸且有自由脱扣性能。

(2) 电磁系统。电磁系统由合闸线圈、合闸铁芯、脱扣铁芯和分闸线圈组成。当合闸线圈通电，合闸铁芯向上运动使断路器合闸。当分闸线圈接到分闸信号并通电，脱扣铁芯在电磁力的作用下向上运动，由其顶杆破坏合闸状态，使断路器在分闸弹簧的作用下达到分闸操作。

(3) 缓冲系统。缓冲系统主要用于吸收合闸铁芯下落时的动能，一般由橡皮缓冲器组成。

(4) 辅助开关系统。辅助开关系统主要负责实现分、合闸回路的电气连锁和提供控制回路状态信号。

目前常用的操动机构有 CD10 系列、CD17 系列和 CD19 系列。CD10 系列电磁操动机构多用于 10kV 电压等级的少油断路器，也用于真空断路器或六氟化硫断路器的操作上，其结构如图 10-31 所示。它们的技术参数见表 10-10。CD17 系列电磁操动机构是专为真空断路器设计的。它

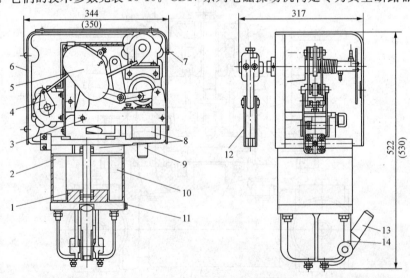

图 10-31 CD10 系列操动机构结构

1—合闸铁芯；2—磁轭；3—接线板；4—信号用辅助开关；5—分合指示器；6—罩壳；7—分合闸用辅助开关；8—分闸线圈；9—分闸铁芯；10—合闸线圈；11—接地螺栓；12—拐臂；13—操作手柄；14—底盖

有 CD17—Ⅰ、CD17—Ⅱ、CD17—Ⅲ型，分别配开断能力为 20、31.5、40kA 的真空断路器。

表 10-10   电磁操动机构技术参数

序号	项目	机构型号		CD10—Ⅰ	CD10—Ⅱ	CD10—Ⅲ	CD3
1	合闸线圈	220V	电流（A）	99	120	147	170
			电阻（Ω）	2.22±0.18	1.82±0.15	1.5±0.12	
		110V	电流（A）	196	240	294	340
			电阻（Ω）	0.56±0.05	0.46±0.04	0.38±0.04	
2	分闸线圈	24V	电流（A）	37			24
			电阻（Ω）	0.65±0.03			
		48V	电流（A）	18.5			12
			电阻（Ω）	2.6±0.13			
		110V	电流（A）	5			5
			电阻（Ω）	22±1.1			
		220V	电流（A）	2.5			2.5
			电阻（Ω）	88±4.4			
3	最低合闸操作电压			80%额定电压	85%额定电压		
4	最高合闸操作电压			110%额定电压			
5	最低分闸操作电压			65%额定电压			
6	最高分闸操作电压			120%额定电压			
7	铁芯顶杆升到顶点时掣子与圆柱销的间隙（mm）			2±0.5			

2. CD10 系列电磁操动机构的动作原理

CD10 系列电磁操动机构的动作原理如图 10-32 所示。

（1）合闸。合闸前连杆 7 和 6 如图 10-32（a）所示，两连杆的角度接近 180°（小于 180°）。合闸线圈通电后，铁芯在电磁力的作用下向上运动推动轴 2 上移，通过四连杆机构 4，使主轴 5 顺时针转动约 90°，使断路器开始合闸如图 10-32（b）所示。此时断路器的分闸弹簧被拉伸储能。当合闸铁芯上移至终点时，轴 2 与掣子 3 之间（H 位置）应有 2mm±0.5mm 的间隙，如图 10-32（c）所示。这时因主轴转动带动辅助开关，使合闸回路动断触点断开，切断合闸线圈电源。因线圈断电合闸铁芯下落，轴 2 被掣子 3 支撑，完成了合闸过程，如图 10-32（d）所示。

（2）分闸。分闸线圈通电（在检修试验时也可用手撞击分闸铁芯 9），使分闸铁芯 9 向上冲击，连杆 7、6 被向上冲击，如图 10-32（e）所示。使轴 2 离开掣子 3 失去支撑，在断路器分闸弹簧的作用下，主轴 5 逆时针转动完成分闸动作。同时由于主轴的转动，带动辅助开关使分闸回路的动断触点断开，切断分闸线圈的电源。

（3）自由脱扣。合闸过程中，合闸铁芯正顶着轴 2 向上运动，此时如果接到分闸指令，分闸铁芯也会立即向上运动，冲击连杆 6、7 向上，在断路器分闸弹簧的作用下，轴 2 从合闸铁芯顶杆 1 的顶部滑下，实现自由脱扣，如图 10-32（f）所示。

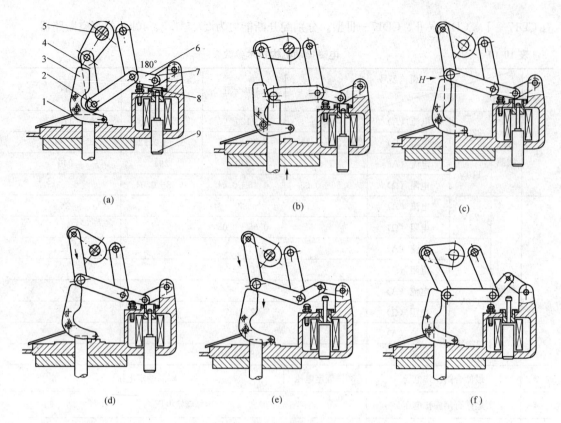

图 10-32 CD10 系列电磁操动机构的动作原理

(a) 准备合闸状态；(b) 合闸过程中；(c) 合闸到顶点位置；

(d) 合闸动作结束；(e) 分闸动作；(f) 自由脱扣动作

1—合闸铁芯顶杆；2—轴；3—掣子；4—四连杆机构；5—主轴；6、7—连杆；8—定位止钉；9—分闸铁芯

3. CD10 系列电磁操动机构常见故障原因及处理方法

(1) 拒合的原因及处理方法。

1) 合闸线圈断线，合闸回路不通。其原因可能是线圈受潮，绝缘老化或电压过高，使线圈内部击穿而烧断线圈；辅助开关调整不符合要求，合闸回路的动断触点未能及时断开电源，使合闸线圈长期带电而烧毁线圈；合闸铁芯动作不灵活或有卡死现象，造成线圈过负荷或长时间带电也会烧毁线圈。其处理方法可用万用表测量线圈电阻来判断线圈是否断线，烧毁的线圈必须更换；如果是电压过高，则降低电源电压；如果是辅助开关触点未切断，则应对辅助开关进行调整，使其准确无误地切换；对铁芯不灵活或有卡死现象的，采用手动合闸一下，观察铁芯是否灵活返回，如果不能返回要查出原因并进行调整，消除卡死现象。

2) 辅助开关串接于合闸回路的动断触点接触不良或损坏，可用万用表或试灯检查接触情况，然后拆卸修理与调整。对损坏的部件予以更换。

3) 合闸控制回路的故障，应认真检查合闸控制回路有无接触不良，接触器是否损坏，有无断线情况。凡是损坏的器件均应更换。

(2) 合不上闸的原因及处理方法。

1) 电压过低。直流电磁机构最低合闸电压应符合表 10-10 中的有关规定，因为直流电磁机构的合闸功率取决于合闸线圈的安匝数，电压太低时，线圈中电流过小，合闸功率成平方的降低，致使合闸能量不足而合不上闸。此时应提高电源电压或加大电源容量，使合闸过程中加在合

闸线圈上的电压不低于表 10-10 中的规定值。

2) 定位止钉过高。在合闸过程中，使连杆 7 和 6 向上凸起，其角度大于 180°，破坏了"死区"位置，使四连杆机构上轴 2 的磙子从合闸铁芯顶杆上滑脱，造成合不上闸。此时应将定位止钉 8 调低一些，保证连杆 7 和 6 的角度略小于 180°，使在施加额定操作电压时能合上闸，同时又要在施加 65% 额定分闸电压时能达到分闸的目的。

3) 间隙过小。如图 10-32（c）所示，四连杆机构轴 2 上的滚轮与掣子 3 之间的间隙应为 2mm±0.5mm。如果此间隙过小，致使保持合闸的掣子来不及复位，不能保持合闸位置而合不上闸。此间隙通常在出厂前已调好，很少有变化。如果因长期使用、多次冲击和振动等出现松动变位情况，可将机构的磁框拆下，取出动铁芯，调整动铁芯杆的长短，最后一定要将动铁芯杆用紧定螺钉牢固顶紧，防止操作中发生变化影响间隙的大小。此间隙过小，也可能是由于机构与断路器配合的总连杆长度不合适，调节总连杆的长度也可以解决这个问题。

4) 辅助开关切换过早。辅助开关中动断延触点串接在合闸回路中，此触点如果分断，合闸线圈也断电。正常情况下，它应在断路器主触点接触良好后进行切换，使合闸铁芯继续完成其合闸过程。如果辅助开关切换过早，使其动断延触点过早切断合闸回路，造成合闸铁芯动能下降，不能克服断路器合闸时的反力，就会出现合不上闸的现象。遇到这种情况，可以适当调整辅助开关与主轴间的拉杆长度，使辅助开关中动断迟延触点在规定的时间内切断合闸回路电源。

（3）拒分的原因及处理方法。

1) 分闸线圈断线使分闸回路不通，造成拒分现象。这种情况只要用万用表检测分闸线圈即可判断有无断线。发现线圈断线应更换备品线圈。

2) 分闸铁芯卡死，通电后铁芯不能向上运动，无法实现脱扣动作，出现拒分现象。此时可用手向上推分闸铁芯，然后松开手看铁芯能否灵活下落，若有卡死或不能自由灵活现象，必须进行调整，使其达到上下运动灵活为止。

3) 辅助开关接触不良也可导致拒分现象。用万用表或试灯检查处理辅助开关，使其接触良好。

4) 分闸控制回路断线造成分闸回路无信号而拒分。遇到这种情况，可用万用表仔细检查和测试分闸控制回路，找出断线位置，排除故障。

（4）分不了闸的原因及处理方法。

1) 如图 10-32（a）所示，定位止钉 8 的位置过低，使连杆 7 和 6 的角度过小（离死区过低），在正常分闸冲击力下不可能将连杆 7 和 6 顶起，所以分不了闸。只要调高定位止钉 8 至适当位置就可以解决这个问题。

2) 分闸机构松动或分闸铁芯磁化也会造成分不了闸。当分闸机构松动使静铁芯与铸铁支座之间出现气隙，将明显降低分闸铁芯向上的冲击力；当分闸铁芯被磁化，使分闸铁芯与连杆 7 和 6 吸在一起，造成分闸无冲程而分不了闸。此时应将静铁芯与支座并紧，且尽量减少分闸回路指示灯的电流，避免磁化现象出现。

3) 辅助开关接触不良使分闸回路产生较大的压降，当降到 65% 额定电压以下时，就会出现分不了闸现象，此时处理接触不良问题就可以解决分不了闸的问题。

（5）跳跃现象的原因及处理方法。在合闸过程中，合闸线圈被辅助开关过早切断电源，使合闸铁芯未达到合闸终点位置，轴 2 上的滚轮没能被掣子 3 托住而返回，使断路器分闸。但这时信号并未切除，合闸线圈会再次通电合闸、分闸，如此急速反复动作造成连续分合跳跃，此时应调整辅助开关与主轴的连杆长度，使辅助开关触头在断路器闭合之后再分断。

另外，掣子 3 在分闸时不能迅速复位或轴 2 的滚轮与掣子 3 间隙未达到 $2\mathrm{mm}\pm0.5\mathrm{mm}$ 的要求，均能引起跳跃。

二、弹簧储能操动机构检修

弹簧储能操动机构是指交、直流电动机或用手动操作将弹簧储能，靠储能弹簧释放能量来实现断路器合闸的机构。弹簧储能操动机构一般分两大部分，一部分为储能合闸系统，由合闸弹簧、电动机、传动系统、合闸锁扣和合闸电磁铁等组成；另一部分为分闸系统，由分闸连杆机构、分闸电磁铁和传动机构组成。弹簧储能操动机构的型号较多，各型号的能量传动系统都有所不同，用得比较多的有 CT8、CT17、CT19 等型号。CT8 型是由凸轮和棘轮系统组成。CT17 型和 CT19 型这两种结构基本相似，前者为直推式输出，后者为转动式输出，其体积和质量都比电磁机构小。

1. CT8 型弹簧操动机构

CT8 型弹簧操动机构如图 10-33 所示。

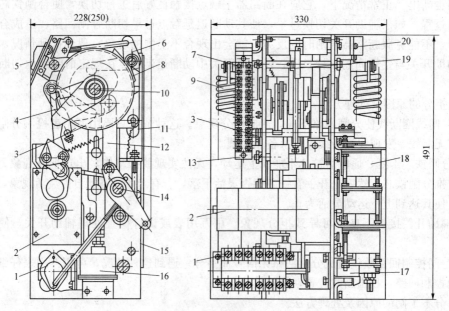

图 10-33　CT8 型弹簧操动机构结构图

1—辅助开关；2—储能电动机；3—半轴；4—驱动棘爪；5—手按板；6—定位件；7—接线端子；8—保持棘爪；9—合闸弹簧；10—储能轴；11—合闸连锁板；12—连杆；13—分合指示牌；14—输出轴；15—角钢；16—合闸电磁铁；17—欠压脱扣器；18—过电流脱扣器及分闸电磁铁；19—储能指示；20—行程开关

（1）CT8 弹簧操动机构动作原理及主要技术参数。

1）CT8 弹簧操动机构的动作原理是电动机通过能量传动系统将合闸弹簧拉长，使电能转换成弹簧的势能储存起来，由合闸锁扣锁住。当需要合闸时，由合闸铁芯打开合闸锁扣，释放弹簧能量使断路器合闸。

CT8 弹簧操动机构的分闸动作有三种方式，即手动分闸、过电流分闸和欠压脱扣分闸。

与电磁机构比较，弹簧储能操动机构的最大特点是可以实现交流操作，不需要庞大的直流电源设备，从而减少了维护工作量，但机械较复杂，维修比较困难。

2）CT8 弹簧储能操动机构的主要技术参数见表 10-11。

表 10-11 　　　　　　　　　　　　　　弹簧储能操动机构主要技术参数

序号	项目		机构型号		CT8
1	合闸线圈	直流	48（V）	额定电流（A）	5.95
			110（V）	额定电流（A）	2.48
			220（V）	额定电流（A）	1.29
		交流	110（V）	额定电流（A）	<9.5
			220（V）	额定电流（A）	<5
			380（V）	额定电流（A）	<3
2	分闸线圈	直流	48（V）	额定电流（A）	1.95
			110（V）	额定电流（A）	1
			220（V）	额定电流（A）	0.56
		交流	110（V）	额定电流（A）	<2.5
			220（V）	额定电流（A）	<1.2
			380（V）	额定电流（A）	<0.8
3	过流	5～10（A）		整定档次值（A）	5
		10～15（A）		整定档次值（A）	—
4	电动机	直流	额定电压（V）		110 220
			额定功率（W）		≤450
		交流	额定电压（V）		110 220 380
			额定功率（W）		≤450
5	储能时间（在 85%额定电压下）（s）				5
6	自重（kg）				≈45

（2）CT8 型弹簧储能操动机构检修项目及工艺要求。

1）按照检修规程或产品说明书的要求进行各部分检查与处理。

2）用绝缘电阻表测量电动机、合闸线圈、分闸线圈、过流脱扣线圈、欠压脱扣线圈以及分、合闸控制回路的绝缘电阻。如果有受潮迹象，应进行烘干处理。

3）用万用表或试灯检查控制回路和辅助开关的接触情况，应接触良好。触点应无烧伤，如果有烧痕可用细锉打磨。

4）用电桥测量各线圈的直流电阻，判断是否断线和匝间短路，对损坏的线圈应进行更换。

5）检查驱动棘爪、保持棘爪和棘轮的摩擦程度，检查储能弹簧有无裂痕以及半轴和各部螺栓、螺钉的紧固情况。

6）检查合闸铁芯和分闸铁芯是否灵活，传动连杆的运行情况以及销轴、销钉是否良好，脱扣机构各紧固件应无松动脱落。对各运动部件注入适合当地气候条件的润滑油脂。

7）检查试验欠压脱扣弹簧，能否保证在线圈低于 35%额定电压时，铁芯可靠释放，在大于85%额定电压时，铁芯可靠吸合。

2. CT17 型弹簧操动机构

CT17 型弹簧操动机构被广泛应用于额定电压 12kV，额定短路开断电流 20、31.5、40kA 的真空断路器以及与之相当的其他断路器上。其操动机构有电动和手动两种功能，并可慢分慢合。

CT17 型弹簧操动机构的整体布置紧凑、合理、协调、美观；储能系统采用直流永磁电动机。并备有桥式整流，可用于交流操作；驱动系统采用凸轮摆动与四连杆组合而成的组合机构，所有连杆都采用对称铰接；脱扣系统采用平面半轴锁闩，在分闸脱扣系统采用两级减力机构，使脱扣力较小，与过流脱扣电磁铁力相匹配。

CT17 型弹簧操作机构其结构如图 10-34 所示，主要技术参数见表 10-12。

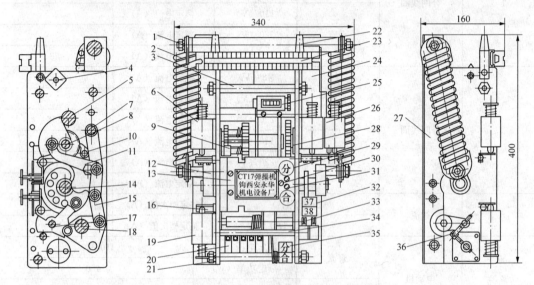

图 10-34　CT17 型弹簧操动机构简图

1—挂簧轴；2—合闸弹簧；3—紧固螺栓；4—整流元件；5—输入轴；6—分闸电磁铁；7—摇臂轴；8—星轴；9—手动储能摇板；10—止动棘爪；11—弯形连板；12—挂簧拐臂；13—棉板；14—储能轴；15—直连板；16—合闸顶板；17—掣子轴；18—输出轴；19—合闸电磁铁；20—辅助开关；21—左侧板；22—支腿；23—接线端子；24—电机；25—计数器；26—过流脱扣电磁铁；27—角钢框架；28—右侧板；29—分闸按钮；30—铭牌；31—调整螺杆；32—储能指示牌；33—微动开关；34—定位销；35—分、合指示牌；36—辅助开关调整螺栓；37—表示已储能；38—表示未储能

表 10-12　　　　　　　　　　　CT17 弹簧操动机构主要技术参数

序号	项目名称	单位	技术参数		
1	合闸功	J	CT17—Ⅰ	CT17—ⅠA CT17—Ⅱ	CT17—ⅡA CT17—Ⅲ
			75	120	180
2	储能电动机额定工作电压/电流	V/A	AC110/1.4，220/0.53 DC110/1.4，220/0.65		
	储能电动机额定输出功率	W	70	70	100
	储能时间	s	≤12		
	储能电动机正常工作电压范围		85%～110%额定电压		

序号	项 目 名 称	单位	技 术 参 数				
3	分、合闸电磁铁额定工作电压	V	~110	~220	~380	-110	-220
	分、合闸电磁铁额定工作电流	A	0.55	4.3	2	4.536	2.34
	分、合闸电磁铁正常工作电压范围		合闸电磁铁为85%~110%额定电压，分闸电磁铁为65%~120%额定电压，小于30%额定电压不得分闸				
4	辅助开关型号		HZ5B—10/R38TH				
	辅助开关动合触点数	对	5、6				
	辅助开关动断触点数	对	5、6				
	辅助开关额定开断关合电流	A	AC：10，DC：2				
5	机构输出轴工作角度	度	40~50				
6	机械寿命	次	10 000				
7	配断路器的合闸时间	s	0.03~0.06				
8	配断路器的固有分闸时间	s	0.015~0.05				
9	一次重合闸无电流间隙时间	s	0.3				
10	二次回路1min工频耐压	V	2000				
11	过电流脱扣电磁铁额定电流	A	3.5、5、7、10				
12	欠压脱扣器额定电压	V	AC：110、220、380				
13	行程开关型号		LXW18—11MB				
	行程开关动断、动合触点数	对	各2				
	行程开关额定开断关合电流	A	AC：10，DC：2				
	行程开关额定工作电压	V	AC：380，DC：220				
14	二次回路额定电压	V	AC：380，DC：220				
	二次回路额定电流	A	AC：10，DC：2				
15	接线端子接头数	个	24				
	接线端子通过的持续电流	A	16				
16	机构重量	kg	25				
17	外形尺寸（宽×高×深）	mm	单边挂簧 300×400×160 双边挂簧 340×400×160				

3. CT19 型弹簧操动机构

CT19—12 系列弹簧操动机构可供操作固定式开关柜中 ZN28 系列真空断路器或合闸功能与之相当的其他类型断路器。CT19—12 系列弹簧操动机构分 CT19A 型和 CT19B 型。其中"B"型是在"A"型基础上的小型化产品，如图 10-35 所示。

CT19—12 系列弹簧操动机构的合闸弹簧储能方式有电动和手动两种，分合闸操作也有电动和手动两种。机构规格及匹配的主要部件见表 10-13。

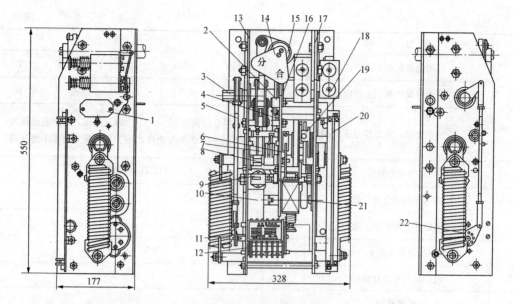

图 10-35　CT19B结构示意

1—行程开关；2—分闸限位轴销；3—人力合闸接头；4—合闸连锁挡；5—辅助开关连杆；6—合闸按钮；7—凸轮；8—储能指示；9—计数器；10—电机；11—铭牌；12—辅助开关；13—左侧板；14—分、合指示；15—输出轴；16—中间板；17—右侧板；18—分闸电磁铁；19—人力储能摇臂；20—接线端子；21—合闸电磁铁；22—合闸弹簧

表 10-13　　　　　　　　　　　　　　　机构规格及匹配的主要部件

序号	型号	重量 (kg)	电动机输出功率 (W)	合闸弹簧 (mm)	匹配真空断路器开断电流 (kA)	体积 宽×高×深 (mm)
1	CT19A—Ⅰ	38	110	$\phi7$	20	370×530×170
2	CT19A—Ⅱ	38	110	$\phi8$	31.5	370×530×170
3	CT19A—Ⅲ	38	150	$\phi8+\phi4$	40	370×530×170
4	CT19B—Ⅰ	38	110	$\phi7$	20	330×550×180
5	CT19B—Ⅱ	38	110	$\phi8$	31.5	330×550×180
6	CT19B—Ⅲ	38	150	$\phi8+\phi4$	40	330×550×180

三、液压操动机构检修

1. 液压操动机构简介

液压操动机构有 CY—Ⅰ型、CY3型、CY3A型、CY4型、CY5型、CY5—Ⅱ型等多种型号，主要用于110kV以上高压断路器的操作。它们在结构和性能上各有特点，在工作原理上小有区别。

（1）CY—Ⅰ型液压操动机构的主要特点是：包括液压机构箱和控制柜两部分；操动机构可实现单相操作和三相电气联动，可就地或远方进行分合闸操作；采用双锥阀截面配合，依靠差压原理，能可靠地保持阀的位置，保证机构失压后打压时不发生打压慢分；设置两套分闸一级阀和控制线圈，提高了分闸的可靠性；分合闸缓冲装置均置于工作缸内，具有良好的分合闸缓冲性能；该型机构的储压筒是双筒式结构，具有方便的充氮功能，不需要另配充氮装置。

（2）CY3、CY3A（包括 CY3—Ⅲ、CY3A—Ⅲ）型液压操动机构均属于储能机构，它由储能元件、控制阀系统、执行元件、辅助部件等几个主要部分组成。CY3 型液压操动机构的结构如图 10-36 所示。而 CY3A 系列改进为集成块式结构，如图 10-37 所示。它将原 CY3 机构的油缸、分闸一级阀、合闸一级阀、合闸二级阀、放油阀全部集成于一体，取消连接管路，减少了泄漏，减小了体积和质量。CY3—Ⅲ和 CY3A—Ⅲ型的功率比 CY3 和 CY3A 大得多，其额定工作油压、工作缸、高压油管路直径、储压筒容积以及阀系统结构均不相同。

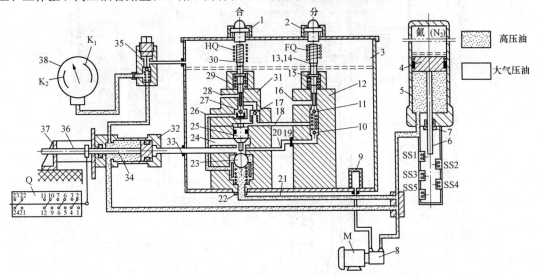

图 10-36　CY3 型液压操动机构的结构

1—合闸按钮；2—分闸按钮；3—油箱；4—活塞；5—储压筒；6—活塞杆；7—密封圈压板；8—油泵；9—滤油器；10、11—钢球阀；12—分闸阀；13—静铁芯；14、30—动铁芯；15、29—推杆；16、24、28—泄放孔；17—止回阀；18、20、21、26—通道；19、22—接头；23—主阀；25—主阀活塞；27——级阀；31—合闸阀；32—工作缸；33—合闸管道；34—活塞阀；35—放油阀；36—传动拉杆；37—导向支架；38—电接点压力表（YX 型）

HQ—合闸线圈；FQ—分闸线圈；M—电动机；SS—微动开关；Q—辅助开关；K_1—高压力电接点；K_2—低压力电接点

（3）CY4 型液压操动机构如图 10-38 所示。其特点是采用双筒式储压筒，储压筒活塞中部两道 V 形密封圈的中间通过活塞杆中心孔与外界相通，这种特殊结构可以防止高压油漏到氮气腔中而引起油压异常增高；储压筒下部有七个位置开关，从上向下排列。KP 为过压保护、1KP 为油泵停止、2KP 为油泵启动、3KP 为合闸闭锁、4KP 为压力降低、5KP 为分闸闭锁、6KP 为油泵闭锁；设有信号缸，其油路与工作缸并列。

（4）CY5、CY5—Ⅱ型液压操动机构如图 10-39 所示。两者结构原理基本相同，只是 CY5—Ⅱ型的各部分零件尺寸和输出功率比 CY5 型大。在结构上两者安装了调试用手动慢分、合闸操作截流阀，而且阀系统的分闸一级阀、合闸一级阀和二级阀结构上连接在一起，从而减少了连接管路。它们所有零部件都装在一个封闭的机构箱内，自成独立单元。

2. 液压操动机构的基本动作原理

液压操动机构从原理上可分为直动式操动机构和差压式操动机构两种，前者结构较复杂，动作环节较多，已被淘汰。目前国内基本上采用差压式操动机构。

差压式操动机构是利用同一工作压力的高压油作用在活塞两侧的不同截面上，使两侧产生压力差，从而使活塞驱动断路器进行分、合闸操作。工作缸活塞和二级阀也都是按差压式原理设计的，一般在分闸侧充有高压油，而合闸侧由阀系统进行控制，只有在合闸操作或合闸位置时，才充入高压油。由于工作缸活塞和二级阀芯的合闸侧受压面积要比分闸侧大的多，只要合闸侧充

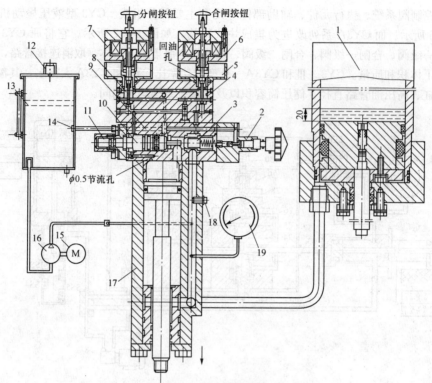

图 10-37　CY3A 型液压操动机构的结构

1—储压筒；2—放油阀；3—阀芯 B；4—合闸一级阀；5—油杯；6—合闸电磁铁；7—分闸电磁铁；8—分闸
一级阀；9—二级阀；10—阀芯 A；11—建压推杆；12—呼吸器；13—油箱；14—合闸节流垫；15—电动
机；16—油泵；17—工作缸；18—合闸节流杆；19—电接点压力表

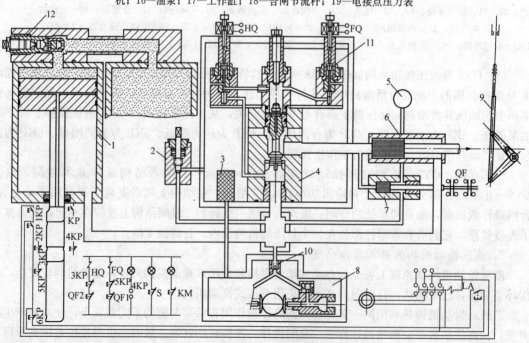

图 10-38　CY4 型液压操动机构结构图

1—储压筒；2—高压放油阀；3—过滤网；4—二级阀；5—电接点压力表；6—工作缸；7—信号缸；8—油泵；
9—断路器；10—止回阀；11—一级阀；12—充气接头

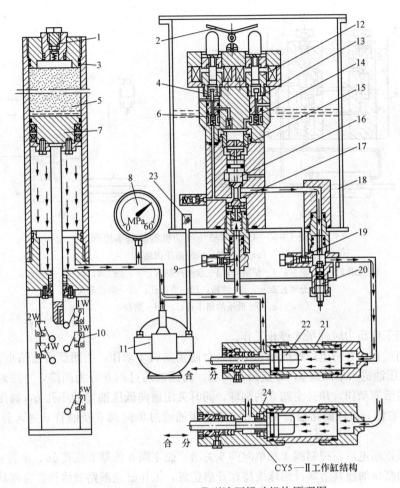

图 10-39　CY5、CY5—Ⅱ型液压操动机构原理图

1—充气阀；2—手动分合装置；3—储压筒；4—合闸一级阀杆；5—氮气；6—合闸一级阀钢球；7—活塞；
8—压力表；9—慢合兼高压放油阀；10—限位开关；11—油泵；12—分合闸电磁铁；13—分闸一级阀杆；
14—分闸一级阀钢球；15—防慢分闭锁装置；16—二级阀杆；17—二级锥阀；18—油箱；19—慢分兼高压
放油阀；20—截流阀；21—工作缸；22—活塞；23—滤油器；24—阀片

入高压油，两侧产生作用力差，活塞或阀芯就会向合闸方向运动，并始终保持在合闸位置。分闸时，只要合闸侧高压油接通低压油箱，活塞就会立即向分闸方向运动。下面以 CY3 型液压操动机构为例，介绍其基本结构与原理。

CY3 型液压操动机构的基本原理如图 10-40 所示，它主要由储压筒、充氮装置、油泵、工作缸、阀门系统、分闸电磁铁、合闸电磁铁以及辅助元件等组成。

CY3 型液压操动机构的基本原理可通过图 10-40 所示的三个工作过程来进行分析。当前图中机构处于分闸状态，主阀关闭，工作缸左侧为高压，右侧为低压活塞维持在右边位置，断路器保持分闸。

（1）储能过程。启动油泵 2，油箱 9 中的低压油经过油泵变成高压油，推动储压筒 3 的活塞向上运动，压缩活塞上部的氮气，将高压油储存在储压筒内。油泵的启动和停止，是通过储压筒 3 下部的微动开关 11 来控制的，微动开关与活塞是连动的，当油压达到工作压力时，微动开关动作，使油泵停止工作；如果油压降到工作压力以下时，微动开关又动作，启动油泵又开始打

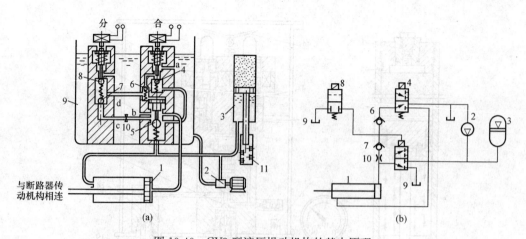

图 10-40　CY3 型液压操动机构的基本原理

(a) 原理图；(b) 液压回路图

1—工作缸；2—油泵；3—储压筒；4—合闸控制阀；5—主控阀；6、7—单向阀；

8—分闸控制阀；9—油箱；10—节流孔；11—微动开关

a、b—低压油箱小孔；c、d—油管

油，直至达到工作压力时油泵才停止工作。

（2）合闸过程。合闸电磁铁线圈通电后，合闸控制阀 4 动作，关闭低压油箱小孔 a，打开阀 4 的钢球使高压油进入单向阀 6，并使阀 6 开启。高压油通过阀 6 分为两路，一路通向主阀 5 活塞的上方，使活塞动作，顶开主阀 5 的钢球，同时关闭通向低压油箱的小孔 b，高压油经过主阀 5 进入工作缸右侧，推动断路器合闸；另一路高压油通过单向阀 6 及油管 d 进入分闸控制阀 8，使其闭锁。

合闸电磁铁断电后，控制阀 4 和单向阀 6 关闭，而主阀 5 依靠节流孔 10、油管 c、单向阀 7、油管 d 进来的高压油使其活塞及钢球维持在开启位置，工作缸及断路器维持在合闸状态。

（3）分闸过程。分闸电磁铁线圈通电，打开分闸控制阀 8、主控阀 5，活塞上方高压油经过节流孔、油管 d 与 c 泄放，主控阀关闭。工作缸右侧的高压油经小孔 b 流入油箱，而此时左侧仍接高压油，因此活塞向右侧推动，使断路器分闸。

3. CY3 型液压操动机构的常见故障原因及处理方法

（1）断路器合闸后油压降低。主要原因是主阀钢球托有问题，钢球不能封死阀口，使油压降低；此外可能是油管接头问题，由于合闸时的振动引起管子接头漏油，造成油压下降。发现油压下降首先用机械闭锁装置（卡板）将断路器闭锁在合闸位置，使其不能分合闸，也不能进行自动打压。排除故障后才能恢复断路器的正常工作状态。

处理方法：更换钢球托、紧固管路接头或更换密封垫等。但必须注意，运行中的断路器重新建立油压前，要将微动开关和压力表所控制的继电器的动断触点短接。

（2）操动机构拒绝合闸。原因是合闸线圈断线或匝间短路；辅助开关切换不到位或控制电路接触不良；微动开关失灵，油压降低不能启动油泵，造成合闸闭锁继电器动作；阀门和管路漏油严重，油压下降不能合闸。

处理方法：用万用表或电桥查明线圈是否断线和匝间短路；检查微动开关是否失灵；观察油泵的启动次数来判断是否漏油严重，油泵启动频繁则说明高压回路漏油严重，应及时修复或更换已损坏的部件。

（3）操动机构拒绝分闸。原因是分闸线圈断线或匝间短路；油压低，继电器动作；分闸油路堵塞；分闸电磁铁阀杆长度不合适，或顶杆卡滞等。

处理方法：首先查电路，再查油路，如果电路和油路没有问题再查分闸电磁铁；检查储压筒的氮气预压力，用肥皂水刷在所有密封部位，检查是否漏气有问题及时检修并更换损坏部件。

（4）油压不能建立。其原因是阀门的密封垫损坏，逆止阀口不严，使空气进入油泵内；滤油器堵塞；阀口不严，通过阀门的排油孔渗漏油导致油压降低；油泵电动机热继电器动作，使油泵停止工作。

处理方法：用金刚砂加油研磨密封面，更换密封垫，用油挤出空气；清洗滤油器，疏通油路；更换钢球托，将球托与弹簧牢靠结合来解决阀口不严的问题；查明热继电器动作的原因，如果是继电器的问题，可以进行整定值的调整或更换热继电器，若是电动机过负荷，则查明油泵的问题或电动机的容量是否不足。

（5）储压筒油压过高。原因一是微动开关失灵；二是储压筒的密封圈损坏或储压筒的同心度较差，使液压油进入氮气内，导致储压筒油压升高。遇到这种情况，只有处理密封圈和主筒的同心度问题。

（6）储压筒油压过低。其原因有三：一是安全阀橡皮垫损坏漏油；二是油中有杂物或金属颗粒将阀凸起或将橡皮圈磨损使主阀排油孔漏油；三是氮气外漏。对氮气外漏，用肥皂水检查并及时消除即可。

4．CY3型液压操动机构检修项目与质量标准

（1）放油、放氮气和拆卸油管。断开油泵电源，打开高压放油阀，将液压油放进桶内。液压油应过滤杂质和水分；放氮气时，应用制造厂供给的放气顶针或自制的放气螺钉拧入充气阀接头的螺孔内即可放出氮气。通过压力表和稳压杆证实确无油压方可拆卸各连接管路。

（2）分闸阀的分解检修。拧下固定座，取出阀杆和复归弹簧，用螺钉拧入阀座螺孔取出阀座；取出钢球、球托、弹簧。拆开的零件如果当天不能组装，必须放入液压油中，以免受潮。用放大镜检查钢球与阀口的密封情况，检查阀杆应无毛刺、弯曲或头部撞粗变形现象，如果有则用油石研磨或更换备品。检查弹簧应无卡伤变形等现象。

组装前清洗各零件，组装时调整阀杆行程。总行程为3～4mm，球阀打开行程为1～1.5mm，阀杆运动应灵活。

（3）合闸阀的分解检修。检查阀杆的滑动导向情况，如果过紧，可以研磨，检查球阀与阀口的密封情况，更换密封橡胶圈，检查主控阀活塞应无摩擦和卡伤等现象。组装前用液压油清洗零件，用绸布擦干后进行组装，组装顺序与分解时相反。

（4）放油阀检修。将放油塞拧出（注意放油塞拧出的扣数不应超过两圈），取下钢球，检查放油塞、钢球及密封阀口应无损坏。清洗干净后组装。

（5）储压筒的分解及充氮。确定储压筒无压后，按顺序拆卸充气装置、储压筒，将储压筒垫上保护层夹在虎钳上，拧下上端帽，取下密封垫圈。取下压盖、下端帽、下碗形橡胶圈，拧松活塞杆压板，用专用工具或干净的木棒从储压筒的一端轻轻顶出活塞。

检查储压筒内壁应光滑无锈蚀，活塞杆应光滑垂直，无弯曲变形现象，用绸布（严禁使用棉纱类）清洗并更换全部密封圈后，进行组装。组装完毕进行漏油试验，在额定压力下活塞杆下降应小于1mm。

充氮前检查各紧固件是否可靠，再在氮气缸内注入少量液压油，以加强密封效果，并作好防爆预防工作。为了防止水分进入储压筒内，在充氮前将气瓶倒置打开气嘴，将瓶内水分放掉，然后将气瓶正立使气嘴在上方则可对储压筒充氮。充氮时应利用充气装置打开氮气瓶上阀门，待内外压力平衡后，关闭气瓶上阀门，启动油泵来压缩储压筒内的氮气，然后放掉油压，使活塞返回

原位，这样反复几次，直至预充压力达到规定的表压为止。

（6）油泵检修。钢球应无沟痕和锈蚀，垫圈无损坏；骨架式应无损坏，弹簧无变形；通道无堵塞，螺栓应紧固；铝罩和曲轴应完整无损，胶圈应有一定的压缩；行程符合要求。油泵两天启动一次为正常。

（7）工作缸与安全阀的检修。缸内壁应光滑无沟痕，活塞杆无弯曲变形；活塞拉力大约30kg，并应拉动灵活；接头端面与框架的距离为51mm；工作缸的行程为134mm±0.5mm；钢球装入后应轻敲一下，使阀口有一圈0.1～0.3mm的密封口。安全阀打开的压力为25MPa。

（8）微动开关、辅助开关、接触器、加热器、压力表等接点的检查与校验。微动开关和辅助开关应通断良好，导向正确，动作灵活，触点无烧痕；接触器铁芯动作灵活无卡死现象，触头良好；加热器在投入运行之前应用500V绝缘电阻表测量绝缘电阻，加热器在7℃时接入，到10℃时切除。工作缸的加热器，0℃时接入，气温较高时切除；用专用工具将压力表的高压接点和低压接点调整到规定位置，人为地启动微动开关接点，当压力升到高压接点位置时，电动机应停止运转，当打开放油阀，压力降到低压接点位置以下时，电动机应停止运转。

（9）整体清洗和注油。用清洁的10号航空液压油将机构箱体清洗干净后方可注油。一般地区宜采用10号航空油，东北地区宜采用20号航空油。

本 章 小 结

本章通过有代表性的高压断路器和操动机构对各发电厂目前使用的油断路器、真空断路器、六氟化硫（SF$_6$）断路器和空气断路器这四种高压断路器以及电磁操动机构、弹簧操动机构、液压操动机构的结构特点、用途和它们的主要技术参数及调整方法作了详细介绍，重点讲述高压高压断路器的结构特点和灭弧原理以及上述三种操动机构的动作原理、结构特点和用途，并介绍了检修方法、注意事项和质量标准。

第十一章 高压隔离开关检修

第一节 高压隔离开关基本知识

一、高压隔离开关的作用与要求

高压隔离开关是高压开关的一种简单形式，因为它没有专门的灭弧装置，所以不能用来接通或断开负荷电流或故障电流，只能在电路中无电流或较小的负荷电流时断开或接通电路。它在合闸状态下能通过正常工作电流和故障电流，而在分闸状态时又有明显的断口，使电力设备与电源隔离。根据安装地点的不同，高压隔离开关可分户内式与户外式两大类。

高压隔离开关的主要作用与要求如下：

（1）隔离电源。分闸后能建立可靠的绝缘间隙，使需要检修的电气设备或线路与电网隔离开，以保证检修工作的安全。

（2）根据运行的需要，可用高压隔离开关切换母线。

（3）隔离开关没有专门的灭弧装置，所以它只能分合一定长度的母线、电缆和架空线路的电容电流以及一定容量电气设备的空载电流，见表11-1。

表 11-1　　　　　　　　　　　　　高压隔离开关的分断电流

参数名称	I	II	III	IV
额定电压（kV）	6，10	20，35	60，110	220，330
电感电流（A）	4	3	3	2
电容电流（A）	2	2	1	0.5

根据相关规定，12kV的隔离开关允许开合 5km 以下空载架空线路；40.5kV 的隔离开关允许开合 10km 以下空载架空线路和 1000kVA 以下的空载变压器；126kV 的隔离开关允许开合 320kVA 以下的空载变压器，或根据产品说明书中的规定进行操作。

（4）应具有一定的破冰能力，如覆有 10～20mm 厚度的冰层时，仍能正常分合闸。

（5）高压隔离开关本身或操动机构应有锁扣装置，防止通过故障电流时由于电动力的作用而使其自动分开。

（6）带有接地开关的隔离开关，应在接地开关本身或操动机构上采取相互连锁措施，以保证隔离开关触头断开后，接地开关触头才能闭合；相反，只有接地开关触头分开后，隔离开关的触头才能闭合。

二、高压隔离开关的型号与结构

高压隔离开关按用途可分户内型和户外型两大类，根据其结构特点又可分单极、三极以及闸刀式、旋转式、插入式和带接地开关式等多种。

1. 户内式隔离开关

常用的户内隔离开关有 GN6 和 GN8 型。高压隔离开关型号含义如下：

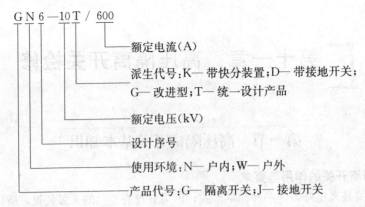

```
G N 6 —10 T / 600
```

额定电流(A)

派生代号:K— 带快分装置;D— 带接地开关;
　　　　G— 改进型;T— 统一设计产品

额定电压(kV)

设计序号

使用环境:N— 户内;W— 户外

产品代号:G— 隔离开关;J— 接地开关

(1) GN6 型三极隔离开关结构如图 11-1 所示,它由底架、支持绝缘子、导电部分和传动部分组成。其底架由主轴、限位板和角铁框架组成。限位板焊在主轴上,用来保证触刀分、合时到位。在底架上每极安装两个支持绝缘子(瓷瓶),三极平行安装,起支持导电部分和对地绝缘作用。导电部分由固定在支持绝缘子上的静触头和每极两片矩形铜触刀(动触头)组成。触刀一端通过轴销安装在支持片上,两片铜触刀夹持在静触头两侧来维持接触,并能自由转动;另一端与静触头为可动连接,接触压力由触刀上的弹簧来调节。触刀通过拉杆绝缘子、主轴杠杆(拐臂)相连接,通过主轴的转动使触刀按一定轨迹运动,达到分合闸的目的。

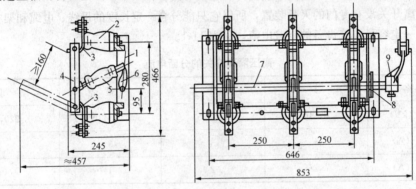

图 11-1　GN6 型三极隔离开关结构

1—底架;2—支持绝缘子;3—静触头;4—触刀(动触头);5—拉杆绝缘子;
6—杠杆(拐臂);7—主轴;8—限位板;9—拐臂

(2) GN8 型隔离开关。它在结构上与 GN6 型基本相似,不同之处是 GN8 型隔离开关将支持绝缘子改为瓷套管,安装使用更方便,可以水平、垂直或倾斜安装等。GN8 型隔离开关结构如图 11-2 所示。GN8—10T/1000Ⅰ型、Ⅱ型的支持绝缘子一边是支持瓷柱,另一边是瓷套管;而 GN8—10T/1000Ⅲ型的支持绝缘子为两边都是瓷套管,如图 11-2 所示。

2. 户外式隔离开关的结构

户外式隔离开关有好多种,按操作方式可分为杠杆操作手动式、电动式和气动式隔离开关;按触点运动方式可分为转动型和直动型两大类,转动型又分闸刀式、旋转桥式、旋转对接式等类型;按支持绝缘子数量又可分为单柱式、双柱式、V 型式和三柱式等几种隔离开关。

(1) 单柱式高压隔离开关。其特点是分相布置,占地面积小,可以单相操作,图 11-3 所示是 GW6 型高压隔离开关的结构。

GW6 型隔离开关具有两个瓷柱,即支持绝缘子瓷柱 6 和操作瓷柱 7。由于支持瓷柱只有一

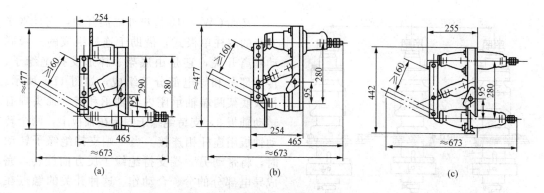

图 11-2　GN8 系列隔离开关结构

(a) GN8—10T/1000Ⅰ型；(b) GN8—10T/1000Ⅱ型；(c) GN8—10T/1000Ⅲ型

个，故称它为单柱式隔离开关。动触头 2 固定在导电折架 3 上，通过操作瓷柱 7 和传动装置 4 操作折架 3 上下运动。静触头 1 是固定在架空硬母线或悬挂在架空软母线上。动触头垂直上下运动即可形成电气通路或绝缘断口。图 11-3 中的虚线部分是合闸时位置，实线部分是分闸时位置。

(2) 双柱式高压隔离开关。10kV 隔离开关多用双柱式。图 11-4 所示是 GW1—10Ⅰ型隔离开关。它是由三个单极开关通过轴连接管 8 组成三极隔离开关。每极的两个支持绝缘子上分别安装有动、静触头，而动、静触头上各有一个灭弧棒，动触头（触刀）通过拉杆绝缘子 7、拐臂 9 与操动机构连接，由操动机构操动动触头分、合隔离开关。

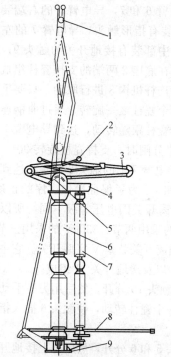

图 11-3　GW6—220GD 型单柱式
隔离开关结构

1—静触头；2—动触头；3—导电折架；
4—传动装置；5—接线板；6—支持绝缘
子；7—操作瓷柱；8—接地刀（接地触头）；
9—底座

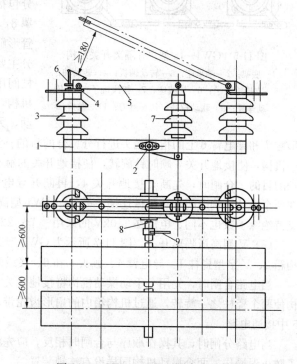

图 11-4　GW1—10Ⅰ型隔离开关结构

1—底座；2—转轴；3—支持绝缘子；4—静触头；
5—动触头（触刀）；6—灭弧棒；7—拉杆绝缘子；
8—连接管；9—拐臂

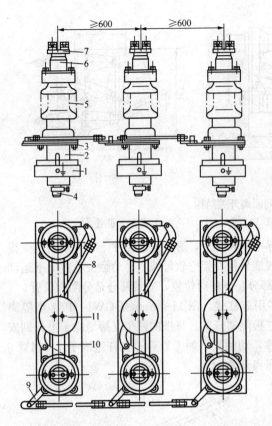

图 11-5　GW4—15 型户外隔离开关结构

1—底架；2—轴承座；3—转动轴板；4—转动轴；
5—支持绝缘子；6—接线座；7—接线端子；8—传
动连杆；9—联动拉杆；10—触刀；11—触指

又如 GW4—15 型户外隔离开关，它是水平安装的双柱单极式，借助于连杆组成的三极联动隔离开关，它是由底架、棒形支持绝缘子、传动部分和导电部分等组成，如图 11-5 所示。每极底架两端轴承座内有轴承和转，轴头焊有转动轴板 3，支持绝缘子固定在轴板上，两个转动轴板用连杆相连接。当一端支持绝缘子转动时，将带动另一端支持绝缘子反方向旋转，完成导电部分的分、合动作。这种开关的触点在两个支持绝缘子的中间位置，采用触刀嵌入式结构。一端装有两对触指，借助于压簧作用保持足够的压力，合闸时，另一端的触刀嵌入两对触指内。分闸时触刀和触指向反方向分离开，完成分闸动作。注意在分闸时触刀的相间距离必须保证不小于 60mm。

图 11-6 所示为 GW4—220 型高压双柱式隔离开关结构，它也是由绝缘部分、导电部分和操作部分组成的，用于 220kV 的电路上。其导电部分包括导电臂 6 和 7，导电臂 6 的右端装有防雨罩 8，罩内装有指形触头。导电臂 7 的左端装有管形触头。中部装有接地开关的触头 9；绝缘部分主要由装在底座 2 两端的支持瓷柱组成，两瓷柱间用曲柄连杆机构 3 进行联动。只要手动操作机构，使两个瓷柱之一旋转，通过曲柄连杆的带动，另一个瓷柱跟随转动，达到导电臂 7 上的管

形触头和导电臂 6 上的指形触头进行分、合的目的。当电路分闸时，支持瓷柱旋转 90°，操作另一机构，使接地开关 4 顺时针旋转，使接地开关的触头与导电臂 7 上的触头 9 接触，达到接地保护的目的。合闸时，先断开接地开关 4，再断开导电臂 6 和 7。为了保证操作次序的正确进行，在两个操动机构之间装有机械连锁。另外，GW4 型高压隔离开关因电压等级不同，所以安装的支持绝缘子数也不同，电压在 110kV 的采用一节；220kV 的采用两节；330kV 的采用三节。

（3）V 型高压隔离开关。图 11-7 所示为 GW5 型高压隔离开关就是 V 字型开关。它主要由机构箱 2、V 字型瓷柱 1、导电臂 4、触头 5 和 6、接线端子 3 以及接地开关 11 组成。

当电路合闸时，先用一手动操动机构将接地开关 11 与触头 10 分开，然后用另一手动操动机构使两个瓷柱之一旋转，通过机构箱内的扇形齿轮带动另一个瓷柱转动，使触头 6 插入指形触头 5 中接通电路。

当电路分闸时，其操作顺序与合闸时相反，应先将触头 5 和 6 分开，然后合上接地开关。为了防止误操作，两个操动机构同样设有连锁装置。

（4）三柱式高压隔离开关。图 11-8 所示为 GW7 型户外高压隔离开关结构，其组成部分同上述开关基本相似，只是静触头分别在两边的棒形支柱绝缘子上端，中间棒形支柱绝缘子用来支持闸刀，并可以带动闸刀做水平转动。

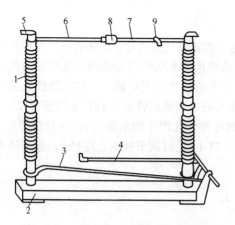

图 11-6　GW4—220 型隔离开关结构

1—支持瓷柱；2—底座；3—曲柄连杆机构；
4—接地开关；5—接线端子；6、7—导电臂；
8—防雨罩；9—接地用触头

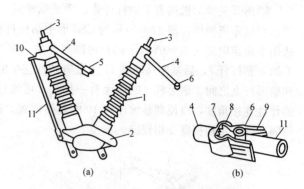

(a)　　　　　　　　　　(b)

图 11-7　GW5 型高压隔离开关结构

(a) 结构图；(b) 触头详图

1—瓷柱；2—机构箱；3—接线端子；4—导电臂；
5、6—触头；7—支架；8—弹簧；9—触指；10—接
地用静触头；11—接地开关

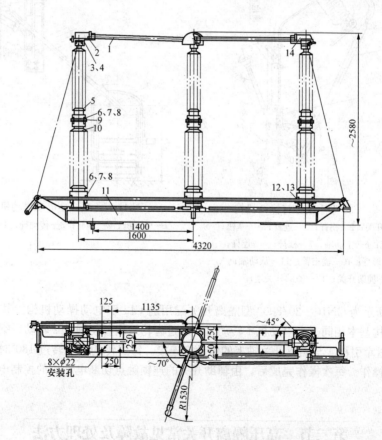

图 11-8　GW7 型户外单极高压隔离开关结构

1—导杆；2—触头；3、6—螺栓；4、8—弹簧垫圈；5、10—棒形支柱绝缘子；7—螺母；
9—垫片；11—底座；12—铭牌；13—铜螺钉；14—触头

三、高压隔离开关操动机构

隔离开关操动机构有手动杠杆式、手动蜗轮式、电动机式和气动式等。后两者可以实现自动控制和远距离操作。图11-9所示为CS6形手动杠杆操动机构基本结构与安装图。这种操动机构适用于额定电流在3000A以下的户内隔离开关。图11-9中的前基座主动轴6上装有硬性连接的手柄5和杠杆7，后基座从动轴11上装有硬性连接的扇形杆9和输出臂10，连杆8铰接于杠杆7和扇形杆9之间。扇形杆9的边缘有一排孔，可通过螺栓穿入孔内来调节输出臂10与扇形杆9的硬性连接角度，以便调整输出臂10的起始位置。输出臂10通过调节接头、连杆3、连接插头与隔离开关主轴拐臂2相铰链。

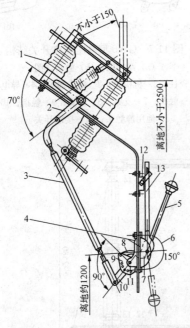 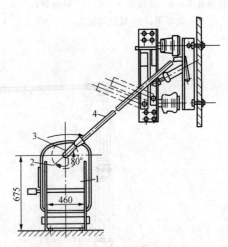

图11-9　CS6型手动杠杆操动机构　　　　图11-10　CJ2型电动操动机构

1—隔离开关；2—拐臂；3—连杆；4—基座；　　　1—电动机；2—蜗轮；3—传动杆；4—牵引杆

5—手柄；6—主动轴；7—杠杆；8—连杆；

9—扇形杆；10—输出臂；11—从动轴；

12—辅助开关；13—辅助开关连杆

图11-10所示为GN10—20/8000型隔离开关配用的CJ2型电动操动机构。其传动原理与手动蜗轮操动机构基本相同。当电动机1转动时，通过齿轮、蜗杆使蜗轮2转动。蜗轮轴上装有传动杆3，它通过牵引杆4与隔离开关轴上的传动杆连接。每当传动杆3转过180°时，即完成一次合闸或分闸的操作。每次操作完成后，由辅助开关的连锁触点切断电动机的控制电源，使电动机自动停转。

第二节　高压隔离开关常见故障及处理方法

一、触头过热烧损

隔离开关在运行中造成触头发热的现象比较常见，严重时，使动、静触头发热变色，夹紧弹簧退火失效，甚至出现过热冒火以及熔焊等现象。其原因及处理方法如下。

1. 弹簧性能不良烧损触头

隔离开关在合闸位置时，触指全靠弹簧的作用来保证与触头间有足够的接触压力和较小的接触电阻，由于隔离开关运行时，长期处于合闸状态，故触指弹簧也长期处于拉伸或压缩状态，如果弹簧质量不佳，则容易产生疲劳，使触头与触指间接触压力减小，而电阻增大，使触指与触头接触处发热导致温度升高，由于弹簧受热其弹性指标将下降，从而造成接触压力进一步减小，如此恶性循环，最终弹簧失去弹性，接触电阻越来越大，使温度急剧升高而导致烧损开关触头。

对触指弹簧性能不良引起触头过热现象的处理方法，一是加强巡回检查，用测温装置监视触头的温度。尽量利用停电的机会检查隔离开关导电部分的各个接点，应无过热变色，无烧损现象。检查弹簧应无变色和疲劳变形现象；二是对性能较差的弹簧进行及时更换。

2. 触头接触不良而烧损触头

触头与触指或触刀与刀座在运行中接触面产生氧化层，使接触电阻增大；触头与触指或触刀与刀座插入深度不够，降低了载流容量；开关的触头与触指或触刀与刀座在运行中被电弧烧毛，以及开关的热稳定不够造成触头熔焊等都会造成接触不良。当电流通过触头时，触头的温度就会超过允许值，甚至有烧红熔接的可能。

处理方法：接触面有氧化层，可用砂布打磨后涂很薄的凡士林；调整触头与触指或触刀与刀座的插入深度，增加载流容量；对电弧烧毛的接触面，应用细锉修整，使接触面紧密接触，尽量减小接触电阻。同时，认真检查开关导电回路各部分螺栓的紧固情况，应无松动，刀片应无弯曲变形等。在正常情况下触头的最高允许温度为75℃，因此在检修时，调整接触电阻使其值不大于 $200\mu\Omega$。

二、支持绝缘子表面闪络及瓷柱断裂

支持绝缘子表面闪络主要发生在棒式绝缘子上，由于绝缘子表面闪络将会导致支持瓷柱爆炸，从而引起停电事故。隔离开关瓷柱断裂也是影响电力生产安全运行的一大问题。

1. 绝缘子表面闪络

造成支持绝缘子表面闪络的主要原因，一是绝缘子表面脏污，二是瓷柱的爬电距离及对地绝缘距离不够。处理方法是冲洗绝缘子，更换新型支持绝缘子增加爬电距离，或增加瓷柱高度提高整体绝缘水平。

2. 瓷柱断裂

造成瓷柱断裂的主要原因是胶装质量问题。如胶装时未装缓冲垫；个别瓷柱胶装时定位木楔未清除净，使胶合剂只有很薄一层；还有的法兰里面没有胶合剂，只胶装法兰口一圈，造成法兰与瓷柱的假连接等。由于胶装问题存有隐患，在各种应力的作用下（如胶合剂膨胀产生的应力、温度差引起的应力、操作引起的应力）使瓷柱的根部受力而断裂。

防止瓷柱断裂的措施：一是检测防护，采用超声波无损探伤仪对瓷柱进行检测，对不合格的瓷柱及时更换；二是将换下来的瓷柱重新胶装处理。

三、传动系统故障

隔离开关传动系统的故障将会导致电路接触不良、开关不能合闸、操作不灵活、转动不平稳，甚至使支持瓷柱受到附加扭曲应力而断裂等现象，严重影响电力生产的安全运行，所以，必须引起足够的重视。

1. 造成电路接触不良

在合闸操作时，由于冲击作用，使传动系统的销子变形，轴孔磨损扩大，拉杆接头固定限位螺母松动，分合操作限位螺钉磨损等，造成导电杆合闸不到位或合过头，两导电杆不在同一条中心线上而呈"八"字形，使触头与触指单边接触造成载流容量降低，使触头过热。另外，由于转动的支持瓷柱弯曲或瓷柱与法兰面不垂直，也会造成触头单边接触使电路接触不良。

处理方法：加强巡回检查，及时更换易损部件，调整瓷柱的垂直度，或更换不合格的瓷柱。使触头与触指达到接触良好。

2. 操作不灵活、转动不平稳

由于水平传动拉杆弯曲或三相传动拉杆不同步以及长期运行缺乏润滑油或支持瓷柱弯曲等，都会造成隔离开关在操作上费力、转动不平稳或有卡滞现象。

对于上述问题，在安装或检修时，要保证三相水平传动拉杆在同一水平面内，相间传动拉杆在同一中心线上，接头与连杆在同一中心线上；改进结构，及时添加润滑油；如果瓷柱有弯曲现象，则用垫片进行调整或更换合格瓷柱。

第三节　高压隔离开关检修项目与技术要求

高压隔离开关的主要检修项目包括绝缘子、接触面、操动机构与传动机构、均压闭锁、底座等的检修，分大修和小修两种，大修一般4～5年一次，根据设备运行环境和运行状况可适当调整检修周期；小修一般每年一次，对于污垢较严重的环境可增加一次。

一、高压隔离开关小修项目与要求

（1）检查清扫瓷质部分及绝缘子胶装接口应无缺陷。

（2）试验各传动部分应灵活无卡劲，并添加润滑油。

（3）清洗动静触头，检查其接触情况，触指弹簧应无损伤、变形或失效状况。

（4）检查各相引线卡子及导电回路连接点（对GW5型开关应检查绝缘子上端接线盒中软铜带的连接）。

（5）检查三相触头接触深度和三相同期情况。

（6）检查电气或机械闭锁情况，对于电动机构或液压机构，应转动检查各部分附件装置。

（7）填写检修记录。

二、高压隔离开关大修项目与要求

（1）高压隔离开关大修时首先进行修前准备，然后解体清扫检查，其检修项目中包括全部小修项目。

（2）对各导电回路的连接点要认真检查修理，检查触头接触是否良好，压紧弹簧的压力是否足够，如果压力不足应及时更换。清除接触面的污垢和烧伤痕迹，使其表面平整光亮，并涂中性凡士林或导电硅脂，以减小触头的氧化程度。对烧伤严重的触头应更换，必要时应做接触电阻测试。检查导流软线应无断股以及折伤现象。

（3）检查调试电动机构的各传动部件、电气回路以及辅助设备。检查清洗轴承及传动轴销并更换润滑油。检查传动杆件及机构各部分应无损伤、锈蚀、松动或脱落等不正常现象，定期检查润滑情况，对底座进行除锈、涂漆，并确保接地良好。

（4）检查绝缘子是否完整，应无电晕和放电现象，清扫绝缘子，检查瓷柱与法兰浇铸连接情况，如果发现问题应及时处理或更换，用绝缘电阻表测量绝缘子的绝缘电阻。

（5）对液压机构进行解体清洗、换油、试漏。各型号隔离开关要分别按其技术要求进行全面的调整试验，对金属支架和易锈的部件进行除锈、涂漆，在适当位置涂刷相位标志。

（6）按标准核对开关有关技术参数，如触头插入深度、三相同期情况、备用行程张开角度等，如果不符合要求应重新调整。

GN—10系列隔离开关动触头进入静触头的深度应不小于90%。

GW5—110 型隔离开关三相不同期的调整：①改变相间连杆的长度；②利用底座上球面调整环节，松紧其周围的四个调节螺钉，同时观察底座内伞齿轮的啮合情况，如有卡涩时可移动伞齿轮位置，调整时不要使支持绝缘子向两侧倾倒。

GW5—110 型隔离开关接地开关的调整：可旋转动触头，使其比静触头的触指高约 3mm，然后将其螺母锁紧。

GW7 型隔离开关合闸后对动触头的要求与调整：主闸刀合闸后，要求动触头与静触头之间间隙为 30～50mm，动触头中心与静触头中心高度误差小于 2mm。如果不满足上述要求，应改变动刀杆长度和在支持绝缘子上加垫调整。

（7）认真填写大修记录。

本 章 小 结

本章主要讲述常用的高压隔离开关的形式、结构特点及用途，介绍高压隔离开关的检修项目和技术要求。重点讲述隔离开关常见故障的原因及处理方法。

高压隔离开关有室内和室外两大类，其形式有单柱、双柱、三柱和 V 型等几种，还有带接地开关和不带接地开关之分。

高压隔离开关只能断开电压，而不能分断负载电流。

第十二章 避雷器与熔断器检修

第一节 避雷器检修

一、过电压及其防护

电气设备正常运行时所承受的电压是其相应的额定电压，而过电压是由于某种原因使电气设备所承受的电压远远超过正常运行的额定电压，以至引起电气设备的绝缘遭到破坏，这种对设备绝缘有危险的电压称为过电压。过电压按其能量的来源不同可以分为大气过电压和内部过电压两种。

1. 大气过电压

大气过电压是在雷云放电时产生的，其能量来自电力系统以外，所以又称外部过电压（也叫雷电过电压）。电气设备上的大气过电压包括两种情况：一种是由于雷电直接对电气设备放电，在设备上造成的直击雷过电压；另一种是雷电对设备附近的物体或大地放电时，在设备上造成的感应雷过电压。

2. 内部过电压

内部过电压是由于开关操作、线路故障跳闸或其他原因使系统状态发生突变，在重新分配能量的过程中，因电磁能量在系统内部发生振荡而引起的过电压。内部过电压包括工频过电压、操作过电压和谐振过电压。

这些过电压都会使电气设备和线路的绝缘遭到破坏，并直接威胁人身安全，影响正常的电力生产。尤其是大气过电压，雷云放电的电压可达几千到上万千伏，甚至更高，其电流可达数百千安。因此，大气过电压对电力系统的绝缘危害性最大，必须采取有利的措施进行防护。

避免发电厂和变电所的电气设备以及输电线路遭到直接雷击侵害的有效措施是安装避雷针、避雷线，并且接在导线和大地之间，与被保护设备并联的避雷器限制过电压，防止大气过电压损坏电气设备绝缘，从而保证电力系统的安全运行。

二、避雷器的类型与用途

避雷器的类型主要有保护间隙、管型避雷器、阀型避雷器等几种。

1. 保护间隙

保护间隙由两个电极组成，图 12-1 所示为保护线路最原始的避雷器——角型保护间隙。它有一定的限制过电压能力，但不能避免供电中断。其优点是结构简单、价格低廉，但保护效果差，一般要与自动重合闸配合使用。

2. 管型避雷器

管型避雷器的保护性能比保护间隙好，实质上是一种具有较高熄弧能力的保护间隙，其结构如图 12-2 所示。

管型避雷器在使用中存在的主要问题是：①放电分散性大，冲击放电伏秒特性曲线较陡，而一般电气设备（如变压器）冲击放电伏秒特性曲线较平，二者不能很好配合。②管型避雷器要根

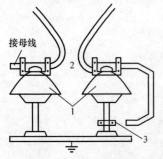

图 12-1 角型保护间隙结构
1—绝缘子；2—主间隙；
3—辅助间隙

接母线

据安装点的短路电流值选用，如果短路电流过大，超过管型避雷器允许电流上限，会使避雷器内产气过多，压力过大，有可能造成避雷器爆炸；若短路电流过小，低于管型避雷器允许电流的下限，会使管型避雷器产气不足，吹弧能力减弱，不能切断电弧。由于管型避雷器在使用中存在这些问题，所以只适用于发电厂和变电所的进线段或线路绝缘弱点的保护。

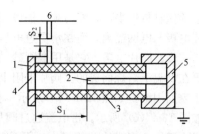

图 12-2　管型避雷器结构示意图
1—环形电极；2—棒电极；3—产气管；
4—喷气口；5—金属端盖；6—工作母线；
S_1—内间隙；S_2—外间隙

3. 阀型避雷器

阀型避雷器的保护性能要比管型避雷器强，它在 220kV 及以下系统主要用于限制大气过电压，在超高压系统中，还用来限制内部过电压。

三、避雷器的结构与工作原理

避雷器是一种限制过电压，保护电气设备绝缘免受过电压危害的保护电器。它常接在导线和大地之间，与被保护设备并联。当被保护设备在正常工作电压下运行时，避雷器不动作，即对地不接通，一旦出现过电压，避雷器将会立即动作，使高压冲击电流泄入大地，从而限制过电压幅值，保护电气设备的绝缘。当过电压消失后，避雷器又恢复原状，使系统能够正常运行。

1. 阀型避雷器的结构与工作原理

阀型避雷器主要由火花间隙和阀片电阻等元件组成，如图 12-3 所示，将它们串联后装在密封的瓷质套管内。火花间隙的主要作用是在过电压下放电和切断工频续流；阀片电阻的主要作用是吸收过电压能量，限制放电电流下的残压和工频续流值；分路电阻与火花间隙并联，其主要作用是用来克服每个间隙所形成的电容，以及对地存在着杂散电容的影响，改善间隙上的电压分布和避雷器的保护性能。

（1）阀型避雷器火花间隙。阀型避雷器的组成元件及特性如图 12-4 所示，它由多个单间隙串联组成，每个间隙由两个冲压成波浪形的黄铜片电极构成。两铜片电极之间用 0.5～1mm 厚的云母垫圈隔离开，其结构如图 12-4（a）所示。每个单元间隙形成均匀的电场，在冲击电压作用

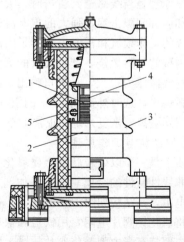

图 12-3　FZ 系列阀型避雷器
1—火花间隙；2—阀片电阻；3—瓷质
套管；4—云母垫圈；5—分路电阻

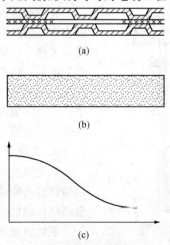

图 12-4　阀型避雷器的组成
元件及特性
(a) 单位火花间隙；(b) 阀片电阻；
(c) 阀片电阻特性

下的伏秒特性平斜，能与被保护设备绝缘达到配合。在正常情况下，火花间隙使阀片电阻及黄铜片电极与电网隔离，而在承受过电压击穿后半个周波（0.01s）内，能将工频续流电弧熄灭。

（2）阀片电阻。它是用金刚砂（碳化硅）、水玻璃以及石灰石等材料混合后，经模压成饼状，再在低温下焙烧而成的。阀片电阻上下两面喷铝，以降低接触电阻，其侧面涂无机绝缘瓷釉，防止表面闪络，如图 12-4（b）所示。在正常电压下阀片阻值很大，而在雷电作用下其阻值变小，如图 12-4（c）所示。雷电流通过阀片电阻泄入大地，并在阀片电阻上产生一定的压降（此电压降不随雷电流成比例的增大，而是趋近一个常数），避雷器上的残压不超过被保护设备的绝缘水平。

当雷电流过后，阀片电阻值自动增大，将工频续流峰值限制在 80A 以下，以保证火花间隙可靠灭弧。

（3）分路电阻（火花间隙上并联电阻）。阀型避雷器的火花间隙是由多个单元间隙串联组成的。避雷器的额定电压越高，串联间隙也越多。由于每个间隙所形成的电容以及对地存在的杂散电容的影响，使分布在每个间隙上的电压很不均匀，也不稳定，从而影响避雷器的工作特性。为了克服上述缺点，在火花间隙上并联分路电阻。这样，在工频电压作用下，分路电阻中的电流比流过间隙中电容的电流大，使间隙上的电压分布得到改善。在冲击电压的作用下，由于频率很高，容抗变小，使间隙上的电压分布又变得不均匀，导致冲击放电电压降低。因此分路电阻既保证了一定的工频放电电压，又降低了冲击放电电压，使避雷器的保护性能得到改善。

由于火花间隙和阀片电阻的作用，当电网正常运行时，避雷器将供电线路或电气设备与大地隔离，当出现大气过电压时，火花间隙立即被击穿，雷电流通过阀片泄入大地，从而起到保护电气设备的目的。

2. 管型避雷器的结构与工作原理

管型避雷器由产气管、内部间隙和外部间隙三部分组成，如图 12-2 所示。产气管可用纤维、有机玻璃或塑料制成。内部间隙 S_1 装在产气管的里面，一个电极为棒形，另一个电极为环形。外部间隙 S_2 装在管型避雷器与带电线路之间。正常情况下，外部间隙将管型避雷器与带电线路绝缘起来。

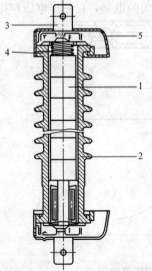

管型避雷器的工作原理是当线路遭到雷击时，大气过电压使管型避雷器的外部间隙和内部间隙击穿，强大的雷电流通过接地装置流入大地。此时，系统的工作续流和雷电流在管子内部间隙发生强烈的电弧，使产气管内壁的材料燃烧，产生大量的灭弧气体，由于产气管容积很小，这些气体压力很大，从管口喷出，强烈吹弧。在电流经过零值时，电弧熄灭，这时外部间隙 S_2 的空气恢复了绝缘，使管型避雷器与带电线路隔离，恢复系统的正常工作。

3. 氧化锌避雷器的结构与工作原理

氧化锌避雷器实质上是一个以微粒状的金属氧化锌为基体，附以精选过的能够产生非线性特性的金属氧化物添加剂（氧化铋）高温烧结而成的非线性电阻，其结构如图 12-5 所示。

氧化锌避雷器是将氧化锌阀片电阻，用铁盖和橡皮垫圈密封于瓷套管内而制成的。内部装有强力弹簧将阀片压紧，以防止阀片位移，并保证各零件之间有可靠地连接。它是保护电气设备免受各种过电压危害的优良保护设备。由于氧化锌避雷器没有间隙，所以瓷套表面污秽对它的电压分布以及放电电压基本上无影响，特别适用

图 12-5　氧化锌避雷器
1—电阻；2—瓷套；3—接线端子
4—弹簧；5—压力释放件

于污秽地区；因其无续流，也能适合于直流。

氧化锌避雷器在正常工频电压下，具有极高的电阻，呈绝缘状态；当承受大气过电压或内部过电压时，阀片电阻迅速下降，"导通"泄放电流；当过电压消失后，阀片又迅速恢复高电阻，呈绝缘状态。

四、避雷器的安装与检修

（一）避雷器的安装

1. 安装前的准备工作

（1）认真核对避雷器的额定电压和安装地点。

（2）检查绝缘瓷套应无裂纹、破损和脱釉现象，瓷套与法兰的胶合及密封应良好。

（3）摇动避雷器，听其内部应无松动的响声。

（4）为消除避雷器的隐形缺陷所做的预防性试验应符合表 12-1～表 12-4 的规定。

1）用 2500V 绝缘电阻表测量 FZ 型绝缘电阻不得小于表 12-1 和表 12-2 中的规定。

表 12-1   **FZ 型避雷器绝缘电阻标准**

额定电压（kV）	3	6	10	35	110
绝缘电阻（MΩ）	10	15	30	150	500

注 1. 组合避雷器要分节试验。

    2. 当用绝缘电阻表测绝缘电阻时，若指示无限大，则说明并联电阻断裂。

表 12-2   **FS 型避雷器绝缘电阻值**

额定电压（kV）	最低合格值（MΩ）	可用值（MΩ）
3	700	350
6	1200	600
10	1600	800
35 及以下	5000	2500
35 及以上	10 000 以上	—

2）泄漏电流试验及测量同一相内非线性系数相差值不得超过表 12-3 的规定，工频放电电压试验标准见表 12-4。

表 12-3   **FZ、FCZ、FCD 型避雷器的泄漏电流及非线性系数**

使用情况	泄漏电流（μA）20℃时	非线性系数
新装及大修后	400～650	0.05
运行中	300～650	0.05

表 12-4   **FS 型避雷器的工频放电电压试验标准**

额定电压（kV）		3	6	10
工频放电电压（kV）	新装及大修后	9～11	18～19	26～31
	运行中	8～12	15～21	23～33

2. 阀型避雷器安装技术要求

（1）阀型避雷器要垂直安装，不得倾斜，垂直偏差不大于 2%，必要时可在法兰面之间垫金属片予以校正。三相中心应在同一直线上，铭牌应位于易观察的同一侧，最后用腻子将缝隙抹平并涂以油漆。引线连接要牢固，其截面积不得小于规定值，即避雷器的引线若是铜线，则截面积不得小于 16mm²；若是铝线，其截面积不得小于 25mm²。避雷器上接线端子不得受力。

（2）阀型避雷器的安装位置应便于巡回检查，周围应有足够的空间，以免周围物体干扰避雷器电位分布，使间隙放电电压降低；放电计数器应密封良好，动作可靠，三相安装位置一致，便于观察。接地可靠，计数器指示恢复零位。

（3）阀型避雷器接地引下线与被保护设备的金属外壳应可靠地与接地网连接，线路上单组阀型避雷器接地装置的接地电阻不得大于 5Ω。避雷器接触面应擦拭干净，除去氧化膜和油漆，并涂一层电力复合脂。

（4）为了防止正常运行时或雷击后阀型避雷器发生故障，影响系统的正常运行，其安装位置可以处于跌落式熔断器保护范围内。

（5）电压在 35kV 以上的阀型避雷器是由多节元件叠装而成的，组装时应严格按照出厂编号的顺序叠装，不得将各节位置颠倒。电压为 110kV 以上的阀型避雷器上部应加装均压环，用来均匀避雷器的电压分布和改善放电特性，均压环安装应水平。对 220kV 的产品，因其高度过大，应增加拉紧绝缘子串，以稳固避雷器，同相各串拉紧绝缘子的拉力应均衡，以免避雷器受到额外的拉应力。

（6）氧化锌避雷器的排气通道应畅通，安装时应避免其排出气体时引起相间短路或对地闪络，并不得喷及其他设备。

（二）避雷器的巡视与检修

1. 运行中的巡回检查项目

（1）检查绝缘瓷套的脏污状况，对周围环境较差的地区或沿海地区更应重视瓷套的脏污程度。

（2）检查避雷器的上下引线，应无断股、断线或烧伤痕迹；检查放电记录器是否烧坏。

（3）检查避雷器上端密封是否良好，防止进水受潮引起事故。

2. 每次经受过电压后的特殊巡视检查项目

（1）大气过电压后，应检查记录器动作情况，检查避雷器表面有无闪络放电痕迹。

（2）检查避雷器引线有无松动和烧伤以及避雷器本体有无摆动痕迹。

（3）结合停电机会检查避雷器上法兰泄水孔是否畅通。

3. 避雷器的检修与试验

（1）绝缘瓷套发生裂纹或爆炸的检修。在一般场合应将损伤相避雷器停止运行进行更换，如果当时暂无备品，而且不至于威胁安全生产，可在裂纹处用环氧树脂修补，并涂漆防潮，同时尽快安排更换合格的避雷器。

（2）阀型避雷器内部受潮的检修。FZ 系列避雷器绝缘电阻与前次测量数值比较有明显减小，电导电流试验结果为电流大于 650μA，与前次测量数据相差大于 30% 以上者，可认为受潮（但如果只是电导电流增大则可能是分路电阻部分短路，而不是受潮）；FS 系列避雷器绝缘电阻低于 1500MΩ 时需要再进行电导电流试验，如果电导电流大于 5μA，则表明受潮。受潮的原因大致有以下几种：①上下密封底板位置不正，四周螺栓受力不均或松动，使底部撬裂引起空隙；②密封垫圈位置不正或老化开裂失去作用；③瓷套裂纹或绝缘瓷套与法兰结合处胶合不严密；④密封小孔未焊牢等。

当阀片严重受潮时，会出现白色氧化物，这时要进行干燥，温度一般不要超过 150℃，时间不超过 12h，烘干后要进行残压试验，重新组合装配，对有放电黑点或击穿性小孔的要更换。

（3）管型避雷器检修。抽出棒形电极，清除避雷器排气孔的杂物，然后用纱布将排气孔包裹起来；如果发现内部间隙电极轻微烧伤，可用细锉修整，烧损严重的要更换；产气管表面绝缘层有裂纹、脱落或起皱等情况，必须重新涂漆，使其恢复绝缘性能。

（4）氧化锌避雷器的检修。清扫积灰，防止污垢引起避雷器局部过热；用示波器监测通过避雷器电流的阻性分量的变化，判断电阻片的老化状况；避雷器原有刷漆的部位应每1~2年涂刷一次漆；每年雷雨季节前，按相关要求做预防性试验。

（5）检查修理记录器，检查处理瓷套与法兰结合处的胶合情况。

（6）瓷套表面有轻微碰伤的，应经过泄漏及工频耐压试验，合格后方能投入运行。

（7）FS型避雷器试验项目与标准。

1）交接试验：①测量绝缘电阻，其标准一般不低于2500MΩ。②测量工频放电电压。避雷器额定电压为3kV的放电电压应为9~11kV，6kV的应为16~19kV，10kV的应为26~31kV。

2）定期试验：①测量绝缘电阻，其标准与交接试验相同。②测量工频放电电压。避雷器额定电压为3kV的放电电压应为8~12kV，6kV的应为15~21 kV，10 kV的应为23~33kV。

（8）FZ型避雷器试验项目与标准。

1）交接试验：①测量绝缘电阻，相关标准对绝缘电阻数值未作规定，但应和同类型或与上次测量数值比较，差值不宜过大。②测量电导电流，并检查组合元件的非线性系数，同一相内串联组合元件的非线性系数值不应大于0.04。20℃时的电导电流应符合表12-5所示的规定或产品制造厂的数值。

表 12-5   **FZ型避雷器的电导电流值**

额定电压（kV）	3	6	10	15	20	30
试验电压（kV）	4	6	10	16	20	24
电导电流（μA）	400~650	400~600	400~600	400~600	400~600	400~600

2）定期试验：其项目基本与交接项目相同。定期试验标准除非线性系数差值不应大于0.05、电导电流相差值不应大于30%外，其他也与交接时相同。

第二节 高压熔断器检修

高压熔断器是在高压电网中人为设置的一个最薄弱的导流元件，当此元件流过短路电流或过载电流时，元件本身将发热熔断，借灭弧介质的作用使电路分断，从而达到保护电力线路和电气设备的目的。

一、高压熔断器的种类及适用场合

高压熔断器大致可分为限流式熔断器、喷射式熔断器和真空熔断器三大类。

1. 限流式熔断器

限流式熔断器是充有石英砂填料的密闭管式熔断器，其主要特点如下：

（1）熄弧能力强，分断容量大。采用限流式熔断器保护电气设备时，短路电流未达到最大值之前就会被切断，因而减轻了短路电流对电气设备的危害程度，降低了对电气设备动、热稳定性的要求。

（2）分断电路时无电弧放电，无电弧爆炸噪声。这种熔断器的额定电流容量大。

（3）分断小电流时，对一般结构的限流熔断器有不能分断的区域存在；对于有特殊结构的限流熔断器可达到全范围分断。

（4）由于此熔断器灭弧能力强，分断电路时会产生截流过电压。

. 限流式熔断器适用于户内配电装置、地下电气设备、变压器、电动机以及电容器回路等保护。

2. 喷射式熔断器

喷射式熔断器是利用固体产气材料来灭弧的，属于非限流外露形管式熔断器，其特点如下：

(1) 喷射式熔断器分断容量小，灭弧能力较弱，特别是在分断小电流时，燃弧时间长，但可全范围分断，不存在小过载电流不能分断的区域。

(2) 熔断器动作后（跌落式熔断器），其熔管会自动翻转跌落，造成明显可见的断口。分断电路时也不会产生截流过电压现象。

(3) 分断时由于有电弧放电，熔管会喷出大量炽热的游离气体并发出电弧爆炸的响声。

(4) 喷射式熔断器体积小、质量轻、价格便宜。

喷射式熔断器适用于周围空间无导电尘埃、腐蚀性气体以及无易燃、易爆危险和剧烈震动的户外场所，既可作为线路和变压器的短路、过载保护，又可在一定条件下分、合小容量空载变压器、空载线路和小负荷电流。

3. 真空熔断器

真空熔断器是非限流大分断容量封闭式熔断器，其特点如下：

(1) 真空熔断器。对任何预期电流，在熔体熔化起弧后，第一次电流过零或第二次电流过零时熄弧。因此在分断大电流时几乎无过电压产生。

(2) 真空熔断器的溶体较短，电阻较小，功率损耗也小，仅为相同额定容量限流熔断器的5%左右。

(3) 熔断器导电杆热容量大，而且导电性能好，因此其工作温升和分断过程温升较低，加之全封闭，可用于地下设施和变压器油中且不至于发生危险。

(4) 真空熔断器具有良好的溶化特性，在重复试验后无老化和电阻变化现象，具有良好的耐过流能力。

(5) 真空熔断器无爆炸危险，无气体喷出，无分断噪声。

(6) 真空熔断器体积小，质量轻，由于尺寸小，有利于熔断器在线路中的安装。

(7) 真空熔断器可与石英砂限流熔断器组合构成真空式全范围限流熔断器。在大电流分断时，由石英砂限流熔断器部分分断，而小过载电流时由真空熔断器部分分断，从而达到了全范围故障电流分断的目的。

真空熔断器适用于大容量电动机、变压器、电容器回路的保护，主分断装置的保护以及在地下设施、变压器油中和矿井中作为防爆保护电器。

二、高压熔断器的结构与工作原理

高压熔断器一般由熔管、熔体、接触导电系统（动、静触头）、绝缘支持物、底板（或安装用固定板）以及指示器等组成，如图 12-6～图 12-8 所示。

1. 限流熔断器的结构与工作原理

RN1 型高压熔断器及其熔管如图 12-6 所示。为了提高熔断器的灭弧性能，限流熔断器（RN 型）的熔管内装有石英砂充填物，它有利于快速灭弧，提

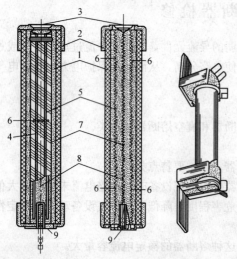

图 12-6　RN1 型高压熔断器及其熔管

1—瓷管；2—管罩；3—管盖；4—瓷芯；5—熔体；
6—锡球或铅球；7—石英砂；8—指示熔体；9—指示器

高断路容量。当电路过载或短路时，熔丝熔断，产生电弧，由于石英砂对电弧的强烈冷却和去游离作用，使电弧在电流过零前迅速熄灭，并产生截流过电压。为了有效地灭弧，熔管内的熔丝常用多根并联的方式，各熔丝之间及熔丝到管壁之间保持适当距离，以增加电弧与石英砂的接触面，提高冷却效果，同时避免电弧烧坏熔管或短接弧道。

2. 跌落式熔断器（喷射式熔断器）的结构与工作原理

跌落式熔断器（喷射式熔断器）的结构如图 12-7 所示。它主要由瓷绝缘体 8 和开口熔体管 5 两部分组成。熔管外层为酚醛纸管或环氧玻璃布管，内层采用钢纸管或虫胶桑皮纸管等固体产气材料。熔丝材料采用铜、银或银铜合金。熔丝穿过熔管，一端固定在静触头 7 上，另一端将由上动触头 2 和转轴组成的活动关节拉紧，使熔断器保持在合闸位置。当过载或短路电流将熔丝熔断后，活动关节释放，上动触头在弹簧的作用下从鸭嘴罩抵舌处滑脱，熔管靠自动翻转跌落。与此同时，熔管内壁在电弧作用下产生大量气体，管内压力升高，使气体高速向外喷出，纵向吹弧在电流过零时将电弧熄灭，熔管跌落后自然形成明显可见的绝缘断口。

跌落式熔断器分断大故障电流时因熔管产气多，内部压力高，熔管上端的磷铜片被吹动，由两端排气，以免熔管爆炸；当分断小故障电流时，上端膜片不动作，形成单向排气，燃弧时间较长。此熔断器灭弧速度不高，无限流作用。

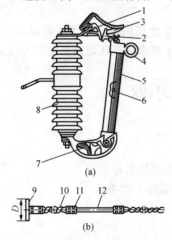

图 12-7　跌落式熔断器与熔体结构
(a) 跌落式熔断器；(b) 熔体结构
1、7—静触头；2—动触头；3—钢片；4—操作
环；5—开口熔体管；6、12—熔体；8—瓷绝缘
体；9—纽扣；10—铜绞线；11—套管

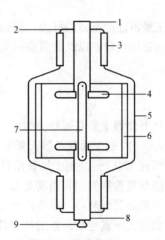

图 12-8　真空熔断器结构
1、8—导电杆；2—端盖；3—陶
瓷绝缘体；4—电极头；5—钢套；
6—屏蔽罩；7—熔体；9—封口

3. 真空熔断器的结构与工作原理

真空熔断器的结构如图 12-8 所示。真空熔断器是在高真空中分断大电流的，其灭弧原理与真空开关灭弧室基本相同，不同点是真空开关灭弧室内由动、静触头来接通或断开电路，而真空熔断器在正常工作时两导电杆之间只用一根细熔体连接起来导通电流，当发生故障时，熔体熔化产生电弧，此时的状态与开关分闸状态时的真空灭弧室相同，其灭弧原理也相同。

三、高压熔断器的使用与维护注意事项

(1) 使用前应核对额定电压是否相符，额定分断能力是否大于线路的预期短路电流；检查熔断器的额定值与熔体的配合和负荷电流是否相适应。

(2) 检查熔体是否受损伤，接触是否良好，如果发现熔体已经腐蚀或熔断，应更换与原来一样的新熔体；检查瓷绝缘部分应无破损、裂纹和放电痕迹。

（3）户内熔断器瓷管应密封良好，导电部分与固定底座静触头接触应紧密；检查户外熔断器导电部分接触应良好，弹性上触头的推力应有效，熔体本身无损伤，绝缘管无受潮变形或损伤。检查跌落式熔断器的安装角度应使熔管轴线与大地垂直线成 30°倾角，不得垂直或水平安装，以保证熔体熔断时能靠自重自行跌落。

（4）检查所有与系统连接的部位应无松动、放电现象。白天细听有无"嘶嘶"放电声，夜间可观察有无放电的蓝色火花。

（5）以钢纸管为内壁的熔管，能连续三次分断额定断流容量。如果分断容量低于额定断流量时，分断次数可以酌情增加。当熔管内径因多次分断而扩大到允许的极限尺寸时，应及时更换。对电接触部分的灼伤疤痕应用细锉修平，防止运行中接触不良而发热。

（6）更换熔体或清扫积灰时，应停电进行。

（7）跌落式熔断器在合闸与分闸顺序上要按规定进行操作。分闸时先断中间一相，然后断下风一相，再断上风相；合闸时顺序与分闸时相反，先合上风相，再合下风相，最后合中间相。

本 章 小 结

本章主要讲述避雷器的种类、结构特点、工作原理和用途；高压熔断器的种类、结构特点、工作原理和适用场合，以及避雷器的安装与检修技术要求和高压熔断器使用与维护注意事项。

本 篇 练 习 题

1. 高压断路器主要有哪些类型？

2. SN10—10 型少油断路器灭弧装置有何特点？

3. 请叙述 SN10—10 型少油断路器大修工艺要求及质量标准。

4. 油断路器检修类别和周期是如何规定的？有哪些主要项目？

5. 少油断路器组装后一般应进行哪些调整？

6. 请叙述高压真空断路器的特点及用途。

7. ZN28—10 型高压真空断路器主要由哪几部分组成？

8. 对 ZN28—10 型高压真空断路器进行检测时有哪些要求？

9. 真空断路器的超程与油断路器有何差别？如何调整？

10. 真空断路器检修时为什么要测量行程？

11. 怎样判断真空断路器灭弧室是否良好？

12. 六氟化硫（SF_6）气体作电介质有什么特点？

13. 六氟化硫（SF_6）断路器主要由哪几部分组成？它有何特点？

14. 六氟化硫（SF_6）封闭式组合电器有何特点？

15. 维护运行中的 SF_6 断路器应注意哪些事项？

16. 对 SF_6 断路器解体检修时，检修人员应采取哪些安全措施？

17. SF_6 断路器及 GIS 组合电器检修时应注意哪些事项？

18. 常用操动机构有哪几种？各有何特点？

19. 请叙述 CD10 操动机构大修工艺要求及质量标准。

20. CD10 操动机构合不上闸的原因是什么？如何处理？

21. CD10 操动机构拒分的原因有哪些？如何处理？

22. 请叙述 CT8 弹簧操动机构大修工艺要求及质量标准。

23. CT8 弹簧操动机构小修维护时有哪些要求？

24. 常用液压操动机构有哪几种？各有何主要特点？

25. 请叙述 CY3 型液压操动机构压力异常高的原因及处理方法。

26. 为什么说液压机构保持清洁与密封是保证检修质量的关键？

27. 请叙述 CY3 液压机构的工作原理。

28. CY3 液压操动机构解体大修后为何要进行空载试验？调试时应做哪些工作？

29. 常用高压隔离开关有哪几种类型？各有何特点？

30. 隔离开关三相不同期如何处理？

31. 请叙述隔离开关触头过热、熔焊原因及检修工艺要求。

32. 常用高压熔断器有哪几种类型？分别叙述其结构与工作原理。

33. 检修和更换熔断器部件时，应注意哪些问题？

低压电器检修

第十三章　低压电器的基本知识

第一节　低压电器及其分类

一、低压电器简述

低压电器是指工作在交流 50Hz 或 60Hz、额定电压在 1kV 及以下，或直流额定电压为 1.2kV 及以下电路中的电器，应该说凡是低压电气器具都应该称为低压电器。但是，从电气行业这方面讲，低压电器是指能根据一定的信号或要求，自动或手动地接通或断开低压电路，从而改变电路的参数或状态，以实现对电路或其他对象的控制、切换、检测、保护、变换以及调节的电气设备。它的功能就是接通和断开电路，或调节、控制和保护电路及设备，是一种电工器具和装置。

从结构上讲，低压电器一般都具有两个基本组成部分，一个是感测部分，而另一个是执行部分。感测部分一般采用有线圈和铁芯的电磁机构，其他还有热双金属片、热敏电阻和弹性元件等。感测部分主要用来接受外界输入的信号，并通过转换、放大和判断，作出有规律的反应，使执行部分动作并输出相应的指令，实现控制的目的。

低压电器的执行部分主要是触头，其作用是完成接通、分断和转换电路的任务。低压电器的组成部分除了感测部分和执行部分外，还有结构件和传动件等。

二、低压电器的种类

低压电器的特点之一就是品种多，发电厂生产的电能大部分是以低压的形式付诸实用，无论工业、农业、交通运输业还是国防科技部门等，都需要大量的低压电器元件。按使用系统间的关系，低压电器可分为两大类，即配电电器和控制电器；按工作条件，低压电器可分为八类，具体如下。

1. 按使用系统之间的关系

（1）配电电器。它主要用于电力网系统，包括低压断路器、刀开关、转换开关，以及熔断器等。

（2）控制电器。它主要用于电力拖动和自动控制系统。包括接触器、启动器、主令电器和各种控制继电器等。

2. 按工作条件

（1）一般用途低压电器。它也称为基本系列低压电器，它们是在正常工作条件下工作的，主要应用于发电厂、变电所以及其他工矿企业的配电系统、电力拖动系统和自动控制系统中。

（2）化工用低压电器。其特点是有防腐能力，适用于有腐蚀性气体和粉尘的场所。

（3）矿用低压电器。其特点是能防爆，适用于含煤尘及甲烷等爆炸性气体的环境。

（4）牵引低压电器。它们常用于电力机车，其工作环境温度较高，能耐倾斜、振动和冲击。

（5）船用低压电器。其特点是能耐颠簸、振动和冲击，能在大的倾斜条件下工作，而且耐潮湿，能抵抗盐雾和霉菌的侵蚀。

（6）航空低压电器。它们能在任何位置上可靠地工作，耐冲击和振动，而且体积小，质量轻。

（7）热带低压电器。这类电器又分为湿热带和干热带两种，其使用环境温度高达 40～50℃，阳光直射处黑色表面的最高温度达 80～90℃。对湿热带型要求能工作在相对湿度为 95％，且有凝露、盐雾和霉菌的场合；对干热带型要求能防砂尘。

（8）高原低压电器。适用于海拔 1000～4000m 的高原地区。

第二节　低压电器型号与参数

一、低压电器型号的含义

低压电器的型号是按四级制编制的，其意义如下：

1. 类组代号

第一和第二级代表电器的类别和特征，用汉语拼音字母表示。类组代号有两个字母，前一个表示类别，第二个表示用途、性能和特征形式。例如：CJ 表示交流接触器，CZ 表示直流接触器，RC 表示瓷插式熔断器，DW 表示万能式断路器，DZ 表示塑壳式断路器等。

低压电器产品型号类组代号见表 13-1。其中竖排字母是类别代号，横排字母是组别代号。

表 13-1　　　　　　　　　　　低压电器产品型号类组代号

代号	名称	A	B	C	D	G	H	J	K	L	M	P	Q	R	S	T	U	W	X	Y	Z
H	刀开关和转换开关				刀开关		封闭式负荷		开启式负荷					熔断器式	刀形转换						组合开关
R	熔断器			插入式			汇流排式				螺旋式		封闭管式		快速		有填料管式		限流		其他
D	低压断路器							灭磁							快速			万能式	限流	其他	塑料壳
K	控制器				鼓形						平面				凸轮					其他	
C	接触器			高压				交流			中频				时间	通用				其他	直流
Q	启动器	按钮式		磁力				减压							手动	油浸		星三角		其他	综合
J	控制继电器							电流					热继电		时间	通用	温度			其他	中间
L	主令电器	按钮						接近开关	主令控制						主令开关	足踏开关	旋钮	万能转换	行程开关	其他	

代号	名　称	A	B	C	D	G	H	J	K	L	M	P	Q	R	S	T	U	W	X	Y	Z
Z	电阻器		板形元件	冲片元件	带形	管形									烧结	铸铁			电阻器	其他	
B	变阻器				旋臂式					励磁式		频敏	启动		石墨	启动调整	油浸启动	液体启动	滑线式	其他	
T	调整器				电压																
M	电磁铁												牵引					起重		液压	制动
A	其他		触电保护器	插销	灯		接线盒			电铃											

2. 设计代号

这是第三级，表示同一类产品的设计序列（即系列序号），以数字表示。

3. 基本规格

这是第四级，表示同一系列产品按其某个参数的优先数系而分的基本品种，也用数字表示。派生代号所用字母见表 13-2。

表 13-2　　　　　　　　　　　派生代号所用字母

派生代号	意　　　义
A、B、C、D	结构设计稍有改进或变化
C	插入式
J	交流、防溅式（节能）
Z	直流、自动复位、防振、正向、重任务
W	无灭弧装置、无极性
N	逆向、可逆
S	有锁住机构、手动复位、防水式、三相、三个电源、双线圈
P	电磁复位、防滴式、单相、两个电源、电压的
K	开启式（矿用）
H	保护式、带缓冲装置
M	密封式、灭磁、母线式
L	电流的
Q	防尘式、手车式
F	高返回、带分离脱扣，此项派生字母多加注于全型号之后（多纵缝灭弧）
T	按湿热带临时措施制造，此项派生字母加注于全型号之后
TH	湿热带，此项派生字母加注于全型号之后
TA	干热带，此项派生字母加注于全型号之后

注　1. 以上含义适合老型号，新型号表示方法各厂家异同。

　　2. 有的厂家将本厂或企业代号放在第一位。如中国得力西集团的代号"CD"、常熟开关厂的代号"C"、上海精益电器厂企业的代号"HC"、环宇集团的代号"HU"等。

　　3. 还有的厂家将产品系列号放在第一位。如上海人民电器厂"B"系列交流接触器、北京 ABB 低压电器有限公司的"EB"系列交流接触器等。

二、低压电器的主要技术参数

1. 额定电压

额定电压分额定工作电压、额定绝缘电压、额定脉冲耐受电压（峰值电压）三种，额定绝缘电压和额定脉冲耐受电压共同决定绝缘水平。

(1) 额定工作电压是与额定工作电流共同决定使用类别的一种电压。对于多相电路，此电压是指线电压。

(2) 额定绝缘电压是与介电性能试验、爬电距离（也称漏电距离）相关的电压，在任何情况下它都不低于额定工作电压。

(3) 额定脉冲耐受电压反映电器在系统发生最大过电压时，它所能耐受的能力。

2. 额定电流

额定电流分额定工作电流、约定发热电流、约定封闭发热电流和额定不间断电流四种。

(1) 额定工作电流是在规定条件下保证电器正常工作的电流值。

(2) 约定发热电流和约定封闭发热电流是电器处于非封闭和封闭状态下，按规定条件试验时，其各部件在 8h 工作下的温升不超过极限值时所能承载的最大电流。

(3) 额定不间断电流是指电器在长期工作制下，各部件温升不超过极限值时所能承载的电流值。

3. 操作频率与通电持续率

(1) 操作频率是开关电器每小时内可能实现的最高操作循环次数。

(2) 通电持续率是电器工作于断续周期工作制时，有载时间与工作周期之比，通常以百分数表示，符号为 TD。

4. 通断能力和短路通电能力

(1) 通断能力是开关电器在规定条件下，能在给定电压下接通和分断预期电流值的能力。

(2) 短路通电能力是电器在规定条件下，包括其出线端短路在内的接通和分断能力。

5. 机械寿命和电寿命

(1) 开关电器在需要修理或更换机械零件前所能承受的无载操作循环次数称为机械寿命。

(2) 在规定的正常工作条件下，开关电器无需修理或更换零件的负载操作循环次数，称为电寿命。

6. 工业频率

工业频率（工频）系指交流 50Hz 或 60Hz。

本 章 小 结

本章较为详尽地讲述了常用低压电器的基本知识，重点介绍低压电器的分类、型号含义和主要技术参数。

第十四章 配电电器检修

配电电器被广泛地应用于发电厂和变电所的配电装置中，由于它们在电力生产过程中不断地运行和频繁的操作，承受着系统过电压和大电流的冲击，难免出现异常或故障。为了保证安全发供电，电气工作人员不但要了解低压电器的构造、原理及性能，还要掌握故障的处理方法和检修技能。

第一节 低压熔断器检修

一、低压熔断器概述

低压熔断器是串联在电路中，它具有使用方便、结构简单、体积小等特点，被广泛应用于电源保护和用电设备保护，是电路中的过电流保护装置。当电路或电气设备发生短路或过载时，熔断器中的熔体将熔断，使电路或电气设备脱离电源，起到保护作用。

熔断器主要由熔座、熔管和熔体等组成。熔体是熔断器的主要部分，其材料可分为两大类：一类是低熔点材料，如铅、锡等合金制成的不同直径的圆丝（俗称保险丝），由于熔点低，其温度对熔断器各部分影响较小，但不易灭弧，一般用在小电流电路中；另一类是高熔点材料，如银、铜等制成的熔体，一般用在大电流电路中，它灭弧容易，其温度高，会引起熔断器过热，对过载保护作用差。熔管是熔体的保护外壳，在熔体熔断时兼有灭弧作用。

熔断器的主要技术参数如下：

（1）额定电压。熔断器长期工作时和分断后能够耐受的电压，其电压值一般等于或大于电气设备的额定电压。

（2）额定电流。熔断器能长期通过的电流，它决定于熔断器各部分长期工作时的允许温升。

（3）极限分断能力。熔断器在故障条件下能可靠地分断的最大短路电流，它是熔断器的主要技术指标之一。

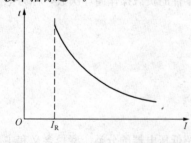

图 14-1 弧前电流与熔体熔化时间关系

（4）弧前电流—时间特性（安—秒特性）。它是熔断器的主要特性，表征通过熔体的电流与熔体熔化时间的关系，它和热继电器的保护特性一样，都是反时限的。熔断器的保护特性中有一熔断电流与不熔断电流的分界线，分界线上的电流就是最小熔化电流 I_R，如图 14-1 所示。当通过熔体的电流等于 I_R 时，熔体能够达到其稳定温度并熔断。当通过熔体的电流小于 I_R 时，熔体就不可能熔断。

最小熔化电流与熔体的额定电流之比称为熔化系数 β，它表征熔断器保护小倍数过载时灵敏度的指标。熔化系数 β 越小，对小倍数过载越有利，例如，电缆和电动机的过载保护，β 值宜在 1.2～1.4 之间。如果 β 值小到接近于 1，可能因安—秒特性本身的误差使熔体在额定电流下熔断，从而使熔断器失去保护作用。熔断器的熔断时间为熔化时间与燃弧时间之和。在小倍数过载时，熔断时间接近于熔化时间，燃弧时间往往可以忽略不计，故其保护特性就是熔断器的弧前电流—时间特性（安—秒特性）。

（5）I^2t 特性。当分断电流很大时，以安—秒特性表征熔断器的性能已不够了，因为此时将不能忽略燃弧时间，且这时电流在 20ms 甚至更短时间内就分断，若以正弦波有效值来表示则在分析其热效应方面也不够恰当，因此要通过积分形式来表示，这就是 I^2t 特性。

（6）断开过电压。熔断器分断电路时，会产生过电压，影响灭弧过程，尤其是具有限流作用的熔断器，更应考虑熔断器的性能。

二、熔断器的种类与特征

常用的熔断器有半封闭式熔断器和封闭式熔断器两大类。半封闭式熔断器如瓷插式熔断器，它的熔丝装在瓷盖或熔丝管内，当熔丝熔断时，电弧和金属气体按一定方向喷出，可以避免弧光对人员的伤害；封闭式熔断器种类较多，如螺旋式、无填料封闭管式、有填料封闭管式、快速熔断器、自复式熔断器以及真空熔断器等。

1. 瓷插式熔断器

瓷插式熔断器是由瓷盖、动触头、静触头、熔丝等组成。常用的 RC1A 系列瓷插熔断器的外形如图 14-2 所示。瓷盖和瓷底座均用电工瓷制成，电源线和负载线可分别接在瓷底座两端的静触头上。瓷底座中间有一空腔，与瓷盖凸出部分构成灭弧室。容量较大的灭弧室中还垫有熄弧用的编织石棉布。

RC1A 系列瓷插式熔断器的额定电压为 380V，额定电流有 5、10、15、30、60、100A 以及 200A 等。以前，这种熔断器被广泛地用于照明和小容量电动机的短路保护，而目前基本上被小型高分断能力的低压断路器所代替。

2. 螺旋式熔断器

螺旋式熔断器由瓷帽、熔断管（芯子）、瓷套、上接线端、下接线端和底座等部分组成。常见 RL 型螺旋式熔断器的结构如图 14-3 所示。

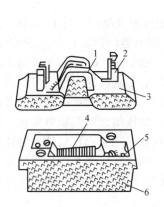

图 14-2 RC1A 系列瓷插式熔断器外形
1—熔丝；2—动触头；3—瓷盖；4—石棉带；
5—静触头；6—瓷底座

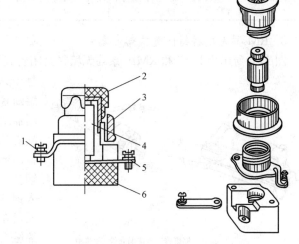

图 14-3 RL 型螺旋式熔断器结构示意
1—上接线端子；2—瓷帽；3—瓷套；4—熔芯；
5—下接线端子；6—底座

螺旋式熔断器是有填料封闭管式熔断器的一种，熔断管（熔芯）是一个瓷管，内装石英砂和熔体。熔体两端焊在熔管两端的导电金属盖上，其上盖中央有一个熔断指示器（有色金属小圆片）。当熔断器分断时，指示器便弹出，透过瓷帽上的玻璃窗可以看见。在熔断器熔断后，只要旋开瓷帽，取出已熔断的熔管，装上新管，再旋入瓷座内即可。出线端子都安装在瓷座上。

这种熔断器一般用在配电线路中，作为过载和短路保护，由于它有较大的热惯性和较小的安装面积，所以也常用来保护机床电路和电动机。

RL 型熔断器其系列产品的技术数据见表 14-1～表 14-3。

表 14-1 RL1 系列螺旋式熔断器技术数据

序号	型 号	额定电流 (A)		$\cos\varphi \geqslant 0.3$ 时的极限分断能力 (kA)	
		支持件	熔 体	380V	500V
1	RL1—15	15	2、4、6、10、15	2	2
2	RL1—60	60	20、25、30、35、40、50、60	5	3.5
3	RL1—100	100	60、80、100		20
4	RL1—200	200	100、125、150、200		50

表 14-2 RL6 系列螺旋式熔断器技术数据

额定电压 (V)		500			
额定电流 (A)	支持件	25	63	100	200
	熔体	2、4、6、10、16、20、25	35、50、63	80、100	125、160、200
额定分断能力 (kA)		50 (500V，$\cos\varphi = 0.1 \sim 0.2$)			
"gC" 的选择性		过电流选择比 1.6∶1 ($I_N = 16 \sim 100$A)			

表 14-3 RL7 系列螺旋式熔断器技术数据

额定电压 (V)		600		
额定电流 (A)	支持件	25	63	100
	熔体	2、4、6、10、20、25	35、50、63	80、100
额定分断能力 (kA)		25 (600V，$\cos\varphi = 0.1 \sim 0.2$)		

3. RM 型无填料封闭管式熔断器

图 14-4 所示为 RM7 和 RM10 系列无填料封闭管式熔断器的外形及结构。图 14-4（a）左边是 15A 和 60A 熔断器外形，右边是 100A 以上熔断管的外形；图 14-4（b）是 100A 以上的熔断器结构。RM 型无填料封闭管式熔断器的熔断管是由钢纸管、两端紧套黄铜帽组成并用铆钉固定的，防止熔体熔断时钢纸管爆破，在黄铜套上旋有黄铜帽，用来固定熔体。熔体在装入钢纸管之前，先用螺钉将其固定在触刀上或压紧在黄铜帽内，使用时将触刀插入夹座（即静触头）内。

RM10 系列熔断器的熔体是用锌片制成的，锌片冲成有宽有窄的不同截面，宽处电阻小，窄处电阻大。当有大电流通过时，窄处温度上升比宽处快，首先达到熔化温度而熔断。此系列熔断器灭弧容易，密封安全，更换熔体方便，但由于铜套和铜帽需要消耗铜材，价格较贵。

RM7 系列熔断器外形结构基本与 RM10 相同，但熔体是铜丝中间焊锡珠或铜片上开孔形成的变截面形状，并在窄处焊有锡桥制成，熔

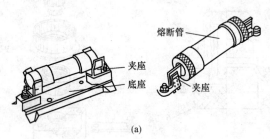

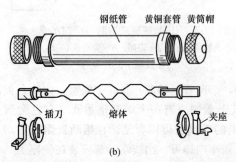

图 14-4 RM 型无填料封闭管式熔断器
(a) 外形；(b) 结构

管是三聚氰胺玻璃布加热卷压成型的，熔管两端盖是用酚醛玻璃布热压制成的，比RM10节省铜材，价格便宜。

RM型无填料式熔断器常用于容量不大的电路中，做电气设备的短路和过载保护。为了可靠地达到额定的分断能力，RM10系列熔断器在切断三次断流能力的电流后，必须更换新熔断管。RN7和RM10技术数据见表14-4。

表 14-4　　　　　　　　　　　　　RN7 和 RM10 系列熔断器技术数据

型号	额定电压（V）	额定电流（A）	熔体额定电流等级（A）	极限分断能力（kA）
RM7—15	交流 220	15	2、2.5、3、4、5、6、10、15	1.5 cosφ=0.8
RM7—15	交流 220	15	6、10、15	2.0 cosφ=0.7
RM7—60	交流 380	60	15、20、25、30、40、50、60	5.0 cosφ=0.5
RM7—100	交流 380	100	60、80、100	2.0 cos$\varphi \geq$0.35
RM7—200	交流 440	200	100、120、150、200	
RM7—400	交流 440	400	200、250、300、350、400	
RM7—600	交流 440	600	400、450、500、550、600	
RM10—15	交流 220	15	6、10、15	1.2
RM10—60	交流 380	60	15、20、25、35、45、60	3.5
RM10—100	交流 380 500	100	60、80、100	10.0
RM10—200	交流 380 500	200	100、125、160、200	10.0
RM10—350	直流 220	350	200、225、260、300、350	10.0
RM10—600	直流 220	600	350、400、500、600	10.0

4. 有填料封闭管式熔断器

有填料封闭管式熔断器的结构如图14-5所示（RS系列快速熔断器的结构基本与RTO相似，主要区别在前者熔管用接线板；后者熔管是用刀形触点）。它由熔断体和底座两个主要部分组成。

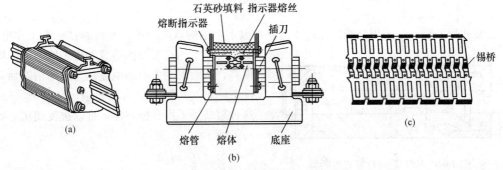

图 14-5　RTO有填料密封管式熔断器
（a）外形；（b）结构；（c）锡桥

熔断体包括熔管、熔体、熔断指示器、石英砂填料、指示器熔丝和插刀；底座包括瓷制底座和固定在底座上的金属夹头（静触头）与连接端子。熔体是有锡桥的变截面铜制导电件。熔断指示器是带弹簧的组合件，当熔件熔断后便自动弹出，表示熔断器已熔断。

有填料封闭管式熔断器的优点是极限断流能力大，常用于具有较大短路电流的配电系统中，其缺点是熔管内的熔体不宜更换，当熔体熔断后，可直接更换同规格良好的熔管。RT 型有填料密封管式熔断器的技术数据见表 14-5～表 14-7。

表 14-5 　　　　　　　　　　　　　RTO 系列熔断器的技术数据

熔管额定电流（A）	熔体额定电流（A）	极限分断能力（kA）		
		交流 380V cosφ=0.3	交流 500V cosφ=0.2	直流 440V t=0.015s
50	5、10、15、30、40、50			
100	30、40、50、60、80、100			
200	80、100、120、150、200	50	25	25
400	150、200、250、300、350、400			
600	350、400、450、500、550、600			
1000	700、800、900、1000			

表 14-6 　　　　　　　　　　　　　RT12 系列熔断器的技术数据

额定电压（V）	415			
熔断器代号	A1	A2	A3	A4
熔管额定电流（A）	20	32	63	100
熔体额定电流（A）	4、6、10、16、20	20、25、32	32、40、50、63	63、80、100
极限分断能力（kA）	80（cosφ=0.1～0.2）			

注　RT12 和 RT15 系列有填料熔断器，还具有电缆过载保护性能。

表 14-7 　　　　　　　　　　　　　RT15 系列熔断器的技术数据

额定电压（V）		415			
熔断器代号		B1	B2	B3	B4
额定电流（A）	熔断器	100	200	315	400
	熔体	40、50、63、80、100	125、160、200	250、315	315、400
极限分断能力（kA）		80			

5. 自复式熔断器

自复式熔断器一般采用金属钠作熔体。在常温下，钠的电阻很小，允许通过正常工作电流；短路时产生的高温使钠迅速气化，气态钠的电阻很高，从而限制了短路电流；当故障消除后，温度下降，气态钠又凝为固态钠，恢复正常通电。这种熔断器不用更换熔体，可以重复使用，如图 14-6 所示。

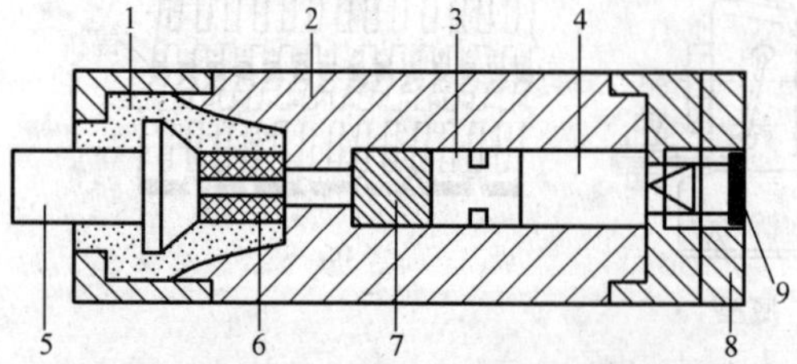

图 14-6　RZ1 系列自复式熔断器

1—云母玻璃；2—不锈钢套；3—活塞；4—氩气；
5、8—接线端子；6—瓷管；7—熔体；9—软铅

6. 热熔断器

此类熔断器又称为温度熔丝，不是过电流保护，而是过热保护。它的熔体是用低熔点合金或

有机化合物制成，直接感受被保护设备的温度，当温度升高到保护定值时，熔体熔断，切断电源。低熔点合金可采用铋、铅、锡、镉等金属的合金；有机化合物固态时，保持触点闭合，热熔断器按结构可分为重力式、弹簧反应式、表面张力式三种类型，如图 14-7 所示。

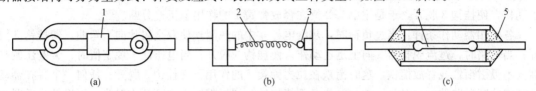

图 14-7　RF 系列热熔断器

(a) 重力式；(b) 弹簧反应式；(c) 表面张力式

1—感温金属；2—弹簧；3—熔体；4—感温合金；5—树脂

7. 熔断器安装与维护注意事项

(1) 在安装或使用熔断器之前，应核对熔断器的额定电压和极限分断能力。其额定电压应不小于线路电压；熔断器的极限分断能力应大于线路中的预期短路电流。

(2) 安装熔体时，必须保证接触良好，并应经常检查。如果接触不良会使接触部分的热量传到熔体上，熔体温升过高就会造成误动作。

(3) 熔断器及熔体都必须安装可靠，防止一相断路，造成电动机单相运行而烧毁。

(4) 拆换熔断器时，一定要检查熔断器的规格和形状，应与原来的一样。

(5) 安装熔体时，不能有机械损伤，否则熔体截面积将减小，电阻增加，保护特性变坏，起不到保护作用。

(6) 各种型号熔断器都应保存一定数量的备件，一旦发现熔体被氧化腐蚀或受损伤时，应及时更换新熔体。

(7) 更换熔体要停电作业。熔断器上有积灰应及时清除，对于有指示器的熔断器要特别注意指示器是否已动作，如果指示器已经动作了，要及时更换熔体，熔体指示器应面向外侧或上方。

第二节　低压断路器检修

低压断路器也称自动空气开关，它能接通和分断正常电路的工作电流和额定的短路或过载电流。

低压断路器从结构上基本可分为万能式和塑壳式两大类。在它们的基础上又派生了许多类型，如电动斥力式限流断路器（它在结构上可以是万能式或塑料外壳式）；灭磁断路器（有电阻放电式和旋转电弧式两种，前者多由三极交直流万能式断路器派生）；漏电保护断路器（它是在塑料外壳式断路器中增加一个能检测漏电电流的零序电流互感器和漏电脱扣器）；直流快速断路器等。它们主要是由触头、灭弧系统、各种脱扣器以及操动机构和自由脱扣机构几大部分组成，其工作原理如图 14-8 所示。

图 4-8 中所示的主触头 2 由手动或电动操动机构来分、合闸。在正常情况

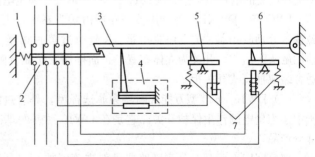

图 14-8　低压断路器动作原理图

1—释放弹簧；2—主触头；3—挂钩（合闸闭锁用）；4—热继电器；5—过流脱扣器；6—欠电压脱扣器；7—拉力弹簧

下，触头能接通或分断工作电流；在故障情况下，它又能及时有效地分断高达数十倍额定电流的故障电流，以保护电路和电路中的电气设备。断路器的自由脱扣机构是一套连杆机构，当主触头2闭合后，它将主触头锁在合闸位置上。若电路发生故障，自由脱扣机构就在有关的脱扣器操动下动作，使挂钩3脱开，于是主触头2就在释放弹簧1的作用下迅速分断。

各脱扣器动作条件：当过负荷时，热继电器4中的热阻丝使双金属片向上弯曲，使挂钩3脱开；当短路时，过流脱扣器5向上迅速动作，使挂钩3脱开；当电压低于规定值时，欠电压脱扣器6不吸引衔铁或释放衔铁，这时衔铁在拉力弹簧7的作用下使挂钩3脱开；任何一个脱扣器动作都将分断断路器的主触头，使主触头2不能接通。如果需要正常断开主触头，则操动分励脱扣器（图中未画出）。分励脱扣器动作原理同过流脱扣器5相似，只是分励脱扣器的线圈正常不带电，只要接通跳闸按钮就能动作，使挂钩3脱开。

一、万能式断路器

1. 万能式断路器简介

万能式断路器也称框架式断路器。它是敞开式结构，一般安装在低压配电屏和大型动力柜内。目前常用的万能式断路器有 DW5 系列、DW10 系列、DW15 系列、DWX15 系列、DWX15C 系列、DW17（ME）系列和 DW16—630 型等多种。其主要由带自由脱扣器的操动机构、主触头、副触头和灭弧触头、脱扣器、灭弧室等几个部分组成。其合闸方式有直接手柄操作、电磁操作和电动操作。一般 600A 以下采用电磁操作，1000A 及以上可采用电动操作。

（1）DW5 系列断路器用于交流 380V 和直流 440V 配电线路中，作线路或电动机过负荷、欠电压和短路保护用。在正常情况下，可作为电动机不频繁启动用。断路器有手柄操动机构和电动操动机构两种。手柄下方有手动分闸按钮。断路器的脱扣器有电磁式和半导体式两种。

（2）DW10 系列断路器用于交流 380V 和直流 440V 配电系统中，作过载、失压及短路保护，采用去离子栅片的陶土灭弧罩。传动部分由四连杆和自由脱扣机构组成，有失压、分励、过载和短路脱扣装置。可用电磁操作、电动机操作或手动操作。一般用于电源总控制及转换电路用。

（3）DW15 系列断路器的用途与 DW10 系列基本相同，但其操作性能和保护性能则优于 DW10 系列。DW15 系列断路器分选择型和非选择型两种。选择型的采用半导体脱扣器，操动机构采用弹簧储能合闸，用电动机操作，分闸速度相应加快。加上新型材料制成的灭弧罩，灭弧性能良好，因此，断流能力得到了提高，最高可达 60kA，可用于短路容量大的电路上。它还有供抽屉式成套装置用的产品。

（4）DWX15、DWX15C 系列限流断路器。它具有限流作用和快速分断动作的特点，适用于特大短路电流的电路中，作交流 50Hz、380～660V、额定电流 200～630A 的配电和电动机保护用。

DWX15、DWX15C 系列限流断路器由触头系统、灭弧罩、快速脱扣器、操动机构、操动电磁铁、分励脱扣器、欠电压脱扣器、长延时过载脱扣器（包括速饱和电流互感器和热继电器）、辅助触头等组成。开关为立体布置，正面操作，储能合闸并兼有手动、电动操作，板后进出线，适合装成抽屉式开关柜。

（5）DW16—630 型万能式断路为非选择型，具有过载、短路及单相接地保护脱扣器，适用于中小容量电网作主保护开关。它是在 DW10 系列的基础上派生出来的，可以取代 DW10 系列部分产品。

（6）DW17（ME）系列断路器是引进德国技术，全部实现国产化的开关设备，适用于交流电压 380V、电流 630～4000A 的配电网络中，用来分配电能和保护线路及电源设备的过载、欠压、短路，在正常条件下还可作为线路的不频繁转换用。1250A 以下的断路器在交流 380V 电网中可用来作电动机的过载和短路保护，或正常条件下不频繁启动用。

2. 万能式断路器型号含义和部分系列技术数据

型号含义：

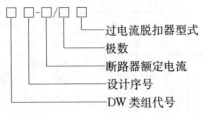

过电流脱扣器型式
极数
断路器额定电流
设计序号
DW 类组代号

DW10 和 DW15 系列万能式断路器的技术数据见表 14-8 和表 14-9。

表 14-8　　　　　　　　　　DW10 系列万能式断路器技术数据

断路器额定电流 （A）	过电流脱扣器 额定电流 （A）	过电流脱扣器 整定电流倍数	主电路热稳定电流 （A²·s）	极限分断电流（kA）	
				DC440V $T \leqslant 0.01s$	AC380V $\cos\varphi \geqslant 0.4$ 周期分量有效值
200	60	有 100%、150% 及 300% 的额定电流三种刻度	9×10^6	10	10
	100				
	150				
	200		12×10^6		
400	100			15	15
	150				
	200				
	250				
	300				
	350		27×10^6		
	400				
600	500				
	600				
1000	400		80×10^6	20	20
	500		160×10^6		
	600				
	800		240×10^6		
	1000				
1500	1000		960×10^6		
	1500				
2500	1000		2160×10^6	30	30
	1500				
	2000				
	2500				
4000	2000		3840×10^6	40	40
	2500				
	3000				
	4000				

表 14-9　DW15 系列断路器的技术数据

			200	400	600	1000	1500	2500	4000
额定电压（V）			380、660、1140			380			
额定电流（A）			200	400	600	1000	1500	2500	4000
极限通断能力（kA）	电压（V）	380	20	25	30	40		60	80
		660	10	15	20				
		1140		10	12				
	cosφ		0.25		0.3	0.25		0.2	
延时通断能力（kA）	延时（s）		0.2			0.4			
	电压 380V		4.4	8.8	13.2	30		40	60
	cosφ		0.5			0.25		0.2	
机械寿命（万次）			2		1		1		0.5
电寿命（次）	配电用	380V	5000		2500		2500		500
		600V	1500						
		1140V	1000						
	电动机用		10 000		5000				
脱扣器型式			热式（一、二段特性）、电磁式（一、二段特性）、半导体式（三段特性）						

3. 万能式断路器常见故障及检修（DW10 系列）

（1）触头检修。触头是接通和切断电路的执行元件，又是负荷电流的通道，容易发生过热、磨损、烧伤和熔焊等故障，DW10 系列断路器的触头分主触头、副触头和灭弧触头三种，如图 14-9 所示。

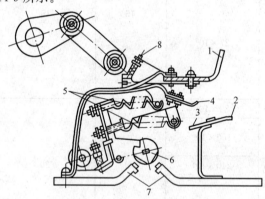

图 14-9　DW10 系列断路器触头系统
1、2—灭弧触头；3、4—副触头；5—弹簧；
6—主动触头；7—主静触头；8—止挡螺钉

DW10 系列断路器合闸时，首先是灭弧触头接触，然后是副触头接触，最后是主触头接触。断开电路时，其动作顺序相反。

主触头的作用是通过负载电流，副触头的作用是在主触头分开时保护主触头，灭弧触头用来承担切断电流时产生的电弧灼伤。

断路器触头过热的原因是多方面的，如触头接触压力太小、触头氧化或导电零部件连接处的螺丝松动，触头合闸不同期、顺序有误以及触头上通过过负荷电流等，都会引起触头过热，其检修方法如下：

1）检查调整触头压力，更换损坏或失效的弹簧。触头刚接触的压力称为初压力，初压力过小会使动静触头在刚接触时产生跳动而烧伤触头。触头闭合时的压力称为终压力，终压力太小会造成触头在闭合位置时接触不良，接触电阻过大而使触头在运行中发热。触头压力计算方法如下

$$触头终压力 = 2.25 \times \frac{触头额定电流}{100}$$

$$触头初压力 = 0.5 \times 触头终压力$$

测定触头初压力，可以在动触头和静触头之间放一纸条，纸条在触头弹簧压力下被夹紧。在动触头上装一弹簧秤，一手拉弹簧秤，一手轻轻地拉纸条，当纸条刚可以抽出时，这时弹簧秤上的读数就是初压力。

测定触头终压力，应合上断路器使触头闭合，在动静触头之间夹一纸条，按测试初压力的方法，当纸条可以抽出时，弹簧秤上的读数就是终压力。测定触头初压力和终压力时，弹簧秤的拉紧方向都应垂直于触头的接触面。

触头的压力如不符合制造厂的规定，应调整相应的螺母，改变弹簧的长度可以提高触头的压力，如发现弹簧失效应更换新弹簧。

2）处理触头接触面。触头表面氧化会使触头接触不良，可将氧化严重的触头拆下放入硫酸中，将氧化层腐蚀掉，然后放入碱水中，再用干净水清洗擦干；触头连接处螺丝松动会使动静触头合闸时发生跳动，产生电弧而烧伤触头，可拧紧触头松动的螺丝，并将烧伤的触头用锉刀修平整，改善接触状况。

3）合闸不同期或触头动作顺序有误也能引起触头过热或烧伤故障。这时可以调整触头背面的止挡螺钉 8，调节改变副触头 3、4 和灭弧触头 1、2 的距离，使触头的不同期度小于 0.5mm。调整时，应注意动、静触头之间的最短距离（开距）在保证可靠灭弧的条件下越小越好。灭弧触头开距一般为 15～17mm，灭弧触头刚接触时主触头之间的距离以 4～6mm 为宜，主触头的超行程以 2～6mm 为宜，不宜过大。

4）设备长期过载或频繁启动，使触头长期通过过负荷电流或受到启动电流的冲击，都会使触头发热。只要调整设备的负荷，或避免频繁启动即可消除触头发热现象。

（2）操动机构检修。断路器在操作过程中，经常会出现合不上闸或跳不开的现象，大多是自由脱扣机构调整不良的结果。自由脱扣机构如图 14-10 所示。手动合闸时，应先将手柄向下扳，使主轴销钉 13 推动斧形杠杆 14 逆时针转动，直到斧形杠杆 14 的右下端和伞柄形杠杆 8 的左端缺口搭在一起，使自由脱扣机构处于再扣状态后，再将手柄向上推，使主轴销钉推动斧形杠杆顺时针方向转动，直到斧形杠杆右端的齿形钩和掣子 4 钩搭起来为止，这时断路器处于合闸状态。

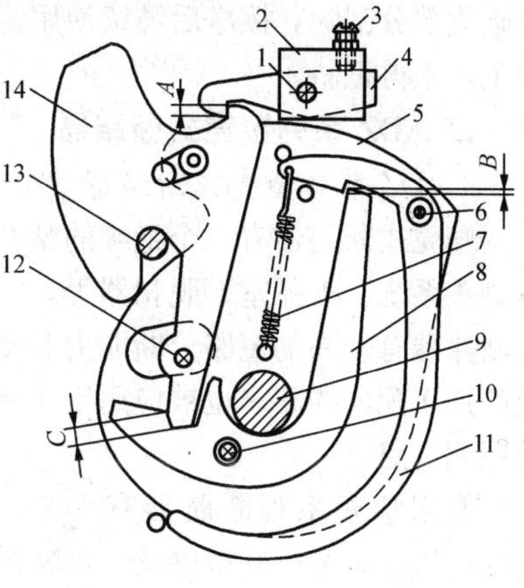

由于斧形杠杆右下端和伞柄形杠杆左端缺口处（即图中 C 处）磨损变钝，钩搭时容易滑脱，自由脱扣机构就不能再扣；装配调整不良，也会使自由脱扣机构不能再扣。一旦不能再扣，断路器就不能合闸。遇到这种情况则可用什锦锉仔细修整，必要时更换新部件；如果是装配调整不良，则可将自由脱扣机构进行解体检查，使机构在闭合位置时，B 处长度为 1.7～2mm，C 处长度为 2～2.5mm。不要轻易改变弹簧 7 的长度。

图 14-10　DW10 系列断路器自由脱扣机构（合闸位置）

1—掣子轴；2—支架；3—止挡螺钉；
4—掣子；5—侧板；6、10、12—轴；
7—弹簧；8—伞柄形杠杆；9—主轴；
11—鼠尾形杠杆；13—主轴销钉；
14—斧形杠杆

由于斧形杠杆右端的齿形钩和掣子钩搭处（即图中 A 处）磨损变钝，致使钩搭时滑脱；或者由于装配调整不良，使齿形钩子和掣子钩搭不住，也会造成手动操作不能合闸。前者同样可用什锦锉修整，必要时更换部件；后者可调整掣子支架上的止挡螺钉 3，使自由脱扣机构在闭合时掣子能可靠挂牢，其挂入深度不小于 2mm，即图中 A 处尺寸。

DW10 系列断路器的操动机构，通常 600A 及以下的一般采用电磁操动机构，而 1000A 及以上的采用电动机操动。二者均属电动操动。

电动操动过程中，如果发现断路器动作不正常，应立即停止操动并进行检查。首先分析故障性质，如果按下按钮，电动机旋转，联动机构也正常，则断路器合不上闸的原因多属于机械故障造成的。如行程不够、合闸时间太短或自由脱扣机构挂钩位置不合适等，都会造成断路器动作不正常。如果按下合闸按钮后，断路器拒动或虽然动作但不能吸合，则原因多是由控制电路故障造成的。在未查明故障原因前，不得盲目操作，以免损坏断路器。

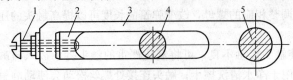

图 14-11　DW10 系列断路器的传动拐臂

1—调节螺钉；2—调节滑块；3—传动拐臂；4、5—轴

断路器行程不合适，则调整行程。电磁操动机构应调整电磁铁的高度；电动机操动的应调整传动拐臂的长度，即改变图 14-11 中调节滑块 2 的位置。

电动机操动机构的刹车装置松、紧或电磁制动器线圈连线的接触问题以及断路器某相连杆损坏，都会影响断路器的正常跳合闸。

（3）灭弧系统的检修。灭弧系统的灭弧罩受潮、碳化或破裂；灭弧栅片烧毁或脱落，都会影响灭弧效果，应及时修复。

DW10 系列断路器灭弧罩通常是采用陶土、石棉或水泥制成，具有隔温和隔弧的性能。如果灭弧时出现软弱无力的"噗噗"声，多数是由于不能迅速熄灭电弧。

电弧在动静触头的间隙中形成后，进入灭弧罩绝缘壁组成的窄缝中，以冷却电弧并迅速灭弧。当灭弧罩受潮或者碳化时，将会影响电弧的熄灭速度。遇到这种情况应及时烘干灭弧罩，或将碳化部分刮除，擦净后继续使用。破裂的灭弧罩不得再用，只能换新的灭弧罩。新灭弧罩必须装正，不得歪斜。

二、DZ 系列塑壳式断路器

1. DZ 系列塑壳式断路器简介

塑壳式断路器有一个绝缘的塑料外壳，除接线端子在壳外，其余部件都装在壳内。塑料壳内有触头系统、灭弧室、脱扣器等。它可以装设多种附件以适应各种不同控制和保护的需要。塑壳式断路器有较高的短路分断能力和动稳定性，以及比较完备的选择性保护功能。这种断路器被广泛的用于配电线路，也被应用于非频繁地启动和分断电动机，以及用于各种商业大厦和大型建筑的照明电路。

常用塑壳系列断路器有 DZ3、DZ5、DZ10、DZX10、DZ15、DZ20、DZ25、DZ25—63B 和 SO60 型、DZ12—60 型以及 C45N 系列微型断路器等，还有 DZL—18、DZ15L—40、DZ5—20L 等多种漏电保护器。

DZ3 系列和 DZ5—20、DZ5—50 型断路器用于交流 380V 线路中，作为线路及其他电气设备的过载和短路保护用。它们具有封闭外壳，手动按钮操作。脱扣器整定值可调节。

DZX10 和 DZ15 系列断路器的结构与 DZ10 系列基本相似，只是 DZX10 系列具有限流特性，而 DZ15 系列断路器采用了液压式电磁脱扣器。这两种系列断路器适用于线路保护、电动机保护和晶闸管保护等。液压式电磁脱扣器可以调换为不同的额定电流值，还适用于小电流动作保护。

SO60 型、DZ12—60 型和 C45N 系列以及 PX20 系列微型断路器都是引进技术，我国自行设计生产的微型塑壳断路器是 K 系列。它们基本都使用在 220V 和 380V 的配电系统中，用来保护导线、电缆和作为照明开关用。这种断路器一般都带有传统的热脱扣和电磁脱扣器，具有过载和短路保护功能，其基本形式是宽度在 20mm 左右的片状单极产品，将它们几个组装起来可以构成联动的二、三、四极断路器。由于微型断路器具有技术性能好、体积小、易于安装、操作方便、价格适宜、经久耐用等特点，被广泛应用于高楼大厦，机床工业和商业系统以及各领域作为开关和保护用。

DZ15L—40 漏电保护器是在 DZ15 系列断路器基础上，增加漏电保护功能而派生出来的交流 380V，3 极和 4 极的漏电保护器；DZL18 型是交流 220V，2 极漏电保护器。其作用是防止人员接触带电体而造成触电伤亡事故；防止电气设备内部绝缘损坏而使其金属外壳带电，人员接触带电的金属外壳而造成触电事故；还可以防止电气设备绝缘不良漏电引起电气火灾事故。漏电保护器安装在被保护线路或设备的电源侧。只要被保护部分有漏电现象，漏电保护器就可自动切断电源，以防事故扩大。

2. 塑壳式断路器型号含义与技术数据

塑壳式断路器型号含义：

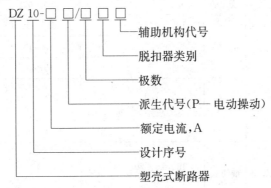

脱扣器类别：0—表示无脱扣；1—表示热脱扣；2—表示电磁脱扣；3—表示复式脱扣。

辅助机构代号：0—表示不带附件；1—表示分励；2—表示带辅助触头；3—不带失压脱扣；4—不带分励辅助触头；5—分励失压；6—两组辅助触头；7—失压辅助触头。

根据塑壳式断路器所具有的不同脱扣器，可将其分为复式脱扣器、电磁脱扣器、热脱扣器和无脱扣器四种。一般都采用复式脱扣器。无脱扣器的断路器只能作为闸刀开关用。常用塑壳式断路器的技术数据见表 14-10 和表 14-11。

表 14-10 　　　　　　　　DZ5 系列塑壳式断路器技术数据

型　号	额定电压 (V)	额定电流 (A)	极数	脱扣器		热脱扣器	极限分断电流（A）	
				类别	额定电流 (A)	整定电流调节范围 (A)	AC 220V $\cos\varphi=0.7$	AC 380V $\cos\varphi=0.7$
DZ5—10	AC220	10	1	复式	0.5		1000	
					1、1.5、2、3、4、6		500	
					10		1000	
DZ5—20	AC380	20	2、3	复式热双金属片式、电磁式或无脱扣器	0.15	0.1～0.15		
					0.2	0.15～0.2		
					0.3	0.2～0.3		
	DC220				0.45	0.3～0.45		
					0.65	0.45～0.65		

型　号	额定电压（V）	额定电流（A）	极数	脱扣器		热脱扣器	极限分断电流（A）	
				类别	额定电流（A）	整定电流调节范围（A）	AC 220V cosφ=0.7	AC 380V cosφ=0.7
DZ5—20	AC380 DC220	20	2、3	复式热双金属片式、电磁式或无脱扣器	1.0	0.65～1.0		
					1.5	1.0～1.5		
					2.0	1.5～2.0		
					3.0	2.0～3.0		
					4.5	3.0～4.5		
					6.5	4.5～6.5		
					10	6.5～10		
					15	10～15		
					20	15～20		
DZ5—25	AC380 DC220	25	1	复式	0.5、1.0、1.6、2.5、4.0、6.0、10、15、20、25		2000	
DZ5—50	AC380 AC500	50	2，3	液压式	10、15、20、25、30、40、50			2500
DZ5—50B、DZ5—100B	AC380	50 100	1	液压式或电磁式	1.6、2.5、4.0、6.0、10、15、20、30、40、50、70、100		2000	1500

表 14-11　　　　　　　　　DZ10 系列断路器技术数据

额定电流（A）	复式脱扣器		电磁脱扣器		极限分断电流（kA）			机械寿命（万次）	电寿命（万次）
	额定电流（A）	动作电流整定倍数	额定电流（A）	动作电流整定倍数	DC220V	AC380V	AC500V		
100	15	10	15	10	7	7	6	2	1
	20		20						
	25		25						
	30		30		9	9	7		
	40		40						
	50		50						
	60		100	6～10	12	12	10		
	80								
	100								

额定电流（A）	复式脱扣器		电磁脱扣器		极限分断电流（kA）			机械寿命（万次）	电寿命（万次）
	额定电流（A）	动作电流整定倍数	额定电流（A）	动作电流整定倍数	DC220V	AC380V	AC500V		
250	100	5～10	250	2～6	20	30	25	0.8	0.4
	120	4～10							
	140	3～10		2.5～8					
	170								
	200			3～10					
	250								
600	200	3～10	400	2～7	25	50	40	0.7	0.25
	250								
	300								
	350			2.5～8					
	400		600						0.2
	500			3～10					
	600								

3. DZ 系列断路器检修

DZ 系列断路器一般不考虑维修，它除了接线端子外，其他附件都被罩在壳内，而且它的使用场合和安装位置使其不易受到环境影响，所以即使断路器发生故障，也属于选择问题或寿命问题，只要更换合适的断路器即可。但是，电动操动机构无法再扣，这多半是因为电动操动机构的安装底板朝灭弧室一侧偏移所致。解决办法是拧松底板，并朝脱扣器方向移动，然后将螺钉拧紧。如果仍不能解决问题，只好调整杠杆或在机构滑动部位加润滑脂。

第三节 刀 开 关 检 修

刀开关是用来隔离电源或在规定条件下接通或分断电路的一种配电电器。它由静插座、动触刀、铰链支座、绝缘底板、操动机构等组成。其中熔断体作为动触刀的，称为刀熔开关。

常用的刀开关有 HK 系列瓷底胶盖闸刀开关、HH 系列铁壳开关、HD 系列板用刀开关、HR 系列刀熔开关和 HZ 组合开关（也称转换开关）。

一、刀开关的结构特点

1. HK 系列瓷底胶盖闸刀开关

HK 系列瓷底胶盖闸刀开关又称开启式负荷开关，它是由刀开关和熔体组合而成的一种电器。瓷底板上装有进线座、静触头、熔体、出线座和三个刀片式的动触头，它们的上面盖有胶盖，以保证用电安全。这种开关没有专用的灭弧装置，靠胶木盖来防止电弧灼伤操作人员。瓷底胶盖闸刀开关易被电弧烧坏，引起接触不良等故障，因此，已逐渐被小型自动开关所代替。

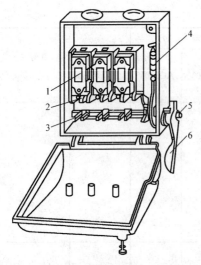

图 14-12　铁壳闸刀开关
1—熔断器；2—静插座；3—动触头；
4—速断弹簧；5—转轴；6—手柄

2. HH 系列铁壳闸刀开关

HH 系列铁壳闸刀开关又称封闭式负荷开关，其结构与外形如图 14-12 所示。这种开关装有速断弹簧，当闸刀断开电路负荷时，闸刀与静插座之间将有操作过电压，产生较大的电弧，如果不迅速熄灭电弧，则会烧毁刀片和静插座。因此，在铁壳开关的手柄转轴与底座之间装有一个速断弹簧，用钩子扣在转轴上，当扳动手柄分闸或合闸时，开始阶段 U 形双刀片并不动，只拉伸了弹簧储存能量，当转轴转到一定角度时，弹簧力使 U 形刀片快速从静插座中拉出或嵌入静插座的夹缝中，将电弧迅速熄灭。

铁壳开关内装有熔断器，作短路保护用。为了保证用电安全，铁壳开关还装有机械连锁装置，当箱盖打开时不能合闸；当闸刀合上时，箱盖不能打开。铁壳开关多用于小型感应电动机全压启动和 22kW 以下电动机的控制，也可作其他电气设备的开关用，对电气设备过载和短路均能达到保护作用。铁壳开关的额定电流一般按电动机额定电流的 3 倍选用。铁壳开关的规格见表 14-12。

表 14-12　　　　　　　　　　　　　　　HH 系列铁壳开关规格

型号	额定电压 (V)	额定电流 (A)	极数	型号	额定电压 (V)	额定电流 (A)	极数
HH3—15/2	250	15	2	HH3—200/2	250	200	2
HH3—15/3	500	15	3	HH3—200/3	500	200	3
HH3—15/2	250	30	2	HH4—15/2	220	15	2
HH3—30/3	500	30	3	HH4—15/3	380	15	3
HH3—60/2	250	60	2	HH4—30/2	220	30	2
HH3—60/3	500	60	3	HH4—30/3	380	30	3
HH3—100/2	250	100	2	HH4—60/2	220	60	2
HH3—100/3	500	100	3	HH4—60/3	380	60	3

3. HD 系列板用刀开关

HD 系列板用刀开关用在成套动力箱或成套开关柜中，其额定电压交流为 500V，直流为 440V，额定电流为 100～1500A。有的板用刀开关具有灭弧罩，它可以用来切断负荷电流。没有灭弧罩的刀开关只能作隔离开关用，即只能断开电压而不能断开电流。

由于开关板用刀开关的使用特点和安装操作方式的不同，所以其设计型号和种类也较多。常用的开关板用刀开关有 HD11～HD14 系列。其产品型号的含义如下：

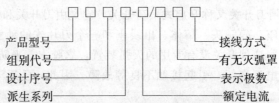

产品型号：H—刀开关。

组别代号：D—单投开关；S—双投开关。

设计序号：用数字表示。

派生系列：B—底板改进型；X—旋转操动型。

接线方式：用数字表示，其中8—板前接线；9—板后接线；无数字—板前接线。

有无灭弧罩：0—无灭弧罩；1—带灭弧罩。

表示极数：1—单极；2—双极；3—三极。

HD系列开关板用刀开关的规格见表14-13，其形状如图14-13所示。

表 14-13　　　　　　　　　　开关板用刀开关规格

型　　号	结构形式	转换方向	极数	额定电流（A）
HD11—□/□8	中央手柄操作式	单投	1、2、3	100、200、400
HD11—□/□9	中央手柄操作式	单投	1、2、3	100、200、400、600、1000
HS11—□/□		双投		
HD12—□/□1	侧方正面杠杆操作式，带灭弧罩	单投	2、3	100、200、400、600、1000
HS12—□/□1		双投		
HD12—□/□0	侧方正面杠杆操作式，无灭弧罩	单投	2、3	100、200、400、600、1000、1500
HS12—□/□0		双投		
HD13—□/□1	中央正面杠杆操作式，带灭弧罩	单投	2、3	100、200、400、600、1000
HS13—□/□1		双投		
HD13—□/□0	中央正面杠杆操作式，无灭弧罩	单投	2、3	100、200、400、600、1000、1500
HS13—□/□0		双投		100、200、400、600、1000
HD14—□/31	侧面手柄操作式，带灭弧罩	单投	2、3	100、200、400、600
HD14—□/30	侧面手柄操作式，带灭弧罩			

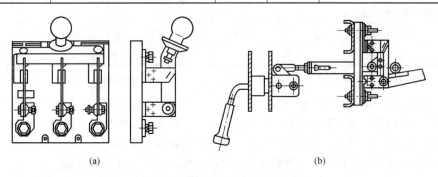

(a)　　　　　　　　　　　　　　(b)

图 14-13　HD系列刀开关形状图

(a) HD11—200/308型；(b) HD13BX—400型

4. HR系列刀熔开关

刀熔开关是熔断器式刀开关的简称，它以熔断器的触刀作为刀开关的触刀，是具有熔断器和刀开关两种功能的组合电器。常见的刀熔开关有HR3系列和HR5系列两种，由于它们成本低，安装面积小，而且兼有刀开关通、断电路和熔断器对电路的保护作用，一般被用于50Hz大短路电流的低压配电系统和电动机电路中。

(1) HR3系列刀熔开关。HR3系列刀熔开关由触头系统（包括熔断器、插座）、底板、灭弧罩和操动机构组成。三对插座和灭弧罩固定在底板上，熔断管固定在带有弹簧钩子锁板的绝缘横梁上，只要将操作把手上下转动，横梁将随之前后移动，熔断管的触刀就会插入或脱离插座，完成电路接通或分断的操作。HR3 系列刀熔开关的技术参数见表 14-14。

表 14-14   **HR3 系列刀熔开关技术参数**

额定电压（V）	额定电流（A）	熔体额定电流（A）	交流 380V 时的分断能力（A）		导线截面积（mm²）	
			刀开关	熔断器	铜线	铜排
380	100		100	25 000	35	
380	200		200	25 000		25×3
380	400		400	25 000		40×3
380	600		600	25 000		50×3

（2）HR5 系列刀熔开关。HR5 系列刀熔开关由触头系统（包括熔断管）、底座、灭弧罩、塑料防护盖和具有弹簧储能快速分合机构以及指示熔体通断的信号装置组成。熔断管装在塑料护盖上，利用塑料护盖向内、外转动而完成接通或分断操作。灭弧罩由耐弧塑料压成，并设有导弧角，以提高分断能力，清除飞弧延长触头的寿命。HR5 系列刀熔开关的技术参数见表 14-15。

表 14-15   **HR5 系列刀熔开关的技术参数**

型 号		HR5—100	HR5—200	HR5—400	HR5—600
额定电压（V）		660	660	660	660
额定电流（A）		100	200	400	600
额定通断能力（A）	380V cosφ=0.35 接通	1000	1600	3200	5040
	380V cosφ=0.35 分断	800	1200	2400	3780
	660V cosφ=0.65 通断	300	600	1200	1890
额定熔断短路电流（kA）		50	50	50	50
配用的熔断器		NT00	NT1	NT2	NT3
辅助开关		380V，5A，控制功率 300V·A			

注   NR5 系列刀熔开关配用的熔断器是 RTO 系列。

（3）刀熔开关的维护。刀熔开关应垂直安装，倾斜度不得超过 5°，而且有灭弧罩的一端在上方。检查操动机构应灵活无卡死现象，检查灭弧罩、挡板等应牢固可靠；使用过程中要经常检查触刀和插座的烧伤磨损情况，如果触刀烧损严重，则应换掉整个熔管；检查灭弧罩应无烧损或碳化现象，熔体指示器若弹出，必须更换熔体。更换熔体要戴手套并停电作业。

5. HZ 组合开关

HZ 组合开关是手柄能左右旋转的一种刀开关，它的动静触头都装在绝缘胶木座内，而且其触头座是一个个地叠装起来的，最多可叠装六层。整个结构向立体空间扩展，从而缩小了安装面积。

图 14-14 所示为叠装式触头元件组成的 HZ10—10/3 型组合开关，它有三对静触头（静触片），分别装在三层绝缘胶木座上，并附有接线端子伸出胶木座外，以便和电源以及用电设备相连接。三个动触头（动触片）分别由两个磷铜片或硬紫铜片与灭弧性能良好的绝缘钢纸板铆合在一起，并和绝缘胶木座一起套在附有手柄的绝缘杆上。手柄每次转动 90°，带动三个动触头分别

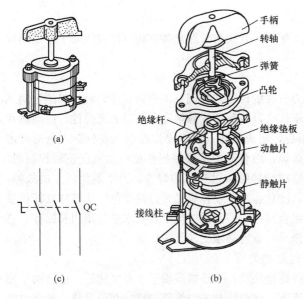

图 14-14　HZ10—10/3 型组合开关

(a) 外形；(b) 结构；(c) 符号

与三个静触头接通或分断。顶盖部分由凸轮、弹簧和手柄等零件构成操动机构。由于操动机构采用了弹簧，能使开关快速接通或分断电路。

组合开关的特点是：体积小，占用安装面积小；它可以按不同的接线方案选择不同的触头和不同的方式，配置不同的动、静触头，接线比较方便；由于其操动机构采用弹簧储能，使开关能快速通断，加之封闭的触头盒，提高了灭弧性能，故通断能力和寿命也有所提高，使用起来比较安全、方便。

由于 HZ 系列组合开关有以上诸多优点，被广泛应用于交流 50Hz、380V 以下，直流 220V 以下的电源电路；5kW 以下小容量电动机的直接启动；电动机反正转及照明电路控制等，但不宜频繁操作。在控制电动机反正转时，一定要使电动机完全停止后再接通反转电路。另外，组合开关本身不带过载、短路及欠压等保护功能，在它控制的设备需要保护时，必须另设其他保护电器。部分 HZ 系列组合开关的技术数据见表 14-16 和表 14-17。

表 14-16　　　　　　　　　　　HZ5 系列组合开关技术数据

型号	额定电压 U_N（V）	额定电流 I_N（A）	所控制电动机功率（kW）	$1.1U_N$ 及 $\cos\varphi=0.3\sim0.4$ 时的通断能力（A）
HZ5—10	DC220 AC380	10	1.7	40
HZ5—20		20	4.0	80
HZ5—40		40	7.5	160
HZ5—60		60	10.0	240

表 14-17　　　　　　　　　　　HZ10 系列组合开关技术数据

型号	额定电压（V）	额定电流（A）	极数	极限操作电流（A） 接通	极限操作电流（A） 分断	被控电动机最大功率和额定电流 功率（kW）	被控电动机最大功率和额定电流 电流（A）	电寿命（次数） 交流 $\cos\varphi$ ≥0.8	电寿命（次数） 交流 $\cos\varphi$ ≥0.3	电寿命（次数） 直流 时间常数（s）≤0.002 5	电寿命（次数） 直流 时间常数（s）≤0.01
HZ10—10	DC 220 AC 380	6	1	94	62	3	7	20 000	10 000	20 000	10 000
		10									
HZ10—25		25	2、3	155	108	5.5	12				
HZ10—60		60									
HZ10—100		100						10 000	5000	10 000	5000

二、刀开关检修

刀开关容易出现的问题是触头过热、触头熔焊、开关与线路连接部位（即接线端子）过热以及灭弧罩或操动机构等故障现象。

1. 触头过热与熔焊的处理

触头过热与熔焊的原因是多方面的，如刀开关的传动杠杆调整不合适，使动触片未能合闸到位，造成接触面减小，电阻增大而发热；由于长期过负荷造成静触座夹片退火无弹性，使动触片（即动触头）与静触座夹片（静触头）接触不良，造成发热；由于操作过电压或分断大电流时产生电弧，且未能及时熄灭，造成动、静触头熔焊；组合开关的频繁操作或电动机反正转控制时，电动机未完全停止运转则反向操作，因弧光造成动静触头过热或熔焊等。为了避免以上的故障，应在日常运行或维护中，定期检查负荷电流，注意静触座或弹簧是否过热变色，调整好杠杆使触片能合闸到位。及时更换无弹性触座。对于组合开关，一定要按规定和要求进行选用和操作。总之，如果发现有熔焊现象，轻者可用细锉刀修平，重者必须更换开关。

2. 开关与线路连接部分（接线端子）过热的处理

这部分过热的主要原因有两个，一是接线螺栓松动，二是接线端子处有氧化层。由这两个原因造成的接触面电阻增大，在额定的负荷电流下，就会使开关与线路的连接部分发热。处理方法是在定期检修时，用细锉刀或砂布清除氧化层，检查连接用螺栓应无生锈，并要求平垫圈、弹簧垫圈齐全，然后拧紧螺栓。如果是铜铝接头，应首先清理接头处，再采用铜铝接头新工艺，在接头处涂 DGJ—Ⅰ型和 DGJ—Ⅱ型导电膏或 DG1 型电接触导电膏。

3. 检查调整操动机构和灭弧罩

操动机构应灵活，不得有卡死现象。灭弧罩应固定牢靠，以免因操作时的振动而脱落。另外，灭弧罩两侧壁是用较薄的酚醛玻璃布板制成的，其具有良好的绝缘性能，但被电弧灼伤后会发生碳化，从而降低绝缘强度，发现这种现象应更换灭弧罩。

4. 吹灰清扫底板、绝缘套等

防止开关绝缘件因积灰和油污等降低绝缘强度。对有铜—石墨速动刀片的刀开关，应经常检查电弧烧伤情况，烧伤严重的应及时更换，以确保安全运行。

$$本 \quad 章 \quad 小 \quad 结$$

本章重点介绍配电电器中各种开关电器的结构、原理、应用场合和主要参数，以及低压配电电器的检修方法。常用的低压配电电器有低压熔断器、低压断路器和刀开关等。

第十五章 控制电器检修

控制电器包括接触器、启动器、主令电器和各种控制继电器等，其主要用于电力拖动和自动控制系统。

第一节 接触器检修

接触器是一种适合远距离频繁接通或切断交、直流电路的自动控制电器，其主要控制对象是电动机，也可控制其他电力负载，如电热器、电焊机、电容器组等。

接触器分为交流接触器和直流接触器两大类。它们的作用原理都是利用电磁吸力使触头动作（接通或分断），并配有灭弧装置。因此，接触器的结构都是由电磁系统、触头系统和灭弧装置三个主要部分组成。

接触器型号含义：

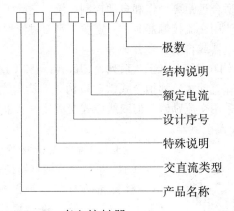

产品名称：C—接触器；CK、Z—真空接触器。

交直流类型：J—交流；Z—直流。

特殊说明：X—小容量；Z—重任务等。

设计序号：用数字表示。

额定电流：用数字表示，A。

结构说明：Z—直流励磁；S—带机械锁扣等。

极数：1—单极；2—双极；不标注为三极；对直流接触器，第一位数字为动合主触点数，第二位数字为动断主触点数。

新型交流接触器的型号含义，各生产单位表示方法都不太一样，如 CDC 系列交流接触器规格型号含义：

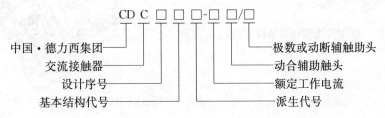

派生代号：K—矿用；

J—节能；

S—带锁扣机构；

F—多纵缝灭弧；

B—栅片灭弧，还可以表示约定发热电流，A。

又如天水长城控制电器厂生产的 CJ24 系列交流接触器型号含义：

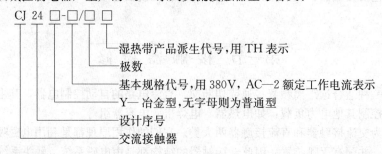

CJ 24 □-□/□□

湿热带产品派生代号，用 TH 表示

极数

基本规格代号，用 380V，AC—2 额定工作电流表示

Y— 冶金型，无字母则为普通型

设计序号

交流接触器

一、交流接触器

交流接触器被广泛地应用于交流供电系统中，作为频繁接通或分断负荷电路的控制电器。由于交流接触器是电磁操动，适合远距离操作和自动控制系统。它除了具有失压保护功能外，再没有其他任何保护，在电路中使用交流接触器时，一定要与带有过流保护的电器配合使用，如在控制电路中串接熔断器、热继电器或自动空气开关等。

常用系列交流接触器有 CJ10 系列、CJ12 系列、CJ20 系列和 CJZ 系列以及 B 系列等。其操动机构有提篮式铁磁机构（即直动式）和拍合式铁磁机构（即旋转式），其触点有桥式触点和指形触点。一般的交流接触器采用交流励磁，但双线圈式交流接触器采用交流供电，直流励磁（自带整流元件），如 CJZ 系列交流接触器。

1. CJ10 系列交流接触器

CJ10 系列交流接触器是比较通用的系列。它具有三对主触头和两对动合辅助触头、两对动断辅助触头。CJ10—10 为提篮式铁磁机构，桥式触点，塑料隔板灭弧；CJ10—20 为提篮式铁磁机构，桥式触点，采用半封闭三相一个陶土灭弧罩窄缝灭弧；CJ10—60、100、150 型为拍合式铁磁机构，桥式触点，三相一罩窄缝灭弧，其主辅触点有明显的区别。CJ10—20 型结构如图 15-1 所示，CJ10—60、100、150 型结构如图 15-2 所示，主要技术数据见表 15-1。

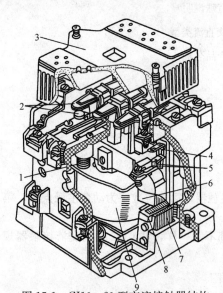

图 15-1　CJ10—20 型交流接触器结构

1—反作用弹簧；2—主触头；3—灭弧罩；

4—辅助动断触头；5—辅助动合触头；

6—动铁芯；7—静铁芯；8—短路环；

9—线圈

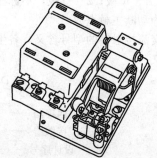

图 15-2　CJ10—60、100、150 型交流接触器结构

表 15-1 　　　　　　　　　　　　CJ10 系列交流接触器技术数据

型　号	额定电压	额定电流（A）	控制电动机的最大功率（kW）		额定操作频率（次/h）	$U=1.05U_N$ 及 $\cos\varphi=0.35\pm0.05$ 时的通断能力（A）		寿命（万次）	
			220V	380、500V		380V	500V	机械	电
CJ10—5	380V 500V	5	1.2	2.2	600	50	40	300	60
CJ10—10		10	2.2	4		100	80		
CJ10—20		20	5.5	10		200	160		
CJ10—40		40	11	20		400	320		
CJ10—60		60	17	30		600	480		
CJ10—100		100	30	50		1000	800		
CJ10—150		150	43	75		1500	1200		

2. CJ12 系列交流接触器

CJ12 系列交流接触器为大容量低压交流接触器，全系列共有五个等级，其主触点是单断点指形触头，操动机构为拍合式铁磁机构，陶土灭弧罩窄缝灭弧（CJ12B 系列为陶土灭弧罩栅片灭弧）。辅助触点是一单独的组件，共有六组触头，可根据实际需要组合成"五分一合"、"四分二合"、"三分三合"，如图 15-3 所示，其技术数据见表 15-2。因为 CJ12 系列交流接触器在运行过程中故障较多，又是平面布置，安装面积较大，经济技术指标较低，逐渐被 CJ20 系列产品所代替。

表 15-2 　　　　　　　　　　　　CJ12 系列交流接触器技术数据

型　号	额定电压 U_N（V）	额定电流 I_N（A）	额定操作频率（次 h）	寿命（万次）		通断能力（A）		热稳定性	电动稳定性
				机械	电	接通	分断		
CJ12—100	380	100	600	300	15	$12I_N$	$10I_N$	$7I_N$ 10s	$20I_N$
CJ12—150		150							
CJ12—250		250							
CJ12—400		400		300	200	10	$10I_N$	$8I_N$	
CJ12—600		600							

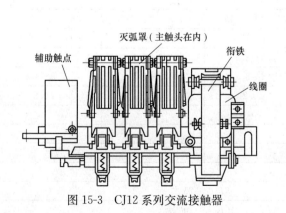

图 15-3　CJ12 系列交流接触器

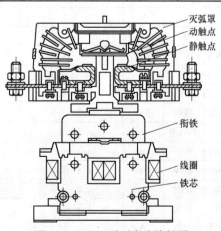

图 15-4　CJ20 系列交流接触器

3. CJ20 系列交流接触器

CJ20 系列交流接触器是一种新型接触器，用于交流频率 50Hz，额定工作电压为 380、660、1140V，额定工作电流为 63～630A 的电力系统中接通或分断电路。其结构采用桥式双断点、提篮式铁磁立体布置机构，U 型铁芯，双线圈，如图 15-4 所示。触头采用银基合金〔银氧化镉（Ag—CdO）〕，有较高的抗熔焊性能和电寿命。灭弧罩有两种，电压在 380V、电流在 250A 以下时，采用窄缝灭弧罩；电压在 660V 以上则用栅片式灭弧罩。技术性能完全符合相关标准，且具有很强的承受交流 4 类负荷的能力。接触器的使用类别和典型用途见表 15-3。

表 15-3　　　　　　　　　　　接触器的使用类别和典型用途

电流种类	使用类别代号	典型用途举例
交流（AC）	AC1	无感或微感负载，电阻炉
	AC2	绕线式电动机的启动与分断
	AC3	笼型异步电动机的启动与运转中分断
	AC4	笼型异步电动机的启动、反接制动、反向与点动
直流（DC）	DC1	无感或微感负载，电阻炉
	DC2	并励式电动机的启动、反接制动、反向与点动
	DC3	串励式电动机的启动、反接制动、反向与点动

另外，CJ20 系列交流接触器的吸合电压为 80％的额定电压，所以吸合可靠，对电网电压的波动影响较小。

4. CJZ 系列交流接触器

CJZ 系列交流接触器采用提篮式圆柱铁芯直流励磁系统（交流供电，自带整流元件），桥式双断点立体布置，并有一、二次缓冲装置，接触器工作平稳无噪声。适用于交流频率 50Hz、电压 380V 以下的电路中远距离接通或分断电路，控制起重和振动较大场合的电动机频繁启动及反接制动等操作。其结构如图 15-5 所示，技术数据见表 15-4。

表 15-4　　　　　　　　　　　CJZ 系列交流接触器技术数据

项目		单位	型号及技术参数							
			CJZ—160		CJZ—250		CJZ—400		CJZ—630	
额定电流		A	160		250		400		630	
额定电压		V	220	380	220	380	220	380	220	380
被控电动机容量	AC3	kW	45	80	72	125	115	200	182	315
	AC4	kW	21	37	31	55	37.5	65	46	80
主触头初/终压力		N	39.2/58.8		88.2/117.6		127.4/166.6		127.4/166.6	
主触头	开距	mm	6.7～7.3		7.5～8.5		8.9～9.5		7～8	
	超程	mm	3.2～3.8		4～5		4.5～5.5		7.5～8.5	
	不同期	mm	≤0.2		≤0.2		≤0.2		≤0.2	
辅助触头	开距	mm	3.5～4.6							
	超程	mm	1.8～2.5							
短接触头	开距	mm	1.2～1.5							
	超程	mm	1.5～2.5							
额定分断能力		A	$8I_N$	25 次						
额定接通能力		A	$10I_N$	100 次						

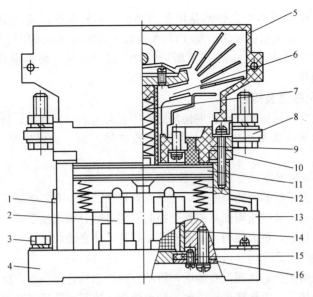

图 15-5　CJZ 交流接触器结构

1—短接触头；2—辅助触头；3—接地螺钉；4—底座；5—灭弧室；6—主触头；7—触头弹
簧；8—接线板；9—底板；10——次缓冲垫；11—衔铁；12—反力弹簧；13—整流元件；
14—磁轭；15—二次缓冲垫；16—托板

5. B 系列交流接触器

B 系列交流接触器是我国新开发的交流接触器之一，其性能和技术条件都符合相关标准。而且具有体积小、功能多、消耗功率少、寿命长等优点，与热继电器配合组成磁力启动器，控制不同功能的电路。

二、直流接触器

直流接触器是用于控制直流供电负载和各种直流电动机的低压电器。从结构上看，基本上是拍合式铁磁机构（即转动式）。直流接触器的结构原理如图 15-6 所示。由于线圈通过的是直流电，

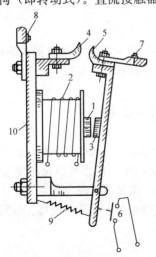

图 15-6　直流接触器结构原理

1—静铁芯；2—电磁线圈；3—衔铁；4—静主触
点；5—动主触点；6—辅助接点；7—接线端子；
8—软连接；9—跳闸弹簧；10—底座

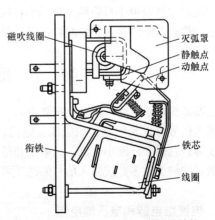

图 15-7　CZO—250 直流接触器结构

不存在涡流的影响，所以铁芯和衔铁都是用整块铸钢或钢板制成；接触器主触点只有 $1\sim2$ 个（即单极式和双极式），其触点一般为指型（150A 及以下的接触器也采用桥式触点）；直流接触器采用窄缝灭弧的磁吹灭弧装置，如图 15-7 所示。由于磁导体是整块铸钢或钢板制成，耐磨损，寿命长，适宜频繁操作。

三、接触器常见故障及检修

无论是交流还是直流接触器，在长期使用过程中都会受到电压波动、负载电流变化以及频繁操作和周围环境的影响，从而产生许多异常现象或故障。为了确保安全生产，必须及时进行检修。

1. 线圈通电后接触器不动作或动作不正常

这种现象一般是由于控制回路有断点，如熔断器熔断、触点有氧化层或灰尘以及被卡住，造成接触不良或根本不通；励磁线圈损坏或整个控制回路各部分螺丝松动等。处理方法：紧固各部螺丝，清除灰尘和氧化层，更换线圈，正确安装各部件，使之动作灵活。

2. 线圈断电后接触器延时分断或不释放

这种现象主要是由于铁芯极面上有油垢，将动、静铁芯粘合在一起，反力弹簧不能立即使其分离，或可动部分卡住、反力弹簧过热失效、触点熔焊、控制回路接错线等都会造成接触器不能分断。处理方法：新安装的或使用时间较长的接触器铁芯极面应用汽油擦洗干净，及时更换失效的弹簧，修理或更换熔焊触点，调整同期并保证接触压力以及可动部分分断灵活。

3. 合闸线圈过热烧损

合闸线圈过热烧损的主要原因是可动部分卡住、欠压运行使线圈发热、线圈受机械损伤或化学腐蚀造成局部匝间短路、线圈受潮以及铁芯与衔铁间隙过大或线圈电压与电源电压不符等。处理方法：检查调整可动部分，使之灵活，测量并核对线圈与电源的电压应符合要求，做防潮、防腐、防机械损伤措施，定期检查、清扫触点，更换有缺陷的线圈。

4. 接触器振动有异音

这种现象主要是由于铁芯极面上的短路环断裂或极面不平整；铁芯或衔铁的螺丝松动或可动部分装配不合适，以及电源电压低于运行标准等。处理方法：用锉刀修平铁芯极面，焊牢或更换断裂的短路环；检查调整电压。

5. 不能自锁

这种现象主要是由于自锁触点接触不良或自锁回路接触问题以及接线错误等造成不能自锁。处理方法：检查自锁回路通路情况，拧紧回路各部螺丝，改正回路接线。

第二节 继电器检修

继电器是根据某一输入信号，按要求自动分合控制电路，并能提供某些保护的控制电器。继电器的输入信号可以是电量，如电压、电流、频率、电功率等；也可以是非电量，如温度、压力、速度等。它属于分断小电流、灵敏度和精确度高的一类低压控制电器。

继电器的种类较多，按输入信号的性质可分为电流继电器、电压继电器、时间继电器、热继电器等。

一、电流继电器和电压继电器

电流继电器是具有电流型电磁机构，以电流为输入信号的继电器。它在控制电路中的电流达到整定值时动作，以接通或分断电路。电压继电器是具有电压型电磁机构，以电压为输入信号的继电器。它在控制电路的电压达到整定值时动作，以接通或分断电路。电流继电器和电压继电具体可分为四种类型，见表 15-5。

表 15-5 电流、电压继电器的类型

继电器类型	动 作 特 征
过电流继电器	正常工作电流不动作，当电流高出某一整定值时动作并输出控制信号
过电压继电器	正常工作电压不动作，当电压高出某一整定值时动作并输出控制信号
欠电流继电器	正常电流动作，当电流低于某一整定值时释放并输出控制信号
欠电压继电器	正常电压动作，当电压低于某一整定值时释放并输出控制信号

1. JL 系列电流继电器

JL 系列电流继电器可兼作过电流继电器和欠电流继电器，用于电动机的启动控制和过载保护。这个系列的电流继电器线圈匝数很少、线径粗，可以直接串联在低压主回路中。它主要用于交流电压 380V 或直流电压 440V、电流在 1500A 及以下的一次回路中作过电流或欠压保护，常用型号有 JL14、JL15 等，其形状如图 15-8 所示，用作电动机过流保护的电路如图 15-9 所示。它们的电磁系统为棱角转动拍合式，交、直流继电器的结构通用，但交流系列继电器的铁芯上开了槽，以降低涡流损耗。通过调整释放弹簧可以改变继电器的动作值。

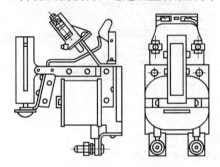
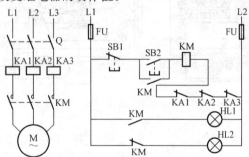

图 15-8　JL15 电流继电器形状　　　　图 15-9　电动机过流保护电路图

2. 通用继电器

通用继电器是一种电磁式继电器，采用直流拍合式电磁系统，由于它采用不同的线圈和附件，可以改变继电器的用途，所以称之为通用继电器。

如给通用继电器的铁芯装上并励的电压线圈，它就成为电压继电器，还可以兼作中间继电器。

如在铁芯装上串励的电流线圈，它就成为电流继电器。当吸合电流小于线圈额定电流时，得到欠电流继电器；当吸合电流大于线圈额定电流时，得到过电流继电器。

通用继电器主要用于电力传动自动控制系统中，其型号有 JT3、JT4、JT18 和小型通用继电器 JTX 型等，外形如图 15-10 所示。

二、时间继电器

专门用来调整动作时间长短的继电器称作时间继电器，它由感测机构、延时机构和执行机构组成。感测机构通常为电磁式继电器线圈。延时机构形式较多，如 DS 系列钟表机构式、

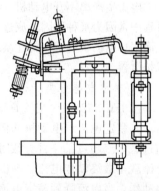
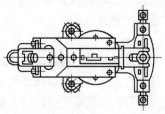

图 15-10　JT3 通用继电器

JT3 电磁阻尼式时间继电器器、JSD 系列电动机式时间继电器、JSK 系列空气阻尼式时间继电器，以及 JSJ 和 JSJP 系列电子式等多种。常用的时间继电器有 DS 系列和 JSK 系列等。

（1）DS 系列时间继电器中的 DS—110 型为直流系列，DS—120 型为交流系列，主要用于保护系统。这类继电器由螺管式电压型电磁机构带动钟表延时机构完成延时动作。其延时范围可达数秒，可精确调整，延时误差小。

（2）JSK 系列空气阻尼式时间继电器又称气囊式时间继电器，由双 E 直动式电磁铁、空气室、双断点行程开关构成，利用气室空气阻力获得延时。电压线圈为交流 220～660V，延时范围在 0.1～180s，有通电延时和断电延时两种类型。其外形与延时原理如图 15-11 所示。这类时间继电器误差较大，一般用于要求不高的交流控制电路。

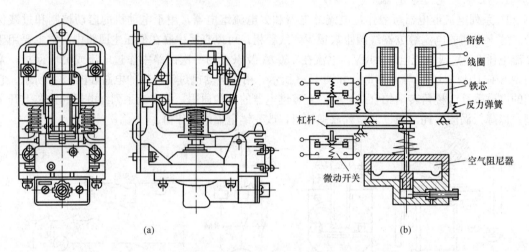

图 15-11　JS7—A 空气阻尼式时间继电器
(a) JS7—A 时间继电器外形；(b) 时间继电器断电时延时原理

三、热继电器

电力生产离不开电动机，特别是交流异步电动机在电力生产中用得最多。这些电动机在运行过程中常因为某种原因造成过负荷运行，使电动机绕组发热损坏，甚至烧毁电动机。为了避免过载而损坏电动机绕组，将连续运行的电动机都加设过载保护，热继电器就是其中一种比较有效的保护电器。

1. 热继电器分类

按 IEC 292：1《交流直接（全压）启动》中规定，热继电器有两种类型：①Ⅰ型热继电器。其整定电流以电动机的额定电流为基准，即热继电器的整定电流等于电动机的额定电流。当过载电流超过某一百分数时，热继电器应在相应的时间内动作。②Ⅱ型热继电器。其动作电流就是最终动作电流，即以热继电器的整定电流为基准，在其整定电流下应在规定的时间内动作，当电流降到整定电流的某一百分数时，热继电器应不动作。目前使用的热继电器大多是Ⅰ型热继电器。

2. 热继电器的结构与动作原理

热继电器是一种双金属片式过载保护继电器，其双金属片由两种不同膨胀系数的金属片压成一体，它在受热后能朝线膨胀系数小的一方弯曲，靠其弯曲变形操动电路中的触点通断。它的发热元件分别串接在主电路的各相中，正常工作电流下，热元件的温度不会使金属片弯曲。当过载时，电动机的工作电流增大，超过整定值时，热元件温度升高使双金属片弯曲，经过一定时间，其弯曲程度迫使热继电器的执行元件（即触点）动作，切断接触器线圈的电源，使之释放，断开主电路，起到保护作用。常用的热继电器有 JR16 和 JR20 等几个系列。

JR16 系列热继电器是一种带有差动式单相运行保护装置的产品，全系列分 20、60A 和 150A 三个等级，共有 20 种规格的热元件。它不仅具有一般热继电器的保护性能，而且当三相电动机有一相断路或三相电流严重不平衡时，它能及时动作，起到断相保护的作用。

JR20 系列热继电器分 10、16、25、63、160、250、400A 和 630A 八个等级。160A 及以下的五个等级直接利用主电路电流产生的热量使执行元件动作；其余三级则配有专门的速饱和电流互感器，其一次线圈串接在主电路中，二次线圈则与热元件串联。

本系列产品的结构为三相立体式，其动作机构是拉簧式翻转速度型机构，且全系列通用。其动作原理及结构如图 15-12 所示。

当发生过载时，热元件 15 受热使补偿双金属片 10 和主双金属片 14 向左弯曲，并通过滑板（导板）11 和动杆 12 推动杠杆 13，以支持件 9 中的 O_1 点为圆心，沿顺时针方向转动，顶动拉力弹簧 7，由拉力弹簧 7 带动动触点 17、18 动作，使动触点 17 与静触点 16 分开，并使动、静触点 18 与 19 闭合。同时顶动动作指示件 1 使其显示动作情况。热继电器动作后，经过一定时间的冷却即能自动或手动复位，重新投入工作。

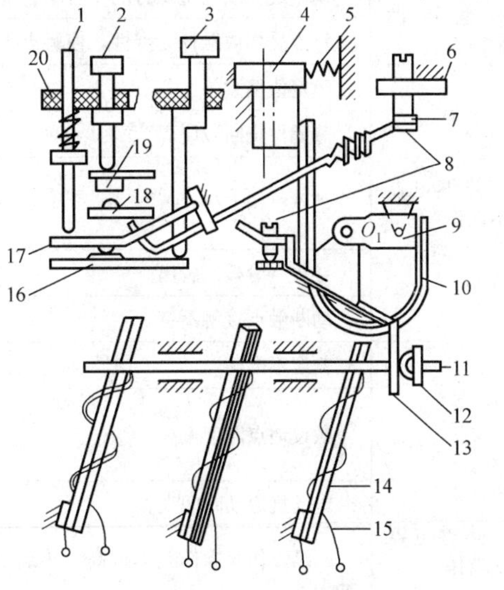

JR20 系列热继电器具有断相保护及温度补偿功能；手动和自动两种复位方式；凸轮调节旋钮可调节整定电流；动作灵活性检查装置；脱扣动作指示；断开检验按钮等特点。本产品还有插入连接、独立安装和导轨安装式的功能。

图 15-12 JR20 系列热继电器动作原理及结构

1—动作指示件；2—复位按钮；3—断开/检验按钮；4—电流调节按钮；5—弹簧；6—支撑件；7—拉力弹簧；8—调节螺钉；9—支持件；10—补偿双金属片；11—滑板（导板）；12—动杆；13—杠杆；14—主双金属片；15—热元件；16、19—静触点；17、18—动触点；20—外壳

四、继电器检修项目及故障处理

1. 一般性检修项目

（1）外部检查。继电器外壳应清洁无灰尘；各接线端子及外部连线都应牢固可靠，并无电弧烧伤痕迹。

（2）内部检查。内部应清洁无垢，导线无断裂、接头无开焊；各部螺钉无松动；线圈无过热变色；可动部分应灵活、弹簧完好无变形；触点固定可靠无烧损痕迹，动、静触点应中心相对，并有足够的压力或开距；时间继电器的钟表机构动作灵活、可靠。

（3）测量绝缘电阻。新安装或检修后的继电器，应用绝缘电阻表测定绝缘电阻。继电器元件额定电压为 100V 及以上者，用 1000V 绝缘电阻表；额定电压为 100V 以下者，应用 500V 绝缘电阻表。要求全部端子对底座和铁芯、各线圈对触点以及各触点之间的绝缘电阻都应大于 50MΩ；各线圈之间的绝缘电阻应大于 10MΩ。

（4）检查触点动作的可靠性。带上负荷后，触点应动作平稳不抖动，无火花或粘住现象。

2. 热继电器常见故障及处理方法

热继电器常见故障及处理方法见表 15-6。

表 15-6　　　　　　　　　　热继电器常见故障及处理方法

故障现象	故 障 原 因	处 理 方 法
热元件烧断	热继电器负荷侧发生短路	选择合适的热继电器
	热继电器负荷电流过大	重新调整整定电流值
热继电器控制电路不通	调整旋钮或调整螺钉的位置不合适，将触点顶开	调整旋钮或螺钉使其在正常位置
	触点烧坏或触杆无弹性，使触点无法接触	修理触点或触杆，必要时更换新的
热继电器不动作	整定值偏大	重新调整整定电流值
	热元件烧断或脱焊	更换新元件或保证焊接质量
	动作机构卡死	一般应更换继电器或进行维修及动作试验检查
	导板（滑板）脱出	重新组装并校验其灵活性
	动断触点接触不良	清除触点表面上的灰尘或氧化层
热继电器误动作	刻度不准确	重新调节并校验
	敷设地点温度偏高	加强室内通风，或选择容量大一级的双金属片
	电动机启动时间太长	选择返回时间合适的热元件
	断续工作时操作频率过高，热继电器经常受启动电流冲击	尽量减少连续操作次数
	使用地点有强烈的冲击和振动	选用带防冲击振动装置的专用热继电器
	整定电流偏小或双金属片选配不适当	合理调整整定值或重新按负荷电流选配双金属片
热继电器复位动作不灵	机械部分磨损、断裂或有尘埃污垢	根据具体情况更换或清扫
	双金属片冷却较慢	待双金属片冷却后，再按复位按钮，使继电器复位

第三节　主令电器检修

主令电器是用来闭合或分断控制电路，以对其他电器发布指令的电器，也可用于生产过程的程序控制。主令电器主要包括控制按钮、行程开关、接近开关、微动开关、万能转换开关以及主令控制器。

一、控制按钮

1. 结构与型号含义

控制按钮也称按钮开关，简称按钮。它由按钮帽、复位弹簧、动触点、动合静触点和动断静触点以及外壳组成，如图 15-13 所示。将按钮帽按下，动触点就向下移动，先脱离动断静触点，然后同动合静触点接触。当操作人员的手指离开按钮帽以后，在复位弹簧的作用下，动触点又向上运动，恢复原来的位置。在恢复过程中，先是动合静触点分断，然后是动断静触点闭合。在实际应用中控制按钮有单极、两极、三极或多极等形

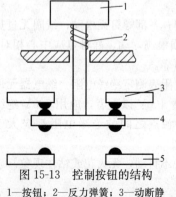

图 15-13　控制按钮的结构

1—按钮；2—反力弹簧；3—动断静触点；4—动触点；5—动合静触点

式，有开启式、封闭式和防护式等。采用积木式拼接装配结构，根据需要可将按钮的触点装配成一动合一动断，最多可达六动合和六动断。

控制按钮的型号含义：

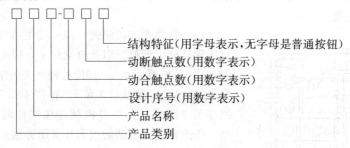

结构特征(用字母表示,无字母是普通按钮)
动断触点数(用数字表示)
动合触点数(用数字表示)
设计序号(用数字表示)
产品名称
产品类别

产品类别：L—主令电器。

产品名称：A—按钮。

结构特征：Y— 钥匙式；J—紧急式；D—带指示灯式；X—旋钮式；L—拉杆式；W—万向
　　　　　操纵杆式；Z—自锁式；K—开启式；H—防护式；S—防水式；F—防腐式。

各种控制按钮形状如图 15-14 所示。

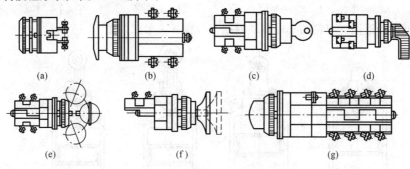

图 15-14　控制按钮形状

(a) 普通按钮；(b) 紧急式；(c) 钥匙式；(d) 旋钮式；(e) 万向杆式；(f) 拉杆式；(g) 带指示灯式

2. 选用与维护

(1) 根据使用场合和具体用途选择按钮的种类。如控制台或柜的板面上的按钮一般采用开启式，如果需要工作状态，可用带指示灯的按钮；在重要的场所，为防止无关人员误操作，宜用钥匙式按钮；在有腐蚀性气体的场所应使用防腐式按钮。

(2) 根据控制作用选择按钮帽的颜色。如"启动"按钮用绿色，"停止"按钮用红色。

(3) 根据控制回路的需要选择按钮的极数。如需要正、反转和停止三种控制，可采用三极封闭或防护式按钮；若只需要启动和停止时，采用两极按钮即可。

(4) 应经常检查和清理按钮，使其保持清洁，触点应无烧伤或氧化层，弹簧弹性良好，塑料无受热老化现象。对有指示灯的按钮不宜用于长期通电显示处，以免塑料过热变形，使按钮操作不灵和更换灯泡困难。

二、行程开关

行程开关是用来反映工作机械的行程，发布指令以控制工作机械运动方向或行程大小的主令电器。如果将它装在工作机械行程的终点处，以限制其行程，这时就称它为终端开关或限位开关。其内部结构与控制按钮基本相似，只是在操作上，行程开关是以机构撞击代替手按。当机构运动到某一位置时，触动行程开关的传动机构，使开关内部的触点接通或断开，从而改变了电路的工作状态。如汽轮机房内的行车、汽轮机和锅炉车间的电动闸门到位后的自动停转、机床运动到位的自动返回等，都是由行程开关配合而完成的。

行程开关按结构可分为直动式（按钮式）或转动式（滚轮式），即一般用途行程开关和起重设备用行程开关两类。

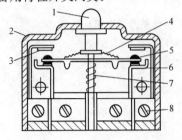

图 15-15　LX19K 行程开关结构
1—推杆；2—外壳；3、6—静触点；
4、7—弹簧；5—动触点；8—接线端子

（1）直动式（按钮式）即一般用途行程开关。它用于机床和其他生产机械以及自动线上，以实现限位和程序控制。图 15-15 所示为 LX19K 行程开关的结构原理，它由推杆 1、外壳 2、静触点 3 和 6、弹簧 4 和 7、动触点 5 和接线端子 8 组成。当外界机械碰压按钮时，使按钮向内运动，压迫弹簧，使动触点离开常闭静触点而与常开静触点闭合。当外界机械作用消除后，在恢复弹簧的作用下，动触点瞬间自动恢复到原来位置。

（2）起重设备用行程开关。它被用于限制起重机械或冶金辅助机械的行程，如行车的大车和小车水平移动以及大钩和小钩起吊的限位开关等。比较典型的产品有 LX22 系列行程开关，它共有五个规格，即 LX22—1 型、LX22—2 型、LX22—4 型、LX22—6 型、LX22—3 型。它们基本都带有滚轮操作臂，单轮的可自动返回，双轮的不能自动返回。行程开关形状如图 15-16 所示。

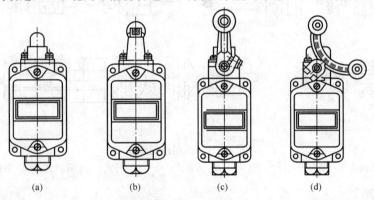

(a)　　　　　　(b)　　　　　　(c)　　　　　　(d)

图 15-16　起重设备用行程开关外形
(a) 直动防护式；(b) 直动滚轮防护式；(c) 单轮防护式；(d) 双轮防护式

三、接近开关与微动开关

接近开关不同于行程开关，它是一种非接触式的检测装置。微动开关在某种意义上可以说是微小的行程开关。

（1）接近开关。它既能同行程开关一样起着限制行程的作用，同时也能起计数的作用。当运动的物体接近它至一定距离范围之内，它就能发出信号，以控制运动物体的位置（或计数）。

接近开关有高频振荡型、感应电桥型、霍尔效应型、光电型、永磁及磁敏元件型、电容型、超声波型等许多型式，其中用得最多是高频振荡型。与行程开关比较，接近开关具有定位精度高、操作频率高、寿命长、功率消耗低、耐冲击振动、耐潮湿、能适应恶劣的工作环境等优点，使用面广，适应不同的使用场合和安装方式。但是，接近开关需要有触点继电器作为输出器。

（2）微动开关。微动开关是具有瞬时动作和微小行程的、可直接由某一定力经过一定的行程使触点迅速动作，从而实现电路转换的灵敏开关，其结构如图 15-17 所示。当外界机械作用于操作钮时，操作钮就向下运动，通过拉钩将弹簧拉伸到一定长度后，动触点就瞬时动作，脱离动断静触点而与动合静触点接触。当外界机械作用消失后，在弹簧恢复力的作用下，动触点进行换接恢复原状。在微动开关的外面加装滚轮，可以得到以适应不同需要的产品。

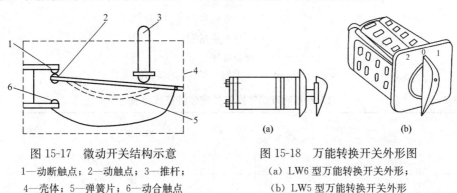

图 15-17　微动开关结构示意
1—动断触点；2—动触点；3—推杆；
4—壳体；5—弹簧片；6—动合触点

图 15-18　万能转换开关外形图
（a）LW6 型万能转换开关外形；
（b）LW5 型万能转换开关外形

四、万能转换开关

1. 万能转换开关的结构

万能转换开关是由多组相同结构的触点组件叠装而成的多回路控制电器。其结构主要由手柄操动机构、转轴、触点系统、凸轮定位装置等组成，并由 1～20 层触点底座叠装起来，类似组合开关，外形如图 15-18 所示。

万能转换开关的触点为双断点桥式结构。动触点为了保证分合时的同步性，设计成自动调整式；静触点卡在绝缘座内。每一个绝缘座内可安装 2～3 对触点，而且每组触点上还有隔弧装置。

定位装置采用滚轮卡棘轮辐射形结构，定位可靠，有较快的通断速度，同步性好，寿命长。

万能转换开关主要用于高压断路器操动机构的合闸与分闸控制；各种控制线路的转换；电流或电压的换相测量控制以及配电装置线路的转换和控制。有时也被用于三相异步电动机的星—三角启动控制。但万能转换开关的通断能力不高，当控制电动机时，LW5 型万能转换开关只能控制 5.5kW 以下的小型电动机，LW6 型只能控制 2.2kW 的小型电动机，还需要用其他保护电器来配合使用（因为万能转换开关本身无任何保护）。除此之外，万能转换开关不分断主电路，只用于通断控制电路。常用的万能转换开关有 LW2、LW5、LW6、LW8 等系列产品。典型的万能转换开关内部结构如图 15-19 所示。

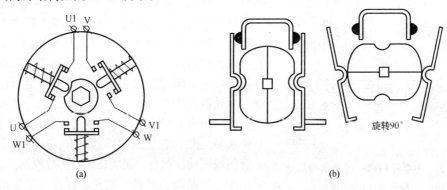

图 15-19　LW6 和 LW5 系列万能转换开关结构示意
（a）LW6 型结构示意图；（b）LW5 型结构示意图

2. 万能转换开关型号含义与定位特征代号表

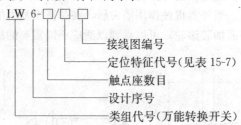

LW 6-□/□□
- 接线图编号
- 定位特征代号(见表 15-7)
- 触点座数目
- 设计序号
- 类组代号(万能转换开关)

表 15-7　　　　　　　　　LW6 系列万能转换开关定位特征代号表

定位代号	操作手柄定位角度											
A						0	30					
B					30	0	30					
C					30	0	30	60				
D				60	30	0	30	60				
E				60	30	0	30	60	90			
F			90	60	30	0	30	60	90			
G			90	60	30	0	30	60	90	120		
H		120	90	60	30	0	30	60	90	120		
I		120	90	60	30	0	30	60	90	120	150	
J	150	120	90	60	30	0	30	60	90	120	150	
K	210	240	270	300	330	0	30	60	90	120	150	180

五、主令控制器

主令控制器是用来按顺序操纵多个控制回路的主令电器，主要用于在电力驱动装置的控制系统中，按照预定的程序来分合触点，向控制系统发出指令，通过接触器达到控制电动机的启动、制动、调速以及反转的目的，同时也可以实现控制线路的连锁作用。主令控制器和万能开关一样是借助于不同形状的凸轮使其触点按一定的次序接通或分断。在发电厂主要用于起重设备的操作控制。

按结构形式分，主令控制器有两种类型，即凸轮调整式和凸轮非调整式。

(1)凸轮调整式主令控制器。其凸轮片上开有孔和槽，凸轮片的位置可根据给定的分合表进行调整。它可以直接通过减速器与操纵机械连接。如果控制回路较多，为了缩短开关长度，可采用两组凸轮直接或通过减速器连接。

(2)凸轮非调整式主令控制器。其凸轮不能调整，只能按触点分合表适当的排列组合。这种主令控制器适合组成联动控制台，能实现多点多位控制。

主令控制器由转轴、凸轮、触点、定位机构和操作手柄组成。触点材料含银，可频繁分合。改变凸轮块的形状即可获得不同的控制程序。图 15-20 所示为主

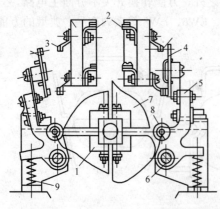

图 15-20　主令控制器一层的结构示意
1—方形转轴；2—接线端子；3—静触头；4—桥式动触头；5—动触头架；6—侧轴；7—凸轮；8—小滚轮；9—复位弹簧

令控制器一层的结构示意图，根据需要，可装配具有不同形状凸轮块的多层结构。由于主令控制器所控制的线路不是主电路，容量一般不大，所以其触点按小电流设计，也不需要复杂的灭弧装置。

常用的主令控制器有 LK4、LK5、LK16 等系列，其中 LK4 系列是调整式主令控制器，LK5 和 LK16 属于非调整式主令控制器。

本 章 小 结

本章重点讲述控制电器中各种接触器、继电器和主令电器的结构、原理、应用场合及主要技术参数，以及控制电器的检修与维护。

第十六章 低压成套配电装置安装

低压成套配电装置主要包括三大类，即低压配电屏、低压配电柜和低压配电箱。

低压配电装置根据其所服务的对象，按一定的接线方式，将电路所需要的设备（开关、测量仪表、保护装置以及辅助设备）组装起来，用以进行控制、保护、计量、分配和监视等，确保低压系统或设备的正常工作状态。

第一节 低压成套配电装置的类别与设计方案

一、低压成套配电装置的类别与特点

（一）PGL 系列交流低压配电屏

PGL 系列配电屏是开启式低压交流配电屏，分 1、2、3 型，是国家统一设计、取代 BSL 型低压配电屏的产品，适用于交流 500V 以下配电系统作动力、照明和配电控制用。其外形如图 16-1（a）所示。

PGL 系列配电屏为户内开启式，屏的前面分三部分，柜的下部有门，内装电能表和其他电器；中部是操作板，装有板前操作把手等；上部为仪表板，装设指示仪表。

母线在屏的上方，立式安装在绝缘支架上，并装有防护罩，以免上方坠物造成母线短路事故。零线装在屏的下方绝缘子上。而接地线是与零线分开的，接地线是焊在配电屏下方的框架上，仪表门与屏的框架相连，构成良好的接地保护电路。

PGL 系列配电屏的结构简单实用，其配电屏的高度为 2200mm，深度为 600mm，屏面宽度有 600、800、1000mm 等几种，能双面进行检修和维护，一般用于交流 380V 低压系统接收、分配电能或控制电动机。

PGL1、2、3 型配电屏分别有 41、64、121 个标准化主电路设计方案，其中 PGL3 型为增容型，其型号含义如下。

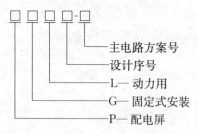

- 主电路方案号
- 设计序号
- L— 动力用
- G— 固定式安装
- P— 配电屏

（二）封闭式低压配电柜

1. GGD 系列交流低压配电柜

GGD 系列交流低压配电柜的外形如图 16-1（b）所示，分断能力有 15、30kA 和 50kA 三种。其最小和最大尺寸分别为 600mm×600mm×2200mm 和 1200mm×800mm×2200mm，其中 GGD1、2 型配电柜有 60 个主电路设计方案，而 GGD3 型有 27 个主电路设计方案。考虑运行中柜体散热问题，在配电柜上下端设计了散热槽孔，当柜内电器元件发热后，热量上升，通过上端槽孔排出，而冷风则不断从柜的下端补充进来，使密封的配电柜自下而上形成一个自然通风道，

起到散热的作用。

配电柜门的折边处嵌有一根山型塑料垫条，能防止门与柜体直接碰撞，同时也提高了防护等级。装有电器元件的仪表门用多股软铜线与构架相连，柜内的其他元件与金属构架用螺钉连接，配电柜有一个完整的接地保护回路。柜体的防护等级为IP30。

2. CUBIC系列低压配电柜

CUBIC系列低压配电柜外形如图16-1（c）所示。它采用模数化组合的形式，以192mm为基本模数，柱、梁之间用插片形式安装，组合灵活。有抽屉式和固定分隔式两种结构，应用于电压660V及以下的低压开关柜、继电保护柜、自动化仪表柜、动力控制柜、直流电源柜。

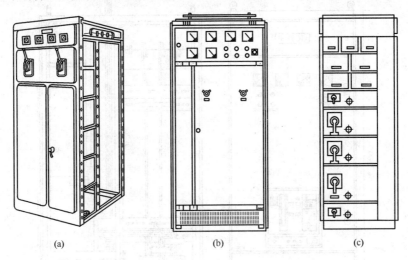

图 16-1　GGD系列交流低压配电柜外形图
(a) PGL开启式配电屏；(b) GGD固定式配电柜；(c) 抽屉式配电柜

3. GCL系列低压配电柜

GCL系列低压配电柜适用于交流380V或660V、主母线额定电流为4000A及以下的配电系统，作为受电或分配电能之用，俗称动力配电中心或电动机控制中心。它是一种抽屉式配电柜，全封闭结构，防护等级为IP30。它的每个单元均有隔板分开，可以防止事故扩大。主开关导轨与柜门有机械连锁，可防止误操作，以保证人身与设备的安全。

4. GCK系列低压配电柜

GCK系列低压配电柜（又称GCL系列电动机控制中心）是一种新型抽屉式低压配电装置，全封闭功能单元独立式结构，防护等级为IP40，分受电型和馈电型两种。受电型的分断能力有30、50、80kA三种；馈电型的分断能力也有三种，是15、30、50kA。其外形如图16-2所示。

GCK系列低压配电柜的保护设备完善而且性能良好，同规格功能单元抽屉可以实现互换，所有功能单元均可通过接口件与其他设备连接，作为自动控制系统的执行单元，每一个功能单元对应有20对辅助触点，完全可以满足远距离操作控制、电能计量和计算机自动化监测系统的需要。

该系列配电柜适用于三相交流50Hz、额定电压380V或660V、母线额定电流4000A及以下的三相四线制和三相五线制电力系统，作为动力配电、照明配电和电动机控制用。其型号含义如下。

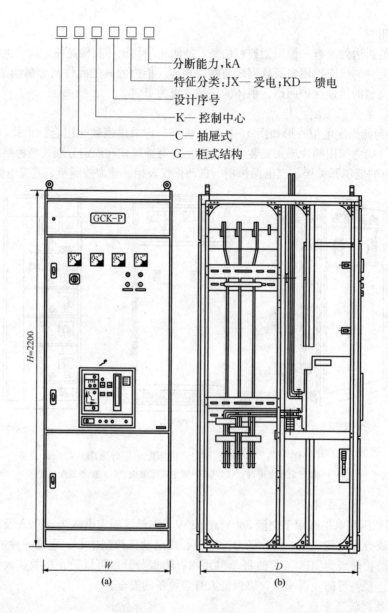

分断能力,kA
特征分类:JX— 受电;KD— 馈电
设计序号
K— 控制中心
C— 抽屉式
G— 柜式结构

图 16-2　GCK 系列低压抽屉式配电装置外形结构
(a) 正面视图；(b) 左视图

（三）低压配电箱

低压配电箱的类型较多，按用途可分为户内或户外动力配电箱（XL 系列）和照明配电箱（XM 系列）；按安装方式可分为悬挂式和嵌入式，其产品有 XL12、XF—10、XLK 动力配电两用控制箱和 BGL—1、BGM—1 商业大厦以及高层住宅配电箱等。

二、低压成套配电装置设计方案与安装要求

低压成套配电装置的生产厂家较多，各种型号的配电屏或配电柜的装配工艺也有所不同，但是，它们的功能特征离不开受电、馈电、联络、备用以及无功功率补偿等性质。因此，在确定了服务对象后，本着安全可靠、经济合理和操作、维护方便等原则，设计出主电路方案。下面以开启式低压配电屏和封闭式低压配电柜的部分主电路方案为例作以介绍。

1. PGL 系列配电屏主电路部分方案

PGL 系列配电屏主电路 09 号方案表示法如图 16-3 所示。

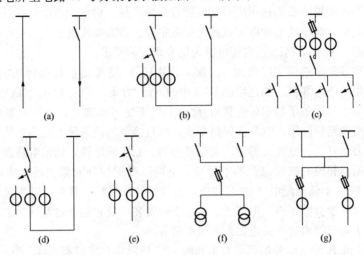

图 16-3　PGL 系列低压配电屏主电路 09 号方案表示法

(a) 电缆受电和馈电；(b) 架空受电或联络；(c) 受电和馈电；

(d) 架空受电或馈电；(e) 馈电；(f) 联络；(g) 联络和馈电

PGL 系列低压配电屏主电路方案有好几十种，用数字代号表示，如 01、02、04、06、09、13、14、37 等都是低压开启式配电屏主电路方案的其中一种。

2. 全封闭抽屉式低压配电柜主电路部分方案

全封闭抽屉式低压配电柜主电路部分方案表示法如图 16-4 所示。

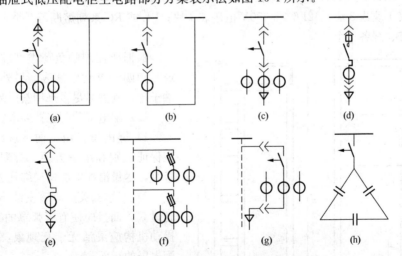

图 16-4　全封闭抽屉式低压配电柜主电路部分方案

(a) 电缆受电；(b) 联络；(c) 馈电；(d) 控制电动机；(e) 控制电动机；

(f) 馈电或控制电动机；(g) 控制照明；(h) 电容补偿

全封闭抽屉式低压配电柜主电路方案也是几十种，图中只是部分方案。它基本可以代表各型号全封闭抽屉式组合配电柜主电路方案表示法。虽然 PGL 系列配电屏是开启式，而 GCL、GCK、GGL、BFC 等配电柜是封闭式的，但它们的主电路方案在设计上大同小异，只是防护形式和防护等级上有一定的区别（防护等级和形式可参阅第二篇第八章第一节）。

3. 低压成套配电装置的安装要求

工矿企业用配电装置一般都选用成套配电装置系列产品。根据所需配电容量和用途分别选用低压配电屏、配电柜、低压动力配电箱或照明配电箱等。当需要改进或重装配电屏时，必须按照安装要求进行装配。下面以 PGL 系列配电屏为例介绍安装要求。

要根据用途和容量来选择主电路设计方案，PGL1、2、3 型低压配电屏的主电路方案很多，选择其中一种适用的方案即可。如选用图 16-3 中的（c）方案，它是 PGL 型低压配电屏的 09 号主电路方案（新编电气设备手册中可查到），此方案属于受电和馈电，也可用来作小容量电动机的直接启动和照明电路控制用。它是多回路布置，而且接触的设备种类也多。从单线图上可以看到主电路需要有刀熔开关、电流互感器、交流接触器、低压断路器；辅助电路需要电压表、电流表、电能表、熔断器和控制按钮以及端子排等，也可以根据控制对象去增加或减少其他电器附件。总之，通过 PGL 型低压配电屏 09 号主电路方案的装配过程，基本可以掌握成套配电装置的装配要领，同时可以学会电压表、电流表、电能表的安装以及它们通过互感器的接线方法，也能针对所控制对象去选择屏内的开关电器和测量电器等。

（1）PGL 系列低压配电屏外形尺寸要求如图 16-5 所示。其宽度有 600、800、1000mm 三种，厚度 600mm，高度为 2200mm。

（2）PGL 配电屏装配前的准备工作。

1）按图 16-5 所示准备配电屏本体。

2）准备适量并符合要求的母线和绝缘导线。

3）准备电工常用工具和测量仪表。

4）准备要安装的开关电器以及附属元件，包括：HR3 刀熔开关一组；DZX10 或 DZ10 系列断路器 4 只；CJ10 或 CJ12 系列交流接触器 1 只；LMZ1—0.5□/5A 电流互感器 3 个；42L6—□/5A 电流表 1 块或 3 块；42L6 0～450V 电压表 1 块；RL 或 RC 系列熔断器 2 个；LA2 型控制按钮 2 个（红、绿各一个）。

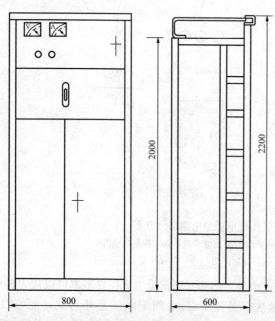

图 16-5　PGL 系列低压配电屏外形尺寸

根据所控制的负荷类型准备 1 块三相或三相四线有功电能表。另外准备适量的端子排，其型号尽量采用新产品。

（3）配电屏装配工艺要求。

1）屏内设备由上向下逐级平面布置，应保证识别和维护方便。所配导线应横平竖直，尽量沿配电屏构架绑扎成束。

2）刀熔开关应垂直安装，倾斜度不得超过 5°，而且应使有灭弧罩的一端在上方。操动机构应灵活无卡死现象，操作手柄在配电屏的正面。

3）电流表和电压表应装在配电屏正面的上部面板上，电能表可装在屏内上部门内或下部侧面构架上；控制按钮装在上部面板上，红色为停止按钮，绿色为启动按钮。

4）所有二次线应进接线端子排后再与

有关设备连接，端子排应安装在配电屏的内部侧面或下部。

第二节 电能表接线

电能表是计量电能的仪表，由于配电屏所控制的电路有三相三线制的，也有三相四线制的，三相四线制电路还分对称三相制和不对称三相制电路。小电流可以直接进行测量，而大电流则经过电流互感器才能测量消耗的电能。以下分别介绍电能测量的接线。

一、对称三相四线制电能的测量与接线

在对称的三相四线制电路中，可以用一块单相电能表测量任一相负载所消耗的电能，然后乘以 3 即可得出三相负载总的电能。测量接线如图 16-6 所示。

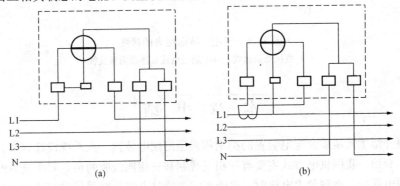

图 16-6　单相电能表测量对称三相四线电路电能的接线
(a) 直接测量接线；(b) 通过电流互感器测量接线

二、不对称三相四线制电能的测量与接线

如果三相负载不对称，可采用三相四线电能表直接或通过电流互感器测量，如图 16-7 所示。

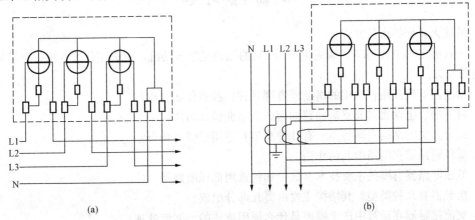

图 16-7　三相四线电能表测量不对称电路电能的接线
(a) 直接测量接线；(b) 通过电流互感齐测量接线

三、三相三线制电能的测量与接线

在三相三线制电路中，三相电能可用两块单相电能表测量，三相总电能是两表读数之和，不过在工业上多半采用三相三线电能表，其特点是有两组电磁元件分别作用在固定于同一转轴的铝盘上，从计数器上可直接读出三相总电能，接线方法如图 16-8 所示。

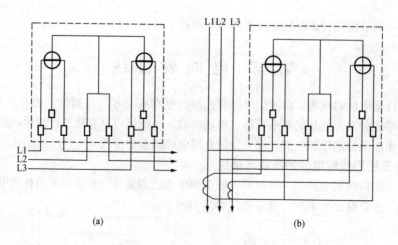

图 16-8　三相三线电能表的接线

（a）直接测量接线；（b）通过电流互感器测量接线

本 章 小 结

本章主要介绍了低压成套配电装置的类别和典型的配电装置一次系统设计方案。对电能计量的接线也做了介绍。我国供电方式主要有三相三线制和三相四线制两种，对小电流的计量可直接将电能表接到电路中，而测量大电流时，电能表需要通过电流互感器再进行计量。对三相三线制电路可用三相三线电能表进行计量。对三相四线制电路则有两种情况：对称的电路可以用两块单相电能表进行计量；不对称的电路得用三相四线电能表进行计量。

本 篇 练 习 题

1. 简述灭弧栅的灭弧原理。

2. 一台额定功率为 3kW、额定电压 380V 的三相笼型电动机，应选用什么规格、型号的刀开关作电源开关？

3. 熔断器有何作用？常用的熔断器有哪几种？各有什么特点？

4. 对照明、电动机以及整流回路如何选用熔断器及熔体？

5. 组合开关的结构有何特点？有几种类型？适用于哪些场合？

6. 低压断路器在电路中起何作用？

7. 低压断路器有哪些主要技术参数？如何选用低压断路器？

8. 接触器有几种类型？其结构主要由哪几部分组成？

9. 交流接触器在运行中产生噪声是什么原因造成的？如何处理？

10. 请叙述交流接触器的常见故障、原因及处理方法。

11. 交流接触器能否接直流电源？为什么？

12. 直流电磁线圈误接入交流电源会发生什么问题？为什么？

13. 请叙述热继电器的作用及工作原理。

14. JS7—A 系列时间继电器触头系统有哪几种？怎样选用时间继电器？

15. 何为主令电器？常用的主令电器有哪几种？其作用是什么？

16. 何为行程开关？它与控制按钮在作用上有何不同？

17. 接近开关有何特点？

18. 请叙述万能转换开关的作用和特点。

19. 请叙述主令控制器的结构特点和使用场合。

20. 画出并解释时间继电器的延时闭合的动合触点、延时断开的动合触点、延时闭合的动断触点、延时断开的动断触点、延时闭合和延时断开的动合触点。

母线与电缆的检修

第十七章 母线检修

第一节 母线的种类与选用

一、母线的种类与主要参数

母线是发电厂和变电所各级电压配电装置中流过大电流的汇流排，其作用是连接电源和负荷，分配电流，是配电装置的重要组成部分。

1. 母线的种类

母线的种类较多，按软硬程度可分为软母线（包括铜绞线、铝绞线和钢芯铝绞线）和硬母线（包括矩形母线、圆形母线、管形母线、槽形母线、菱形母线等）；按材料可分为铜母线、铝母线、铁母线；按防护方式可分为裸露安装母线和封闭式安装母线；按冷却方式可分为自然风冷却、水冷却（管形母线）、气体冷却母线等。在发电厂和变电所配电装置中使用最多的母线是矩形铜母线（TMY）和矩形铝母线（LMY）。

2. 母线的技术参数

(1) 型号意义：T—铜；L—铝；M—母线；Y—硬母线；R—软母线。

(2) 技术参数。单片矩形母线的参数见表 17-1 和表 17-2；多片矩形母线的参数见表 17-3 和表 17-4。

表 17-1　　　　　　　　　　　单片铝母线的截面积规格和载流量

母线截面积 (mm²)	最大允许持续电流（A）					
	25℃		35℃		40℃	
	平放	竖放	平放	竖放	平放	竖放
15×3	156	165	138	145	127	134
20×3	204	215	180	190	166	175
25×3	252	265	219	230	204	215
30×4	347	365	309	325	285	300
40×4	456	480	404	425	375	395
40×5	518	540	425	475	418	440
50×5	632	665	556	585	518	545
50×6	703	740	617	650	570	600
60×6	826	870	731	770	680	715

母线截面积	最大允许持续电流（A）					
（mm²）	25℃		35℃		40℃	
	平放	竖放	平放	竖放	平放	竖放
60×8	975	1025	855	900	788	830
60×10	1100	1155	960	1010	890	935
80×6	1050	1150	930	1010	860	935
80×8	1215	1320	1060	1155	985	1070
80×10	1360	1480	1190	1295	1105	1200
100×6	1310	1425	1160	1260	1070	1160
100×8	1495	1620	1310	1425	1210	1315
100×10	1675	1820	1470	1595	1360	1475
120×8	1750	1900	1530	1675	1420	1550
120×10	1905	2070	1685	1830	1620	1760

表 17-2　　　　　　　　　　　　单片铜母线的截面规格和载流量

母线截面积	最大允许持续电流（A）					
（mm²）	25℃		35℃		40℃	
	平放	竖放	平放	竖放	平放	竖放
15×3	200	210	176	185	162	171
20×3	261	275	233	245	214	225
25×3	323	340	285	300	271	285
30×4	451	475	394	415	366	385
40×4	593	625	522	550	485	510
40×5	665	700	588	621	551	580
50×5	816	860	721	760	669	705
50×6	906	955	797	840	735	775
60×6	1069	1125	940	990	837	920
60×8	1251	1320	1101	1160	1016	1070
60×10	1395	1475	1230	1295	1133	1195
80×6	1360	1480	1195	1300	1110	1205
80×8	1553	1690	1361	1480	1260	1370
80×10	1747	1900	1531	1665	1417	1540
100×6	1665	1810	1557	1592	1356	1475
100×8	1911	2080	1674	1820	1546	1685
100×10	2121	2310	1865	2025	1720	1870
120×8	2210	2400	1940	2110	1800	1955
120×10	2435	2650	2152	2340	1996	2170

表 17-3 　　　　　　　　　　　多片铝母线并用时的截面规格和载流量

母线截面积 (mm²)	最大允许持续电流（A）					
	25℃		35℃		40℃	
	平放	竖放	平放	竖放	平放	竖放
2(60×6)	1282	1350	1126	1185	1035	1090
2(60×8)	1596	1680	1460	1480	1291	1360
2(60×10)	1910	2010	1682	1770	1558	1640
2(80×6)	1500	1630	1320	1433	1222	1330
2(80×8)	1876	2040	1651	1795	1520	1650
2(80×10)	2237	2410	1950	2120	1809	1965
2(100×6)	1780	1935	1564	1700	1450	1578
2(100×8)	2200	2390	1930	2100	1794	1950
2(100×10)	2630	2860	2300	2500	2130	2315
2(120×8)	2440	2650	2140	2330	1985	2160
2(120×10)	2945	3200	2615	2840	2410	2620
3(60×6)	1582	1720	1390	1510	1280	1390
3(60×8)	2005	2180	1766	1920	1624	1765
3(60×10)	2520	2650	2215	2330	2050	2160
3(80×6)	1930	2100	1696	1845	1575	1712
3(80×8)	2410	2620	2118	2300	1970	2140
3(80×10)	2870	3120	2530	2720	2330	2530
3(100×6)	2300	2500	2030	2200	1880	2040
3(100×8)	2800	3050	2480	2680	2290	2490
3(100×10)	3350	3640	2935	3190	2715	2950
3(120×8)	3110	3380	2730	2970	2530	2750
3(120×10)	3770	4100	3320	3610	3090	3360
4(100×10)	3820	4150	3360	3650	3130	3400
4(120×10)	4275	4650	3765	4090	3506	3810

表 17-4 　　　　　　　　　　　多片铜母线并用时的截面规格和载流量

母线截面积 (mm²)	最大允许持续电流（A）					
	25℃		35℃		40℃	
	平放	竖放	平放	竖放	平放	竖放
2(60×6)	1650	1740	1452	1530	1340	1410
2(60×8)	2050	2160	1503	1900	1660	1750
2(60×10)	2430	2560	2140	2250	1985	2090
2(80×6)	1940	2110	1705	1855	1580	1720
2(80×8)	2410	2620	2117	2515	1950	2120
2(80×10)	2850	3100	2575	2735	2345	2550

母线截面积（mm²）	最大允许持续电流（A）					
	25℃		35℃		40℃	
	平放	竖放	平放	竖放	平放	竖放
2(100×6)	2270	2470	2000	2170	1855	2015
2(100×8)	2810	3060	2470	2690	2290	2490
2(100×10)	3320	3610	2935	3185	2735	2970
2(120×8)	3130	3400	2750	2995	2550	2770
2(120×10)	3770	4100	3330	3620	3090	3360
3(60×6)	2060	2240	1810	1970	1670	1815
3(60×8)	2565	2790	2255	2450	2080	2260
3(60×10)	3135	3300	2750	2900	2560	2690
3(80×6)	2500	2720	2200	2390	2040	2215
3(80×8)	3100	3370	2730	2970	2530	2750
3(80×10)	3670	3990	3230	3510	2990	3250
3(100×6)	2920	3170	2565	2790	2370	2580
3(100×8)	3610	3930	3180	3460	2945	3200
3(100×10)	4280	4650	3735	4060	3450	3750
3(120×8)	3995	4340	3515	3820	3260	3540
3(120×10)	4780	5200	4230	4600	3920	4260
4(100×10)	4875	5300	4290	4670	4000	4350
4(120×10)	5430	5900	4770	5190	4450	4840

二、母线的选用

母线的作用是汇集、分配和传送电能。母线在运行中有强大的电功率通过，在短路时，承受着很大的热效应和电动力的作用，因此，在选用母线时，必须经过分析、比较和计算，合理选用母线的材料、形状和截面积，以符合安全、经济运行的要求。

1. 母线选择的基本原则

（1）根据安装地点（室内、室外）、环境温度以及母线放置的方式（如矩形母线竖放或平放）确定母线的长期运行允许电流（此电流值要大于实际工作电流）或母线的种类（硬母线或软母线）。

（2）母线材料的选用。从经济的角度和我国矿藏的储藏量考虑，广泛采用铝母线，只有在含有腐蚀性气体或有强烈振动的地区以及大电流母线才使用铜母线。高压小容量回路（电压互感器）和电流在 200A 以下的低压或直流电路以及接地装置中采用铁母线。

（3）母线截面形状的选择。在 35kV 及以下的户内配电装置中，大多采用矩形截面母线。矩形母线散热面大，冷却条件好。户外配电装置中，为了防止产生电晕，大多采用圆形截面母线。电压在 35kV 及以下的户外配电装置中，一般也采用钢芯铝绞线，使户外配电装置的结构和布置简单，也降低了投资费用。

大电流母线多采用多片矩形母线、槽形母线、水冷却（管形）母线或封闭式母线等。

2. 封闭母线

（1）概述。由于大型发电机组将不断的输出上万安培的大电流，造成母线容量增加，使母线短路电动力和周围金属框架发热量增大，同时敞露母线的绝缘子易受到污秽影响而造成闪络、接地、短路等故障，为了避免环境对母线的影响，确保母线安全运行，大型发电机组的输出采用封闭母线。

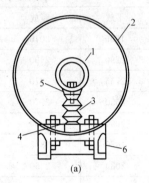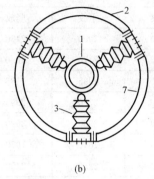

图 17-1　分相式封闭母线断面结构

1—载流导体；2—保护外壳；3—支持绝缘子；4—弹性板；
5—垫块；6—底座；7—加强圈

封闭母线有共箱封闭母线和分相式封闭母线两大类型。共箱封闭母线是将三相母线安装在一个金属外壳内；分相式封闭母线是三相母线分别用单独的铝制外壳进行封闭，为了提高强度，外壳制成圆形，如图 17-1 所示。共箱封闭母线只在小容量的母线上采用。大型发电机组广泛采用分相式封闭母线。

（2）分相式封闭母线的优点。

1）由于母线是分相封闭的，即防尘又可避免相间短路事故，对安全运行提供了保障。

2）母线通过短路电流时，线间电动力很小，其电动力是敞开式母线的 25%，所以分相式封闭母线的绝缘子可以加大其安装距离。

3）封闭母线的铝外壳上感应产生与母线相反的环流，起到屏蔽作用，使壳外磁场减小至敞开式母线的 10%，所以，壳外钢构件的发热程度将大为减小。

4）母线与外壳之间兼作冷却管道，降低了母线的温度，从而增加了母线的载流量。

5）分相式封闭母线具有以上优点，所以延长了运行周期，减少了检修维护工作量。

第二节　母线的故障与检修

一、母线常见故障及原因

母线的安装与选用是否正确、大小修的质量如何以及日常检查维护是否到位等，都直接影响到母线的安全运行。母线常见故障如下。

（1）触头接触不良。其原因是接触面不平整，有氧化层，母线对接螺栓拧得过紧或过松。母线运行时通过额定工作电流将产生一定的热量，尤其通过短路电流时热量更大，此时，由于母线和对接螺栓的膨胀系数不同，将使垫圈部分的母线进一步压缩，当电流减小时，母线收缩率比螺栓大，于是母线对接部位形成一个间隙，使接触电阻增大，造成接头发热，从而影响母线的正常运行。

（2）母线绝缘不良。其原因是支持绝缘子脏污、裂纹、破损等，使母线绝缘电阻下降，造成母线绝缘不良，严重时将导致闪络或绝缘被击穿。

（3）母线变形与支持绝缘子崩裂。其主要原因是短路电流通过母线时，产生强大的磁场，母线相与相之间在电动力的作用下，互相吸引与排斥，使支持绝缘子横向受机械力而崩裂，使母线移位而变形。

二、母线检修

母线检修分一般性检修和解体检修两种。一般性检修主要是清扫检查母线的绝缘、连接以及各部分的紧固情况；解体检修除包括一般性检修的内容外，还处理运行中存在的问题、测量母线接头的接触电阻、支持绝缘子的绝缘电阻以及调整或更换部分零部件等。

1. 母线一般性检修

(1) 母线清扫。清除母线上的污垢和积灰，补刷相序颜色和补贴示温片。

(2) 母线接头检查与处理。检查母线接头应无过热变色，焊接的接头焊缝应凸出，呈圆弧状，并无裂纹；铜铝接头应无腐蚀现象；检查母线对接螺栓紧固情况，螺栓两侧的平垫圈、弹簧垫圈应齐全并弹性良好，户外接头和螺栓处应涂防水漆。

(3) 检查母线伸缩补偿器。母线伸缩补偿器应无断裂现象并能自由伸缩，伸缩补偿器的两端接触应良好。

(4) 支持绝缘子与套管检修。支持绝缘子与套管应清洁完整，无裂纹或破损，绝缘电阻应符合相关规定。

(5) 母线固定情况检查。紧固部件应齐全、无锈蚀，片间撑条均匀。

(6) 测量母线接头电阻，应不超过相同长度母线电阻值的 20%。

2. 母线解体检修

母线解体检修除包括一般性检修项目外，应重点对母线的接触面、绝缘子以及紧固件进行全面的检查、调整、试验以及更换部件等。

(1) 接触面的检修。拆开母线接头，用粗锉修平接触面，清除接触面上的氧化层，涂上电力复合脂或中性凡士林，软母线接头应用钢丝刷清除氧化膜，并在线夹内表面涂电力复合脂，用以降低接触电阻，避免氧化膜使接头发热。

(2) 搪锡方法。将焊锡熔化在锡锅内（焊锡表面呈浅蓝色时，其温度在 183～235℃左右），再将母线接触面锉平、擦净涂上焊剂（松节油或焊锡膏）后，放在锡锅上部，多次浇锡，当接触面端部粘锡时，则可直接将接触面放进锡锅内浸一会儿，然后取出用抹布擦去多余部分（一般搪锡的厚度为 0.1～0.15mm）。

(3) 紧固件检修。对失去弹性的弹簧垫和损坏的螺母、螺栓以及平垫进行更换；用卡板固定母线时，应将卡板拧转一定角度，卡住母线即可；用夹板固定母线时，应按要求固定母线夹板；有力矩扳手的，可用力矩扳手按表 17-5 规定的力矩值进行紧固对接面的螺栓。

表 17-5　　　　　　　　　　　　　螺栓的紧固力矩值

螺栓规格（mm）	力矩值（N·m）	螺栓规格（mm）	力矩值（N·m）
M8	8.8～10.8	M16	78.5～98.1
M10	17.7～22.6	M18	98.0～127.4
M12	31.4～39.2	M20	156.9～196.2
M14	51.0～60.8	M24	274.6～343.2

(4) 绝缘子串或支持绝缘子检修。清除其积灰和污垢，更换破损、裂纹的绝缘子；更换软母线上的已损坏的所有金具，为防止接头表面及接缝处氧化，在母线接头的接缝出涂中性凡士林或电力复合脂。

第三节　母线加工与安装

一、母线的加工

发电厂各电压等级配电装置以及配电装置与电气设备之间的连接，大部分采用矩形硬母线。

母线使用的材料有铜、铝、铁三种，而铝母线使用最广泛。其加工工序包括矫正母线、安装尺寸的测量与下料、母线的弯曲、钻孔以及接触面的加工等。

1. 母线矫正

母线材料要求光洁平整，不得有裂纹、折叠及杂物，不应有扭曲变形等。对于弯曲不正的母线应进行矫正，其矫正方法可用母线矫正机或手工作业进行矫正。

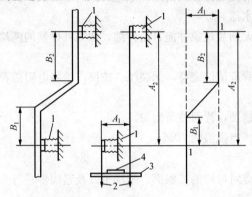

图 17-2　母线加工尺寸测量位置

1—支持绝缘子；2—线锤；3—平板尺；4—水平尺

手工作业时，将弯曲不平的母线放在平台上或槽钢上，用木锤敲打矫正。对扭曲严重的母线可在母线上面垫上与母线相同材料的平直垫块，然后用大锤敲打来矫正。

2. 母线加工尺寸的测量与下料

母线下料前，应到现场进行实地测量，测出实际需要安装的尺寸。测量工具可用线锤、角尺和卷尺等，其方法如图 17-2 所示。

当测量两个不同垂直面上要装设的一段母线尺寸时，应先在两个支持绝缘子与母线接触面的中心各放一个线锤，用尺测量出两个线锤之间的距离 A_1 及绝缘子中心线之间的距离 A_2。而需要弯曲的长度 B_1 和 B_2 的尺寸可根据实际需要选定，以施工方便为原则。然后将测得的尺寸在平台或木板上划出大样，也可用 $4mm^2$ 的铜线或铝导线弯成样板，作为弯曲母线的依据。

下料时，应本着节约的原则，合理用料，避免浪费。为了检修拆卸方便，可在适当的地点将母线分段，用螺栓连接。但这种母线接头不宜过多，因为接头多了会增加人力和物力的浪费，同时增加事故点。

3. 矩形母线的弯曲

矩形母线的弯曲通常有平弯（宽面方向弯曲）、立弯（窄面方向弯曲）、扭弯（麻花弯）和等差弯四种形式，其弯曲方式与位置如图 17-3 所示，母线弯曲工具如图 17-4 所示。

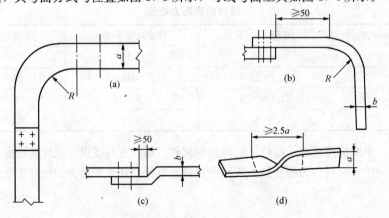

图 17-3　母线弯曲方式与位置

(a) 立弯；(b) 平弯；(c) 等差弯；(d) 扭弯

（1）平弯。母线平弯可用平弯器加工，如图 17-4（a）所示。先在母线弯曲的地方画上记号，再将母线 4 放在平弯器弯曲滑轮 2 下面的槽钢上，拧紧固定压板 3，再慢慢向下扳动手柄，使母

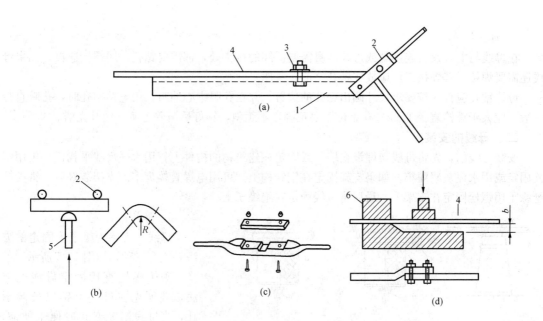

图 17-4　母线弯曲工具

(a) 母线平弯器；(b) 母线立弯示意图；(c) 母线扭弯夹板；(d) 母线等差弯示意图

1—槽钢；2—弯曲滑轮；3—固定压板；4—母线；5—加力弯头；6—模具

线按样板弯曲。扳动手柄时不得用力过猛，以免母线发生裂纹。矩形母线最小允许弯曲半径见表17-6。

表 17-6　　　　　　　　　　　　矩形母线最小允许弯曲半径

弯曲种类	母线截面积（mm）	最小弯曲半径		
		铜	铝	铁
平弯	50×5 及以下	$2b$	$2b$	$2b$
	125×10 及以下	$2b$	$2.5b$	$2b$
立弯	50×5 及以下	$1a$	$1.5a$	$0.5a$
	125×10 及以下	$1.5a$	$2a$	$1a$

注　b—母线的厚度；a—母线的宽度。

　　母线开始弯曲处距离最近绝缘子支持夹板边缘不应大于母线两支点之间距离的25%，但不得小于50mm；距离母线连接位置也不应小于50mm；多片母线弯曲程度应一致。

　　(2) 立弯。母线立弯用力较大，需要用立弯机进行弯曲。将母线套在胎具内固定好，然后用千斤顶慢慢操作，直至将母线顶弯到符合要求为止。图17-4 (b) 所示为立弯器示意。

　　(3) 扭弯（麻花弯）。母线扭弯可用扭弯夹板（扭弯器），如图17-4 (c) 所示。先将母线一端夹在台虎钳上，钳口垫上铝板或硬木块，母线的另一端用扭弯夹板夹紧，然后双手用力转动扭弯夹板的手柄，使母线弯曲到需要的形状为止。通常只能弯曲100mm×8mm以下的铝母线。如果超过这个范围就需将弯曲部分加热后再进行弯曲。铜的加热温度为350℃左右，铝的加热温度为250℃左右。扭弯90°时，扭弯部分的长度应为母线宽度的2.5～5倍。

　　(4) 等差弯。当母线长度不够时，可在母线一端弯制等差弯，使两条连接母线的中心线一致；采用螺栓连接时，连接处距离支持绝缘子夹板边缘应不小于50mm。弯制等差弯可使用图17-4 (d) 所示的模具，用手锤慢慢敲打成形，所用的模具应符合弯曲半径的要求。

4. 母线钻孔

在母线与电气设备连接处或母线本身需要拆卸的接头处，都需要钻孔，用螺栓连接。如果母线还需要焊接，其焊接工作应放在钻孔之前，弯曲之后。

母线钻孔应首先按要求尺寸画出钻孔的位置，并在孔眼中心冲眼，用电钻钻孔时，孔眼直径一般不应大于螺栓直径1mm。孔眼位置要正确，不歪斜，钻好后清除毛刺，使其光洁。

二、母线的安装

安装母线前，先将母线架埋设在墙上或固定在建筑物的构件上，用水平尺找平找正，再用螺栓固定或用水泥灰浆灌牢。如果支架固定在钢结构上，可用电焊直接焊牢。支架装好后，将支持绝缘子用螺栓固定在支架上，最后将母线固定在绝缘子上。

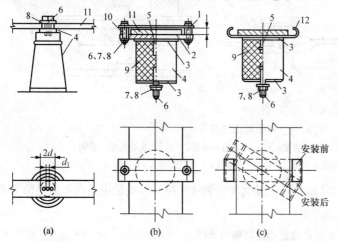

图17-5 矩形母线在绝缘子上的固定方法
(a) 用螺栓直接固定母线；(b) 用夹板固定母线；(c) 用卡板固定母线
1—上夹板；2—下夹板；3—钢纸垫圈；4—绝缘子；
5—沉头螺钉；6—螺栓；7、9—螺母；8—垫圈；
10—套筒；11—母线；12—卡板

1. 母线的固定

母线在支持绝缘子上固定的方法一般有三种，如图17-5所示。

采用螺栓直接固定母线的方法，必须先在母线上钻以长圆形孔，当母线温度变化时便于伸缩，不至于拉坏绝缘子；采用夹板固定的方法，只要将夹板两端的螺栓拧紧即可；采用卡板固定的方法只要将母线放入卡板内，将卡板扭转一定角度卡住母线即可。

多片母线并联使用时，其固定方法必须采用特殊的母线夹固定，如图17-6所示。当母线平放时，固定夹板的螺栓外径应套上支持套管，使母线与上压板之间保持1～1.5mm的间隙；当母线立放时，母线能使上部压板与母线之间保持1.5～2.0mm间隙，这样便于母线热胀冷缩，自由伸缩，不至于损坏支持绝缘子。

对于其他形状母线的固定方法如图17-7所示。无论采用哪一种固定方法，都要特别注意每相母线的支持铁件及母线支持夹板零件（螺栓、压板、垫板等），不准构成闭合磁路。

2. 母线连接

硬母线的连接除采用焊接外，一般都采用螺栓连接；软母线的连接除采用螺栓连接外，大部分采用压接法进行连接。

（1）螺栓连接。用螺栓连接母线时，母线的接触面应涂电力复合脂；螺栓两侧均应加平垫圈，螺母侧还要加弹簧垫圈；为了防止紧固螺栓之间构成闭合磁路而引起发热，两螺栓垫圈之间应有3mm以上的距离；当母线平放时，螺栓由下向上穿，其余情况螺母应装在便于维护的一侧，螺母拧紧后，

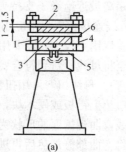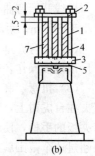

图17-6 多片矩形母线固定方法
(a) 母线平放；(b) 母线立放

1—母线；2—上压板；3—下压板；4—螺栓；
5—垫片；6—支持板；7—隔板

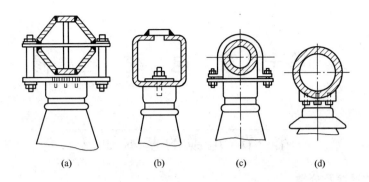

图 17-7　大电流母线的固定方法

(a) 菱形母线；(b) 水内冷圆母线；(c) 槽形母线；(d) 大管径圆母线

螺栓应露出螺母 2～3 扣；另外，在室外或室内潮湿场所用的螺栓和螺母应镀锌防锈。

（2）对接触面的处理。①铜与铜的接触面在干燥的室内可以直接连接，在室外或高温且潮湿以及对母线有腐蚀性气体的室内，必须搪锡或镀银；②铝与铝的接触面在任何情况下都可直接连接；③铁母线的接触面在任何情况下都必须搪锡或镀锌；④铜与铝搭接面在室内应搪锡或镀银，在室外或特别潮湿的室内，应使用铜铝过渡板，铜端应镀银或搪锡；⑤封闭母线的搭接面应镀银。

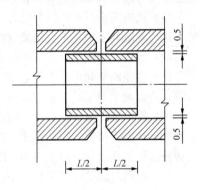

图 17-8　衬管位置

L—衬管长度

（3）母线的焊接。采用焊接方法可以减小接触电阻和避免因接触不良而造成接头发热，从而提高了供电的可靠性。常用的焊接方法有气焊、电弧焊和氩弧焊三种，氩弧焊的焊接质量高，焊件变形小，效率高并能全方位焊接等优点，所以，氩弧焊被广泛应用。

母线的焊接应由专业人员进行，电工作好配合工作，如焊前下料、打坡口、摆正焊件、拼装或固定等。

铝母线采用对接焊，截面积较大的母线（5mm 以上厚度）可以开成"V"形坡口，5mm 以下厚度的只要对口保持小于 2mm 的间隙即可。

管形母线焊接时，补强衬管垂直中心线应位于焊缝中间，衬管与管形母线之间的间隙应小于 0.5mm，如图 17-8 所示。

本 章 小 结

本章对母线的种类和选用做了简单介绍，重点讲述母线故障的处理和检修以及母线的加工与安装。母线有软硬之分；有铜、铝、铁质的母线；有裸露安装和封闭安装两种；有自然风冷、水冷却（管形母线）和气体冷却等冷却方式。母线的加工主要是弯曲工艺和接触面的处理以及加工标准等。

第十八章 电缆检修

第一节 电缆的基本知识

一、电缆的用途及分类

（一）电缆的用途

在电力系统中，电力电缆同架空线路一样，都是输送和分配电能的线路。常用作发电厂、变电所以及工矿企业的动力引出线，跨越江、河、湖、海或铁路也用它。在城镇人口密集的地方、在高层建筑内和工矿企业的厂区内部，或其他一些特殊场所，从安全、市容美观等角度考虑不宜架设架空线路时，都需要使用电力电缆。尤其发电厂内部传送电能的线路主要靠电力电缆，因为电力电缆与架空线路相比较具有以下优点。

（1）供电安全可靠。因为电力电缆是敷设在电缆沟道、室内墙壁的电缆架上或穿管埋设地下的，比较隐蔽和耐用，不会像架空线路那样受雷击、风害、鸟害或覆冰以及机械碰撞等外界因素的影响，所以，用电缆输送电能既有利于人身安全，又能保证可靠的电力生产。

（2）占地面空间小。由于电缆一般都敷设在地下，无须架设杆塔，所以它不受路面建筑物的影响，适合城镇与工矿企业用来传送电能。

（3）维护工作量少。由于电缆敷设较隐蔽，一般不会受到外界因素影响，加上机械性能、介电性能、热稳定性能等方面都比一般绝缘导线优良，因而断线、短路与接地等故障相对较少，所以运行维护工作量相对减少许多，既能节约人力又能节省维护费用。

（4）电缆对通信线路干扰很小，甚至没有干扰；且电缆的电容较大，有利于提高电力系统的功率因数。

（二）电缆的分类

1. 按绝缘材料分

（1）油纸绝缘电缆。油纸绝缘电缆包括黏性浸渍纸绝缘电缆、不滴流浸渍纸绝缘电缆、充油浸渍纸绝缘电缆和气压黏性浸渍纸绝缘电缆四种，它们的特点如下。

1）黏性浸渍纸绝缘电缆结构简单，成本低，易于安装和维护，但不宜做高落差敷设。

2）不滴流浸渍纸绝缘电缆的浸渍剂在工作温度下不滴流，适宜高落差敷设，有较高的绝缘稳定性，但成本比黏性浸渍纸绝缘电缆稍高。

3）充油浸渍纸绝缘和气压黏性浸渍纸绝缘电缆包括自容式充油和钢管充油以及充气电缆，它们的终端头增加了油杯或充气装置，通过油标或气压表可以初步判断电缆的工作情况和是否有漏油或漏气现象，但构造较复杂、价格较昂贵。

（2）塑料绝缘电缆。塑料绝缘电缆包括聚氯乙烯绝缘电缆、聚乙烯绝缘电缆和交联聚乙烯绝缘电缆三种，它们的特点如下。

1）聚氯乙烯绝缘电缆化学稳定性高，具有非燃性，安装工艺简单，适应高落差敷设，但环境温度对其机械性能有一定影响。

2）聚乙烯绝缘电缆有优良的介电性能，但抗电晕、游离放电性能差，受热易变形，易发生应力龟裂。

3）交联聚乙烯绝缘电缆容许温升较高，耐热性好，故载流量较大，适宜高落差或垂直敷设，但抗电晕、游离放电性能差。

（3）橡胶绝缘电缆。橡胶绝缘电缆有天然橡胶绝缘型和乙丙橡胶绝缘型两种。橡胶绝缘电缆的柔软性能好，易弯曲，橡胶在很大温差范围内都具有弹性，适宜多次拆装与移动的线路，有较好的电气性能、机械性能和化学稳定性，耐寒、耐潮湿，但耐热、耐油、耐电晕性能较差，适宜做低压传输电能用。

2. 按用途分类

按照电缆的用途，可将其分为电力电缆、控制电缆、通信电缆、专用电缆（电焊电缆、电梯电缆、航天用电缆、船舶用电缆、水下电缆等）。

3. 按结构特征分类

按照电缆的结构特征，可将其分为分相型、统包型、钢管型、扁平型、自容型。

4. 按电压等级分类

按照电缆的电压等级，可将其分为高压电缆和低压电缆。

5. 按使用环境分类

按照电缆的使用环境，可将其分为直埋、穿管、水下、矿井、船用、空气中、高海拔、潮热区、大高差电缆等。

6. 按线芯分类

按照电缆线芯的不同，可将其分为单芯、双芯、三芯、四芯和多芯电缆等。

二、电缆型号含义与结构特点

电缆型号主要由以下几个部分组成：绝缘类型、导体材料、内护套、其他结构特征、外护层（外护层用数字表示）。

（一）电缆型号含义

电缆型号含义见表 18-1 和表 18-2。

表 18-1　　　　　　　　　　　电缆型号字母的含义

类别	绝缘类型	导体	内护套	特征符号	外护层
油浸纸绝缘	Z—纸绝缘	T—铜 L—铝	Q—铅护套 L—铝护套	CY—充油 F—分相 D—不滴流 C—滤尘用 P—滴干绝缘	02、03、20、22、23、30、31、32、33、41 等
塑料绝缘	V—聚氯乙烯	T—铜 L—铝	V—聚氯乙烯	ZK—阻燃	29、30、39、50、59 等
塑料绝缘	Y—聚乙烯 YJ—交联聚乙烯	T—铜 L—铝	V—聚氯乙烯 Y—聚乙烯护套 Q—铅护套 LW—皱纹铝套	S—铜丝屏蔽 Y—云母复合绝缘 NH—耐火 ZRA—阻燃 JK—架空固定	02、22、32、41、42 等
橡胶绝缘	X—橡胶绝缘	T—铜 L—铝	Q—铅护套 F—氯丁胶护套（非燃性橡套） V—聚氯乙烯	E—乙丙橡胶	2、20、29 等

注　1. 铝导体用字母"L"表示，铜导体一般不写字母。
　　2. P—滴干绝缘电缆：黏性浸渍绝缘电缆经过干燥浸渍后，再增加一个滴干过程使浸渍剂含量显著减少，适合较大落差敷设，但绝缘性能较差，只能用于 10kV 以下。

表 18-2　　　　　　　　　　　　　　　　外护层数字代号的含义

左数第一位数		左数第二位数	
代号	铠装类型	代号	外被层类型
0	无	0	无
1	—	1	纤维绕包
2	钢带	2	聚氯乙烯外护套
3	细圆钢丝	3	聚乙烯外护套
4	粗圆钢丝	4	—
5	粗钢丝	9	内

（二）电缆结构与特点

1. 塑料电缆

塑料电缆是目前使用最多的电缆，6kV 以上的聚氯乙烯电缆、交联聚乙烯和聚乙烯电缆需有导体屏蔽层和绝缘屏蔽层。绝缘屏蔽层由半导体材料同金属带或金属丝组成。塑料电缆通常采用聚氯乙烯护套，110kV 及以上电缆或防水要求较高时采用金属护套，或用塑料与金属组成的防水护层。为了加强电缆的机械性能，在内外两层护套之间用钢带或钢丝铠装。聚氯乙烯电缆和交联聚乙烯电缆的结构如图 18-1 和图 18-2 所示。

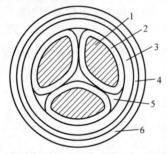

图 18-1　聚氯乙烯电缆结构

1—导线；2—聚氯乙烯绝缘；3—聚氯乙烯内护套；
4—铠装层；5—填料；6—聚氯乙烯外护套

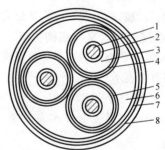

图 18-2　交联聚乙烯电缆结构

1—导线；2—导线屏蔽层；3—交联聚乙烯绝缘；
4—半导体层；5—铜带；6—填料；
7—内护层；8—外护层

（1）聚氯乙烯电缆。聚氯乙烯电缆的绝缘层由热塑性聚氯乙烯材料挤包制成，多用聚氯乙烯材料作电缆护套，外加铠装和外护层等多种防护方式，其电缆线芯有 1 芯、2 芯、3 芯和 3+1 芯。聚氯乙烯电缆一般用于 10kV 及以下供电网络，其特点如下：

1）敷设不受落差限制；

2）聚氯乙烯材料化学性能稳定；

3）不易燃烧；

4）耐腐蚀性能好；

5）便于施工，应用方便；

6）最高工作温度为 70℃。

（2）交联聚乙烯电缆。交联聚乙烯电缆的绝缘层是由添加交联剂的热塑性聚乙烯挤包材料交联制成的，绝缘层外护套是聚氯乙烯材料。与聚氯乙烯电缆一样有铠装和外护套的多种不同防护方式。由于主要用于高压系统，交联聚乙烯电缆大多为三芯，其特点如下：

1）敷设不受落差限制；

2）耐腐蚀、耐热，最高工作温度为 90℃；

3）电气性能比聚氯乙烯电缆好，具有良好的介电性能，主要用于高压（6～110kV）系统。

2．油浸纸绝缘电力电缆

油浸纸绝缘电力电缆包括普通黏性油浸纸绝缘电缆和不滴流油浸纸绝缘电缆。这两种电缆除浸渍剂不同外，结构完全相同。前者绝缘油易流淌，在敷设时受落差限制；而后者不滴流，绝缘电缆不受落差限制，并且不滴流电缆的长期工作温度高于普通黏性油浸纸绝缘电缆。它们的特点如下。

（1）油浸纸绝缘电力电缆的最高允许温度为：1kV 及以下为 80℃；6kV 为 65℃；10kV 为 60℃（但不滴流油浸纸绝缘电缆最高允许温度为 65℃）；20～35kV 为 50℃。

（2）普通黏性油浸纸绝缘电缆的最大允许敷设位差（参考值）：6kV 及以下电压等级铠装为 25m，无铠装为 20m。

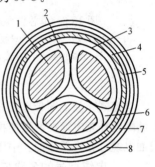

（3）自容式充油 110～330kV 电压等级的电缆最大允许敷设位差：型号为 ZQCY₂₂ 的电缆为 30m；型号为 ZQCY₂₅ 的电缆为 150m。

油浸纸绝缘电缆广泛应用于 35kV 及以下电压等级，110kV 以上电压等级的油浸纸绝缘电缆是特殊结构。10kV 及以下电压等级电缆一般为统包型结构，如图 18-3 所示。20kV 以上电压等级的电缆一般为分相铅包型，如图 18-4 所示。

图 18-3　三芯统包型电缆结构

1—导线；2—相绝缘；3—带绝缘；
4—金属护套；5—内衬垫；6—填料；
7—铠装；8—外被层

3．橡胶绝缘电缆

橡胶绝缘电缆的绝缘层材料常用天然丁苯橡胶、丁基橡胶和乙丙橡胶。橡胶绝缘电缆一般固定使用于电压为 6kV 以下的系统中，长期允许工作温度不超过 65℃。6kV 及以上的橡胶电缆，导体和绝缘层表面都有屏蔽层。导线材料有铜芯和铝芯两种，电缆护套有聚氯乙烯、氯丁橡胶和铅护套三种。橡胶绝缘电缆的结构如图 18-5 所示。

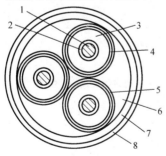

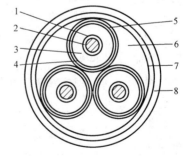

图 18-4　分相铅包电缆结构

1—导线；2—导线屏蔽；3—绝缘层；

4—绝缘屏蔽；5—铅护套；6—内衬垫

及填料；7—铠装层；8—外被层

图 18-5　橡胶绝缘电缆结构

1—导线；2—导线屏蔽层；3—橡胶绝缘层；

4—半导体绝缘层；5—铜带屏蔽层；6—填料；

7—涂橡胶布带；8—聚氯乙烯外护套

4．自容式充油电缆

自容式充油电缆有单芯和三芯两种，其结构如图 18-6 和图 18-7 所示。单芯的电压等级是 110～750kV，三芯的电压等级一般为 35～110kV。单芯电缆的导体一般为中空的，中空部分为油道。自容式电缆的允许工作温度是75℃。

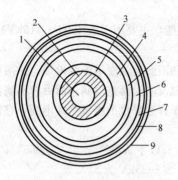 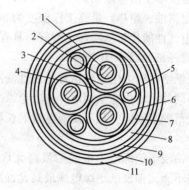

图 18-6 单芯自容式充油电缆　　　　　　图 18-7 三芯自容式充油电缆

1—油道；2—导线；3—导线屏蔽；4—绝缘层；　　1—导线；2—导线屏蔽；3—绝缘层；4—绝缘屏蔽；

5—绝缘屏蔽；6—铅套；7—内衬垫；　　　　5—油道；6—填料；7—铜丝编制带；8—铅套；

8—加强层；9—外护层　　　　　　　　9—内衬垫；10—加强层；11—外护层

　　自容式充油电缆带有补充浸渍设备，如压力箱、重力箱等。补充浸渍设备与电缆油道相通，以储藏或补充电缆在发生体积变化时的浸渍剂，并保持一定的油压。根据供油箱的压力，自容式充油电缆可分为低压油、中压油、高压油三种。

三、电缆型号的名称与使用范围

　　电缆的型号很多，只能用部分常用的型号来说明电缆的名称和使用范围，见表18-3。

表 18-3　　　　　　　　　　　电力电缆型号名称与用途特点

序号	电缆型号		结构名称	用途特点	电压等级
1	VV	铜芯	聚氯乙烯绝缘聚氯乙烯护套电力电缆	无敷设位差的限制	10kV 以下
	VLV	铝芯			
2	ZK—VLV$_{29}$		聚氯乙烯绝缘聚氯乙烯护套钢带铠装阻燃电力电缆		
3	XV	铜芯	橡胶绝缘聚氯乙烯护套电力电缆	可用于定期移动装置，无敷设位差的限制	6kV 及以下
	XLV	铝芯			
4	XF	铜芯	橡胶绝缘氯丁橡胶护套电力电缆		
	XLF	铝芯			
5	XQ	铜芯	橡胶绝缘铅包电力电缆		
	XLQ	铝芯			
6	XV$_{29}$　XLV$_{29}$		橡胶绝缘聚氯乙烯护套内钢带铠装电力电缆	敷设地下，能承受一定机械外力作用，但不能承受大的拉力	
7	XQ$_{20}$　XLQ$_{20}$		橡胶绝缘铅包裸钢带铠装电力电缆	室内、电缆沟、管道中，不能承受大的拉力作用	
8	YJV	铜芯	交联聚乙烯绝缘聚氯乙烯护套电力电缆	无敷设位差的限制	6～110kV
	YJLV	铝芯			
9	YJVF	铜芯	交联聚乙烯绝缘分相铅包聚氯乙烯护套电力电缆		
	YJLVF	铝芯			

序号	电缆型号	结构名称	用途特点	电压等级
10	YJSV YJLSV	交联聚乙烯绝缘铜丝屏蔽聚氯乙烯护套电力电缆	室内、隧道、电缆沟及地下直埋，能承受外力，但不能承受大的拉力	6~110kV
11	YJV$_{22}$ YJLV$_{22}$	交联聚乙烯绝缘铜带屏蔽钢带铠装聚氯乙烯护套电力电缆	地下直埋、竖井及水下敷设，可以承受机械外力，并能承受相当的拉力	
12	YJV$_{32}$ YJLV$_{32}$	交联聚乙烯绝缘铜带屏蔽细钢丝铠装聚氯乙烯护套电力电缆	地下直埋、竖井及水下敷设，可以承受机械外力，并能承受相当的拉力	
13	YJSV$_{32}$ YJLSV$_{32}$	交联聚乙烯绝缘铜丝屏蔽细钢丝铠装聚氯乙烯护套电力电缆	地下直埋、竖井及水下敷设，可以承受机械外力，并能承受较大的拉力	
14	YJV$_{42}$ YJLV$_{42}$	交联聚乙烯绝缘铜带屏蔽粗钢丝铠装聚氯乙烯护套电力电缆	地下直埋、竖井及水下敷设，可以承受机械外力，并能承受较大的拉力	
15	YJSV$_{42}$ YJLSV$_{42}$	交联聚乙烯绝缘铜丝屏蔽粗钢丝铠装聚氯乙烯护套电力电缆	地下直埋、竖井及水下敷设，可以承受机械外力，并能承受较大的拉力	
16	YJQ$_{41}$ YJLQ$_{41}$	交联聚乙烯绝缘铅包粗钢丝铠装纤维外被电力电缆	水底敷设，承受一定拉力	
17	YJLW02 YJLLW$_{02}$	交联聚乙烯绝缘皱纹防水层铝包聚氯乙烯护套电力电缆	地下直埋、竖井及水下敷设，可以承受机械外力和较大的拉力，能承受压力	
18	NH—YJY	交联聚乙烯或硅烷交联乙烯纤维云母复合绝缘耐火电力电缆	用于石油、化工、冶金、发电厂、输变电工程、高层建筑、地铁、通信站、核工业、军工、航空、隧道、高科研、消防系统等地方	
19	YJLV$_{59}$	交联聚乙烯绝缘铝芯聚氯乙烯护套粗钢丝铠装电力电缆	敷设在水中，能承受较大拉力	
20	ZRA（C）—YJV	铜芯交联聚乙烯绝缘聚氯乙烯护套阻燃电力电缆	用于石油、冶金、发电厂、高层建筑、地铁、通信站、核电站、军事设施、隧道等地方	
21	ZQ　铜芯 ZLQ　铝芯	普通油浸纸绝缘铅包电力电缆	有位差限制交流电网固定敷设，也用于直流	35kV 及以下
22	ZQF　铜芯 ZLQF　铝芯	普通油浸纸绝缘分相铅包电力电缆		
23	ZL　铜芯 ZLL　铝芯	普通油浸纸绝缘铝包电力电缆		10kV 及以下

序号	电缆型号	结构名称	用途特点	电压等级
24	ZQD 铜芯 ZLQD 铝芯	不滴流油浸纸绝缘铅包电力电缆	交流电网固定敷设常用于高落差敷设，可用于热带地区	10kV 及以下
25	ZQP 铜芯 ZLQP 铝芯	滴干油浸纸绝缘铅包电力电缆	交流电网固定敷设，常用于高落差敷设	
26	ZQPF 铜芯 ZLQPF 铝芯	滴干油浸纸绝缘分相铅包电力电缆		
27	ZLL（P）2.3	纸绝缘（滴干绝缘）铅包、铝芯细钢丝铠装、二级防腐电力电缆	敷设在对铝护层和钢带均有严重腐蚀的环境中，能承受机械外力及相当拉力	10kV 及以下
28	ZLQ（P）20	纸绝缘（滴干绝缘）、铝芯、裸钢带铠装电力电缆	适用于室内沟道和管子中，能承受机械外力作用，但不能承受大的拉力	
29	ZQ03 ZLQ03	普通油浸纸绝缘铅包聚乙烯护套电缆		35kV 及以下
30	ZQ22 ZLQ22	普通油浸纸绝缘铅包钢丝铠装聚氯乙烯护套电缆		
31	ZQ41 ZLQ41	普通油浸纸绝缘铅包粗钢丝铠装纤维外被电缆		
32	ZQF23 ZLQF23	普通油浸纸绝缘分相铅包钢带铠装聚乙烯护套电缆		
33	ZQCY	自容式充油高压电力电缆	交流电网中固定敷设，最大允许位差见产品说明	110～330kV
34	ZQCY141	铜芯纸绝缘、铅包、铜带径向加强、钢丝铠装自容式充油电缆	敷设在水中或竖井中，能承受较大的拉力	

第二节 电 缆 的 敷 设

在线材中，电缆的价格相对较贵，施工也比较复杂，为了避免不必要的损失，故在敷设之前一定要做好准备工作。如：根据设计图纸核对电缆的型号和规格；实地考察电缆走向，测量所需敷设电缆的长度，并留有足够的余量；电缆外部应无任何损伤，同时对电缆做潮气检查（针对油浸纸绝缘电缆用火烧法或油浸法进行检查），对 6kV 以上的电缆应作直流耐压和泄漏电流试验，作完以上检查和试验后应立即封头，防止电缆受潮（对油浸纸绝缘电缆应用封铅封头；对塑料电缆用塑料套封住端部即可）。

电缆放线架应放置稳妥，钢轴的强度和长度应与电缆盘的质量和宽度相配合，敷设时，电缆应从电缆盘的上端引出，防止电缆在支架上或地面上摩擦，合理安排每盘电缆，尽量减少接头。

电缆敷设的方法很多，一般多采用直埋地下、电缆隧道、电缆沟、电缆排管、电缆桥架上敷设、水底下敷设、钢索悬吊等方法。具体需要选用哪一种方法，要根据电缆线路的长短、电缆的数量、厂矿的生产性质以及环境条件等具体情况来选择并设计。

一、电缆敷设的一般规定

（1）在带电区域敷设电缆时，应有可靠的安全措施。

（2）对直埋地下的电缆，应有铠装和防腐层保护。

（3）敷设时电缆的弯曲半径不应小于表18-4的规定。

表 18-4 电缆最小允许弯曲半径

序号	电缆种类	电缆护层结构	多芯电缆	单芯电缆
1	油浸纸绝缘电力电缆	铠装或无铠装	15（D+d）	1～10kV，18（D+d）
				20～35kV，25（D+d）
2	橡胶绝缘电力电缆	橡胶或聚氯乙烯护套	10D	—
		裸铅包护套	15D	—
		铅护套钢带铠装	20D	—
3	聚氯乙烯或聚乙烯电缆		10D	10D
4	交联聚乙烯绝缘电缆		15D	15D
5	自容式充油电缆	铅包护套		20D
6	控制电缆		10D	

注 D—电缆外径；d—电缆芯线外径。

（4）油浸纸绝缘电力电缆敷设时最大允许高低位差不应超过表18-5的规定。

表 18-5 油浸纸绝缘电力电缆最大允许敷设位差

序号	电缆种类	电压等级（kV）	电缆护层结构	铅护套（m）	铝护套（m）
1	黏性油浸纸绝缘电力电缆	1～3	无铠装	20	25
			有铠装	25	25
		6～10	无铠或有铠	15	20
		20～35	无铠或有铠	5	—
2	充油电缆	110～330kV		按产品规定	—

（5）电缆支点间的距离应符合设计规定。一般水平敷设时，电力电缆外径大于50mm，每隔1000 mm宜加支撑；电力电缆外径小于50mm或控制电缆，每隔600～800mm宜加支撑；排成正三角形的单芯电缆每隔1000 mm应用绑带扎牢；同时应在电缆首尾两端、转弯及接头处用夹头固定。垂直敷设或超过45°倾斜敷设时，电力电缆每隔1000～1500mm应有固定点（即在每一个支架上都要用夹头固定）。

裸铅（铝）包电缆的固定处应加软衬垫保护；交流系统的单芯电缆或分相铅包电缆的固定夹具不应构成闭合磁路。

（6）在钢索上水平悬吊电缆的固定点间距不应超过750mm；垂直敷设时不应超过1500mm。

（7）各种电缆敷设时允许的最低温度应不低于表18-6的规定，在紧急情况下，需要在低于表18-6中规定温度敷设电缆时，应采取必要的措施后方可进行敷设工作。

表 18-6　　　　　　　　　　　　　　　电缆允许敷设的最低温度

序号	电缆种类	电缆结构	允许敷设最低温度（℃）
1	油浸纸绝缘电力电缆	充油电缆和不滴流纸绝缘电缆	−10
		普通油浸纸绝缘电缆	0
2	橡胶绝缘电力电缆	铅护套钢带铠装	−7
		橡胶或聚氯乙烯护套	−15
		裸铅护套	−20
3	塑料绝缘电力电缆	聚氯乙烯、聚乙烯、交联聚乙烯	0
4	控制电缆	聚氯乙烯绝缘聚氯乙烯护套	−10
		橡胶绝缘聚氯乙烯护套	−15
		耐寒护套	−20

（8）电缆敷设需要穿管保护的地点与规定：

1）电缆进入建筑物、隧道、人井、穿过楼板和墙壁处。

2）从地下或沟道引至电杆、设备、墙外表面或房屋内行人容易接近处的电缆，距地面高度 2m 以下的一段。

3）电缆通过铁路和道路的地方。

4）电缆与各种管道、沟道交叉处。

5）其他可能受到机械损伤的地方。

保护管内径不应小于电缆外径 1.5 倍；埋入地面的深度不应小于 100mm；伸出建筑物散水坡的长度不应小于 250mm。

（9）电缆的金属外皮和金属电缆头以及保护铁管，均应可靠接地。

（10）电缆之间，电缆与其他管道、道路、建筑物等之间平行和交叉时的最小净距应符合表18-7 的规定。

表 18-7　　　　电缆之间，电缆与管道、道路、建筑物之间平行和交叉时的最小净距

序号	项　目		最小净距（m）	
			平行	交叉
1	电力电缆之间和电力电缆与控制电缆之间	10kV 及以下	0.1	0.50
		10kV 以上	0.25	0.50
2	控制电缆之间		—	0.50
3	不同使用部门的电缆之间		0.50	0.50
4	电缆与热管道及热力设备		2.00	0.50
5	电缆与油管道		1.00	0.50
6	电缆与可燃气体及易燃液体管道		1.00	0.50
7	电缆与其他管道		0.50	0.50
8	电缆与铁路路轨		3.00	1.00
9	电缆与电气化铁路路轨	交流	3.00	1.00
		直流	10.0	1.00
10	电缆与公路		1.50	1.00
11	电缆与城镇街道路面		1.00	0.70
12	电缆与杆基础边线		1.00	—
13	建筑物基础边线		0.60	—
14	电缆与排水沟		1.00	0.50

（11）电缆敷设完毕后，应及时整理电缆，补挂标示牌等，并在配电盘（柜）内留有适当弯头裕度。

二、电缆敷设方法

1. 直埋电缆的敷设

直埋电缆的敷设方法是将电缆直接埋入地下。一般在电缆较少的地区和土壤中不含腐蚀电缆铠装和外护层的物质时采用直埋法，这种敷设方法施工简便、散热良好而且投资少。直埋电缆沟的宽度与敷设电缆的根数有关。如果只敷设一根电缆，其宽度只要便于挖土和放置电缆滑轮即可。如果敷设数根电缆时，要求电缆与沟壁保持 50～100mm 的距离。

电缆埋入地面的深度不应小于 700mm。穿越农田时不应小于 1000mm。在北方地区直埋电缆一定要埋在冻土层以下，在引入建筑物与地下建筑物交叉或绕过地下建筑物时，可以浅埋，但应采取保护措施。

敷设电缆之前，首先在沟底铺 100mm 厚的沙子，然后即可敷设电缆。敷设电缆的方法有人工敷设和机械敷设两种，无论采用那一种方法都不得使电缆与地面发生摩擦。用人力敷设时，要按电缆的粗细来决定每两人之间相隔的距离。严禁人员在电缆拐弯的内侧工作，以免发生危险。

当电缆敷设并整理完后，先在电缆的上部填以沙子或细土（不准有石块或硬物），再在沙土上面盖上水泥板或机制砖。回填土时要边填边夯实，直至略高出地面为止。并在所有转弯处、建筑物的引入口处、电缆线路与铁路公路交叉处的两侧、电缆中间接头处、直线段每隔 100m 处埋设地面标志。

2. 电缆隧道内敷设

发电厂内部传输电能主要靠大量的电缆线路，其电缆敷设方法主要采取隧道内敷设的方法。隧道敷设有很多优点，如：能容纳大量电缆；能防止对电缆的外力破坏和机械损伤，可以选用价格便宜的无铠装电缆；能消除土壤中因含有酸碱物质对电缆的化学腐蚀；维修、更换电缆方便，随时可以增添新电缆。但是，隧道敷设电缆时，必须剥去可燃外护层并作好防腐措施。

电缆隧道实际是钢筋混凝土的地道，内部装有放置电缆的支架，如图 18-8 所示。

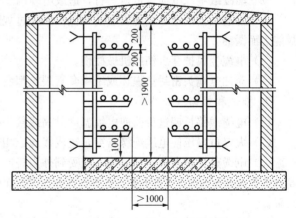

图 18-8 电缆隧道剖面图

3. 电缆沟、电缆桥架以及电缆竖井的敷设方法

电缆沟、电缆桥架以及电缆竖井的敷设同隧道敷设一样要去掉可燃外护层，沟内空间较小，适合敷设少量电缆。电缆沟内可以布置一侧或两侧支架，电缆布置在支架上，沟的上面盖有钢筋混凝土盖板。沟底有不小于 0.5% 的排水坡度。电缆桥架和电缆竖井敷设时，应按照本节中"一"电缆敷设的一般规定的第（5）条进行固定。

电缆在隧道和电缆沟内的允许间距应符合表 18-8 的要求。

电缆沟、电缆隧道以及电缆桥架的全段都应装设连续的接地线。接地线的两头与接地极连通。电缆的金属包层与铠装均应接地。沟内或隧道内应有良好的排水设施，隧道内还应有良好的通风和照明设施。

表 18-8 电缆在隧道和电缆沟内的允许间距（mm）

序号	项 目 名 称			电缆隧道	电缆沟
1	高度			1900	无规定
2	两边有电缆架时，架间水平净距（通道宽度）			1000	500
3	一边有电缆架时，架与壁间水平净距（通道宽）			900	450
4	电缆架各层间垂直净距	电力电缆	10kV 及以上	200	150
			20kV 或 35kV	250	200
			110kV 及以下	不小于 2D＋50（D 为电缆外径）	
		控制电缆		100	
5	电力电缆之间水平净距			35（但不小于电缆外径）	

第三节 电缆常见故障与检修

一、常见故障及原因

电缆在运行中由于受外力破坏、过负荷和过电压等原因造成电缆绝缘老化、击穿，使电缆线路发生漏油、短路、接地或断线等故障。其故障原因如下。

1. 漏油原因

（1）对于油浸纸绝缘电缆的中间接头或终端头由于施工不良，造成包扎不紧，密封不严。

（2）油浸纸绝缘电缆过负荷运行，造成电缆温度过高，使电缆内部油膨胀而产生漏油。

（3）普通油浸纸绝缘电缆安装的高低位差超过规定，使电缆低端油压过大，超出电缆头的密封能力而漏油。

（4）电缆金属护套折伤或机械碰伤。

（5）充油电缆头密封垫损坏或绝缘套管裂纹都会引起漏油。

2. 接地和短路故障原因

（1）电缆线路长期过负荷使电缆温度过高或接头接触不良而发热，造成绝缘老化。

（2）大气过电压使电缆绝缘击穿，造成接地或相间短路故障。

（3）电缆敷设时弯曲半径过小，或受到外力碰撞等造成绝缘和金属护套损伤裂纹，以及化学腐蚀或电缆头制作工艺等问题，使潮气或水分进入电缆内部，造成绝缘不良而产生接地或短路故障。

（4）绝缘套管脏污、裂纹造成放电。

3. 断线故障

（1）中间接头施工问题使接头接触不良，造成严重过热烧断。

（2）地基下沉拉断接头。

（3）土建施工挖沟不慎，使电缆承受过大拉力或被铲断。

二、电缆故障查找方法

电缆故障一般不易直接观察出来，必须将电缆与电力系统隔离开后，做鉴定故障性质的试验，才能确定故障性质，根据故障性质采取相应的方法来确定故障位置。

1. 确定电缆的故障性质

在查明故障之前，应先用绝缘电阻表在电缆的两端，测试电缆各线芯对地绝缘电阻、各线芯与线芯间的绝缘电阻以及每根线芯的连续性（通路情况）（电压在1000V以下的电缆，用1000V绝缘电阻表测量，电压在1000V及以上的高压电缆，一般采用2500～5000V的绝缘电阻表进行测量），判断是否有短路、接地或断线等故障，从而确定故障的性质。其性质可分为七类，即低电阻接地或短路故障、高电阻接地或短路故障、完全断线故障、不完全断线故障、完全断线并接地故障、不完

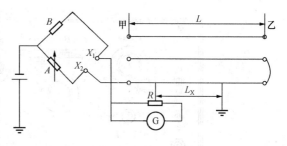

图18-9　单相接地故障点查找接线图

全断线并接地故障和闪络故障。根据故障性质采取适当的方法来确定故障点。

2. 故障部位的确定

（1）惠斯登电桥法。低电阻短路接地故障点的确定，无论是单芯或多芯短路接地，一般都可

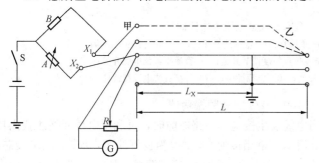

图18-10　三相短路接地故障点查找接线

用惠斯登电桥回线法测到故障点。当电缆一芯或数芯经低电阻接地或短路时，用惠斯登电桥回线法查找故障，此时电缆必须有一芯是良好的，如果三芯都短路接地，则必须借用其他并行线路作为回路（或接临时线）。测试接线如图18-9和图18-10所示。

用惠斯登电桥查找故障点时，首先测出回线的总电阻R_0，然后调电桥平衡，得到R和A值，基于电缆沿线均匀、长度与电缆芯线电阻成正比的特点，根据公式即可求出故障点的距离。当电桥平衡后得

$$(R_0 - X_a)/A = X_a/R$$
$$AX_a = R_0R - X_aR$$

故得
$$X_a = R_0R/(A+R)$$

式中　A——比率臂的M值，如M1000，即$A=1000$；

　　　R——测量臂的读数。

设电缆全长为L（m），则每欧电阻的电缆长度为$2L/R_0$，所以即求得接线柱X_2至故障点的距离为

$$L_1 = X_a(2L/R_0) = (2LR)/(A+R)$$

式中　R_0——回线的总电阻，Ω；

　　　X_a——接线柱X_2至故障点的阻抗，Ω；

　　　L——电缆芯线的长度，m；

　　　L_1——接线柱X_2至故障点电缆芯线的长度，m。

当故障点是高电阻接地时（所谓高阻或低阻没有严格界线，一般以3kΩ左右为界线），由于使用高压设备不易调整，故准确度较差，因此需要对故障点进行烧伤处理，即采用烧伤装置，利用直流高压将故障点的绝缘击穿，使其成为低电阻接地，再用上述方法进行测定故障位置即可。

（2）QF1—A型电缆探伤仪测定故障点。QF1—A型电缆探伤仪由桥体、直流指零仪和交直流电源三个独立部分组成如图18-11所示，各部分由插件连接。桥体用直流电源是通过内部整流

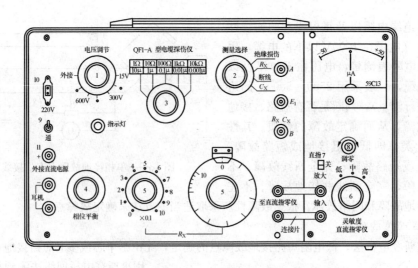

图 18-11　QF1—A 型电缆探伤仪面

1—电压调节开关；2—测量选择开关；3—量程选择开关；4—相位平衡电位器；
5—读数电阻盘；6—直流指零仪灵敏度调节开关；7—直流指零仪电源开关；
8—调零电位器；9—电源开关；10—电源插座；11—外接直流电源接线柱

获得，也可外接直流电源，同时内设一个 $1000Hz/s$ 的音频振荡器。

QF1—A 型电缆探伤仪作用原理：当电缆发生接地或短路故障时，可利用电桥回线法找出接地或短路故障点，其原理接线如图 18-12 所示。单相接地时，AO 为良好线芯，BO' 为故障线芯，O、O' 端跨接，R_K 由电阻盘和一个滑线电阻组成。当调节 R_K 至电桥平衡时

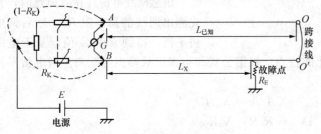

图 18-12　电缆故障点查找原理接线

$$R_K/(1-R_K) = L_x/(2L-L_x)$$

所以　　$$L_x = 2R_K L$$

式中　L_x——故障点至测量端子的电缆长度；

　　　L——电缆全长。

但发生两相短路故障时，将一条故障线作为地线接探测仪端子"E"，另一条故障线接端子"B"，完好线芯接端子"A"。此时 L_x 即为短路点至测量端的电缆长度。实际接线如图 18-13 所示。

当电缆线芯断路时，需采用交流差动电桥法，用能量测量故障点两边芯线对地（金属护套）电容，如图 18-14 所示。调节相位平衡电位器使耳机的声音最小（最好无声）时，标度上的读数即为回线断线处的长度与电缆全长的比值。测量结果为

$$L_x = 2R_K L$$

三、电缆检修

（一）检修项目与标准

发电厂的电缆检修一般随机、炉或设备大小修同步进行。其检修项目与标准如下：

（1）电缆外部检查，应无机械损伤，外层钢铠护层应无锈蚀现象。

（2）电缆终端头接触应良好，接线鼻子应无发热变色或脱焊现象，如有变色或脱焊时，应清除氧化层并用锡浇透重新焊牢。

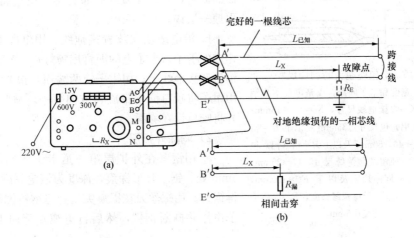

图 18-13　电缆故障点查找实际接线示意

(a) 单相接地；(b) 两相短路

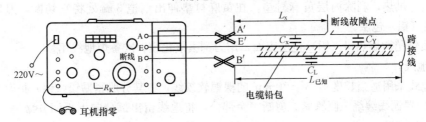

图 18-14　电缆断线故障点查找接线

（3）电缆终端头的绝缘应清洁无污秽，瓷套管因无裂纹和电晕放电痕迹。

（4）电缆终端头或中间接头应无漏油现象。

（5）电缆头绝缘胶应足够，且无水分和变质，终端头应无裂纹和空隙。当发现绝缘胶不足或开裂，可用同样牌号的绝缘胶灌满；若发现有水分，则清除旧胶，更换同牌号新绝缘胶。

（6）测量绝缘电阻，定期进行直流耐压试验和泄漏电流试验，试验结果应符合规程要求。

（7）对充油电缆，要检查油压以及油压系统的压力箱、管道、阀门、压力表等是否完好；与构架绝缘部分的零件应无放电现象；检查油压报警装置和监测电缆外皮温度；检查护层保护器记录其动作次数以及护层中的环流。

（二）电缆头的制作

当发现电缆头受潮、漏油等现象时，一般需要重新制作电缆头。

1. 油浸纸绝缘电缆终端头的制作

（1）准备工作。

1）准备工具和材料，按图纸核对电缆型号和规格。

2）测量绝缘电阻，并检查受潮情况。

3）核对相序并作好记号。

（2）剥切尺寸。干包电缆终端头的剥切尺寸如图 18-15 所示。

（3）制作工序。

1）打电缆卡子防止钢铠松散。

a. 根据预先决定的剥切尺寸，在钢铠上打卡子的位置上作好记号。然后用喷灯清除钢铠表

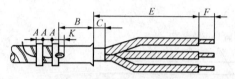

图 18-15 干包终端头的剥切尺寸

A—电缆卡子宽度和卡子间距，A 是电缆本身钢铠的宽度；K—焊接地线尺寸，$K=10\sim15mm$；B—预留铅（铝）包尺寸：$35mm^2$ 及以下 $B=$铅（铝）包外径$+40$，$50mm^2$ 及以上 $B=$铅（铝）包外径$+50$；C—预留统包绝缘尺寸，$C=25mm$；E—绝缘包扎长度：1kV 及以下 $E>160mm$，3kV $E>210mm$；F—导体裸露长度，$F=$线鼻子孔深度$+5mm$

面的沥青，并用锉刀或砂布打磨，使金属清洁光亮，再搪一层锡。

b. 沿电缆轴向放置接地线。用电缆本身钢带制作成的卡子（卡子上的沥青用喷灯烧净）卡在电缆的钢铠和接地线上，用钳子使两端相互扣上咬牢，最后用钳子将咬口向钢带旋转方向打平。箍紧电缆钢铠，并将咬口设在侧面。

2）剥除外护层。

a. 用钢锯在外护层第一道卡子向端部上方 3～5mm 处，锯一环形深痕，深度为钢铠厚度的 2/3，不得锯透。用螺丝刀在锯痕尖角处将钢铠挑起，再用钳子钳住并撕断钢铠，然后自电缆端部向下用手剥除钢铠。

b. 用同样方法剥除第二层钢铠，并修饰钢铠切口，使之圆滑无刺。

c. 用喷灯烘热，剥除内层黄麻衬垫，在黄麻衬垫伸出钢铠 3 mm 处将它切断，刀口应向外，不得割伤铅（铝）包层。

d. 用喷灯稍微烘热铅（铝）包层表面，用刀刮去氧化膜，准备焊地线用。

3）焊地线。

a. 接地线采用适当长度不小于 $10mm^2$ 的裸铜软绞线，将其分股紧贴铅（铝）护套表面排列，用 1.4mm 的裸铜线缠绕三匝箍紧。剪断多余部分，将地线留出部分向下折回并敲平，使地线紧贴扎线并涂上焊剂。

b. 地线与钢铠的焊接处应在两道卡子之间，每一股线都要与钢铠焊牢。焊接过程中喷灯的火燃不得垂直对着电缆，应使火燃与电缆倾斜一定角度，火燃大小以焊料刚能熔化为宜。电缆截面在 $70mm^2$ 以下者，可用点焊（焊点长为 15～20mm、宽为 20mm 左右的椭圆形），$70mm^2$ 以上者应用环焊（焊点为圆环形）。焊点应牢固光滑。

4）剖切铅（铝）护套，胀喇叭口。

a. 按照预留铅包尺寸做一记号，在记号处临时用绝缘带包缠两圈，然后用电工刀沿着绝缘带边缘将铅（铝）护套切一圈深痕，深度为铅护套厚度的 1/2～2/3（铝护套可适当加深，但不能切透），用专用剖铅刀或电工刀，沿电缆轴向，在铅护套上再剖切两道深痕，深度同上，间距为 6～10mm。

b. 用螺丝刀从电缆顶端两条深痕之间撬起铅（铝）皮，用钳子撕下铅（铝）皮，当靠近环形深痕时，将铅（铝）护套沿一个方向拉断。

c. 用胀铅（铝）器将铅（铝）护套端部胀成喇叭口，如图 18-16所示。其最大直径为铅（铝）护套直径的 1.2 倍。然后将喇叭口修饰光滑无刺，同时清除铅（铝）屑，防止掉入喇叭口。

5）包缠统包绝缘。

a. 在铅（铝）护套口处向外临时用直径 1mm 的线绳将半导体纸紧紧箍扎 5 圈（约 5mm），然后用手将扎线以外的半导体纸整齐地撕下（禁止用刀切割），拆除临时扎线。

b. 用聚氯乙烯带按照预留尺寸包缠统包绝缘部分，以填平喇叭口为准。填充结实后用尼龙绳绑紧，其绑扎长度为 20mm 左右。

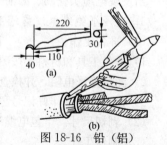

图 18-16 铅（铝）护套胀喇叭口示意
(a) 胀喇叭口工具；
(b) 胀喇叭口示意

然后将其余的统包绝缘纸撕掉，分开三相线芯，用电工刀切除线芯填充物，注意刀口方向，不得剖伤线芯绝缘。

c. 用白布蘸汽油沿绝缘缠绕方向擦干净芯线的电缆油，用白纱带临时将线芯包缠两层。

6）包缠线芯绝缘。拆除一相临时白纱带，从芯线分叉口根部开始用聚氯乙烯带沿缆芯绝缘缠绕方向，半叠法在芯线上包缠1～3层，边包边涂绝缘漆（过氯乙烯），包缠的层数以橡胶管套入的松紧而定。其他两相同样包缠。

7）包缠内包层。在三叉口处紧紧地压入第一道用聚氯乙烯带制成的风车，如图18-17所示。

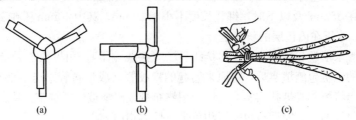

图 18-17　分叉口压入风车

（a）三芯电缆用风车；（b）四芯电缆用风车；（c）压入风车示意

用宽度为20～25mm，厚度为0.15～0.20mm的聚氯乙烯带包缠内包层，如图18-18所示。同样是边包边涂绝缘漆，在内包层即将完成时压入第二个风车（根据电缆两端的高低位差可适当增加风车）。风车应向下勒紧，均衡分散并摆置平整。

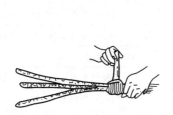

图 18-18　包缠内包层

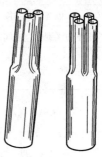

图 18-19　聚氯乙烯软手套

8）套聚氯乙烯软手套。手套形状如图18-19所示。手套必须紧贴内包层，其三叉口紧压风车。用聚氯乙烯带临时扎住手套根部，然后用聚氯乙烯带封手套手指，从各芯根部勒紧包缠至高出手指口约20～30mm。手指根部缠三层左右，手指口处缠一层，缠成一个锥形。

9）套入橡胶管。橡胶管的长度为线芯长度加80～100mm，其壁厚度（截面积为50mm² 及以上的电缆1～1.5mm；35mm² 以下的电缆不做规定），内径选择可参照表18-9所示。

表 18-9　　　　　　　　　　　　橡胶管（塑料管）内径选择（mm）

电压等级 (kV)	电缆截面积（mm²）												
	2.5	4	6	10	16	25	35	50	70	95	120	150	185	240
1	4	4	5	5	6	9	10	11	13	15	17	18	20	23
3		5	6	7	8	10	11	13	14	16	18	19	21	24

a. 套橡胶管（塑料管）前，将管的一端削成45°的斜口，将平口端用平口钳夹住，斜口端灌

入 100～120℃合格的变压器油，由两人配合，迅速套至手指根部（不得刺破手套）后，立即松开平口钳将管内残油挤出，使管与绝缘紧密结合且无皱折，然后用直径为 1～1.5mm 的尼龙绳将手套手指与橡胶管重叠部分绑扎牢固，绑扎时，要紧密相靠勒紧，不准交错叠压，其绑扎长度不少于 30mm。

b. 拆除软手套根部临时绑扎用的聚氯乙烯带，用手压紧手套，排除手套中的空气后，在软手套根部正式包上一层聚氯乙烯带，然后绑扎尼龙绳（电缆截面在 50mm² 及以上者，绑扎长度不得小于 30mm，其中应有 10mm 压在手套与铅或铝护套接触部位上，20mm 压在内包层的斜面上；电缆截面积在 35mm² 及以下时，绑扎长度不小于 20mm，其中 10mm 压在手套与铅或铝护套接触部位上，10mm 压在内包层的斜面上）。

10）将橡胶管末端卷起漏出线芯，压接线鼻子（接线端子）。用聚氯乙烯带将线芯至接线鼻子之间和鼻子上的压坑包缠填实后，将原来卷起的橡胶管（或塑料管）退下来套在接线鼻子上，用尼龙绳在鼻子上将橡胶管绑扎结实。然后，用蜡布带或浸渍玻璃纤维带，从三相分叉口开始在各相线芯上分别包缠两层。完后再包一层相色带以标志相序。

11）包缠外包层。用聚氯乙烯带在软手套外，边包缠边涂过氯乙烯漆至成型。三叉口处先后再压入 3～4 个风车，以填实三叉口空间。最后一个风车应高出外包层 1～2mm，以免积灰。干包终端头结构如图 18-20 所示，字母代号意义及尺寸见表 18-10。

表 18-10　　　　　　　　　　1～3kV 干包电缆终端头尺寸

字母代号	意　义	尺　寸
A	电缆钢带宽度	
K	电缆卡子边缘到铅包层间的焊点尺寸	10～15mm
B	预留铅包层尺寸	35mm² 及以下 $B=D_1+40mm$
		50mm² 及以上 $B=D_1+50mm$
d	喇叭口直径	35mm² 及以下 $B=D_1+（6～8）mm$
		50mm² 及以上 $B=D_1+（12～14）mm$
h	内包层长度尺寸	35mm² 及以下 $h=D_1+20mm$
		50mm² 及以上 $h=D_1+40mm$
D	橄榄头（外包层最大处）尺寸	35mm² 及以下 $D=D_1+25mm$
		50mm² 及以上 $D=D_1+30mm$
		120mm² 及以上 $D=D_1+35mm$
H	统包绝缘的长度	35mm² 及以下 $H=D_1+50mm$
		50mm² 及以上 $H=D_1+80mm$
		120mm² 及以上 $H=D_1+100mm$
F	电缆芯线端部绝缘剥削尺寸	$F=$接线鼻子孔深度$+5mm$

注　D_1—电缆铅包层外径。

2. 10kV 交联聚乙烯绝缘热缩型电缆终端头的制作

（1）剥切尺寸如图 18-21 所示，剥切工序如下：

1）剥除电缆外护套。由电缆末端量取需要的长度（一般户外终端头量取长度为 750mm；户内量取长度为 550mm），然后剥除电缆这部分的外护套。

2）剥除电缆铠装。由外护套断口量取 30mm 铠装，绑上扎线后，将其余部分用钢锯锯齐并除掉，但不得损伤内护层。

3）剥内护层。在电缆铠装断口处保留 20mm 内护层，将其余部分剥除。

（2）焊接地线。取掉充填物，分开线芯，打光准备焊地线部分的钢铠，用编织软铜线作接地线，将接地线连通每相铜屏蔽层和钢铠，并焊牢。

（3）包绕填充胶与固定手套。在三叉根部包绕填充胶，形似橄榄状，最大直径大于电缆外径约 15mm。然后用清洁剂擦净表面，将手套套入三叉根部，由手指根部依次向两端加热固定，如图 18-22 所示。

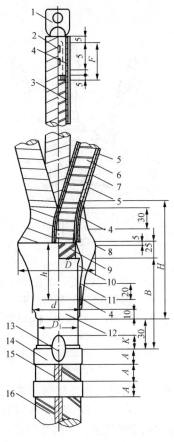

图 18-20　1～3kV 干
包电缆终端头结构

1—接线鼻子；2—接线鼻子压坑；3—芯线绝缘；4—尼
龙绳；5—聚氯乙烯带；6—蜡布带；7—橡胶（或塑料）
软管；8—外包层；9—预留统包绝缘纸；10—内包层；
11—软手套；12—预留铅（铝）包；13—接地线焊接点；
14—电缆卡子；15—接地线；16—电缆钢铠

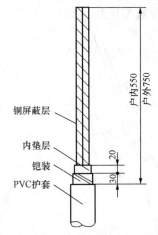

图 18-21　10kV 交联聚乙烯
绝缘热缩电缆终端头剥切尺寸

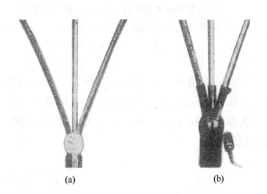

图 18-22　包绕填充胶与固定手套方法
（a）包绕填充胶；（b）固定手套

（4）剥除铜屏蔽层。由手套指端量取 55mm 铜屏蔽层，将其余部分剥除。在铜屏蔽层断口处量取 20mm 半导体层，将其余部分剥除并清理绝缘表面。

（5）用半导体带将半导体层及铜屏蔽层断口处包一层，如图 18-23 所示套入应力管，搭接铜屏蔽层 20mm，用微火燃均匀加热固定。

（6）压接线端子（接线鼻子）。按端子孔深度加 5mm 剥去线芯绝缘，端部绝缘削成锥体，导线打成麻面，清洁端子孔（线鼻子孔），将导线端部插入端子孔内进行压接或焊接（注意三相端子接触面应一致）。用锉刀修平整并清洁表面，在锥体至接线端子之间包绕充填胶，填平绝缘与端子之间以及端子的压坑，并搭接端子 10mm，然后套入绝缘管至三叉根部，管的上部要搭接接线端子 10mm，由根部开始加热固定。最后将相色密封管套在端子接管部位，先预热端子，再由上端起加热固定即完成户内电缆终端头的制作。

（7）交联聚乙烯绝缘电缆热缩型户外终端头如图 18-24 所示。其制作工序除防雨裙外，其他工序同户内终端头制作一样。

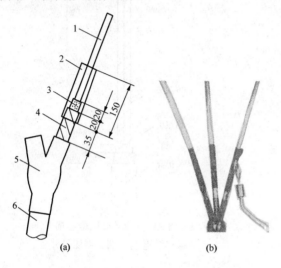

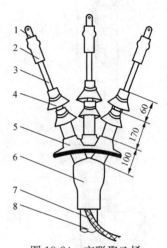

图 18-23　应力管安装

（a）应力管安装简图；（b）固定应力管方法
1—线芯绝缘；2—应力管；3—半导体层；4—铜屏蔽层；
5—手套；6—聚氯乙烯护套

图 18-24　交联聚乙烯
绝缘热缩型户外终端头
1—端子；2—密封管；3—绝缘管；
4—单孔防雨裙；5—三孔防雨裙；
6—手套；7—接地线；8—聚氯乙
烯护套

安装防雨裙首先清洁绝缘表面，套入三孔防雨裙，尽量将防雨裙下落至绝缘手套的手指根部，加热其颈部固定。然后依次套入单孔防雨裙并加热其颈部固定。在端子接管部位套入密封管，先预热接线端子，再由上端加热固定密封管。将相色管套在密封管上，并加热固定，户外终端头制作完毕。

本 章 小 结

本章讲述了电缆的基本知识，重点介绍电缆的敷设方法和电缆常见故障的检查与修理。电缆分油浸纸绝缘、充油、塑料和橡胶等绝缘电缆。塑料电缆又分聚氯乙烯绝缘、交联聚乙烯绝缘等。电缆敷设方法有直埋敷设、沟道敷设、隧道敷设、电缆排管、电缆桥架、钢索悬吊和水下敷设等。

本 篇 练 习 题

1. 何谓母线？它有哪些类型？

2. 母线安装包括哪些内容？安装时应注意哪些事项？

3. 矩形母线弯曲有几种形式？如何施工？有何要求？

4. 母线连接时，对搭接面的处理以及连接有何规定和要求？

5. 请叙述母线的固定方法和要求。

6. 母线补偿器的作用是什么？

7. 绝缘子的作用是什么？有哪几种类型？

8. 绝缘子损坏的原因有哪些？

9. 封闭母线有何特点？有哪几种类型？

10. 请叙述绝缘子发生放电闪络的原因。如何处理？

11. 试述电缆的特点和用途。

12. 按绝缘材料分，电缆有哪几种类型？

13. 电缆的内外护层有什么作用？

14. 油浸纸绝缘电力电缆有何优缺点？

15. 交联聚乙烯绝缘电缆有何优缺点？

16. 电力电缆的型号中各符号是什么含义？

17. 电缆在安装前应进行哪些项目的检查？为什么？

18. 常用的电缆敷设方式有哪几种？对电缆敷设有哪些基本要求？

19. 各种电缆的弯曲半径是怎样规定的？

20. 常见的电缆故障有几种类型？其查找方法有几种？如何查找？

21. 防止电缆端头套管污闪有哪些措施？

22. 试述电力电缆预防性试验的主要项目和要求。耐压前后为什么要测量电缆的绝缘电阻？

23. 锯电缆前应做哪些准备工作？

24. 对电缆终端头和中间接头有哪些基本要求？

检 修 技 术 管 理

第十九章 技 术 文 件 的 编 制

第一节 检 修 计 划 的 编 制

一、检修计划

检修计划分两种，一种是报上级主管部门（局或公司）的年度设备检修计划；另一种是本厂设备检修计划，如年度设备检修计划、月检修计划和周检修计划。

在制定检修计划前，各发电厂应充分发动群众，根据本单位的实际情况（查阅运行记录、前次检修记录以及技术改进预想或特殊检修项目等）认真分析设备的技术状况，考虑下一年度应修设备和项目，并作好重大项目和特殊项目的试验、鉴定、技术分析和必要的设计方案。

各发电厂还应根据上级主管部门下达的检修任务，认真贯彻上级主管部门的指示精神，做好计划落实工作，如制定重大特殊项目的设计和有关技术措施；落实备品备件和检修用材料；与协作单位沟通以及平衡劳动力等，为保质保量和顺利地完成检修任务创造条件。

1. 检修计划分类

（1）报上级主管部门年度设备检修计划。报上级主管部门年度设备检修计划，是反映年度内发电厂主要设备大小修项目和时间，辅助设备、生产建筑物、非生产建筑物的大修项目以及检修中所需的主要设备、材料、工时和费用。

（2）发电厂内年度设备检修计划。发电厂内年度设备检修计划，是安排本厂年度内设备的计划检修项目和时间。除锅炉、汽轮发电机组、主变压器的检修项目和时间将由上级主管部门批准外，其他设备的检修项目和时间，原则上以此计划为准。

（3）发电厂内月度设备检修计划。发电厂内月度设备检修计划，是安排一个月内各项生产任务、经济指标和设备检修计划。

（4）发电厂内周检修计划。发电厂内周检修计划，是安排一周内生产的重点工作、设备检修及各工种互相配合的工作。

2. 检修计划的调整与落实

发电厂的主要设备大修项目和进度都应按照年度计划的规定执行，具体开工和竣工日期由上级主管部门平衡和安排。主要设备的小修和可能影响到出力及电网运行方式或影响重要用户供电、供热的辅助设备检修，也应按计划进行安排。

如果发电厂需要调整检修进度或增减主要设备的大修项目和主要设备、辅助设备的重大特殊项目，必须事前与上级主管部门联系，征得电网调度同意和上级主管部门批准后才能调整。增减其他检修项目可由发电厂自行决定。

某些必须短时间停机或降低出力运行的主要设备维护工作可由发电厂提出，经电网调度同意后即可安排维修。

在提高检修质量和加强维护的基础上，应尽量避免计划外的检修。但在运行中发现威胁设备安全的重大缺陷，必须及时处理时，应经电网调度同意后安排临时检修，以免设备造成严重损坏。

3. 检修材料与备品备件的准备

经常消耗用的材料和备品备件，一般由厂供应部门参照历年来的消耗用量或检修材料定额编制计划；年度检修计划中特殊检修项目所需要的大宗材料、特殊材料、机电产品和备品备件，由使用部门编制计划。统一由厂供应部门组织供应。

为了保证检修任务顺利完成，重大特殊项目已经批准并确定了技术方案后，可以在年度计划编制之前，预先联系备品备件和特殊材料的加工或订货。

4. 检修费用

检修费用包括主要设备的大小修费用、辅助设备大小修费用、主要设备和辅助设备的维护费用、生产建筑物的检修和维护费用、非生产设施检修和维护费用五大项目。

其中大修费用从生产成本内预提的资金中开支；小修和维护的费用可直接列入成本。以上费用不包括运行消耗材料的费用。

主要设备（包括重大特殊项目）按台划分单位工程进行核算；辅助设备按系统分类划分单位工程，其重大特殊项目也可按台划分单位工程进行核算。小修费用按实际情况掌握使用。主要设备、辅助设备、生产建筑物的检修费用，原则上可以互相调剂、合理使用，在确保检修质量的前提下，发扬修旧利废、勤俭节约的精神，制定节约指标和备品备件修复率指标。以便考核节约成果。有条件的发电厂，应充分利用本厂的修配潜力，提高备品配件的自给率。

二、计划的编制

各发电厂应编制年度设备检修计划汇总表和年度检修计划进度表，见表 19-1 和表 19-2，报上级主管部门审批，并及时与供电部门及用电大户沟通，使其在检修进度上能相互配合。

1. 报上级主管部门年度设备检修计划的编制

(1) 检修项目和时间，先由本厂各有关单位提出，经生产会议讨论，由生产技术部门汇总、厂务会议批准后，上报上级主管部门。

(2) 检修项目应根据部颁检修规程中的检修间隔、技术状况、设备缺陷、采用新技术及改进等方面来确定，编制计划应包括检修项目所用的设备、材料、工时和费用等。

2. 发电厂内各项检修计划的编制

(1) 年度设备检修计划的编制，由各分场根据自己管辖设备的检修间隔、技术状况、设备缺陷、采用新技术及改进等方面来确定设备的检修项目和时间，由生产会讨论平衡，生产技术科编制计划，总工程师批准后执行。

(2) 月度检修计划的编制，是根据年度设备检修计划及反事故措施、培训、技术革新计划的安排，每月下旬各分场考虑编制下月计划，由生产技术科初步拟稿，生产会讨论补充，厂办公会议批准后执行。

(3) 周计划的编制。周计划是根据月度计划，每周末前一天由各分场考虑下一周的工作安排，生产技术科初步拟稿，生产会议讨论补充，总工程师批准后执行。

3. 附表

年度大修计划汇总和年度检修计划进度见表 19-1 和表 19-2。

表 19-1　　　　　　　　　　年度大修计划汇总表

年　月　日

工程编号	单位工程名称	检修项目	重大特殊项目列入计划原因	需要的主要器材	工日	费用(千元)	备注
××	一、主要设备大修 ×发电机大修	一、一般项目 二、重大特殊项目					
××	×变压器大修	1. 2.					
××	二、辅助设备大修 × 三、生产建筑物大修费用 四、非生产设施大修费用 五、全年大修总费用	三、其他特殊项目 合计 其中重大特殊项目					

注　主要设备一般项目及其特殊项目不填详细检修内容；主辅设备重大特殊项目应逐项填写项目、原因、工日和费用。

表 19-2　　　　　　　　　　年度检修计划进度表

设备名称	上次大修后到__月底运行小时数	进度												备注
		一月	二月	三月	四月	五月	六月	七月	八月	九月	十月	十一月	十二月	

注　主要设备大修、小修进度，重要辅助设备检修进度均应填入上表。

第二节　检修规程的编写

一、技术资料的准备

在编写检修规程之前，首先要作好设备技术资料的准备工作。因为发电厂的电气设备比较多，分主要设备（如发电机组、主变压器、引风机、送风机的电气设备、高压电源开关、母联开关等）、重要辅助设备（如输煤皮带电气设备、给煤机、磨煤机、给水泵、循环泵、凝结泵、柴油泵等电气设备以及厂用变压器、公用变压器、备用变压器和高低压母线等）和一般辅助设备。所以在编写检修规程时，应以主要设备为主，分别准备以下设备技术资料：

（1）产品说明书、电气原理图、电气配线图、电气元件明细表（型号和规格等）、产品调试数据表等。

（2）为了提高检修质量，应进行社会调查，了解新产品，学习新技术、新工艺。

（3）查阅运行记录、前次检修完工验收记录、预防性试验记录以及修复或改进记录。

（4）做好市场调查，货比三家，选用物美价廉的备品配件。

以上工作准备完毕后，由部门负责人、技术人员、技术工人一起，根据部颁发电厂检修规程和本厂实际情况进行讨论，确定本厂电气设备的检修周期、设备停用时间、检修技术力量的配备、检修过程的安全措施、检修项目和质量标准，经过有关领导批准后制定检修规程。

二、确定检修周期和检修项目

1. 检修周期和停用时间

根据本厂设备技术状况、各零部件的磨损、腐蚀、劣化等规律，以及运行条件和维护工作的优劣情况等，慎重确定主要设备检修周期。

(1) 汽轮发电机组的大修间隔一般为 2~4 年一次或按实际运行 14 000~24 000h 检修一次；其小修间隔为一年 1~2 次或运行 2500~5500h 检修一次。

对于新投产的发电机组，运行一年后应解体检查；对开停机频繁或备用时间较多的机组，其检修间隔可根据设备技术状况和运行情况而定。

(2) 主变压器的检修间隔，一般是根据运行情况和预防性试验结果而定。大修 5~10 年一次；小修一般为一年 1~2 次。

为了充分发挥设备的能量，降低检修费用，各发电厂可采取一定措施，根据本厂设备的健康水平，逐步延长设备检修间隔。凡是设备健康状况不佳的，经过鉴定并通过上级主管部门同意后可以适当缩短检修间隔。

(3) 辅助设备一般随主要设备进行检修。但为了减少大修工作量，缩短停用时间，在保证全厂出力和安全经济运行的条件下，某些设备可以与主要设备错开检修时间，有备用设备的，可以不在主要设备大修期间进行检修。

(4) 设备停用时间应按部颁标准规定，如有特殊情况，可通过上级主管部门的审定批准。对电网影响较大的机组在检修时，要尽量在保质保量的前提下，缩短工期。

(5) 新投产的机组第一次大修停用时间可由上级主管部门确定；单元制系统的主变压器及其断路器检修停用时间，应在主要设备检修停用时间之内。

2. 制定各主要设备的大小修项目及检修质量标准

(1) 发电机检修项目及检修质量标准包括大修、小修以及特殊项目如技术改进项目等。

(2) 电动机大小修项目及检修质量标准。

(3) 变压器大小修项目及检修质量标准。

(4) 配电装置大小修项目及检修质量标准（其中包括隔离开关、避雷器、母线、电抗器、互感器等）。

(5) 高、低压断路器大小修项目及检修质量标准。

(6) 蓄电池大小修项目及检修质量标准。

(7) 制氢设备大小修项目及检修质量标准。

第三节　技术报告的编写

各种电气设备的技术报告编写形式基本相同，现以发电机大修总结报告为例作以说明，其格式及内容如下。

一、设备铭牌

×× 发电厂 ×× 号发电机　　　　　　　　　　____年____月____日

制造厂_____，型式_____

容量_____千瓦（千伏安），额定电压_____千伏，等。

二、停用日数

计划____年____月____日到____年____月____日，共计____天。

实际____年____月____日到____年____月____日，共计____天。

三、人工

计划：____工时，实际（概数）：____工时。

四、检修费用

计划：____元，（实际概数）：____元。

五、由上次大修到此次大修运行小时数____，备用小时数____。

两次大修间小修____次，停用小时数____。

两次大修间临时检修次____，停用小时数____。

两次大修间事故检修次____，停用小时数____。

六、设备评级

大修前_____大修后_____

升级和降级的主要原因_____

_____

_____

七、检修工作评语

_____

_____

_____

八、简要文字总结

1. 大修中消除的设备重大缺陷及采取的主要措施。

2. 设备的重大改进及效果。

3. 人工和费用的简要分析（包括重大特殊项目的人工、费用概数）。

4. 大修后尚存在的主要问题及准备采取的对策。

5. 试验结果的简要分析。

6. 其他。

检修负责人：

总工程师：

第四节 工作票的填写

发电厂电气检修工作要执行工作票制度、工作许可制度、工作监护制度、工作间断和终结制度。工作票既是工作联系又是书面命令，它协调各方面的工作，明确各类人员的职责、工作范围、时间、地点和安全措施。在整个检修过程中的各个阶段均应有相应的签字，以示负责。

工作票分第一种工作票和第二种工作票两种。工作票应有签发程序和电气检修工作过程，它是一项确保安全的有力措施，其填写格式如下：

一、第一种工作票签发格式

发电厂第一种工作票　　　　第_____号

1. 工作负责人（监护人）：_____　班组：_____

2. 工作班人员：_____　共_____人

3. 工作内容和工作地点：_____

4. 计划工作时间：自　　年　　月　　日　　时　　分
　　　　　　　　　至　　年　　月　　日　　时　　分

5. 安全措施：

下列由工作票签发人填写	下列由工作许可人（值班员）填写
应拉断路器（开关）和隔离开关（刀闸），包括填写前已拉断路器和隔离开关（注明编号）	已拉断路器（开关）和隔离开关（刀闸）（注明编号）
应装接地线（注明确实地点）	已装接地线（注明接地线编号和装设地点）
应设遮拦、应挂标示牌	已设遮拦、已挂标示牌（注明地点）
	工作地点保留带电部分和补充安全措施
工作票签发人签名： 收到工作票时间： 　　　　年　　月　　日　　时　　分 值班负责人签名：	工作许可人签名： 值班负责人签名：

（发电厂值长签名：　　　　　　　　　　　）

6. 许可开始工作时间：_____年___月___日___时___分
工作许可人签名：_____工作负责人签名：_____

7. 工作负责人变动：
原工作负责人_____离去，变更_____为工作负责人。
变动时间：_____年___月___日___时___分，
工作票签发人签名：_____

8. 工作票延期，有效期延长到：_____年___月___日___时___分
工作负责人签名：_____值长或值班负责人签名：_____

9. 工作终结：
工作班人员已全部撤离，现场已清理完毕。
接地线共_____组已拆除。
全部工作于_____年___月___日___时___分结束。
工作负责人签名：_____工作许可人签名：_____
值班负责人签名：_____

10. 备注：_____

二、第二种工作票签发格式

发电厂第二种工作票　　　　编号：_____

1. 工作负责人（监护人）：_____班组：_____
　　工作班人员：_____
2. 工作任务：

---

3. 计划工作时间：自＿＿＿＿＿年＿＿＿＿＿月＿＿＿＿＿日＿＿＿＿＿时＿＿＿＿＿分

                至＿＿＿＿＿年＿＿＿＿＿月＿＿＿＿＿日＿＿＿＿＿时＿＿＿＿＿分

4. 工作条件（停电或不停电）：

＿＿

5. 注意事项（安全措施）：＿＿＿＿＿＿＿＿＿＿＿＿＿＿＿＿＿＿＿＿＿＿＿＿＿＿＿＿＿

＿＿

＿＿

                       工作票签发人签名：＿＿＿＿＿＿＿

6. 许可开始工作时间：＿＿＿＿＿年＿＿＿＿＿月＿＿＿＿＿日＿＿＿＿＿时＿＿＿＿＿分

   工作许可人（值班员）签名：＿＿＿＿＿＿＿工作负责人签名：＿＿＿＿＿＿＿＿＿

7. 工作结束时间：＿＿＿＿＿年＿＿＿＿＿月＿＿＿＿＿日＿＿＿＿＿时＿＿＿＿＿分

   工作负责人签名：＿＿＿＿＿＿＿工作许可人（值班员）签名：＿＿＿＿＿＿＿＿＿

8. 备注：＿＿＿＿＿＿＿＿＿＿＿＿＿＿＿＿＿＿＿＿＿＿＿＿＿＿＿＿＿＿＿＿＿＿＿＿＿

＿＿

＿＿

本 章 小 结

本章主要讲述检修计划的编制、检修规程的编写、技术报告的编写和工作票的填写方法。

第二十章　电气设备检修质量管理

第一节　质　量　验　收

设备的好坏直接影响着能否安全运行，作为检修人员要认真负责、一丝不苟的做好设备检修工作，但为了保证检修质量，还必须做好质量检查和验收工作。质量的检查与验收要实行检修人员自检和验收人员检查相结合的方法，严格贯彻执行三级验收制度，确保检修质量。

1. 三级验收制度

（1）一般部件或单项检修工作应贯彻自检自验精神，做到自修自保负责到底，不符合质量标准决不完工，按照质量标准，自行检查合格后竣工。

（2）大小修中一般项目在自检互检的基础上进行班组验收工作（零星验收），验收由班长或技术员主持。

（3）大小修时，对设备一些主要部件应在班组验收的基础上进行分场验收（分段验收），验收工作由分场主任或专责工程师主持，各有关人员参加，检修班长或班组技术员向分场领导汇报检修情况后，进行分段验收。

（4）一些重要设备或部件的组装和试运行前的整体验收（厂部验收），应在分场的分段验收的基础上，由总工程师主持，分场有关人员参加并汇报检修情况后，进行整体验收。电气部分的整体验收项目主要是发电机穿转子、扣大盖、主变压器组装前、整体冷态验收、整体热态验收。

（5）整体验收前的要求：

1）计划检修、试验项目全部完成，并已进行分段验收和评价。

2）设备标志、指示、信号、自动装置、保护装置以及表计和照明均完整良好。

3）检修中发现的缺陷已进行处理，漏水、漏汽、漏粉、漏油、漏灰（简称"七漏"）基本消除。

4）检修记录完整正确。

5）分场专责工程师已将设备系统的变更情况向运行人员交待清楚，并填写在设备系统变更记录簿内。

6）现场清理干净整齐，无遗留任何杂物等。

2. 运行人员参加验收的重点

（1）检查设备运行情况，各部件动作是否灵活，设备有无泄漏。

（2）标志、指示、信号、自动装置、保护装置、表计、照明等，是否正确、齐全。

（3）核对设备系统的变动情况。

（4）检查现场整洁情况。

3. 集中检修发电厂的验收与试运行

对于集中检修的发电厂，设备的分段验收、分部试运行、整体验收与整体试运行，应由负责检修的单位会同电厂共同进行。

第二节　检修总结与设备评级

一、大修总结与技术报告

1. 大修的总结

（1）设备检修结束后，应组织有关人员认真总结检修中的经验，肯定成绩，找出差距和缺点，不断提高检修质量和工艺水平。

（2）设备大修结束后，应尽快办理退料手续，填写设备台账，并将检修中的技术记录、工时、费用整理齐全，交给分场专责工程师。

（3）主要设备大修结束后，分场应在15～30天内作出大修总结报告，并由厂部汇总存档报上级主管部门。

（4）对集中检修的发电厂，由负责检修的单位负责，发电厂配合，提出总结报告，经发电总工程师会签后，送上级主管部门并抄送发电厂。

2. 大修技术报告的内容

（1）主要设备的技术数据和铭牌。

（2）计划和实际停用时间。

（3）发现并消除的设备重大缺陷和采取的主要措施。

（4）设备的重大改进及效果。

（5）人工及费用的简要分析。

（6）大修后尚存在的主要问题及准备采取的对策。

（7）试验结果的技术状况简要分析等。

（8）对设备的评价。

二、设备评级

1. 设备评级办法

为了加强设备管理，全面掌握设备的技术状况，应定期检查和鉴定设备，以促进管好、用好、修好设备，确保安全经济发供电，所以在设备大修结束后应对主要设备和辅助设备进行评级，评级结果由发电厂和上级主管部门分别掌握。

（1）设备大修后及设备技术状况有明显的变化时应重新评价设备。

（2）每年定期安全大检查以后，或对设备进行了其他的全面检查以后应进行设备评级。

（3）新设备正式交接前，发电厂与安装单位应共同做好设备的评级工作，在达到完好设备的要求后方能交接。

（4）设备的评级标准分为一类（优）、二类（良）、三类（及格），一、二两类设备统称为完好设备。完好设备与所有评级设备的比例称为设备完好率。设备完好率按台数和容量计算。

2. 电气设备评级标准

（1）一类设备是经过运行考验，技术状况良好，能保证安全、经济、满发的设备，其标准如下：

1）设备大修按期完成，试运一次成功，能持续达到铭牌出力或上级主管部门批准的出力。

2）计划检修、试验项目全部完成，发现的缺陷基本消除。各种主要运行指标及参数都符合设计或有关规程的规定。检修技术记录正确、齐全，并经过整理载入设备台账。

3）设备本体没有影响安全运行的缺陷，零部件完整齐全，只有轻微的磨损或腐蚀。全部进行分段验收，评为"优"的设备占80%以上，检修质量达到规定的质量标准。

4）辅助设备技术状况及运行情况良好，能保证主要设备安全运行、出力和效率高。

5）安全保护装置、信号及主要的指示仪表、记录仪表等完整良好，指示正确，动作正常。

6）主要的自动装置动作可靠，并能经常投入使用。

7）主要的标志、编号正确，能满足生产上的需要。

8）设备及周围环境清洁，"七漏"基本消除。

9）检修中安全情况良好，无人身轻伤和人身未遂，仪器仪表无损坏且协作配合好。

（2）二类设备是基本完好的设备，虽然个别部件有一般性缺陷，但能经常安全满发，效率也能保持在一般水平，其标准如下：

1）设备大修按期完成。

2）计划检修、试验项目基本完成。

3）全部检修设备都进行了分段验收，并有记录。

4）设备检修技术记录均记入设备台账。

5）各主要运行指标、参数均符合规定。

6）主要自动装置、保护装置都能正常运行。

7）检修中安全情况尚好，但有不安全现象和设备损坏情况。

（3）三类设备是有重大缺陷的设备，不能保证安全运行，出力降低，效率很差，或"七漏"严重，其标准如下：

1）设备检修虽然按期完成，但有大的返工，未能一次启动成功。

2）主要的检修项目、试验项目虽能完成，但尚有缺陷未能消除。

3）分段验收不全，还无记录。

4）检修记录不齐全。

5）检修中有人身轻伤和主要设备部件损坏。

（4）如有检修质量问题或人身不安全，情节严重者应评为"不及格"。

本 章 小 结

本章主要讲述检修质量的验收、检修总结和设备评级方法。

第二十一章 安 全 管 理

第一节 防 火 与 防 爆

电气事故造成的火灾和爆炸的危害性和后果是不堪设想的，它的来势极其凶猛，会给国家和人民的生命财产带来巨大的损失，如何防止电气火灾和爆炸事故，是每一个电气工作人员的必修课。作为电气工作者，应该知道发生火灾和爆炸的原因；懂得电气消防知识；掌握防火防爆的基本方法，尽量将火灾或爆炸事故消灭在萌芽之中，以确保发电厂安全运行，为国民经济的发展输送大量能源。不要认为防火防爆只是消防部门的工作，它也是每个电气工作者不可忽视且应尽的责任。

一、发生火灾或爆炸的原因

1. 危险温度

在易燃易爆场所中，高温就能引起火灾或爆炸，这种高温称为危险温度。电气设备或线路的危险温度是由其本身产生的过热引起的。正常运行的电气设备的最高温度都不会超过某一允许范围，如裸导线和塑料绝缘导线的最高温度一般不得超过 70℃，变压器上层油温不得超过 85℃，电力电容器外壳温度不得超过 65℃等，绝缘材料的耐温程度都有极限规定。但是，当电气设备发生短路故障或超载运行时，温度就会升高甚至远超过允许范围，使设备过热烧毁或引起火灾或爆炸。

除以上原因外，各导电部分接头的接触不良或环境通风不好造成散热不良等，也会使温度升高至危险温度。

2. 电火花和电弧

电火花是电极间的击穿放电，电弧是大量电火花汇集而成。电火花的温度很高，特别是电弧的温度可达 6000℃，它不仅能引起可燃物质燃烧，还能使金属熔化、飞溅，构成火源。

电火花和电弧可分为两类，一类为正常工作过程中产生的火花和电弧，如接触器或断路器分断时产生的火花和电弧、直流电动机电刷下的火花等；另一类是在电气设备或线路发生故障时出现的火花和电弧，如绝缘损坏时出现的闪络、熔丝熔断时的火花、发生短路时产生的火花和电弧、过电压放电引起的电弧以及静电感应等，这些火花和电弧在遇到易燃易爆物质时，都可能引起火灾或爆炸。

3. 雷电与静电

雷电是大气中的放电现象。雷云随着电荷的不断积累，电压会不断的升高。当积累大量电荷的云层相互接近到一定距离时就会发生激烈的放电现象。放电温度高达 20 000℃，造成空气受热急剧膨胀，产生震耳的雷鸣。雷电分为直击雷和雷电感应两种。

雷电击中地面物体便是雷击。雷电的冲击过电压高达数百万伏甚至数千万伏，它可以毁坏电气设备的绝缘，烧断电线造成短路，导致火灾和爆炸事故；在易燃易爆危险场合，雷电放电火花也会引起火灾和爆炸。

除直接雷击外，感应雷也会引起火灾。感应雷分静电感应和电磁感应两种。静电感应是指在雷云和大地的电场中，突出地面的金属物顶端会感应出大量电荷；电磁感应是指雷击时，在它的周围会产生强大的交变磁场,使附近的金属物感应出强大的电动势。静电感应的电荷,不会随电场消失而立即消失,其聚集的电压可达几万伏,放电时产生的火花能引起易燃易爆物品燃烧和爆炸。

二、电气防火与防爆措施

电气火灾和爆炸的后果是可想而知的,所以必须严格管理,采取有力的措施,加强防范,避免火灾或爆炸事故的发生。

(1) 排除易燃易爆物质,即危险源。保持良好的通风,将易燃易爆气体和粉尘纤维的浓度降至起燃起爆浓度之下,对易燃易爆物质的生产设备、容器、管道、阀门等,加强密封和严格管理。

(2) 排除电火花、电弧、高温物体等电气火源。安装防爆设备,在危险场所尽量不用或少用携带型电气设备,在危险场所敷设的电气线路,应满足防火、防爆的设计要求。

(3) 采用耐火材料建筑隔墙和门。充油设备之间应保持防火距离,如油罐与主变压器之间应保持 15m,电容器室与主控室保持 10m 距离。若不足上述距离应设防火墙,设储油和排油设施,防止火势蔓延。电工建筑与设施距离易爆危险场所应大于 30m,架空电力线路严禁通过易燃易爆场所,两者水平距离应不小于杆塔高度的 1.5 倍。

(4) 确保绝缘良好、不过载运行、满足热稳定和断流容量的要求;保持电气设备周围通风良好;安装和使用电气设备时注意做好隔热措施。

(5) 消除和防止静电火花。如工艺控制、减少摩擦、静电接地、增加湿度、屏蔽处理、加抗静电添加剂、装设静电中和器等方法。

(6) 预防直击雷引起火灾爆炸的措施。

1) 装设避雷针。由接闪器(常用 1～2m 长的尖头钢管或铁棍)、支持物和接地装置组成。突出地面的避雷针具有引雷作用,雷云通过避雷针放电,周围的设备和物品就不会受到雷击。

2) 装设避雷线。也称架空地线,它是悬挂在高空的接地导线,其作用与避雷针相同,也是将雷电引向自身并将雷电导入大地。在避雷线保护范围内的线路和设备不会受到直接雷击。

3) 装设避雷带(网)。其作用与避雷线相似,主要用于工业和民用建筑物的防雷,它敷设在被保护建筑物最顶上。

(7) 预防感应雷引起火灾爆炸的措施。

1) 防止静电感应雷。建筑物里外所有金属件均应接地。金属屋面周边每隔 18～24m 用引下接地一次。

2) 预防电磁感应的危害。平行敷设的金属管道、电缆外皮等,其净距小于 100mm 时,应每隔 20～30m 用金属线跨接;交叉净距小于 100mm 时,交叉处也应使用金属线跨接。另外,所有管道接头处也应在连接处用金属线跨接。

3) 防感应雷接地装置的接地电阻不应大于 10Ω,一般与电气设备共用接地装置。室内接地干线与防感应雷接地装置的连接,不应少于两处。

三、电气灭火知识

电气火灾发生后,必须首先断开电源后再进行灭火。按相关规定的操作程序断开断路器、隔离开关等,然后正确使用灭火器进行灭火。

1. 灭火器的种类、结构及适用范围

(1) 二氧化碳灭火器如图 21-1 和图 21-2 所示。它是喷射二氧化碳灭火剂进行灭火的一种器具,利用灭火剂本身作动力喷射,其特点是灭火后不留痕迹。它主要适用于扑灭 B 类火灾,即各种易燃、可燃流体火灾,如精密仪器、贵重设备、档案资料、少量油脂以及 600V 以下各种带电设备火灾。

二氧化碳灭火器有 MT、MTZ 型手提式和 MTT 型推车式三种，它们的结构基本相同，主要由筒身、阀门和喷筒等组成。MT 型的阀门是手轮式，而 MTZ 鸭嘴型的阀门是压把式，压把上有保险装置。这种灭火器可以点射。

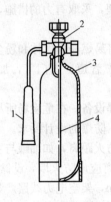

图 21-1　MT 型手提式
二氧化碳灭火器
1—喷筒；2—手轮；
3—钢瓶；4—虹吸管

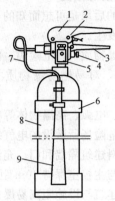

图 21-2　MTZ 型手提鸭嘴式二氧化碳灭火器
1—压把；2—安全销；3—提把；
4—安全堵；5—启闭阀；6—卡带；
7—喷管；8—钢瓶；9—喷筒

（2）二氟—氯—溴甲烷（1211）灭火器如图 21-3 和图 21-4 所示。1211 灭火器是卤代烷型储压式灭火器，钢筒内装有二氟—氯—溴甲烷灭火剂，并充填压缩氮气作为动力。它具有灭火效率高、速度快、绝缘性能好、灭火后不留痕迹等优点。它主要适用于扑灭 B、C 类火灾，即易燃、可燃流体和易燃、可燃气体火灾以及带电设备火灾。如精密仪器、仪表、电子设备、图书、档案等贵重物品以及油类、化工化纤原料等初起火灾。

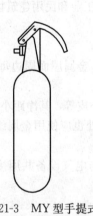

图 21-3　MY 型手提式
1211 灭火器外形

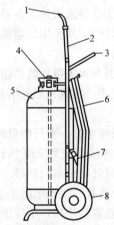

图 21-4　MYT 型推车式 1211 灭火器
1—喷嘴；2—伸缩喷杆；3—车架；
4—阀门；5—钢瓶；6—喷射胶管；
7—手握开关；8—车轮

1211 灭火器主要有 MY 型手提式、MYT 型推车式两大类。前者由筒身（钢瓶）和筒盖两大部分组成，后者由推车、钢瓶、阀门、喷射胶管、手握开关、伸缩喷杆、喷嘴等组成，喷嘴有两种，一种是雾化喷嘴，其喷射面积大，但射程较近；另一种是直射喷嘴，其喷射面积较小，但射程远。

（3）干粉灭火器如图21-5所示。干粉灭火器是以二氧化碳气体为动力，喷射干粉灭火剂的器具。钢筒内装有钾盐或钠盐干粉，并备有盛装压缩气体的小钢瓶。其主要适用于扑灭 B、C 类火灾，即易燃、可燃流体和易燃、可燃气体火灾，还可扑灭电气设备火灾。

干粉灭火器也有 MF 手提式和 MFT 推车式两大类，手提式主要由筒身和筒外的钢瓶组成，筒身上装有提柄、胶管和喷嘴，筒内有出粉管与进气管，钢瓶与筒身用紧固螺母连接。

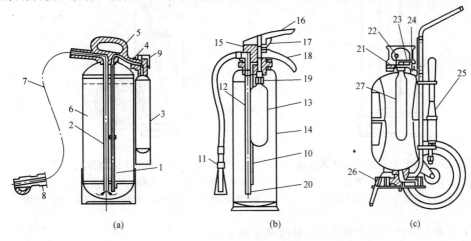

图 21-5　干粉灭火器

（a）外装式 MF8 型干粉灭火器；（b）内装式 MF5 型干粉灭火器；（c）MFT35 型推车式干粉灭火器

1—进气管；2—出粉管；3—二氧化碳钢瓶；4—筒身与钢瓶紧固螺丝；5、18—提柄；6、14—筒身；

7—胶管；8—喷嘴；9、24—提环；10—进气管；11—喷枪及喷嘴；12—出粉管；13—二氧化碳钢瓶；

15—筒盖；16—压把；17—保险销；19—阀体；20—防潮堵；21—护罩；22—压力表；

23—进气压杆；25—喷枪；26—出粉管；27—钢瓶

（4）四氯化碳灭火器。瓶内装有四氯化碳液体，有一定的绝缘性能，在一定的电压等级下可以带电灭火，但有毒。它主要适用于扑灭电气设备火灾。目前剩余的四氯化碳灭火器仍可继续使用，厂家不再制造此类灭火器。

（5）酸碱灭火器如图21-6所示。酸碱灭火器是利用装于筒内的两种药剂混合后发生化学反应，产生压力喷出岁溶液灭火的。它适用于扑灭竹、木、棉、毛、草、纸等一般可燃物质的初起火灾，不适用于油类、忌水忌酸物质及电气设备的灭火。

酸碱灭火器主要有 MS7、MS8、MS9 型，其结构、原理基本相同。MS 手提式灭火器由钢板制成的筒身，内装碳酸氢钠水溶液；瓶胆是用玻璃或聚乙烯塑料做成，内装浓硫酸，瓶胆口有铝塞，用于封住瓶口，防止瓶内浓硫酸吸水稀释或同瓶胆外药液混合。

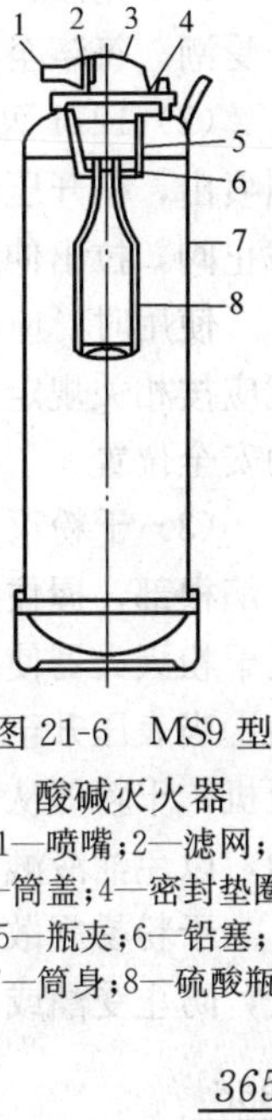

（6）泡沫灭火器如图21-7和图21-8所示。其结构与酸碱灭火器基本相同，主要区别是：泡沫灭火器筒内装有碳酸氢钠、发沫剂和硫酸铝溶液，它适用于扑灭 A、B 类火灾，即木材、纤维、橡胶等固体可燃物或非水溶性易燃、可燃液体火灾。不能扑灭醇、酯、醚、醛、酮、有机酸等水溶性易燃、可燃液体火灾，也不能扑灭电气设备、轻金属、碱性金属及遇水燃烧爆炸物质的火灾。泡沫灭火器主要有手提式 MP6、MP8、MP9、MP10 型和推车式 MPT 型。

图 21-6　MS9 型酸碱灭火器

1—喷嘴；2—滤网；
3—筒盖；4—密封垫圈；
5—瓶夹；6—铅塞；
7—筒身；8—硫酸瓶

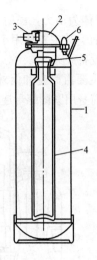

图 21-7　MP 型手提式泡沫灭火器
1—筒身；2—筒盖；3—喷嘴；4—瓶胆；
5—瓶胆盖；6—固定螺母

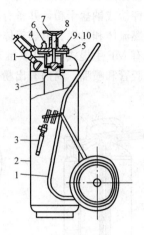

图 21-8　MPT 型推车式泡沫灭火器
1—筒架；2—筒身；3—瓶胆；4—密封垫圈；5—筒盖；
6—安全阀；7—手轮；8—丝杆；9—螺母；10—垫圈

（7）干燥的黄沙。它主要适用于扑灭液体火灾。

（8）喷雾水枪灭火器。其水柱泄漏电流较小，带电灭火比较安全，用普通水枪时，可将水枪喷嘴接地或穿绝缘靴、戴绝缘手套进行电力线路灭火。

2．灭火器的使用方法及注意事项

（1）二氧化碳灭火器的使用及注意事项。灭火时，应将灭火器喷筒对准火焰根部，打开阀门即可。鸭嘴式二氧化碳灭火器的使用方法是将保险装置打开后，按压鸭嘴压把即可。在使用过程中，应连续喷射防止余烬复燃。在室外灭火时，不能逆风操作，也不允许颠倒使用。手不可直接碰触喷嘴和上方金属部分，以免冻伤。在室内使用后要注意通风，防止空气中的二氧化碳含量过高，造成灭火人员呼吸困难，甚至窒息死亡。

二氧化碳灭火器应放在明显易取、温度在 $-10 \sim +42 ℃$ 的位置，禁止火烤、暴晒和碰撞，防止受潮。每年至少检查一次质量，如果二氧化碳质量减少 10% 应及时检修补气。

（2）1211 灭火器的使用及注意事项。对手提式灭火器使用时，拔掉安全销，按下压把灭火剂喷出，松开压把即关闭；推车式灭火器的使用方法，首先取出喷射装置，展开胶管，开启钢瓶截止阀，拉出伸缩喷杆，将喷嘴对准火焰，紧握开关压把即可喷出灭火剂。

使用时，应站在上风进行操作，在室内使用注意通风，灭火器一经开启或质量减少 10% 时，就应按相关规定充装，还应防止日晒、火烤、受潮和受化学腐蚀，应放置在温度为 $-10 \sim +42 ℃$ 的安全位置。

（3）干粉灭火器的使用及注意事项。手提式干粉灭火器使用时，先拔掉保险销，将喷嘴对准火焰根部，握住提把，用力按下压把，开启阀门，气体充入筒内，干粉即从喷嘴喷出灭火；推车式干粉灭火器使用时，先取下喷枪，展开出粉管，提起进气压杆，使二氧化碳气体进入储粉罐内。当表压升至 $700 \sim 1100 kPa$ 时，放下压杆停止进气。同时两手持喷枪，对准火焰根部，扣动扳机，干粉即从喷嘴喷出，由近至远灭火。如果扑灭油火时，应注意干粉的气流不能直接冲击油面，以免油液溅出引起火灾蔓延。

干粉易飘散，应接近火焰喷射，且不宜逆风使用，放置在温度为 $-10 \sim +42 ℃$ 的通风干燥处，防止受潮或腐蚀。应按制造厂和维修厂的规定进行检查和维修。

（4）四氯化碳灭火器的使用及注意事项。提起灭火器，拔掉保险锁，将喷嘴对准火焰根部，拧开手轮（阀门）灭火剂即可射向火源。如果是灭火弹，可直接抛向着火点灭火。

四氯化碳有毒，使用后要及时通风，当着火的电气设备电压超过 2000V 时，应先切断电源后再灭火。

（5）酸碱灭火器的使用及注意事项。将灭火器平稳提到着火点，用手指压紧喷嘴，将筒身颠倒过来上下摇动几次，松开手指对准火源，灭火剂即可喷出，将射流喷到燃烧最猛烈的地方。

（6）泡沫灭火器的使用及注意事项。提取泡沫灭火器时，筒身不可过度倾斜，防止两种药液混合。提到火场后，颠倒筒身，上下摆动几下使两种药液混合，发生化学反应生成泡沫，借助气体压力将泡沫从喷嘴喷出，将火扑灭。

在使用过程中，不准将筒盖或筒底对向工作人员，以防爆炸造成事故；如果灭火器已经颠倒，但不喷泡沫，这时应将筒放平，迅速用细铁丝疏通喷嘴，切不可旋开筒盖，以免筒盖飞出伤人，最好将它移至安全地点后另换一只灭火器。

对于 MPT 型推车式泡沫灭火器的使用方法，一人旋放喷射管，手握喷枪对准火源；另一人逆时针方向旋转手轮，开启胆塞，然后放倒筒身并摇动几次，使拖杆触地，打开阀门，将泡沫喷射在燃烧物体表面灭火。灭火器应经常检查，注意防冻、防晒、防锈蚀。每年检查一次药剂，若发现失效，应重新更换药液，使用两年后，应进行水压试验，若无异常现象，才能继续使用。

（7）黄砂的使用及注意事项。黄砂一般都装在砂箱或砂桶内，设置在有油的危险场所，当油燃烧时，用来扑灭火灾。砂箱和砂桶一般制成无底状，也有制成侧面插板式的。当发生火灾时，只要抬一下箱板或推一下砂桶，黄砂就会流出，然后用铁锹扬砂灭火。平时不要随意推动砂箱或砂桶。

（8）用水枪灭火的注意事项。由于水是导体，若使用不当将会扩大事故造成伤亡。在使用水枪灭火时，人体、水枪、喷出的水柱、大地、带电体会形成一个导电回路，回路中的泄漏电流大小直接影响着人体的安全，而泄漏电流的大小又与水的电阻率、水压、电压水枪喷嘴的大小以及水枪喷嘴与带电体之间的距离有关；在带电体与水枪距离相同的情况下，水压越大，电压越高，水枪喷嘴越大，则泄漏电流也越大，所以，必须设法使泄漏电流控制在 1mA 以下才可保证人身安全。

试验表明，当电压为 110kV，用自来水扑灭火灾时，如果水压是 980kPa、水枪喷嘴为16mm、水枪喷嘴与带电体的距离为 5m，水柱的泄漏电流仅为 0.96mA；若距离是 8m，泄漏电流为 0.1～0.014mA，都没有超过 1mA，因此，只要保持一定的距离，用水枪灭火是可行的。但为了保证安全可靠，还应增加辅助措施，如：

1）在水枪上安装截面积为 2.5～6mm^2、长 20～30m 的接地线，并与接地装置连接。

2）戴绝缘手套、穿绝缘靴或穿戴均压服进行灭火。

3）尽量采用双极离心式喷雾水枪灭火。这种水枪泄漏电流较小，比较安全。使用这种水枪灭火时，一定要在喷出水雾后才能射向带电体。

4）对架空线路和架空设备进行灭火时，人体位置与带电体之间的仰角不应超过 45°，以防导线断落危及灭火人员的安全。如果有导线断落地面，要划出警戒线，防止跨步电压触电。

5）没有穿戴绝缘用具的人员，不得接近燃烧区，以防地面水渍引起触电。

第二节　检修工作的安全措施

电气检修工作是与电气设备或电气线路打交道的，随时都离不开一个"电"字，如果在检修中麻痹大意，不重视安全，将带来不堪设想的后果，所以，"安全第一"的思想时刻都不能松懈。只有加强安全管理，自觉执行相关规程的要求，才能保质保量地完成检修任务，为安全发供电作出贡献。

电气检修工作必须做好两个最基本的措施，一个是保证安全的组织措施；另一个是保证安全的技术措施。

一、保证安全的组织措施

1. 工作票制度

在电气设备上工作，应填用工作票或按命令执行，其方式有以下三种：

（1）填用第一种工作票。填用第一种工作票的工作是：①高压设备上工作需要全部停电或部分停电者；②高压室内的二次线和照明等回路上的工作，需要将高压设备停电或做安全措施者。

（2）填用第二种工作票。填用第二种工作票的工作是：①带电作业或带电设备外壳上的工作；②控制盘和低压配电盘、配电箱、电源干线上的工作；③二次接线回路上的工作，无需将高压设备停电者；④转动中的发电机、同期调相机的励磁回路或高压电动机转子电阻回路上的工作；⑤非当值值班人员用绝缘棒和电压互感器定相或用钳形电流表测量高压回路的电流的工作。

（3）口头或电话命令。除以上工作外，其他工作用口头或电话命令，但必须清楚正确，值班员应将发令人、负责人及工作任务详细记入操作记录簿中，并向发令人复诵核对一遍。

工作票应填写一式两份，一份由工作负责人收执（一个工作负责人只能有一张工作票），另一份由值班员收执并按值移交。开工前，工作票内的全部安全措施应一次完成。

2. 工作许可制度

工作许可人（值班员）在做完施工现场安全措施后，应会同检修负责人到现场再次检查所做的安全措施，并以手触试停电设备，证明检修设备确无电压；对工作负责人指明带电设备的位置和需要注意的事项；然后同工作负责人在工作票上分别签名。完成以上手续后，方能开始检修工作。

3. 工作监护制度

（1）完成工作许可手续后，工作负责人（监护人）应向工作班人员交待现场安全措施、带电部位和其他注意事项。工作负责人（监护人）必须始终在工作现场，对工作班人员进行认真监护，及时纠正违反安全的动作。

（2）工作负责人（监护人）只有在全部停电时，才可以参加工作班的工作。在部分停电时，只有在安全措施十分可靠、人员都集中在一个工作地点、不至于误碰带电部分的情况下，方能参予工作班的工作。专责监护人不得兼做其他工作。

（3）工作负责人若因故必须离开施工现场时，应指定能胜任的人员临时代替监护人，离开前应将现场交待清楚，并告知工作班人员。

4. 工作间断、转移和终结制度

（1）工作间断时，工作班人员应从工作现场撤离，所有安全措施保持不动，工作票仍由负责人执存。间断后继续工作无需通过工作许可人。每日收工，应清扫工作地点，开放已封闭的通路，并将工作票交给值班员。次日复工时，应得值班员许可，取回工作票，工作负责人必须事前重新认真检查安全措施，确定符合工作票的要求后，方可工作。没有工作负责人或监护人带领，工作人员不得进入施工现场。

（2）在同一电气连接部分用同一工作票依次在几个工作地点转移工作时，全部安全措施由值班员在开工前一次做完，不需再办理转移手续，但工作负责人在转移工作地点时，应向工作人员交待带电范围、安全措施和注意事项。

（3）全部工作完毕后，工作班应清扫、整理施工现场。工作负责人应进行周密的检查，待全体工作人员撤离工作地点后，再向值班人员讲清所修项目、发现的问题、试验结果和存在的问题等，并与值班人员共同检查设备状况，确定清洁并无遗留物件后，在工作票上填明工作终结时间，经双方签名后，工作票方告终结。

二、保证安全的技术措施

1. 停电

需要检修的设备，必须将其各方面的电源完全断开。禁止在只经断路器断开电源的设备上工作。必须断开隔离开关（刀闸），并使各方面至少有一个明显的断开点。与停电设备有关的变压器和电压互感器，必须从高、低压两侧断开，防止反送电。隔离开关的操作把手必须锁住。

2. 验电

检修设备停电后，必须进行验电。验电时，必须使用电压等级合适而且合格的验电器，在验电前，应先在有电设备上进行试验，确定验电器良好后，在检修设备进出线两侧各相分别验电。高压验电必须戴绝缘手套。

3. 装设接地线

当验明设备却无电压后，应立即将检修设备接地并三相短路。这是防止工作人员在工作地点时突然来电的可靠安全措施，同时可将设备对地放电，放尽设备断开时的剩余电荷。

对于检修设备可能来电的各方面或停电设备可能产生感应电压的都要装设接地线。装设接地线必须先接接地端，后接导体端，必须接触良好。拆接地线的顺序与此相反。装、拆接地线均应使用绝缘棒和戴绝缘手套。

接地线应用多股软铜线，其截面积应符合短路电流的要求，但不得小于 $25mm^2$。接地线必须使用专用线夹固定在导体上，严禁用缠绕的方法进行接地或短路。

每组接地线均应编号，并存放在固定地点。存放位置也应编号，接地号码与存放位置号码必须一致。

4. 悬挂标示牌和装设遮拦

（1）在一经合闸即可送电至工作地点的断路器和隔离开关的操作把手上，均应悬挂"禁止合闸，有人工作！"的标示牌。

（2）如果线路有人工作，应在线路断路器和隔离开关操作把手上悬挂"禁止合闸，线路有人工作！"的标示牌。

（3）部分停电的工作，安全距离小于规定值，应装设临时遮拦，并悬挂"止步，高压危险！"的标示牌。

（4）在室内高压设备上工作，应在工作地点两旁间隔和对面间隔的遮栏上和禁止通行的过道上悬挂"止步，高压危险！"的标示牌。

（5）在室外地面高压设备上工作，应在工作地点四周用绳子做好围栏，围栏上悬挂适当数量的"止步，高压危险！"标示牌，字面应朝向围栏里面。

（6）在工作地点悬挂"在此工作！"的标示牌。

（7）在工作人员上下的构架或梯子上应悬挂"从此上下！"的标示牌。在邻近其他可能误登的带电架构上，应悬挂"禁止攀登，高压危险！"的标示牌。严禁工作人员在工作中移动或拆除遮栏、接地线和标示牌。

三、带电检修工作的安全措施及注意事项

带电检修工作是在不影响正常发供电的情况下，进行的不停电的带电检修工作。这项工作与人身安全和工农业生产有着直接关系，必须加强安全管理工作，采取必要的安全措施，确保工作

人员在检修过程中不发生任何异常情况，使检修工作安全、顺利地完成。

(1) 安全措施。

1) 勘察现场、制订方案。工作负责人应组织有带电作业经验的人员到现场实际勘察，判断能否进行带电作业，并确定检修方案、所需工具以及应采取的安全措施。

2) 技术培训。带电作业人员必须经过严格的技术培训，经考试合格方能参加带电检修工作。

3) 严格执行监护制度。选择有带电作业经验的人员担任监护人。监护人必须始终在工作现场，认真负责，随时提醒工作人员注意安全，发现问题及时指出并采取有力措施进行处理。

4) 意外防护措施。工作人员要戴安全帽、绝缘手套，穿绝缘靴和工作服，在高压电场中工作还应穿均压服；高空作业应系安全带和安全绳，防止发生高空坠落事故。高空传递物品用绳索，不得抛掷；在带电检修的设备或线路上，要采取防止相间短路的隔离措施。

5) 劳逸结合、防止检修人员疲劳。工作负责人和工作监护人应根据工作时间的长短，注意工作人员的身体状况，及时休息，防止检修人员因疲劳而引起触电或发生跌落事故。

6) 恶劣天气事故抢修。在特殊情况下，带电抢修时，应组织有关人员充分讨论并采取必要的安全措施，经上级主管部门批准后，使用专用工具进行施工。

7) 晚间要有足够的照明。

8) 工作地点应设置遮拦并悬挂标示牌。

(2) 带电检修工作的注意事项。

1) 遇雷、雨、雪、雾天气或大风（大于 5 级）天气不得进行带电作业。

2) 带电作业工作负责人应具有带电作业实践经验。在带电作业工作开始前应与调度联系，工作结束后应向调度汇报。

3) 带电作业必须设专人监护。监护人不得直接参与检修工作。监护的范围不得超过一个作业点。复杂的或杆塔上的作业应增设（塔上）监护人。

4) 进行地电位带电作业时，人员身体与带电体应保持一定距离。绝缘工具和绝缘绳索应保持一定有效长度。

5) 在带电作业过程中，如果设备突然停电，应视设备仍然带电。工作负责人应尽快与调度联系，调度未与工作负责人取得联系前不得强送电。

第三节　预防性试验

为了及时发现设备的缺陷，将其隐患消灭在萌芽之中，使设备经常保持良好的运行状态，所以，对电气设备要定期进行预防性试验。发现问题立即消除。

预防性试验主要是检查电气设备及安全用具的绝缘和导电部分的直流电阻，其主要项目包括工频耐压试验、直流耐压试验、泄露电流测定、介质损失角测定、直流电阻测定以及吸收比测定等，各类电气设备因工作性质的不同，故预防性试验也有所差异，具体内容如下。

一、发电机预防性试验的主要项目

发电机主要测量定子和转子绕组的直流电阻、绝缘电阻、工频耐压试验和直流耐压试验以及泄露电流的测定。其他项目一般安排在大修时进行试验。

(1) 测量定子和转子绕组的直流电阻。测量直流电阻的目的是检查线圈焊接头接触是否良好、有无匝间短路或断线等，并由绕组的直流电阻数值测出绕组的温度。

(2) 测量定子和转子绕组的绝缘电阻。测量绝缘电阻的目的主要是判断绕组的绝缘是否受潮，有无局部缺陷等。在测量绝缘电阻的同时还要测定"吸收比"，用以判断发电机绕组的受潮程度。

（3）工频耐压试验。工频耐压（即交流耐压）试验主要检查发电机绕组对地绝缘的好坏，它是决定发电机是否能继续运行的关键。其试验电压应根据产品说明书或检修规程的规定，一般试验电压是发电机额定电压的 1.5 倍。

（4）定子绕组的直流耐压试验及泄漏电流的测定。工频耐压试验主要是检查发电机绕组对地的绝缘状况，而直流耐压试验能够有效地发现发电机端部绝缘问题；测量泄漏电流时，也可以发现绕组的局部缺陷，根据耐压时所测得的泄漏电流值判断绝缘受潮情况。发电机定子绕组的直流耐压与工频耐压的试验电压是有着相互对应关系的，如工频试验电压为发电机额定电压的 1.3 倍时，直流试验电压应是发电机额定电压的 2 倍；工频试验电压为发电机额定电压的 1.3～1.5 倍时，直流试验电压应是额定电压的 2.5 倍；工频试验电压为额定电压的 1.5 倍以上时，直流电压应是额定电压的 3 倍。

二、电动机预防性试验的主要项目

电动机预防性试验的主要项目有绝缘电阻和吸收比测量、直流电阻测量、工频耐压试验等项目，其试验目的同发电机相似。

（1）绝缘电阻测量。用绝缘电阻表进行测量时，所连接的电缆或绕线式异步电动机的启动电阻，可以一起测量，当绝缘电阻过低时，再分别测量各部分的绝缘。

（2）吸收比的测量。对电压在 1kV 及以上的电动机应测量吸收比，在测量绝缘电阻和吸收比时，应记录绕组的温度，以便于换算后与前次测量值比较。

（3）直流电阻测量。测量时，对笼型电动机应测量定子绕组各相电阻；对绕线型电动机应测量定子、转子绕组各相电阻及启动装置设备的电阻；对有可变电阻器或启动电阻器的应同时测量其直流电阻。可用电桥或电流表、电压表法进行测量。

（4）工频耐压试验。在绝缘电阻测定合格后，分别进行各相对其他两相及外壳的工频耐压试验。对绕线型电动机还应进行转子绕组对轴及绑线的工频耐压；可变电阻器和灭磁电阻器分别对地的工频耐压试验。

三、变压器

变压器（包括电压互感器、电流互感器、消弧线圈、套管）的大修周期一般规定 5～10 年检修一次，具体检修时间根据预防性试验的结果而定，所以要定期进行预防性试验。电力变压器预防性试验项目主要包括绝缘电阻测量、直流电阻测量、泄漏电流测定、介质损失角测量、绝缘油试验、工频耐压试验等，其试验周期为每年一次，目的是通过预防性试验能及时发现设备存在的问题，针对具体问题设计检修方案，安排检修时间，将变压器的缺陷消除在萌芽之中，从而保证设备安全运行。

（1）绝缘电阻的测试。绝缘电阻的测试应做在其他试验项目之前，以事先了解设备的绝缘情况。测量的部位和顺序见表 21-1。

表 21-1　　　　　　　　　　　　　　测量部位和顺序

顺序	双线圈变压器		三线圈变压器	
	被测线圈	应接地的部位	被测线圈	应接地的部位
1	低压	外壳及高压	低压	外壳、高压及中压
2	高压	外壳及低压	中压	外壳、高压及低压
3	—	—	高压	外壳、中压及低压
4	高压及低压	外壳	高压及中压	外壳及低压
5			高压、中压及低压	外壳

注　表中顺序 4、5 的项目，只对 15000kVA 及以上的变压器进行。

（2）吸收比试验。其目的是要求测出两种时间下绝缘电阻的比值，用此确定变压器干燥工艺是否良好，是一项重要原始数据。此项试验适用于大容量的变压器，小容量的产品不用做吸收比试验。

（3）变压器绕组直流电阻的测量。它是确定短路损耗的重要数据，通过直流电阻的测量可以检查电路的接触部分以及接头的焊接部分是否良好。

（4）泄漏电流的测定。变压器绝缘在直流高压下测量其泄漏电流值，可以灵敏地判断变压器的整体受潮、部件表面受潮或脏污以及贯穿性的集中缺陷等。测量时，通常是依次测量各线卷对铁芯和其他线卷间的电流值，因此，除被测试线卷外，其他线卷皆短路并与铁芯（外壳）同时接地。泄漏电流应读取 1min 的电流值。测试前应对变压器充分放电，其放电时间不少于 2min。

（5）介质损失角测量。变压器介质损失角试验是判断变压器绝缘状态的有力工具，它的灵敏度很高，主要可以用来检查绝缘受潮、油质劣化、绕组和套管脏污以及严重的局部缺陷等。

测量方法一般采用不平衡电桥法（M 介质试验器）和平衡电桥法（高压交流电桥，也称西林电桥）两种。

（6）绝缘油试验。绝缘油是变压器最基本的绝缘材料，它充满整个变压器油箱，起绝缘和散热两种重要作用。绝缘油的试验主要是进行击穿强度试验，用以分析油中是否有杂质和水分等。应按以下要求取油样：

1）盛油容器及油的温度要高于或等于周围气温。

2）要在相对湿度 75% 以下的干燥天气进行。

3）取油样的容器要用清洁剂除油，再用清水冲洗，最后用蒸馏水洗涤数次，放入温度为 105℃ 的烘箱中烘干，冷却后将容器盖封严密，取油样时方可开启。

4）取油样应在下方油阀取，首先放掉 2L 左右，再放油将容器冲洗 2 次，才可正式取样并封闭容器盖。取出的油量应是需要试验用量的 1.2 倍。

（7）工频耐压试验。它是鉴定主绝缘强度的有效方法，也是保证设备绝缘水平、使变压器可靠运行的重要措施。但是，工频耐压是破坏性试验，所以必须在以上试验合格后，才能进行外施工频耐压试验。

四、断路器预防性试验项目

断路器预防性试验项目基本与变压器相似，增加一个接触电阻试验项目。其目的是检查开关动静触头的接触状况，一般用电流表和电压表进行测试。

五、避雷器的预防性试验项目

避雷器的预防性试验项目主要包括绝缘电阻试验、泄漏电流试验、工频放电电压试验等。

六、电容器的试验项目

电容器的试验项目主要包括在常温下测量绝缘电阻、电容量、介质损失角和交流耐压试验。

（1）绝缘电阻测量。其目的是为了初步判断电容器两个电极间和电极对外壳间的绝缘是否良好。测量前应进行外部检查，如果检查无异常后，用绝缘电阻表进行测量绝缘。应注意测量前后都要放电 2～5min；测量线未撤除前不得将绝缘电阻表停下，以免损坏绝缘电阻表。

（2）电容量测量。测量电容器的电容量，主要是与原铭牌值相比较来判断内部接线是否正常及绝缘是否受潮等。如测量多个串联元件组成的电容器的电容量时，若介质受潮或元件短路后，电容值将比原铭牌值增大；若存在严重缺油或断线，电容值有可能减小。测量方法有三种，即电压电流表法、两电压表法、电桥法。

（3）介质损失角测量。一般只对耦合电容器测量介质损失角。测量方法参见交流电桥说明书有关部分。

（4）工频耐压试验。主要是判断其绝缘的电气强度，一般对电容器进行极间及极对地的交流耐压试验。

七、安全用具试验项目

安全用具一般采用胶质、瓷质、电木或其他绝缘材料制成的。这些材料受到温度、潮湿及脏污等影响，绝缘强度就会降低，所以必须经常检查和试验才能保证安全使用。

（1）常用电气绝缘用具试验的一般要求。

1）常用电气绝缘用具均需定期进行高压试验，以检查其绝缘情况。

2）在试验前必须进行详细的外表检查，看其有无裂纹等异常现象。

3）采用 50Hz 交流电，在 15～35℃ 之间的温度下进行。升压时不能太快，试验橡皮用具时，每秒钟增压率不应超过 1000V；试验电木、胶木等用具时，每秒钟增压率不应超过 3000V；刚开始时的电压，不应超过规定电压的 50%。

4）试验时所施加的电压，必须涉及安全用具绝缘体的全部。

5）常用绝缘用具试验标准见表 21-2。

表 21-2   常用绝缘用具试验标准

序号	名　称	电压等级（kV）	试验周期	工频耐压（kV）	耐压时间（min）	泄漏电流（mA）	附　注
1	绝缘棒	6～10	每年一次	44	5		基本安全用具
		35～154		四倍相电压			
		220		三倍相电压			
2	绝缘挡板	6～10	每年一次	30	5		基本安全用具
		35（20～44）		80			
3	绝缘罩	35（20～44）	每年一次	80			基本安全用具
4	绝缘夹钳	35 及以下	每年一次	三倍相电压	5		基本安全用具
		110		260			
		220		400			
5	验电笔	6～10	每六个月一次	40	5		检修安全用具
		20～35		105			
6	绝缘手套	高压	每六个月一次	8	1	≤9	辅助安全用具
		低压		2.5		≤2.5	
7	橡胶绝缘靴	高压	每六个月一次	15	1	≤7.5	辅助安全用具
8	核相器电阻管	6	每六个月一次	6	1	1.7～2.4	检修安全用具
		10		10		1.4～1.7	
9	绝缘绳	高压	每六个月一次	105/0.5m	5		检修安全用具

（2）登高安全工具试验标准见表 21-3。

表 21-3   登高安全工具试验标准

名　称		试验静拉力（N）	试验周期	外表检查周期	试验时间（min）
安全带	大皮带	2205	半年一次	每月一次	5
	小皮带	1470			

名　称	试验静拉力（N）	试验周期	外表检查周期	试验时间（min）
安全绳	2205	半年一次	每月一次	5
升降板	2205	半年一次	每月一次	5
脚扣	980	半年一次	每月一次	5
竹（木）梯	试验荷重 1765N（180kg）	半年一次	每月一次	5

第四节　紧急救护法

　　紧急救护的基本原则是现场就地抢救，积极采取有效措施保护伤员，尽量减轻伤情和伤员的痛苦，根据伤情需要及时联系医疗部门救治。急救的成功条件是动作要快，抢救方法要正确。任何拖延和操作错误都会导致伤员伤情加重或死亡。所以，每个电气工作人员都应定期进行培训，学会紧急救护法，会正确解脱电源、会心肺复苏法、会止血、会包扎、会转移搬运伤员、会处理急救外伤或中毒等。

　　另外，生产现场和经常有人工作的场所应配备急救箱，存放急救用品，并指定专人经常检查、补充或更换。

　　1. 脱离电源

　　（1）触电急救首先应迅速将触电人员脱离电源。因为人体通过电流的时间越长，其伤害越严重，所以救护人员要达到救护的目的，就必须断开电源，这样做既能及时救护伤员，又能保全自己。

　　（2）脱离高压电的方法是将与触电者接触的那部分带电设备的断路器、隔离开关以及可能来电的部分都断开，必须停电后才能进行救护。

　　脱离低压电的方法可用停、断、拉、垫这四个字来表达。"停"即停电，断开与触电者接触的那部分电源的开关和刀闸。"断"即用绝缘柄的电工钳剪断导线。"拉"即拖拉导线将插头拔掉。"垫"即暂时无法断开电源时，可用干燥木板或其他绝缘物垫在伤员身下，使其与大地隔离断开电流回路，然后再去停电。

　　（3）防止高空坠落。如果触电者在高处，断开电源之前一定要采取防护措施，避免高空坠落造成摔伤事故。

　　（4）如果触电者触及断落在地上的带电高压线时，在没有确定停电，而且无安全措施之前，不得接近断线点 8～10m 范围，防止跨步电压伤人。

　　（5）切断电源时应考虑应急照明，为紧急救护创造有利条件。

　　2. 脱离电源后的处理工作

　　（1）将伤员仰面平躺，仔细观察。对神志清醒者暂时不要让其站立或走动。对神志不清者，应让其仰面平躺并确保气道畅通，用 5s 时间呼叫伤员或轻拍其肩部，以判定伤员是否意识丧失。禁止摇动伤员头部进行呼叫。

　　（2）如果伤员丧失意识，应在 10s 内，用看、听、试的方法，判定伤员呼吸和心跳情况。如图 21-9 所示。"看"伤员腹部有无起伏动作，"听"有无呼吸声音，"试"测口鼻有无气流，用两手指轻试喉结旁凹陷处颈动脉有无

图 21-9　看、听、试示意

搏动。

3. 心肺复苏法

当触电者呼吸和心跳停止时，应立即按心肺复苏法支持生命的三项基本措施，正确进行就地抢救。

(1) 畅通气道。取出伤员口中异物后，采用仰头抬颏法，如图 21-10 所示，畅通气道。

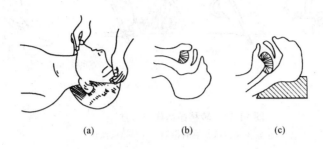

图 21-10 仰头抬颏法畅通气道示意图
(a) 仰头抬颏法；(b) 正确仰头；(c) 错误仰头

(2) 口对口呼吸法。救护人员用手指捏住伤员鼻翼，深吸气后与伤员口对口紧合，在不漏气的情况下，先连续大口吹气两次，如图 21-11 所示，每次 1～1.5s。如果两次吹气后，颈动脉仍无搏动，可判断心跳停止，这时要立即进行胸外心脏按压，最好同时与口对口呼吸法配合效果更好。

(3) 按压位置。正确的按压位置是保证胸外按压效果的前提。确定按压位置的方法是救护人员站立或跪在伤员右侧，将右手食指和中指并拢，再将中指放在切迹终点（剑凸底部），食指平放在胸骨下部，另一只手的掌根紧挨食指上缘，如图 21-12 所示。

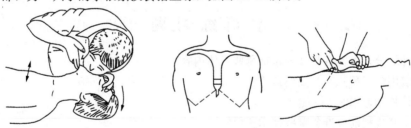

图 21-11 口对口呼吸法   图 21-12 正确按压位置

(4) 按压姿势。正确的按压姿势是达到胸外按压效果的基本保证。救护人员站立或跪在伤员一侧旁，两肩位于伤员上方，两臂伸直，肘关节不准弯曲，两手掌根部相叠，手指翘起不接触伤员胸部，以髋关节为支点，利用上身重力垂直将胸骨压陷 3～5cm 后，立即放松，但掌根不得脱离按压位置。如图 21-13 所示。

(5) 操作频率。胸外按压要以均匀速度进行，每分钟 80 次左右，每次按压和放松时间应相等；胸外按压与口对口人工呼吸同时进行，其节奏为：单人抢救时，每按压 15 次后吹气 2 次（15：2），反复进行；双人抢救时，每按压 5 次后由另一人吹气一次（5：1），反复进行。

(6) 抢救过程中的再判定。抢救 1min 后，应该用看、听、试的

图 21-13 按压姿势

方法在 5～7s 内完成对伤员呼吸和心跳是否恢复的判定；在医务人员未接替抢救之前，现场抢救人员不得放弃现场抢救。

（7）转移搬运伤员的方法如图 21-14 所示。

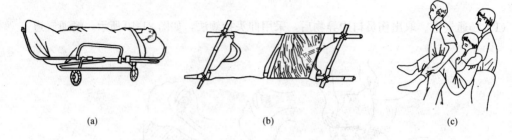

(a)   (b)   (c)

图 21-14　转移搬运伤员方法

(a) 正常担架；(b) 临时担架；(c) 错误搬运

本　章　小　结

本章主要介绍安全管理方面的常识，对电气设备发生火灾或爆炸的原因以及电气防火防爆的措施进行了详细的讲述，并重点地介绍了灭火知识，灭火器的种类、结构、适用范围和使用时的注意事项。对保证检修安全的组织措施和技术措施以及电气设备预防性试验的目的和主要项目进行了叙述，并详尽地介绍了紧急救护法，正确的脱离电源，正确进行心肺复苏救护法，正确搬运伤员。

本　篇　练　习　题

1. 检修计划分几类？各类计划包括哪些具体内容？

2. 检修费用包括哪几项？如何核算？

3. 检修计划如何编制？

4. 编制检修规程前应准备哪些技术资料？

5. 技术报告包括哪些具体内容？

6. 工作票有几种？哪些工作需要办理第一种工作票？

7. 什么情况下需要办理第二种工作票、电话或口头命令？

8. 电气设备的评级标准是怎样规定的？

9. 电气设备发生火灾和爆炸有哪些主要原因？

10. 电气设备防火防爆有哪些主要措施？

11. 带电灭火要采取哪些安全措施？

12. 常用灭火器有哪几种？分别叙述各种灭火器的使用方法及注意事项。

13. 停电检修工作的两个最基本的安全措施是什么？各措施的主要内容包括哪几项？

14. 发电机预防性试验包括哪几个主要项目？

15. 电力变压器预防性试验有哪几个主要项目？

16. 分别叙述脱离高压电源和低压电源的方法及注意事项。

17. 脱离电源后如何进行现场救护?
18. 何为心肺复苏法?
19. 叙述口对口人工呼吸方法及注意事项。
20. 叙述胸外心脏按压方法及注意事项。

参 考 文 献

[1] 何利民，尹全英. 怎样阅读电气工程图. 2版. 北京：中国建筑工业出版社，1995.

[2] 陈琳. 可编程控制器应用技术. 北京：化学工业出版社，2004.

[3] 田瑞庭. 可编程序控制器应用技术. 北京：机械工业出版社，1994.

[4] 赵仁良. 电力拖动控制线路. 北京：中国劳动出版社，1994.

[5] 许翏. 工厂电气控制设备. 北京：机械工业出版社，1999.

[6] 朱英浩. 新编变压器实用技术问答. 沈阳：辽宁科学技术出版社，1999.

[7] 孙成宝. 变配电设备检修. 北京：中国电力出版社，1999.

[8] 《机械工程手册》，《电机工程手册》编辑委员会. 电气工程师手册. 北京：机械工业出版社，1994.

[9] 徐绪椿，姜善国. 厂矿、农村电工实用技术：下册. 昆明：云南科技出版社，1999.

[10] 丁明道. 高低压电器选用和维护600问. 北京：兵器工业出版社，1990.

[11] 潘品英，等. 电动机绕组修理. 上海：上海科学技术出版社，1993.